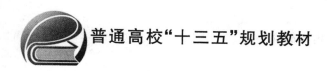

普通高校"十三五"规划教材

机 械 制 图

郭友寒　等编著

北京航空航天大学出版社

内容简介

本书共 15 章及 1 个附录。主要内容包括：制图的基本知识和技能、正投影法基础、立体的投影及立体表面的交线、轴测投影、组合体视图、机件表达方法、标准件与常用件、零件图、装配图、SolidWorks 三维软件、SolidWorks 零件构型设计、SolidWorks 装配设计、焊接图等。

与本书配套的《机械制图综合应用》同时出版。

本教材适用于高等院校非机类、管理类等专业，也可作为高等职业技术院校、职工院校、成人教育等相关专业的教材，还可供工程技术人员使用及自学者参考。

图书在版编目(CIP)数据

机械制图/郭友寒等编著. —北京：北京航空航天大学出版社，2016.8
ISBN 978 - 7 - 5124 - 2224 - 7

Ⅰ. ①机⋯　Ⅱ. ①郭⋯　Ⅲ. ①机械制图—高等学校—教材　Ⅳ. ①TH126

中国版本图书馆 CIP 数据核字(2016)第 200981 号

机械制图

郭友寒　等编著
责任编辑　金友泉

＊

北京航空航天大学出版社出版发行

北京市海淀区学院路 37 号(邮编 100191)　http://www.buaapress.com.cn
发行部电话：(010)82317024　传真：(010)82328026
读者信箱：goodtextbook@126.com　邮购电话：(010)82316936
北京兴华昌盛印刷有限公司印装　各地书店经销

＊

开本：787×1 092　1/16　印张：23.5　字数：602 千字
2016 年 8 月第 1 版　2016 年 8 月第 1 次印刷　印数：4 000 册
ISBN 978 - 7 - 5124 - 2224 - 7　定价：46.00 元

前　　言

随着科学技术的高速发展,学科门类不断增加,并且互相渗透和融合,高等教育也伴随着改革而蓬勃发展。由于学科门类的增加,制图课的教学时数在大幅度下调,调整原有的教学内容、教学体系和教学手段以适应新的形势成为必然趋势。

本书根据教育部关于21世纪教学内容和课程体系改革的精神,依据教育部高等学校工程图学教学指导委员会2010年制定的"普通高等学校本科工程图学教学基本要求",在1994年出版的《机械制图》、2004年出版的《现代机械制图》基础上,通过多年来对非机类、管理类等专业及"工程制图与机械基础系列课程教学内容与课程体系的改革与实践"课题研究的教学实践,将机械制图、三维实体设计等相关内容有机地融合在一起,在认真总结、吸收国内外先进经验及近年来课程教学改革实践的基础上编写而成。

本书的主要特点是:

1. 根据非机类和管理类专业的特点、教学目的和要求以及学时的减少以及增加新知识的需要,在保证基本理论和知识体系完整性的基础上,精简了部分内容,增加了立体图插图,以减小学习的难度,便于自学和建立空间概念。

2. 注重手工绘制草图和仪器绘图,增加了计算机三维造型设计并作为现代绘图工具和设计方法等内容,使学生学后既知道三维设计软件,又会具体操作,将所学三维设计知识与制图内容有机结合。

3. 鉴于某些非机类、管理类等专业一般不再开设与机械制造有关的课程,所以,本书除增加焊接图一章外,在零件图、装配图等章节和附录中,结合具体内容、图例,简要介绍了零件构形设计过程、工业造型设计及制造和工艺等方面的知识,以拓宽学生的知识面,了解零件结构的形成过程,帮助学生理解机械图样中的有关内容。为满足新形势下国际贸易、国际交流的需要,增加了第三角画法的内容。

4. 为配合有关章节内容,附录中摘引了部分国家标准,以培养学生树立严格遵守国家标准的思想;并学会运用工具书,掌握查阅标准手册的能力,使在工程技术中得到熟练使用。亦可供工程技术人员使用。

5. 每部分习题的题量适中,难易梯度明显,题型多变,增加了徒手绘图的训练。

6. 本书内容深入浅出、图文并茂、讲解详细,并全部采用最新国家标准。

本书由郭友寒、蒋志强、原一峰等编著。参加编写的有:郭友寒(绪论、第1章、第2章、第5章、第7章、第10章、第12章、第13章、第15章、附录),蒋志强、杨静、刘学申、高卡(第3章、第6章、第8章、第9章、第11章),原一峰(第14章),王丽萍(第4章)。郭友寒制定了编写大纲并通稿和定稿。

本书在编写过程中,曾得到许多部门和同志的大力支持和帮助,在此谨表示衷心感谢。

由于时间仓促,编者水平有限,书中缺点、错误、疏漏和不足之处在所难免,敬请读者及同仁批评指正。

编　者
2016年1月

目 录

绪 论 ……………………………………………………………………………………… 1

    一、研究对象 ………………………………………………………………………… 1

    二、本课程的主要任务 ……………………………………………………………… 1

    三、本课程的学习方法 ……………………………………………………………… 1

第 1 章　制图的基本知识和技能 ………………………………………………………… 2

    1.1　国家标准《技术制图》与《机械制图》的有关规定 ………………………… 2

        1.1.1　图纸幅面和格式（GB/T 14689—2008）、标题栏

              （GB/T 10609.1—2008） ……………………………………… 2

        1.1.2　比例（GB/T 14690—1993） …………………………………… 5

        1.1.3　字体（GB/T 14691—1993） …………………………………… 6

        1.1.4　图线（GB/T 17450—1998，GB/T 4457.4—2002） ………… 8

        1.1.5　尺寸注法（GB/T 16675.2—1996、GB 4458.4—2003） …… 10

    1.2　绘图工具的使用 …………………………………………………………… 13

        1.2.1　图板、丁字尺、三角板的用法 ………………………………… 13

        1.2.2　分规、比例尺的用法 …………………………………………… 14

        1.2.3　圆规的用法 ……………………………………………………… 14

        1.2.4　曲线板和铅笔的用法 …………………………………………… 15

    1.3　几何作图 …………………………………………………………………… 15

        1.3.1　正多边形 ………………………………………………………… 15

        1.3.2　斜度和锥度 ……………………………………………………… 15

        1.3.3　圆弧连接 ………………………………………………………… 16

        1.3.4　椭圆的画法 ……………………………………………………… 18

    1.4　平面图形分析及尺寸标注 ………………………………………………… 18

        1.4.1　平面图形的线段分析 …………………………………………… 18

        1.4.2　平面图形的尺寸标注 …………………………………………… 19

    1.5　绘图的方法和步骤 ………………………………………………………… 20

        1.5.1　仪器绘图的方法和步骤 ………………………………………… 20

        1.5.2　画徒手图的用途及画法 ………………………………………… 21

第 2 章　正投影法基础 …………………………………………………………………… 23

    2.1　投影方法概述 ……………………………………………………………… 23

        2.1.1　投影法的基本概念 ……………………………………………… 23

    2.1.2　平行投影法的基本性质 ···································· 24

    2.1.3　工程上常用的几种投影图 ···································· 25

  2.2　三视图的形成及其投影规律 ······································ 27

    2.2.1　三投影面体系 ·· 27

    2.2.2　三视图的形成 ·· 28

    2.2.3　三视图的位置关系和投影规律 ·································· 29

    2.3.4　简单物体三视图的画法 ·· 30

  2.3　点的投影 ·· 31

  2.4　直线的投影 ·· 36

  2.5　平面的投影 ·· 43

第 3 章　立体投影 ··· 52

  3.1　平面立体投影 ·· 52

    3.1.1　棱柱的投影 ·· 52

    3.1.2　棱锥的投影 ·· 53

    3.1.3　平面立体表面上的点和线 ······································ 54

  3.2　曲面立体投影 ·· 59

    3.2.1　圆　柱 ··· 59

    3.2.2　圆　锥 ··· 60

    3.2.3　圆　球 ··· 62

第 4 章　立体表面交线 ·· 65

  4.1　平面与曲面立体相交 ·· 65

    4.1.1　平面与圆柱体相交 ·· 65

    4.1.2　平面与圆锥体相交 ·· 68

    4.1.3　平面与球面相交 ··· 69

    4.1.4　综合举例 ··· 70

  4.2　两曲面立体相交 ·· 71

    4.2.1　求相贯线的方法 ··· 71

    4.2.2　两圆柱正交相贯的三种形式 ···································· 74

    4.2.3　相交两圆柱尺寸的变化对相贯线形状的影响 ···················· 75

    4.2.4　同轴回转体的相贯线 ··· 76

第 5 章　轴测投影 ··· 77

  5.1　轴测投影的基本知识 ·· 77

  5.2　正等轴测图的画法 ·· 78

  5.3　斜二等轴测图的画法 ·· 84

第 6 章　组合体视图 ·· 87

　　6.1　组合体的组成分析 ·· 87

　　6.2　组合体视图的画法 ·· 89

　　6.3　组合体尺寸标注 ·· 92

　　6.4　组合体视图的读法 ·· 96

第 7 章　机件的表达方法 ·· 101

　　7.1　视　图 ·· 101

　　7.2　剖视图 ·· 105

　　　　7.2.1　剖视图的概念 ·· 105

　　　　7.2.2　剖视图的种类 ·· 108

　　　　7.2.3　剖切面的种类 ·· 113

　　　　7.2.4　剖视图中的简化画法、规定画法 ························ 116

　　7.3　断面图 ·· 118

　　　　7.3.1　断面图概念 ·· 118

　　　　7.3.2　断面图的种类 ·· 118

　　　　7.3.3　剖切位置与断面图的标注 ································ 120

　　7.4　局部放大图和简化画法 ·· 120

　　　　7.4.1　局部放大图 ·· 120

　　　　7.4.2　简化画法 ·· 121

　　7.5　第三角画法简介 ·· 124

第 8 章　紧固件 ·· 128

　　8.1　螺纹及螺纹连接件 ·· 128

　　　　8.1.1　螺　纹 ·· 128

　　　　8.1.2　螺纹连接件 ·· 135

　　8.2　键及其连接 ·· 140

　　　　8.2.1　键的作用、形式和标记 ·································· 140

　　　　8.2.2　键连接的画法 ·· 141

　　8.3　销及其连接 ·· 142

第 9 章　常用件 ·· 144

　　9.1　齿　轮 ·· 144

　　9.2　弹　簧 ·· 148

　　9.3　滚动轴承 ·· 151

第 10 章　零件图 ·· 156

　　10.1　零件图的作用和内容 ·· 156

　　10.2　零件的结构设计 ……………………………………………………………… 157

　　10.3　零件表达方案的选择及尺寸标注 …………………………………………… 166

　　10.4　零件图上的技术要求 ………………………………………………………… 177

　　　　10.4.1　表面结构 ………………………………………………………………… 178

　　　　10.4.2　极限与配合 ……………………………………………………………… 191

　　　　10.4.3　几何公差 ………………………………………………………………… 200

　　10.5　典型零件图例分析 …………………………………………………………… 206

　　　　10.5.1　轴套类零件 ……………………………………………………………… 207

　　　　10.5.2　轮盘类零件 ……………………………………………………………… 208

　　　　10.5.3　叉架类零件 ……………………………………………………………… 209

　　　　10.5.4　箱体类零件 ……………………………………………………………… 211

　　10.6　读零件图 ……………………………………………………………………… 212

第 11 章　装配图 ……………………………………………………………………… 215

　　11.1　装配图的内容 ………………………………………………………………… 215

　　11.2　装配图的表达方法 …………………………………………………………… 217

　　11.3　装配图的尺寸标注、技术要求、序号及明细栏 …………………………… 218

　　11.4　常见装配结构的合理性 ……………………………………………………… 221

　　11.5　读装配图 ……………………………………………………………………… 222

第 12 章　SolidWorks 三维软件 …………………………………………………… 227

　　12.1　SolidWorks 基础 ……………………………………………………………… 227

　　　　12.1.1　SolidWorks 概述 ……………………………………………………… 227

　　　　12.1.2　SolidWorks 功能概述 ………………………………………………… 227

　　　　12.1.3　SolidWorks 操作界面 ………………………………………………… 228

　　　　12.1.4　SolidWorks 系统环境 ………………………………………………… 231

　　12.2　草图绘制 ……………………………………………………………………… 233

　　　　12.2.1　草图绘制的基本概念 ………………………………………………… 233

　　　　12.2.2　绘制草图 ………………………………………………………………… 235

　　　　12.2.3　编辑草图 ………………………………………………………………… 239

　　12.3　参考几何体 …………………………………………………………………… 243

　　　　12.3.1　建立基准 ………………………………………………………………… 243

　　　　12.3.2　建立坐标系 ……………………………………………………………… 245

　　　　12.3.3　建立参考点 ……………………………………………………………… 245

第 13 章　SolidWorks 零件构型设计 ……………………………………………… 247

　　13.1　基本特征 ……………………………………………………………………… 247

　　　　13.1.1　拉伸特征 ………………………………………………………………… 247

　　　　13.1.2　旋转特征 ………………………………………………………………… 254

　　　　13.1.3　扫描特征·······························258
　　　　13.1.4　放样特征·······························263
　　13.2　基本实体编辑·······························267
　　　　13.2.1　筋特征·······························268
　　　　13.2.2　筋建模应用——轴承座·············268
　　　　13.2.3　孔特征·······························271
　　　　13.2.4　圆角特征·······························274
　　　　13.2.5　倒角特征·······························277
　　　　13.2.6　拔模特征·······························279
　　　　13.2.7　抽壳特征·······························280
　　13.3　零件工程图·······························283
　　　　13.3.1　零件工程图概述·····················283
　　　　13.3.2　零件视图选择·······················284
　　　　13.3.3　零件工程图的尺寸标注·············284

第 14 章　SolidWorks 装配体设计·················286

　　14.1　装配体设计思路·······························286
　　　　14.1.1　自上而下设计法·····················286
　　　　14.1.2　自下而上设计法·····················287
　　14.2　装配体设计·······························287
　　　　14.2.1　装配体文件的建立方法·············287
　　　　14.2.2　装配体设计实例——转子泵·········288
　　14.3　装配体的检查·······························312
　　　　14.3.1　干涉检查·······························312
　　　　14.3.2　间隙验证·······························314
　　　　14.3.3　孔对齐·······························317

第 15 章　焊接图···································319

附　　录···································332

　　一、常用螺纹及螺纹紧固件·····················332
　　二、常用键与销·······························342
　　三、深钩球轴承(摘自 GB/T 276—2013)·········344
　　四、极限与配合·······························346
　　五、常用材料及热处理、表面处理·············359

参考文献···································366

绪　论

一、研究对象

在现代化的工业生产中,各种机器、仪器或建筑物等都是依照图样来生产或施工的。所谓图样就是能正确表达物体的形状、尺寸和制造要求的图。因此,图样是生产中的依据。图样和文字、数字一样,是人类借以表达构思分析和交流思想的基本工具之一。在设计机器时,设计者要通过图样来表达设计思想、意图和要求;在制造机器时,做毛坯、加工、检验、装配等各个环节,都要以图样为依据;在使用机器时,使用者要通过图样来了解机器的结构特点和性能;在技术交流、科技合作时,也要用图样来交流科学技术成果和先进技术经验。在经贸洽谈、经营管理中,也同样离不开图样。所以,人们通常把图样形象地比喻为"工程界的语言"。它是设计、制造、使用机器过程中的重要技术文件。它不但是工科专业的必修课,而且也是管理类专业的必修课。

二、本课程的主要任务

本课程的主要任务是:

① 学习投影法(主要是正投影法)图示空间物体的基本理论和方法。

② 了解国家标准的基本规定,能查阅有关标准手册。

③ 培养徒手绘图、仪器绘图、计算机绘图的绘图能力。

④ 能运用所学的基本理论、基本知识和基本技能绘制和阅读不太复杂的零件图和简单的装配图。

⑤ 培养自学能力、形象思维能力和审美能力。

⑥ 培养耐心细致的工作作风、严肃认真的工作态度和科学的工作方法。

三、本课程的学习方法

本课程是一门既有理论又有较强实践性的课程。因此,在学习本课程的基本理论时,必须掌握其基本概念、基本图示原理和作图方法。为了建立空间概念,应反复地进行由物体绘制成图样,以及由图样想象出物体形状的练习。在图示物体时,要分析空间几何要素或物体所处的位置以及它们之间的相对位置,注意培养空间构形能力。

实践是巩固理论学习和验证理论知识是否学到手的有效途径。因此,学习本课时除认真听课外,还必须独立完成一定数量的习题。在完成作业(徒手图、仪器绘图)过程中,作图不仅要正确,而且图面要整齐清洁,由此来培养耐心细致、严肃认真的工作作风。同时应严格遵守国家标准的有关规定。

鉴于图样是产品生产和经营管理中的重要技术文件,绘图和读图的差错都会给生产和经营管理带来损失。所以,在学习和工作中必须严肃认真,一丝不苟。

第1章 制图的基本知识和技能

技术图样在现代工业生产中,是产品从市场调研、方案确定、设计、加工、检验、安装、调试、使用和维修等整个过程中表达设计思想、进行技术交流和组织生产必不可少的重要技术资料,是发展和交流科学技术的重要工具,是工程界通用的技术"语言"。技术图样作为"工程界的语言"和现代工业生产中不可或缺的技术资料,具有严格的规范性。为了保证规范性,便于生产、管理和技术交流,国家制定并颁布了一系列相关的国家标准,简称"国标",其中包括强制性国家标准(代号"CB/Q")、推荐性国家标准(代号"GB/T")和国家标准化指导性技术文件(代号"GB/Z")。本章主要介绍国家标准《技术制图》与《机械制图》的一些基本规定,绘图工具的使用方法,几何作图,平面图形分析及尺寸标注等内容。

1.1 国家标准《技术制图》与《机械制图》的有关规定

国家标准《技术制图》与《机械制图》统一规定了制图规则。它们是绘制和阅读技术图样的准则和依据,在绘制技术图样时必须严格遵守。

本节摘要介绍"图纸幅面"、"比例"、"字体"、"图线"和"尺寸注法"等国标内容。

1.1.1 图纸幅面和格式(GB/T 14689—2008)、标题栏 (GB/T 10609.1—2008)

1. 图纸幅面尺寸

绘制图样时,优先采用表1-1中规定的基本幅面图纸。图幅代号为 A0、A1、A2、A3、A4 五种。

表1-1 图纸幅面及图框尺寸　　　　　　　　　　　　单位:mm

幅面代号	A0	A1	A2	A3	A4
$B \times L$	841×1 189	594×841	420×594	297×420	210×297
e	20			10	
c	10			5	
a	25				

图1-1中的粗实线为基本幅面(第一选择)。必要时,可按规定加长图纸的幅面,加长幅面的尺寸由基本幅面的短边成整数倍增加后得出。细实线和细虚线所示分别为第二选择及第三选择所规定的加长幅面。

2. 图框格式

图样中的图框有内外两框,如图1-2所示。外框即边框表示图纸边界,用细实线绘制,其大小为幅面尺寸;内框即图框用粗实线绘制,其尺寸见表1-1。图框是图纸上限定绘图的区域,图样绘制在图框内部。

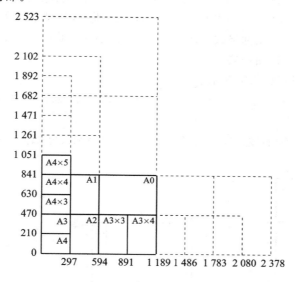

图 1-1　图纸的幅面尺寸

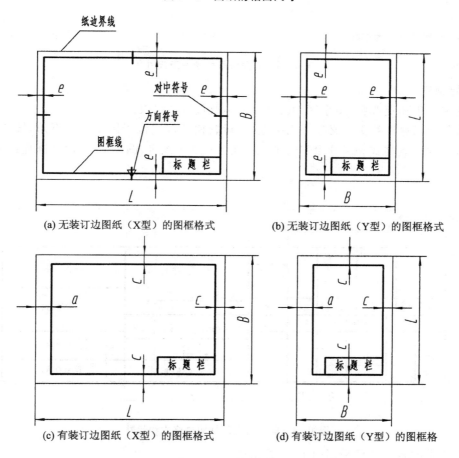

(a) 无装订边图纸 (X型) 的图框格式　　　　(b) 无装订边图纸 (Y型) 的图框格式

(c) 有装订边图纸 (X型) 的图框格式　　　　(d) 有装订边图纸 (Y型) 的图框格

图 1-2　图框格式

　　图框格式分为不留装订边和留装订边两种,但同一产品的图样只能采用一种格式。

　　不留装订边的图纸,其图框格式如图 1-2(a)、(b)所示,其尺寸如表 1-1 所列。

　　留有装订边的图纸,其图框格式如图 1-2(c)、(d)所示,其尺寸如表 1-1 所列。图纸一般采用 A4 幅面竖装或 A3 幅面横装。

　　无论何种图纸均可以横放或竖放。

　　为了使用预先印制的图纸,明确绘图与看图方向,应在图纸的下边对中符号处加画一个方向符号,如图 1-2(a)、图 1-3(a)和(b)所示。

　　方向符号使用的是细实线绘制的等边三角形,其大小和尺寸如图 1-3(c)所示。

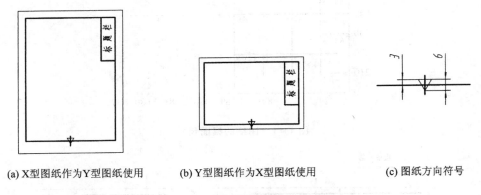

(a) X 型图纸作为 Y 型图纸使用　　　(b) Y 型图纸作为 X 型图纸使用　　　(c) 图纸方向符号

图 1-3　方向符号的使用及尺寸

3．标题栏

　　标题栏一般由更改区、签字区、其他区、名称及代号区组成。

　　国标规定每张图纸上都必须画出标题栏,标题栏的位置位于图纸的右下角,按图 1-2 所示的方式配置。其格式和尺寸由 GB/T 10609.1—2008 规定,图 1-4 是该标准提供的标题栏格式。

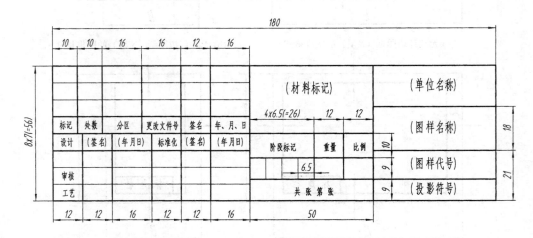

图 1-4　国标规定的标题栏格式和尺寸

制图作业时标题栏可采用图 1-5 的格式。

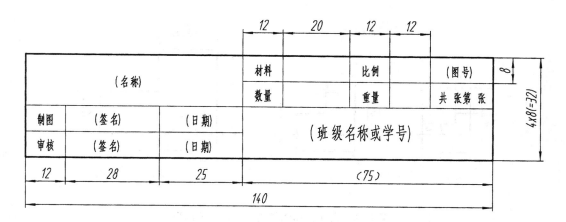

图 1-5　学生练习使用的标题栏

1.1.2　比例(GB/T 14690—1993)

比例是指图样中图形与其实物相应要素的线性尺寸之比。

绘制图样时,应根据实际需要优先在表 1-2 规定的系列中选取适当的比例;必要时,也允许选取表 1-3 中规定的比例。

表 1-2　优先比例

种　类	比　例		
原值比例	1：1		
放大比例	5：1 $5 \times 10^n：1$	2：1 $2 \times 10^n：1$	$1 \times 10^n：1$
缩小比例	1：2 $1：2 \times 10^n$	1：5 $1：5 \times 10^n$	1：10 $1：1 \times 10^n$

注:n 为正整数。

表 1-3

种　类	比　例				
放大比例	4：1 $4 \times 10^n：1$	2.5：1 $2.5 \times 10^n：1$			
缩小比例	1：1.5 $1：1.5 \times 10^n$	1：2.5 $1：2.5 \times 10^n$	1：3 $1：3 \times 10^n$	1：4 $1：4 \times 10^n$	1：6 $1：6 \times 10n$

注:n 为正整数。

为了使图形更好地反映机件实际大小,绘图时应尽量采用 1：1 的比例。当机件不宜采用 1：1 比例绘制时,也可以采用放大或缩小比例绘制。但标注尺寸时必须标注机件的实际尺寸,如图 1-6 所示。

比例一般应标注在标题栏中的比例栏内。绘制同一机件的各个视图应采用相同比例,当

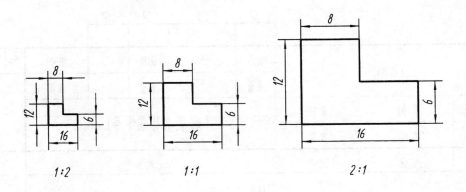

图1-6　用不同比例绘制同一机件的图形

某个视图需要采用不同比例时,必须另行标注。

1.1.3　字体(GB/T 14691—1993)

图样中书写字体必须做到:字体工整、笔画清楚、间隔均匀、排列整齐。

字体高度(用 h 表示)的公称尺寸系列为:1.8 mm、2.5 mm、3.5 mm、5 mm、7 mm、10 mm、14 mm、20 mm。字体的高度代表字体的号数。

如果需要书写更大的字,其字体高度应按 $\sqrt{2}$ 的比率递增。

1. 汉　字

汉字应采用长仿宋体,并应采用国家正式公布推行的简化字,其字高 h 不应小于 3.5 mm,字宽一般为 $h/\sqrt{2}$(约 0.667h)。

长仿宋体的书写要领是:横平竖直、注意起落、结构均匀、填满方格。

汉字示例:

字体工整　笔画清楚　间隔均匀　排列整齐
横平竖直注意起落结构均匀填满方格
技术制图机械电子汽车航空船舶土木建筑矿山井坑港口纺织服装
螺纹齿轮端子接线飞行指导驾驶舱位挖填施工引水通风闸阀坝棉麻化纤

2. 字母和数字

字母和数字分为 A 型和 B 型。A 型字体的笔画宽度 d 为字高 h 的十四分之一($d=h/14$),B 型字体的笔画宽度 d 为字高 h 的十分之一($d=h/10$)。

在同一张图纸上,只允许选用一种形式的字体。

字母和数字可写成斜体或直体。斜体字的字头向右倾斜,与水平基准线成75°角。

字体书写实例如图1-7所示。

阿拉伯数字示例

$$1\ 2\ 3\ 4\ 5\ 6\ 7\ 8\ 9\ 0$$

$$1\ 2\ 3\ 4\ 5\ 6\ 7\ 8\ 9\ 0$$

0123456789

拉丁字母示例

abcdefghijklmnopqrstuvwxyz

abcdefghijklmnopqrstuvwxyz

ABCDEFGHIJKLMNOPQRSTUVWXYZ

ABCDEFGHIJKLMNOPQRSTUVWXYZ

ABCDEFGHIJKLMNOP

abcdefghijklmnopq

罗马数字示例

I　II　III　IV　V　VI　VII　VIII　IX　X

I　II　III　IV　V　VI　VII　VIII　IX　X

图 1-7　字体书写实例

3. 综合应用示例

① 用作指数、分数、极限偏差、注脚的数字及字母,一般应采用一号字体。

$$10^3 \quad S^{-1} \quad D_1 \quad T_d \quad \varnothing20^{+0.010}_{-0.023} \quad 7°^{+1°}_{-2°} \quad \frac{3}{5}$$

② 其他应用示例

$$10\text{Js}5(\text{±}0.003) \quad M24\text{-}6h \quad \varnothing25\%$$

$$\frac{II}{2:1} \quad \frac{A}{5:1} \quad \sqrt{} \quad Ra\ 1.6 \quad R8 \quad 5\%$$

1.1.4　图线(GB/T 17450—1998,GB/T 4457.4—2002)

绘制图样时,应采用表1-4所规定的图线。

表1-4　绘制图样采用的图线

图线代号及名称	图线名称	图线形式	图线宽度	应用举例
No.01（实线）	No.01.2 粗实线	————————	d	可见轮廓线
	No.01.1 细实线	————————	$d/2$	尺寸线及尺寸界线、剖面线、重合剖面的轮廓线、螺纹的牙底线及齿轮的齿根线、引出线、分界线及弯折线、辅助线,可见过渡线等
	No.01.1 波浪线	∼∼∼∼∼∼	$d/2$	断裂处的边界线、视图和剖视的分界线
	No.01.1 双折线	—⌇—⌇—	$d/2$	断裂处的边界线
No.02（虚线）	No.02.1 细虚线	- - - - - - -	$d/2$	不可见轮廓线、不可见过渡线
	No.02.2 粗虚线	▬ ▬ ▬ ▬ ▬	d	允许表面处理的表示线
No.04（点画线）	No.04.1 细点画线	— · — · — · —	$d/2$	轴线、对称中心线、轨迹线、节圆及节线
	No.04.2 粗点画线	▬ · ▬ · ▬ · ▬	d	有特殊要求的线或表面的表示线

图线代号及名称	图线名称	图线形式	图线宽度	应用举例
No.05（双点画线）	No.05.1细双点画线	———— - — - —— - — - —	$d/2$	相邻辅助零件的轮廓线、极限位置的轮廓线、胚料的轮廓线、中断线

　　图线的宽度分粗细两种。粗线的宽度 d 应按图的大小和复杂程度在 0.5～2 mm 之间选择,而细线的宽度约为 $d/2$。图线宽度的推荐系列为:0.25 mm、0.35 mm、0.5 mm、0.7 mm、1 mm、1.4 mm、2 mm。在本课程的制图作业中,d 一般以采用 0.7 mm 为宜,图 1-8 所示为图线的应用。

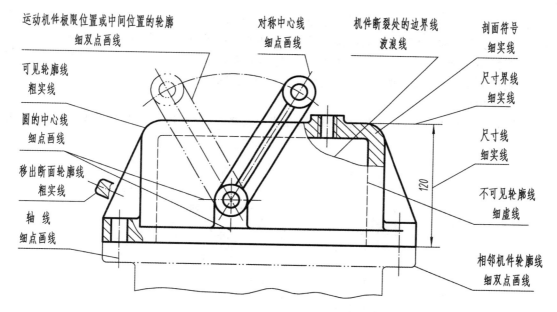

图 1-8　图线应用举例

画图时应当注意(见图 1-9):

① 同一图样中同类图线的宽度应基本一致　虚线、点画线及双点画线的线的长度和间隔

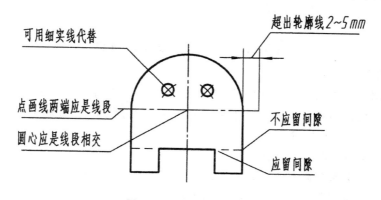

图 1-9　图线画法举例

各自应大致相等。

② 点画线和双点画线的首末两端应是线段而不是点,其长度应超出轮廓线 2～5 mm。当它们相交时,应是线段相交。

③ 当虚线处于粗实线的延长线上时,在虚实线的连接处,虚线应留出间隔。

④ 在较小图形上绘制点画线、双点画线有困难时,可用细实线代替点画线、双点画线。

1.1.5 尺寸注法(GB/T 16675.2—1996、GB 4458.4—2003)

1. 基本规则

① 机件的真实大小应以图样上所注尺寸的数值为依据,与图形的大小和绘图的准确度无关。

② 机械图样中(包括技术要求和其他说明)的尺寸,以毫米(mm)为单位时,无须标注其计量单位的代号或名称,如采用其他单位时,则必须注明相应的计量单位的代号或名称。

③ 图样中所标注的尺寸,为该图样所示机件的最后完工尺寸,否则应另加说明。

④ 机件的每一尺寸,一般只标注一次,并应标注在反映该结构最清晰的图形上。

2. 尺寸组成

一个完整的尺寸,一般应由尺寸界线、尺寸线及其终端、尺寸数字三部分组成,其间的关系如图 1-10 所示。

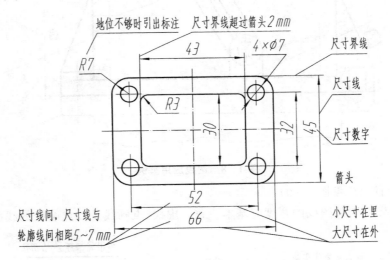

图 1-10 尺寸的组成及标注法示例

(1) 尺寸界线

尺寸界线用细实线绘制,并应由图形的轮廓线、轴线或对称中心线引出,也可利用轮廓线、轴线或对称中心线作为尺寸界线。尺寸界线一般应与尺寸线垂直,并超出尺寸线 2 mm 左右,必要时才允许倾斜,如图 1-11 所示。

(2) 尺寸线及其终端

尺寸线必须用细实线画出,不得用其他图线代替。标注线性尺寸时,尺寸线必须与所标注的线段平行。在机械制图中尺寸线终端有两种形式。

① 箭头 箭头的形式和大小如图 1-12(a)所示，适用于各种类型的图样。在机械制图中主要采用这种形式。

② 斜线 斜线用细实线绘制，其方向和画法如图 1-12(b)所示。采用这种形式时，尺寸线与尺寸界线必须相互垂直。

在机械制图中一般采用箭头作为尺寸线的终端。

当尺寸线和尺寸界线相互垂直时，同一张图样中只能采用一种尺寸线终端的形式。

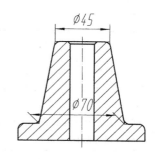

图 1-11 尺寸界线与尺寸线斜交

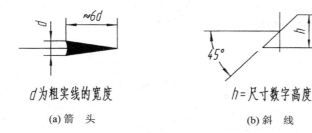

(a) 箭 头   (b) 斜 线

图 1-12 尺寸线的终端形式

尺寸线不能用其他图线代替，一般也不得与其他图线重合或画在其延长线上。

圆的直径和圆弧半径的尺寸线的终端应画成箭头，并按图 1-13(b)所示的方法标注。

同一张图样中只能采用一种尺寸线终端形式。

(3) 尺寸数字

① 尺寸数字的数值表示机件的真实大小，与绘图的比例和绘图的精度无关。尺寸数字一般采用斜体字注写。

② 线性尺寸的数字一般应注写在尺寸线的上方，也允许注写在尺寸线的中断处，当位置不够时也可引出标注，如图 1-13 所示。

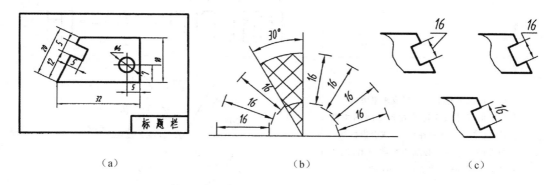

(a)   (b)   (c)

图 1-13 注写尺寸数字的方向及规定

尺寸标注示例列于表 1-5 中。

表 1-5   标注尺寸的基本规定

项目	说 明	图 例
直径和半径	标注直径尺寸时,应在尺寸数字前加注符号"Φ";标注半径尺寸时,加注符号"R" 半径尺寸必须注在投影的圆弧处,且尺寸线应通过圆心	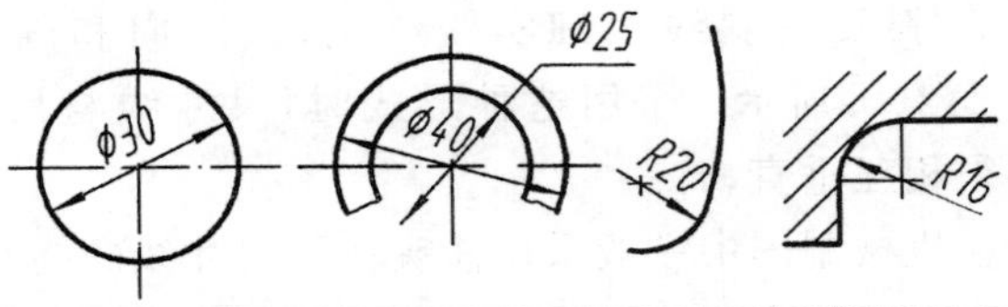
	半径过大,圆心不在图纸内时,可按图(a)的形式标注。若圆心位置不需注明,尺寸线可以中断,如图(b)所示	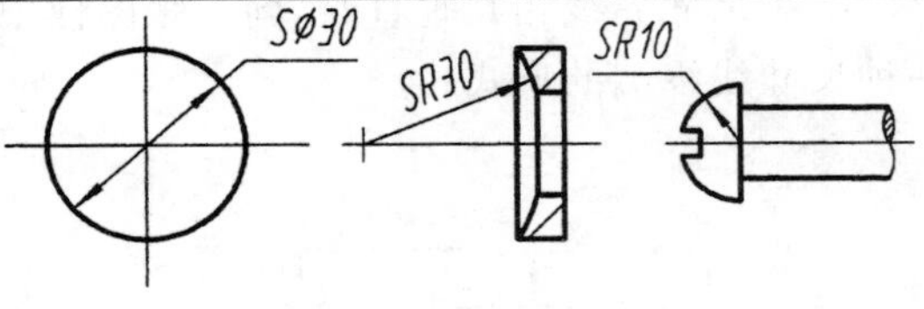
	标注球面的直径和半径时,应在"Φ"或"R"前面加注符号"S"(见图(a)、(b))。对于螺钉、铆钉的头部,轴及手柄的端部,允许省略符号"S"(见图(c))	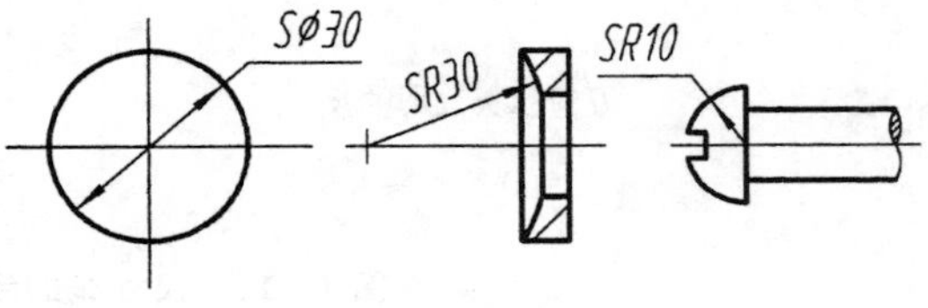
狭小部位	当没有足够的位置画箭头或书写数字时,可有一个布置在外面 位置更小时,箭头和数字可以都布置在外面	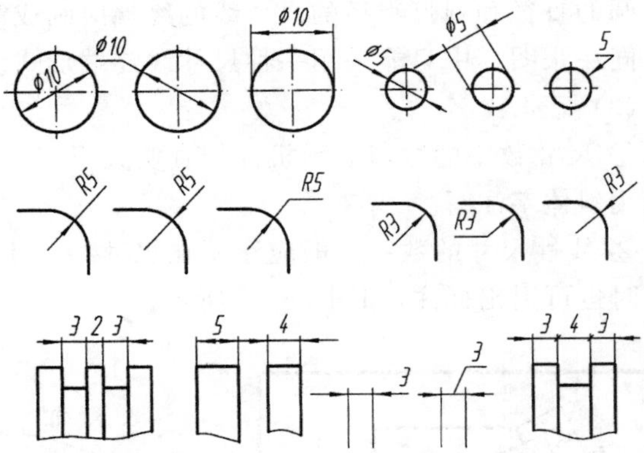
角度	角度的尺寸数字一律写成水平方向 角度的尺寸数字应写在尺寸线的中断处,必要时允许写在外面,或引出标注角度的尺寸界线必须沿径向引出,尺寸线应画成圆弧,圆心是该角的顶点	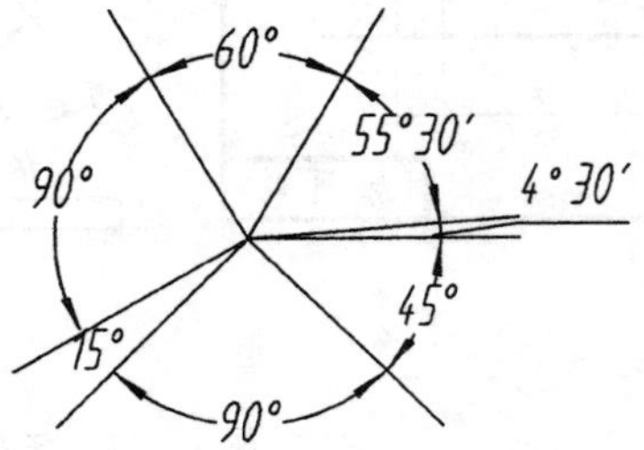

项目	说　明	图　例
弧长及弦长	标注弧长或弦长的尺寸线应平行于该弦的垂直平分线(见图(a)、(b))。当弧度较大时,尺寸界线可以沿径向引出(见图(c)) 标注弧长时,应在弧长尺寸数字前左上方加注符号"⌒"(见图(b)、(c))	(图)
光滑过渡	在光滑过渡处标注尺寸时,必须用细实线将轮廓线延长,从它们的交点处引出尺寸界线	(图)
对称图形	当对称机件的图形只画出一半或略大于一半时,尺寸线应略超过对称中心线或断裂处的边界线,此时仅在尺寸线的一端画出箭头	(图)

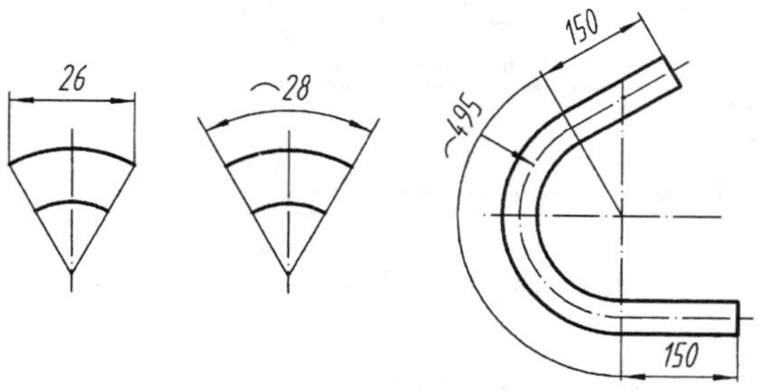

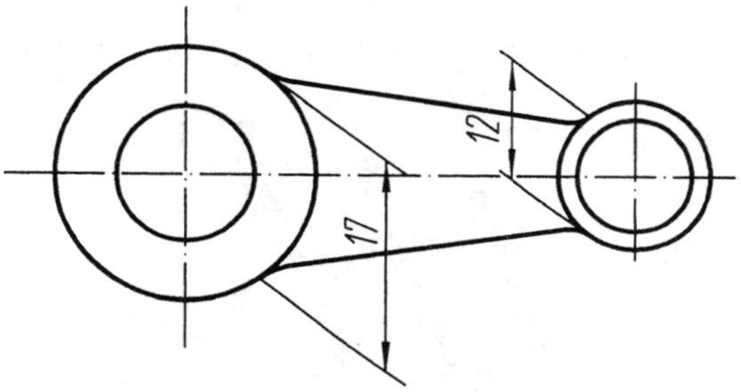

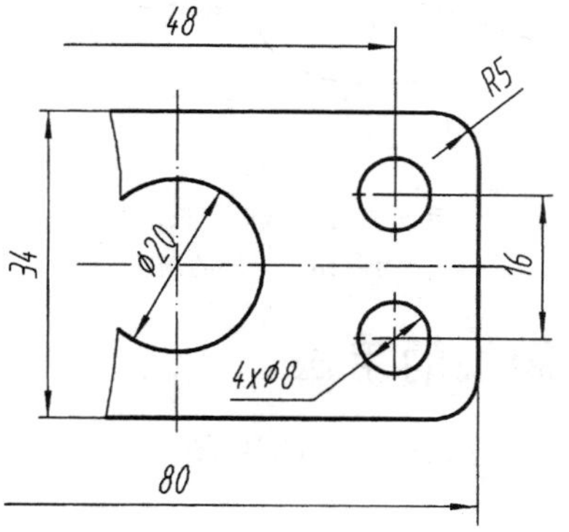

1.2　绘图工具的使用

　　要保证绘图质量和加快绘图速度,就必须养成正确使用绘图工具的良好习惯。下面介绍几种常用的绘图工具及其使用方法。

1.2.1　图板、丁字尺、三角板的用法

　　图板、丁字尺、三角板的用法如图 1 - 14、图 1 - 15 所示。

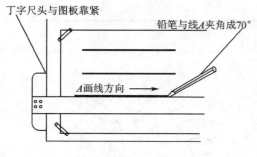

图 1-14　画水平线

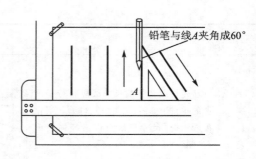

图 1-15　画垂直线和斜线

1.2.2　分规、比例尺的用法

分规、比例尺的用法如图 1-16、图 1-17 所示。用分规连续截取等长线段如图 1-16 所示；比例尺除用来直接在图上量取尺寸外，还可用分规从比例尺上量取尺寸，如图 1-17 所示。

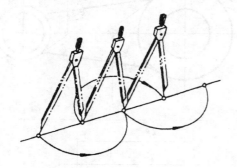

用分规连续截取等长线段
图 1-16　分规的用法

比例尺除用来直接在图上量取尺寸
外，还可用分规从比例尺上量取尺寸
图 1-17　比例尺的用法

1.2.3　圆规的用法

圆规的用法如图 1-18 和图 1-19 所示。

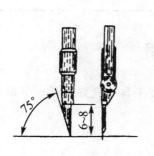

图 1-18　铅芯脚和针脚高低的调整

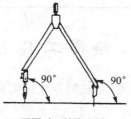

(a) 画圆时，针脚和铅
芯脚都应垂直纸面

(b) 画圆时，圆规应按顺时针
方向旋转并稍向前倾斜

图 1-19　用圆规画圆的方法

1.2.4 曲线板和铅笔的用法

曲线板和铅笔的用法,如图 1-20 和图 1-21 所示。铅笔的铅芯削成锥形用来画底稿和写字,削成楔形用来加深粗线。

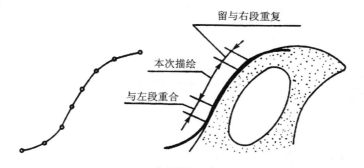

(a) 用细线通过各点徒手连线

(b) 分段描绘,在两段间要有一小段重复,以保证所连曲线光滑过渡

图 1-20 曲线板的用法

图 1-21 铅笔的用法

1.3 几何作图

1.3.1 正多边形

图 1-22、图 1-23 介绍了圆内接正五边形、正六边形的作法,图 1-24 以正七边形为例介绍了圆内接正 n 边形的画法。

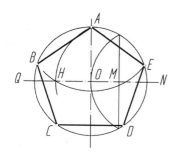

作 ON 的中点 M,以 M 为圆心,
MA 为半径作弧,交水平直径
于 H,以 AH 为边长,即可作出
圆内接正五边形

图 1-22 正五边形

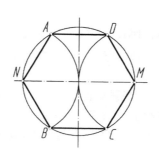

以 N、M 为圆心,ON 为半
径作弧交外接圆得 A、B、
C、D 四点,连 A、N、B、
C、M、D、A 得正六边形

图 1-23 正六边形

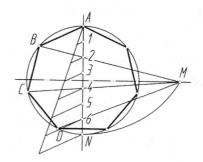

n 等分铅垂直径 AN(图中 $n=7$),以 A
为圆心,AN 为半径作弧,交水平中心
线于点 M,延长连线 $M2$、$M4$、$M6$,
与圆周交得点 B、C、D,再作出它们
的对称点,即可作出圆内接正 n 边形

图 1-24 正 n 边形

1.3.2 斜度和锥度

斜度是指一直线(或平面)对另一直线(或平面)的倾斜程度,斜度的大小即是其夹角的正切值。

锥度是指正圆锥的底圆直径与圆锥高度之比。

斜度、锥度的大小用 $1:n$ 表示,斜度和锥度则用符号标注。斜度、锥度符号的线宽应为 $h/10$,h 为尺寸数字高度,符号的方向应与图中所画的斜度、锥度方向一致。

斜度和锥度的画法及标注如图 1-25 和图 1-26 所示。

由 A 在水平线 AB 上取五个单位长度,得 D,由 D 作 AB 的垂线 DE,取 DE 为一个单位长度,连接 AE,即得斜度 1:5。

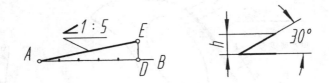

图 1-25 斜度作法示例及符号

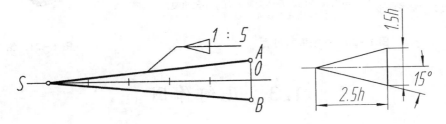

图 1-26 锥度作法示例及符号

由 S 在轴上取五个单位长度,得 O,由 O 作轴线的垂线,分别向上、向下量取半个单位长度,得 A、B,连 SA、SB,即得锥度 1:5。

1.3.3 圆弧连接

用已知半径的圆弧光滑连接(即相切)两已知的直线或圆弧,称为圆弧连接。圆弧连接有三种形式:用圆弧连接已知两直线;用圆弧连接已知两圆弧;用圆弧连接一已知直线和一圆弧。该已知半径的圆弧称为连接弧。

为了准确、光滑地连接,必须求出连接弧的圆心和切点。其方法及步骤如下。

1. 用半径为 R 的圆弧连接两直线 I、II(见图 1-27)

① 作两直线分别平行已知直线 I、II,且距离各为 R,这两直线的交点 O 即为连接弧的圆心。

② 由 O 点分别向 I、II 两已知直线作垂线,其垂足 K_1、K_2 即为连接点(切点)。

③ 以 O 点为圆心,R 为半径作圆弧⌒K_1K_2,这就把两直线光滑连接起来。

2. 用半径为 R 的圆弧连接两已知圆弧(已知圆弧的圆心分别为 O_1、O_2,半径分别为 R_1、R_2)这种连接形式有两种情况:

(1) 连接弧与两已知圆弧外切

图 1-28 所示为连接弧与两已知圆弧外切。

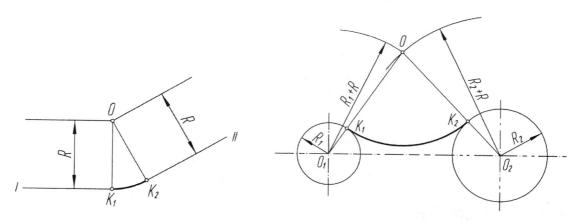

图 1－27　用圆弧连接两已知直线　　　　　图 1－28　连接弧与两已知弧外切

① 以 O_1、O_2 为圆心，R_1+R、R_2+R 为半径，分别作圆弧交于 O，交点 O 即为连接弧的圆心。连接 OO_1、OO_2 与已知弧分别交于 K_1、K_2，则 K_1、K_2 即为连接点（切点）。

② 以 O 点为圆心，R 为半径作圆弧⌒K_1K_2，就可把两已知弧光滑连接起来。

（2）连接弧与两已知圆弧内切

图 1－29 所示为连接弧与两已知圆弧内切。

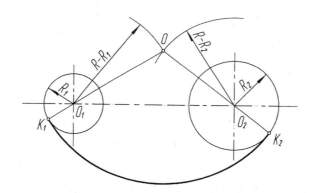

图 1－29　连接弧与两已知弧内切

① 以 O_1、O_2 为圆心，$R-R_1$、$R-R_2$ 为半径，分别作圆弧交于 O，则交点 O 即为连接弧的圆心。

② 连接 OO_1、OO_2 与已知弧分别交于 K_1、K_2，则 K_1、K_2 即为连接点（切点）。

③ 以 O 点为圆心，R 为半径作圆弧⌒K_1K_2，就可以把两个已知弧光滑连接起来。

3. 用半径为 R 的圆弧连接一直线和圆弧

图 1－30 所示为以半径 R 的圆弧连接直线和圆弧。

① 作直线 II 平行于直线 I，且距离为 R，再以 O_1 为圆心，R_1+R 为半径画弧与直线 II 交于 O，交点 O 即为连接弧的圆心。

② 过 O 点向直线 I 作垂线得垂足 K_1，连 OO_1 交已知弧于 K_2，则 K_1、K_2 即为连接点。

③ 以 O 点为圆心，R 为半径作圆弧⌒K_1K_2，即完成连接。

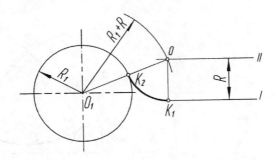

图 1-30   圆弧连接一直线与圆弧

1.3.4   椭圆的画法

已知长、短轴作椭圆,常用的方法有同心圆法和四心圆法,其作图步骤如图 1-31 所示。

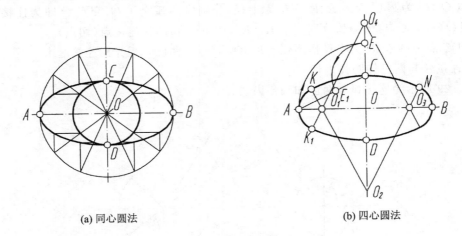

(a) 同心圆法   (b) 四心圆法

图 1-31   椭圆的画法

① 用同心圆法作椭圆   以 O 为圆心,分别以长半轴 OA 和短半轴 OC 为半径作圆。由 O 作若干直线与两圆相交,再由各交点分别作长、短轴的平行线,即可相应地交得椭圆上的各点。最后,用曲线板连成椭圆,如图 1-31(a)所示。

② 四心圆法作椭圆   连 A 和 C,取 $CE_1 = OA - OC$。作 AE_1 的中垂线,与两轴交于 O_1、O_2,再取对称点 O_3、O_4。分别以 O_1、O_2、O_3、O_4 为圆心,O_1A、O_2C、O_3B、O_4D 为半径作弧,拼成近似椭圆,切点为 K、N、N_1、K_1,如图 1-31(b)所示。

1.4   平面图形分析及尺寸标注

1.4.1   平面图形的线段分析

平面图形由一个或多个线段组成的封闭图框构成,根据图形中所标注的尺寸和线段间的连接关系,可将图形中的线段分为三类:

① 已知线段   根据图中的尺寸,可以独立画出的圆弧和直线。

② 中间线段　除图形中标注的尺寸外,还需根据一个连接关系才能画出的线段。

③ 连接线段　需要依靠两个连接关系才能画出的线段。

如图 1-32 所示,圆 Φ8、圆弧 R8、直线 AB 都是已知线段,圆弧 R35 为中间线段,圆弧 R12、R14 则是连接线段。绘制平面图形时应先画已知线段,再画中间线段,最后画连接线段。图 1-33 即为图 1-32 所示平面图形的作图步骤。

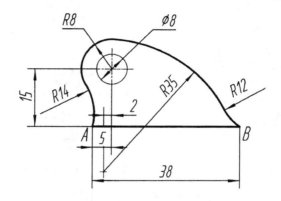

图 1-32　平面图形的线段分析

(a) 画作图基准线（Φ8 的中心线）

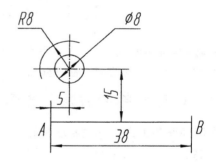

(b) 画已知线段（Φ8、R8、线 AB）

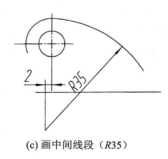

(c) 画中间线段（R35）

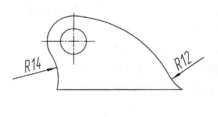

(d) 画连接线段（R12、R14）

图 1-33　平面图形的作图步骤

1.4.2　平面图形的尺寸标注

要正确标注尺寸,首先要确定尺寸基准,即标注尺寸的起始点。平面图形需要长度方向、高度方向两个基准,一般以图形的对称线、较大圆的对称中心线或较长的直线作为基准。平面图形的尺寸按其所起的作用分为确定各部分形状大小的定形尺寸,以及确定各部分相对位置的定位尺寸,定位尺寸一般从基准出发来标注。以图 1 – 34 为例,要标注其尺寸,应先进行线段分析,确定尺寸基准,然后标出定形和定位尺寸(画□者为定位尺寸),最后校核。

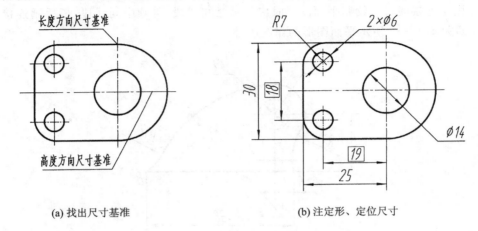

(a) 找出尺寸基准　　　　　　　　　　　　(b) 注定形、定位尺寸

图 1 – 34　平面图形尺寸注法

1.5　绘图的方法和步骤

　　要使图样画得既快又好,除熟悉制图国家标准,掌握绘图工具的正确使用和几何作图方法外,还必须学会一定的绘图方法和步骤。

1.5.1　仪器绘图的方法和步骤

　　① 做好准备工作　首先要准备好绘图工具和仪器,按照绘制不同线型的要求磨削好铅笔和圆规的铅芯,然后用干布把图板、丁字尺和三角板擦干净并整理好工作地点。

　　② 固定图纸　根据所画图形的大小和复杂程度,选定绘画比例,确定图纸幅面。用胶带纸将图纸固定在图板的左下角,图纸的底边和图板下边的距离应大于丁字尺宽,以利操作。

　　③ 布置图形　绘制图框和标题栏。根据所画图形的长度尺寸确定其在图纸上的左右位置,根据高度尺寸确定图形的上下位置,使图形与图框之间、图与图之间留有适当间隙。然后画出各图的中心线、对称线和主要平面的图线等。

　　④ 绘制底图　用较硬的铅笔(H 或 2H)绘出底图。绘底图时应先画主要轮廓,再画细节。底图线应轻、细以利于修改。

　　⑤ 铅笔描深　描深要按线型不同选用不同的铅笔。建议:描粗实线用 B 或 2B 型号的铅笔,而描细实线、虚线及写字母用 HB 铅笔。

　　描深时,按先曲后直、自上而下、由左向右,把所有图形同时描深的原则进行,并将同一线型描深完,再描深另一线型;而在同一线型中,将同一方向的图线描深完后,再描深另一方向的图线。

　　最后是画尺寸界线、尺寸线及箭头,并标注尺寸,写文字说明,描图框线和填写标题栏。

1.5.2　画徒手图的用途及画法

1. 徒手图及其用途

不用绘图仪器而按目测比例徒手画出的图样叫徒手图。徒手图常用于以下场合。

① 在设计开始阶段,常常采用徒手绘出设计方案,用以表达设计人员的初步设想。

② 在修配或仿制机器时,需在现场进行零件测绘,徒手绘出草图,再根据草图绘制正规图。

随着计算机绘图的普及,草图的应用越来越广泛。因此,对于工程技术人员来说,除了应学会仪器画图外,还必须具备徒手绘制草图的能力。

2. 画徒手图的方法

要画好草图,必须掌握徒手绘制各种线条的基本方法。

① 徒手画直线　徒手画较短的线段时,主要靠手指握笔动作;画较长线段时,眼睛看着线段终点,轻轻移动手腕沿要画的方向画直线。画水平线时,为了顺手及便于运笔,可将图纸微微左倾,自左向右画线,如图 1-35(a)所示;画铅垂线时,应由上而下运笔画线,如图 1-35(b)所示。

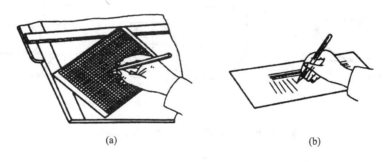

(a)　　　　　　　　　　　　　　　(b)

图 1-35　徒手画直线

徒手画 30°、45°、60°等常见角度,可根据两直角边的比例关系,定出两端点,然后连接两点即为所画角线,如图 1-36 所示。

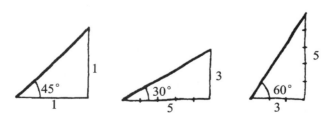

图 1-36　30°、45°、60°的斜线的画法

② 徒手画圆　徒手画圆时,应先定圆心的位置,过圆心画对称中心线,在对称中心线上距圆心等于半径处截取四点,过四点画圆即可,如图 1-37(a)所示。画稍大的圆时可再加一对十字线并同样截取四点,过八点画圆,如图 1-37(b)所示。

③ 徒手画圆角、椭圆和曲线　对于圆角、椭圆及圆弧连接的画法,应尽量利用其与正方形、长方形、菱形相切的特点来绘制,如图 1-38 所示。

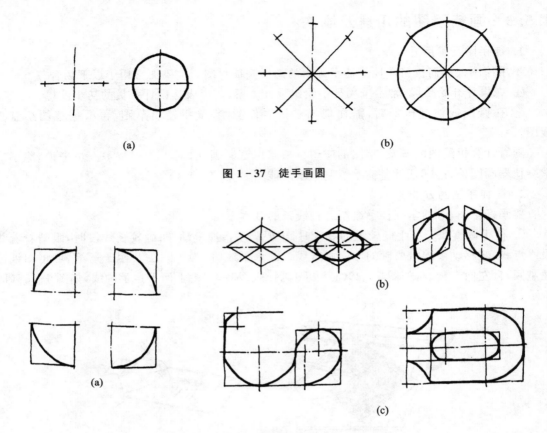

图1-37 徒手画圆

图1-38 圆角、椭圆和圆弧连接的画法

第 2 章　正投影法基础

2.1　投影方法概述

图样是通过图形来表达空间物体的结构形状,因此,图形是图样的重要内容之一。为使空间物体表现为平面图形,在工程上常采用投影的方法。

在日常生活中投影的例子很多。空间物体在灯光或阳光的照射下,墙壁上或地面上就会出现物体的影子,这个影子就是投射的结果。假如把物体放在光源和预设的平面之间,则在此平面上便呈现出该物体的影像。这种使空间物体在预设平面上产生影像的方法,称为投影方法,如图 2-1 所示。物体在预设平面上的影像称为物体在此平面上的投影。在图中,表示光源的点 S 称为投影中心;表示光线的直线 $SA,SB\cdots$ 称为投射线;投射线的方向称为投射方向;预设的平面 H 称为投影面;通过物体上任一点 A 的投射线 SA 与投影面 H 的交点 a 称为点 A 在 H 面上的投影。

2.1.1　投影法的基本概念

投影方法一般分为两类:中心投影法和平行投影法。

1. 中心投影法

当投射中心距投影面为有限远时,所有的投射线相交于一点(即投射中心),这种投影法称为中心投影法。由中心投影法作出的投影称为中心投影,如 图 2-1 所示。

在中心投影法中,物体上平行且等长的线段,如距投影中心的距离不等,则投影长度也不等,即投影长度不反映线段的真实长度。由于中心投影法的投影不反映物体的真实大小,所以它不适用于绘制机械图样。

2. 平行投影法

当投射中心距投影面为无限远时,这时所有的投射线都互相平行。这种投影法称为平行投影法。用平行投影法所得的投影称为平行投影。

平行投影法又分为直角投影法和斜角投影法。

当投射线垂直于投影面时,称为直角投影法(正投影法)。由直角投影法作出的投影称为直角投影,如图 2-2(a)所示。

当投射线倾斜于投影面时,称为斜角投影法(斜投影法)。由斜角投影法作出的投影称为斜角投影,如图 2-2(b)所示。

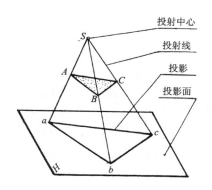

图 2-1　中心投影法

由斜角投影法作出的投影称为斜角投影,如图 2-2(b)所示。

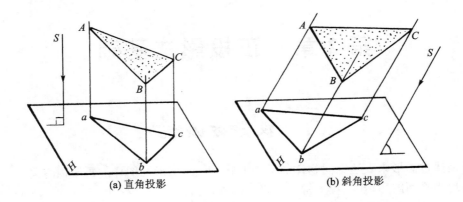

(a) 直角投影　　　　　　　　　　(b) 斜角投影

图 2-2　平行投影

2.1.2　平行投影法的基本性质

在平行投影中,点、直线、平面有如下投影特性:

(1) 点的投影仍为一点

空间的点在投影面上有唯一确定的投影,但点的一个投影不能唯一确定该点的空间位置,如图 2-3 所示。

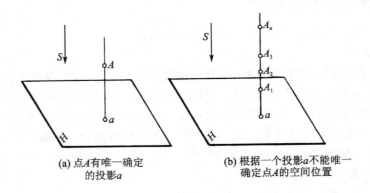

(a) 点A有唯一确定　　　　(b) 根据一个投影a不能唯一
　　的投影a　　　　　　　确定点A的空间位置

图 2-3　点的投影

(2) 直线的投影一般仍为直线

点在直线上,则它的投影必在直线的投影上,且点分线段之比,等于其投影之比。在 图 2-4 中,过 A 作 $AB_1 /\!/ ab$,与 Cc 相交于 C_1,则 $AC_1 = ac$,$C_1B_1 = cb$。在 ABB_1 中,因 $CC_1 /\!/ BB_1$,所以有 $AC : CB = AC_1 : C_1B_1$,从而可得 $AC : CB = ac : cb$。

(3) 垂直于投影面的直线和平面,其投影分别为点和直线

凡直线投影为点,平面投影为直线的性质叫做积聚性。具有这种性质的投影叫作有积聚性的投

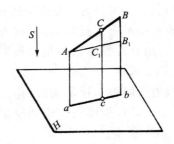

图 2-4　直线上两线段之比等于其投影之比

影,如图 2-5 所示。

（4）平行于投影面的直线和平面

平行于投影面的直线和平面,其投影反映它们的真实形状,如 2-6 所示。

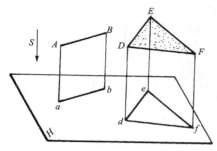
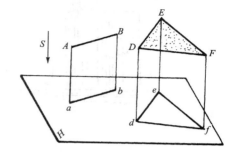

图 2-5　垂直于投影面的直线、平面其投影有积聚性　　　图 2-6　平行于投影面的直线、平面其投影反映实形

（5）平行两直线的投影仍互相平行,且两平行线段之比等于它们的投影之比

在图 2-7 中,通过 AB 和 CD 的投射线与它们各自的投影 ab 和 cd 形成互相平行的两平面 $ABba$ 和 $CDdc$,过 B、D 分别作直线 BM、DN 平行于 ab、cd,交 Aa,Cc 于 M、N 两点,则 $\triangle ABM \backsim \triangle CDN$。由于 $BM=ab$、$DN=cd$,所以,$ab:cd=AB:CD$。

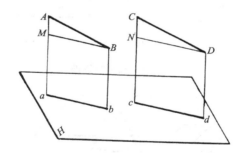

图 2-7　平行两线段的投影仍平行,且两线段之比等于投影之比

2.1.3　工程上常用的几种投影图

1. 透视投影图

透视投影图是用中心投影法绘制的一种单面投影图,如图 2-8 所示。它与照相成影的原理相似,其特点符合人们的视觉习惯,因而富有真实感,直观性强。但其作图复杂、度量性差,因而在工程上多用于土建工程及大型设备的辅助图样。

2. 轴测投影图

轴测投影图是用平行投影法(直角投影或斜角投影)绘制的一种单面投影图。将物体连同其所在的直角坐标系一起投射到一个投影面上,这样所得的图形称为轴测投影图,简称轴测图。由于轴测图能在一个投影面上反映物体长、宽、高三个方向的形状,因而富有立体感,如图 2-9 所示。但是它的度量性仍然较差,表达物体不全面,且物体的表面形状在图中是变形的。其作图方法虽较透视投影图简单,但仍不易绘制,故一般作为机械图的辅助图样。

3. 标高投影图

标高投影图是用直角投影法绘制的有数字标记的一种单面投影图。假想用一系列与投影

图 2-8 透视投影图

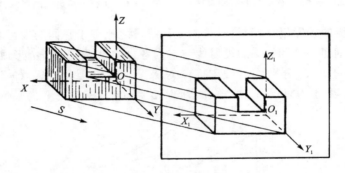

图 2-9 轴测投影图

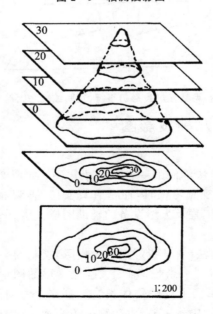

图 2-10 标高投影图

面平行的平面截切物体,将所得截交线标以数字,以表示距投影面的距离。图 2-10 是一高地的标高投影作图原理及所得的地形图。图中一系列的曲线都是水平面切割高地所得交线的投影,该交线称为等高线,等高线上数字表示高程,如"30"表示该等高线的海拔为 30 m。

标高投影画法比较简便,度量性也较强,但实感性较差。因此,标高投影图常用来表示不规则的复杂的曲面形状,如船舶、飞行器、汽车曲面及地形等。

4. 多面正投影图

正投影图是用直角投影法绘制的多面投影图。它是将物体投射到两个或两个以上互相垂直的投影面上,然后将互相垂直的各投影面按一定方法展开并在同一平面上所获得的图形,如图 2-11 所示。多面正投影图表达物体全面、准确,能唯一确定物体的空间位置、形状和真实大小,度量性好,且作图较简单。故它广泛应用在工程技术的各个领域,成为在工程设计、制造、安装、检验、使用、维护以及技术交流等方面的重要手段。

因此,工程图样的表达通常采用正投影法。如无特别说明,本教材后面所称投影均指正投影。

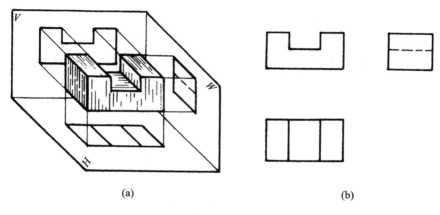

(a)　　　　　　　　　　　　　　　　　　(b)

图 2-11　多面正投影图

2.2　三视图的形成及其投影规律

在绘制机械图样时,将物体放置在投影面和观察者之间,通常假定人的视线为一组平行且垂直于投影面的投射线,把看到的物体的轮廓形状用图形在投影面上表达出来,这样在投影面上所得的正投影图称为视图。

2.2.1　三投影面体系

在正投影图中只有一个视图是不能完整和确切地表达物体的形状和大小的。如图 2-12 所示,三个形状不同的物体,它们的一面视图完全相同,由此可以看出一面视图仅能表示物体某一方向的轮廓形状。要唯一、确切地表达物体的结构形状,必须将物体从几个方向来进行投射。在工程图样中经常把物体放在三个互相垂直的平面组成的投影面体系中,如图 2-13 所示。三个投影面把空间分为八个区域,各区域分别称为第一分角、第二分角……国家标准《技术制图投影法》GB/T 14692—2008 规定,技术图样优先采用第一角画法,必要时,才允许使用第三角画法。因此,我们主要讨论物体在第一角的投影。

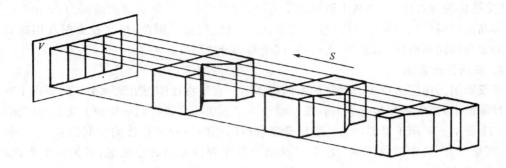

图 2-12　一面视图不能唯一确定物体的形状和大小

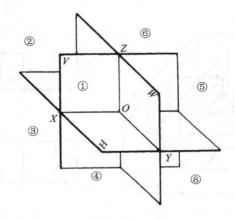

图 2-13　三投影面体系

2.2.2　三视图的形成

在三投影面体系中,如图 2-14(a)所示,正对观察者的投影面叫正立投影面,简称正面,以 V 表示;水平位置的投影面叫水平投影面,简称水平面,以 H 表示;侧立的投影面叫侧立投影面,简称侧面,以 W 表示。三个投影面中每两个投影面的交线 OX、OY 和 OZ 称为投影轴。三根投影轴互相垂直并相交于一点 O。

将物体由前向后投射,在正立投影面(V 面)上所得的投影称为主视图;将物体由上向下投射,在水平投影面(H 面)上所得的投影称为俯视图;将物体由左向右投射,在侧立投影面(W 面)上所得的投影称为左视图,如图 2-14(a)所示。

为了使三个视图能画在同一张图纸上,国家标准《机械制图》规定:正面保持不动,把水平面向下后旋转 $90°$,把侧面向右后旋转 $90°$,其中 OY 轴随 H 面旋转时以 OY_H 表示,随 W 面旋转时以 OY_W 表示,如图 2-14(b)所示。这样在同一平面上就可以得到主、俯、左三个视图,如图 2-14(c)所示。由于投影面的大小与视图无关,为了简化作图,在画三视图时无须画出投影面的边界和投影轴,视图之间的距离可以根据具体情况确定,如图 2-14(d)所示。

2.2.3 三视图的位置关系和投影规律

1. 三视图的位置关系

根据三个投影面的相对位置及其展开规定,三视图的位置关系为:以主视图为准,俯视图在主视图的正下方;左视图在主视图的正右方。当三个视图按图 2-14(d)所示的相对位置配置时,国家标准规定一律不必标出视图的名称。

2. 三视图的投影规律

物体有长、宽、高三个方向,而且还有上、下、左、右、前、后六个方位。三视图对应地反映了物体的三个方向和六个方位关系。如果把物体的左右方向尺寸称为长,前后方向尺寸称为宽,上下方向尺寸称为高,由图 2-14(a)可以看出:

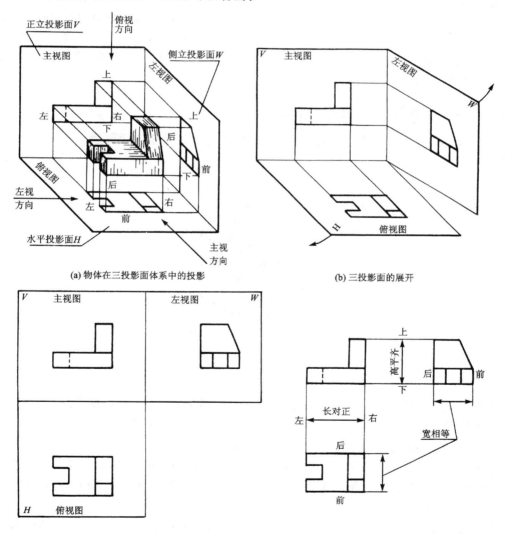

(a) 物体在三投影面体系中的投影

(b) 三投影面的展开

(c) 展开后的三视图

(d) 三视图之间的投影规律

图 2-14 三视图的形成和投影规律

主视图反映了物体上下、左右的位置关系，即反映了物体的高度和长度；

俯视图反映了物体前后、左右的位置关系，即反映了物体的宽度和长度；

左视图反映了物体上下、前后的位置关系，即反映了物体的高度和宽度。

由于每一视图都反映了物体两个方向的尺寸，而且每个视图之间均保持着一定的对应关系，因此，可以得出三视图间下述投影规律：

主视图与俯视图长对正，简称主、俯长对正；

主视图与左视图高平起，简称主、左高平起；

俯视图与左视图宽相等，简称俯、左宽相等。

"长对正、高平起、宽相等"是画图和看图必须遵循的投影规律，不仅整个物体的投影要符合这条规律，而且物体局部结构的投影亦必须符合这条规律。例如图 2 - 14(d)所示，物体左端缺口的三面投影，也同样符合这一投影规律。在应用这一投影规律画图和看图时，必须注意物体的前后位置在视图上的反映，在俯视图和左视图中，靠近主视图的一边都反映物体的后面，远离主视图的一边都反映物体的前面。在量取"宽相等"时，不但要注意量取尺寸的起点，还要注意量取尺寸的方向。

2.3.4　简单物体三视图的画法

例 2 - 1　画出图 2 - 15 所示物体的三视图，并通过该视图说明画物体三视图的方法和步骤。

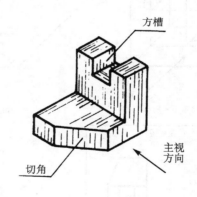

图 2 - 15　弯　板

分析　该物体是在弯板的左端切去一角，右上中部开了一个方槽后形成的。

作图步骤　根据分析，画三视图按如图 2 - 16 所示的 5 个步骤进行。

① 确定主视图的投射方向　如图 2 - 15 所示。

② 画弯板的三视图　如图 2 - 16(a)所示，先画反映弯板形状特征的主视图。以垂直线保证主、俯视图的长对正，以水平线保证主、左视图的高平齐，然后在俯、左视图上量取弯板的宽度，以保证宽相等。

③ 画右边方槽的三面投影　如图 2 - 16(b)所示，由于构成方槽的三个平面的侧面投影都聚成直线，反映了方槽的形状特征，所以应先画出其侧面投影。

④ 画左端切角的三面投影　如图 2 - 16(c)所示，由于被切角后形成的平面垂直于水平投影面，所以应先画出其水平投影，根据水平投影画侧面投影时，要注意量取尺寸的起点和方向。

⑤ 检查,加深　图 2-16(d)为检查加深后的弯板三视图。

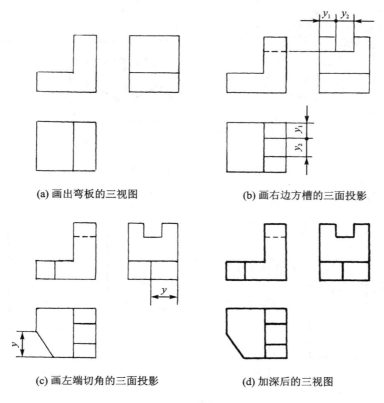

(a) 画出弯板的三视图　　　　　　　　(b) 画右边方槽的三面投影

(c) 画左端切角的三面投影　　　　　　(d) 加深后的三视图

图 2-16　画弯板三视图的步骤

2.3　点的投影

为了正确而又迅速地画出物体的视图,特别是画形体结构比较复杂的物体的视图(见图 2-17),仅有前面的投影知识是远远不够的。因此,还必须进一步学习组成物体的几何元素(点、线、面)的投影规律和投影特性。

由于点是组成空间物体最基本的几何元素,因此,要研究空间物体的图示法,首先要研究空间点的图示法。

1. 点在三投影面体系中的投影

从本章 2.1 节已经看到点的一个投影不能唯一确定点的空间位置。因此,下面研究点在三投影面体系中的投影。

如图 2-18(a)所示,在三投影面体系中,设有一空间点 A,分别向 H、V、W 面投影,得 a、a'、a''。a 称为 A 点的水平投影;a' 称为 A 点的正面投影;a'' 称为 A 点的侧面投影(通常规定空间点用大写字母如 A、B、C…表示;水平投影用相应的小写字母如 a、b、c…表示;正面投影用相应的小写字母在右上角加一撇如 a'、b'、c'…表示;侧面投影用相应的小写字母在右上角加两撇如 a''、b''、c''…表示)。点在进行投影后,也要将投影面展开。展开后的投影图一般不画出投

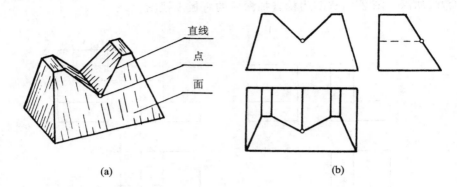

直线
点
面

(a)　　　　　　　　　　　　　　　　　　(b)

图 2 - 17　V 型块及其视图

影面的边界,而只画出其投影轴,如图 2 - 18(c)所示。

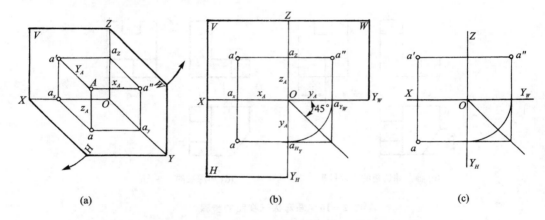

(a)　　　　　　　　　　　　　　(b)　　　　　　　　　　　　　(c)

图 2 - 18　点在三投影面体系中的投影

2. 点的直角坐标和投影规律

如果把三投影面体系看成直角坐标体系,则 H、V、W 面即为坐标面,OX、OY、OZ 轴即为坐标轴,O 点为坐标原点。图 2 - 18(a)表示 A 点的三个投影与 A 点的坐标的关系。如果空间点 A 的位置用直角坐标 $A(x_A、y_A、z_A)$ 表示,则其水平投影为 $a(x_A、y_A、0)$;正面投影为 $a'(x_A、0、z_A)$;侧面投影为 $a''(0、y_A、z_A)$。它们与 A 点到三个坐标面的距离有如下关系:

点 A 到 W 面的距离 $=Aa''=aa_y=a'a_z=Oa_x=x_A$;

点 A 到 V 面的距离 $=Aa'=aa_x=a''a_z=Oa_y=y_A$;

点 A 到 H 面的距离 $=Aa=a'a_x=a''a_y=Oa_z=z_A$。

由此可知:

a 可由 Oa_x 与 Oa_y,即 A 点的 x_A、y_A 两坐标决定;

a' 可由 Oa_x 与 Oa_z,即 A 点的 x_A、z_A 两坐标决定;

a'' 可由 Oa_y 与 Oa_z,即 A 点的 y_A、z_A 两坐标决定。

所以,空间一点 $A(x_A、y_A、z_A)$ 在三投影面体系中有唯一确定的一组投影 $(a、a'、a'')$;反之,如果已知空间一个点的三面投影,即可唯一确定该点的坐标值,亦即可唯一地确定该点的空间位置。根据以上分析,得出点在三投影面体系中的投影规律:

① 点的正面投影和水平投影的连线垂直于 OX 轴,即 $aa' \perp OX$(x 坐标相等),又称长对正;

② 点的正面投影和侧面投影的连线垂直于 OZ 轴,即 $a'a'' \perp OZ$(z 坐标相等),又称高平齐;

③ 点的水平投影到 OX 轴的距离等于点的侧面投影到 OZ 的距离,即 $aa_x = a''a_z$(y 坐标相等),又称宽相等。

在作图时,为使点 A 的水平投影 a 到 OX 轴的距离(aa_x)与侧面投影 a'' 到 OZ 轴的距离($a''a_z$)相等,常以原点 O 为圆心,以 aa_x 或 $a''a_z$ 为半径画一圆弧或自 O 点引 45°斜辅助线,如图 2 - 18(b)、(c)所示。

根据点的投影规律,可由点的三个坐标值 $A(x_A、y_A、z_A)$ 画出其三面投影。同时由于点的任意两投影都包含着点的三个坐标值。所以,如果已知点的任意两投影,都可以作出点的第三投影。

例 2 - 2 已知空间点 $A(12、8、16)$,求 A 的三面投影。

解:根据点的直角坐标和投影规律作图,如图 2 - 19 所示。

① 由原点 O 向左沿 OX 轴量取 $Oa_x = 12$ mm,过 a_x 作投影连线垂直 OX 轴,在投影连线上,自 a_x 向下量取 8 mm 得 a,向上量取 16 mm 得 a'。

② 过 a、a' 分别作垂直于 OY_H,OZ 轴的投影连线,通过作圆弧或 45°辅助线,作出侧面投影 a''(也可以过 a' 作垂直于 OZ 轴的投影连线,在投影连线上自 a_z 向右量取 8 mm 即得 a'')。

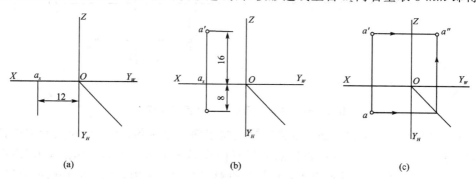

(a)   (b)   (c)

图 2 - 19 根据点的坐标作出投影

例 2 - 3 已知空间点 $B(8、12、0)$,$C(0、0、12)$,求它们的三面投影。

解:因为在 B 点的三个坐标中,$z_B = 0$,所以 B 点在水平投影面内。在 C 点的三个坐标中 $x_C = 0$,$y_C = 0$,所以 C 点在 OZ 轴上。B、C 点的三面投影如图 2 - 20 所示。

从以上例题可以看出:

点的三个坐标值都不等于零时,该点属于一般空间点,则该点的三个投影都在投影面内。

点的一个坐标值等于零时,该点在某个投影面内。因而它的三个投影总有两个位于不同的投影轴上,另一个投影与自身重合。

点的两个坐标值等于零时,该点位于某根投影轴上。因而它的三个投影总有两个在某根投影轴上并与自身重合,另一个投影与坐标原点重合。

投影面上的点和投影轴上的点统称为特殊位置点。显然,特殊位置点的投影仍符合点的投影规律。

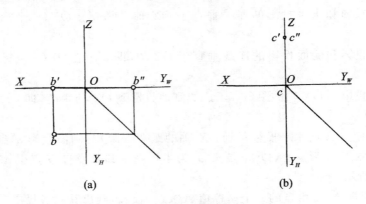

图 2 - 20　特殊位置点的投影

例 2 - 4　如图 2 - 21(a)所示,已知空间点 A 的正面投影 a' 和侧面投影 a'',求该点的水平投影 a。

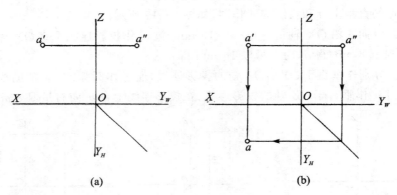

图 2 - 21　由点的两面投影求第三面投影

解:因为空间点在每个投影面上的投影都反映了两个坐标值,所以已知点的两面投影,即等于知道了点的三个坐标值,故可根据点的任意两投影求出第三投影。由点的投影规律知 a $a' \perp OX$,所以 a 一定在过 a' 且垂直于 OX 轴的投影连线上。又因 a 到 OX 轴的距离等于 a'' 到 OZ 轴的距离,只要使 $aa_x = a''a_z$,即可求得 a 的位置。

画法如图 2 - 21(b)所示。过已知投影 a'、a'' 按箭头所示方向分别作出相应的投影连线,两线的交点即为 A 点的水平投影 a。

3. 两点的相对坐标与无轴投影图

图 2 - 22(a)是 A、B 两点的三面投影图。从图中可看出,点的投影既能反映点的坐标,也能反映两点间的坐标差,即两点间的相对坐标。

设图中 A、B 两点的坐标分别为 $(x_A、y_A、z_A)$,$(x_B、y_B、z_B)$,如以点 A 为参考点,当 B 点与它比较时,则 B 点对 A 点的一组坐标差为:

$$\Delta x = x_B - x_A, \quad \Delta y = y_B - y_A, \quad \Delta z = z_B - z_A$$

以上一组坐标差 $(\Delta x、\Delta y、\Delta z)$ 称为 B 点对 A 点的相对坐标,相对坐标的正负以参考点为准,规定 $\Delta x、\Delta y、\Delta z$ 分别在参考点的左方、前方、上方者为正,反之为负。如果在投影图上给出了 A 点的三个投影,又知道 B 点对 A 点的三个相对坐标,即使没有投影轴,而以 A 为参考点也能

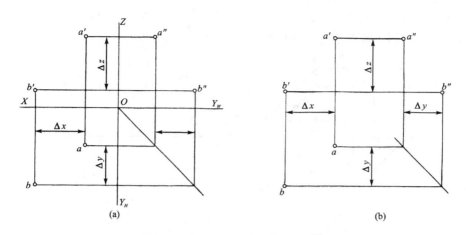

图 2 - 22 两点间的相对坐标和无轴投影图

确定 B 点的三个投影,这种不画投影轴的投影图称为无轴投影图,如图 2 - 21(b)所示。无轴投影图是根据相对坐标绘制的,它仍符合"长对正、高平齐、宽相等"的投影规律。

例 2 - 5 如图 2 - 23(a)所示,已知 A 点的三面投影和 B 点的两个投影 b、b',求 B 点的第三面投影 b''。

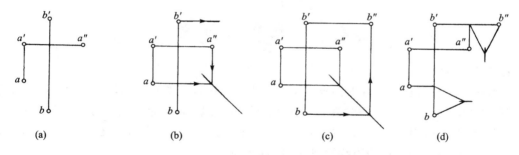

图 2 - 23 在无轴投影图上求点的第三投影

解: 根据点的投影规律,b''位于过 b' 的水平线上,为了从水平投影上将 Δy 值转移到侧面投影上,可利用 45°辅助线,但实际作图时一般是用分规。具体作法如下:

方法一(见图 2 - 23(b)、(c)):

① 过 b' 向右作水平线,过 a 和 a'' 分别作水平线和铅垂线,再过这两线的交点画 45°辅助线,如图 2 - 23(b)所示。

② 过 b 作水平线与 45°辅助线相交,再过此交点向上引铅垂线,它与过 b' 的水平线的交点就是 b'',如图 2 - 23(c)所示。

方法二(见图 2 - 23(d)):

用分规将水平投影上的 Δy 值移至侧面投影上,得到 b'' 点。用分规移 Δy 时,b 与 b'' 在前后关系上必须相互对应。

4. 重影点和可见性

当空间两点位于同一条投射线上,则这两点在该投影面上的投影就重合为一点,这两点就称为对该投影面的两个重影点,这种点有两对同面坐标相等。如图 2 - 24 所示的 A、B 两点,位于垂直于 V 面的同一条投射线上,所以正面投影 a'、b' 重合。即 $x_A = x_B$、$z_A = z_B$,则 A、B

称为对 V 面的重影点。但 A、B 两点的水平投影和侧面投影并不重合，且 $y_A > y_B$，表示 A 点位于 B 点的前方。利用这对不等的坐标值，可以判断重影点的可见性。

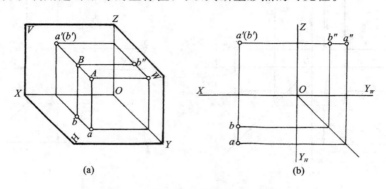

(a)   (b)

图 2-24　重影点及其可见性的判别

判别可见性时规定：对 V 面的重影点，从前向后观察，y 坐标值大者可见；对 H 面的重影点，从上向下观察，z 坐标值大者可见；对 W 面的重影点，从左向右观察，x 坐标值大者可见。

在图 2-24 中，A、B 为对 V 面的重影点，因 $y_A > y_B$，故 a' 可见，而 b' 不可见。为区别可见点与不可见点，规定对不可见点的投影加括号表示，如图 2-24 中的(b)所示。

2.4　直线的投影

1. 直线的投影

直线的空间位置由线上任意两点决定。画直线段的投影图时，根据"直线的投影一般仍是直线"的性质，可在直线段上任取两点，一般取其两个端点，画出它们的投影，再把它们各组同面投影连接起来，即得直线投影。如图 2-25 所示，已知 A、B 两点的三面投影 a、a'、a'' 和 b、b'、b''，连接 ab、$a'b'$、$a''b''$，即得直线段 AB 的三面投影图。

空间各点在同一投影面上的投影称为同面投影。

在图 2-25 中，由 A、B 两点的坐标差，可判别直线 AB 在空间的位置。由于 $x_A < x_B$、$y_A < y_B$、$z_A > z_B$，所以，A 点在 B 点的右、后、上方，B 点在 A 点的左、前、下方。因此，直线 AB 向右后上方倾斜。

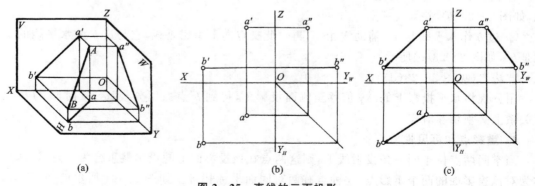

(a)   (b)   (c)

图 2-25　直线的三面投影

2. 直线上点的投影特性

当点属于某直线时,则点的各个投影必在该直线的同面投影上,且符合点的投影规律。如图 2-26 所示,点 C 在直线 AB 上,则 c、c'、c'' 分别在 ab、$a'b'$、$a''b''$ 上,而且 $AC:CB = ac:cb = a'c':c'b' = a''c'':c''b''$。

利用上述性质,可以在直线上求点或分割线段成定比或判断点是否在直线上。

一般情况下,用两面投影就可判定点是否在直线上。但当直线为投影面平行线,且给出的两个投影又都平行于投影轴时,还需根据第三面投影或用辅助作图法才能确定。如图 2-27 中的侧平线 AB,虽然知道点 C 的正面投影和水平投影在直线 AB 的同面投影上,但点 C 的投影是否分割线段的各同面投影成同一比例,在图中未能明确的反映出来。这时可作出它们的侧面投影如图 2-27(b)来判断,也可如图 2-27(c)所示那样,根据平面几何作图方法,过 a 引一任意方向的直线,并在直线上取 B_1、C_1 两点,使 $aB_1 = a'b'$,$aC_1 = a'c'$。由于 c 和 c_1 不重合(即 $ac:cb \neq a'c':c'b'$),所以,可判断点 C 不在直线 AB 上。

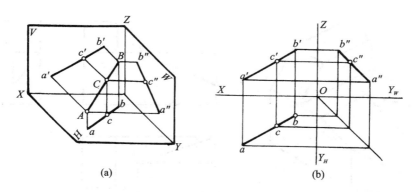

图 2-26 直线上点的投影特性

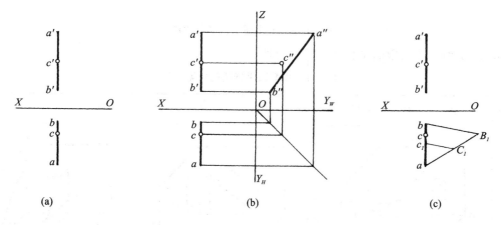

图 2-27 判断点 C 是否属于直线 AB

3. 各种位置直线及其投影特性

在三投影面体系中,根据直线对投影面的相对位置,直线可分为三类:

投影面平行线——只平行于一个投影面而对另外两个投影面倾斜的直线;

投影面垂直线——垂直于一个投影面而同时平行于另外两个投影面的直线;

一般位置直线——对三个投影面都倾斜的直线。

投影面平行线和投影面垂直线统称为特殊位置直线。

由于直线对投影面所处相对位置的不同,其投影特性也各不相同,现分述如下。

(1) 投影面平行线

按直线所平行的投影面的不同,投影面平行线又分为三种:平行于 H 面的称为水平线;平行于 V 面的称为正平线;平行于 W 面的称为侧平线。

现以正平线为例,讨论这类直线的投影特性。

如图 2-28 所示,由于正平线 CD 平行 V 面,即直线上所有点的 y 坐标都相等,并且直线 CD 对 H 面和 W 面都处于倾斜位置,因此,正平线有下列投影特性:

① 正面投影 $c'd'$ 为倾斜线段,且反映实长,即 $c'd' = CD$;

② 水平投影 $cd /\!/ OX$ 轴,侧面投影 $c''d'' /\!/ OZ$ 轴,但都小于实长。

对于水平线、侧平线作同样的分析,可得出类似的投影特性。

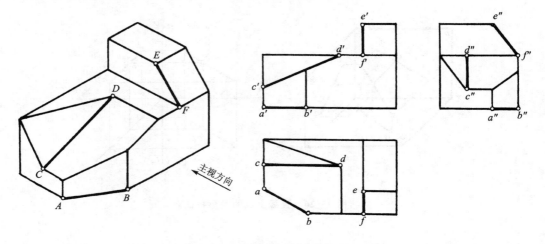

图 2-28　投影面平行线的投影

表 2-1 列出了投影面平行线的投影特性。

表 2-1　投影面平行线的投影特性

名　称	水平线($/\!/H$, $\angle V$, $\angle W$)	正平线($/\!/V$, $\angle H$, $\angle W$)	侧平线($/\!/W$, $\angle H$, $\angle V$)
立体图			

续表 2 - 1

名　称	水平线（∥H，∠V，∠W）	正平线（∥V，∠H，∠W）	侧平线（∥W，∠H，∠V）
投影图	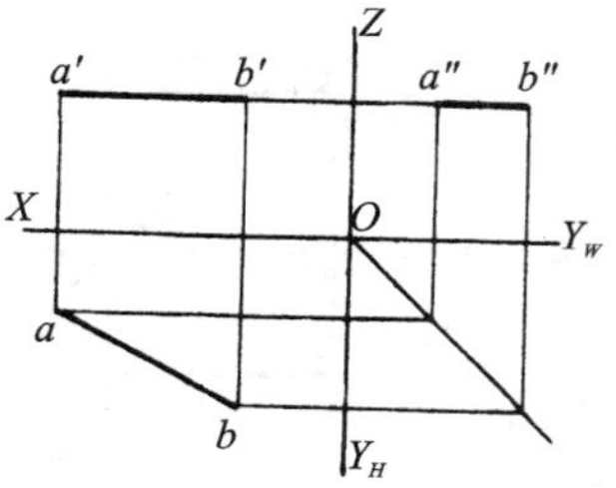	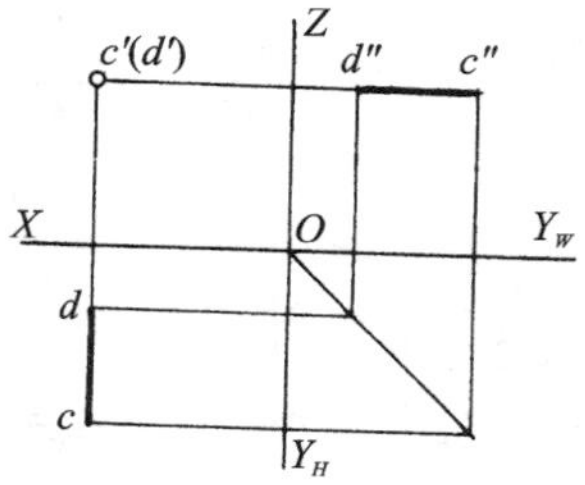	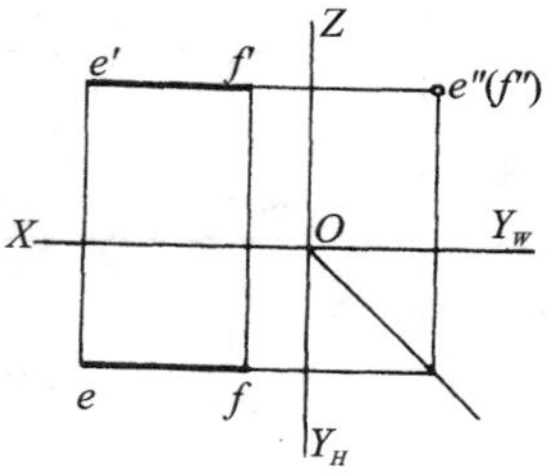
投影特性	1. 水平投影 $ab = AB$，且倾斜于 OX、OY_H 2. 正面投影 $a'b$∥OX，侧面投影 $a''b$ ∥OY_W，且长度缩短	1. 正面投影 $c'd' = CD$，且倾斜于 OX、OZ 2. 水平投影 cd∥OX，侧面投影 $c''d$ ∥OZ，且长度缩短	1. 侧面投影 $e''f'' = EF$，且倾斜于 OY_W、OZ 2. 水平投影 ef∥OY_H，正面投影 $e'f'$∥OZ，且长度缩短
	1. 在所平行的投影面上的投影为斜直线，反映实长 2. 在另外两个投影面上的投影平行于相应的投影轴，长度缩短		

当从投影图上判断直线的空间位置时，若直线的投影有两个平行于投影轴，第三个投影倾斜于投影轴，则该直线为投影面平行线，且一定平行于其投影为倾斜线的那个投影面。

（2）投影面垂直线

按直线所垂直的投影面的不同，投影面垂直线也分为三种：垂直于 H 面的称为铅垂线；垂直于 V 面的称为正垂线；垂直于 W 面的称为侧垂线。

现以铅垂线为例，讨论这类直线的投影特性。

如图 2 - 29 所示，由于铅垂线 AB 垂直于 H 面，也就必然平行于 V 面、W 面。因此，铅垂线有下列投影特性：

① 水平投影 ab 积聚成为一点；

② 正面投影 $a'b'$⊥OX 轴，侧面投影 $a''b''$⊥OY_W 轴，且都反映实长。

对于正垂线、侧垂线做同样的分析，可得出类似的投影特性。

表 2 - 2 列出了投影面垂直线的投影特性。

表 2 - 2　投影面垂直线的投影特性

名　称	铅垂线（⊥H，∥V，∥W）	正垂线（⊥V，∥H，∥W）	侧垂线（⊥W，∥H，∥V）
立体图	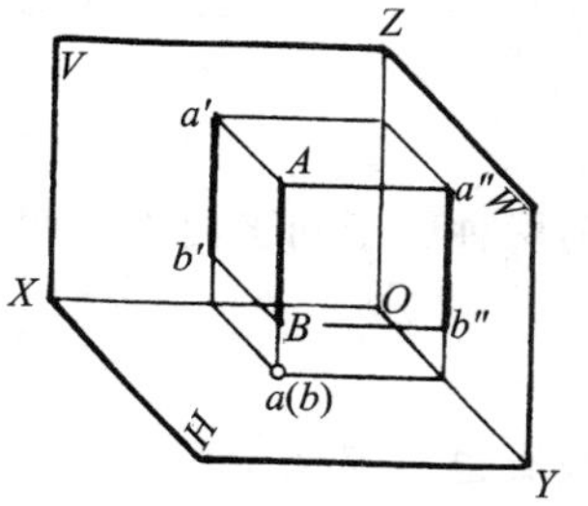	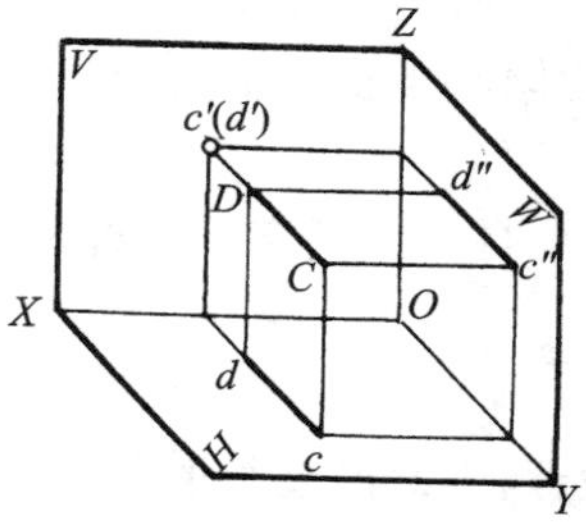	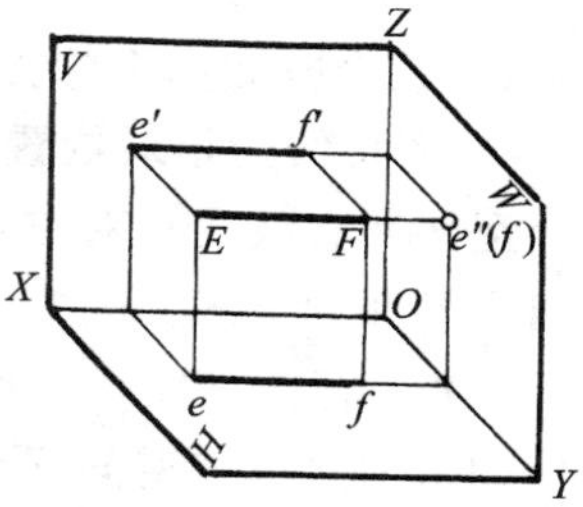

名　称	铅垂线（⊥H，∥V，∥W）	正垂线（⊥V，∥H，∥W）	侧垂线（⊥W，∥H，∥V）
投影图	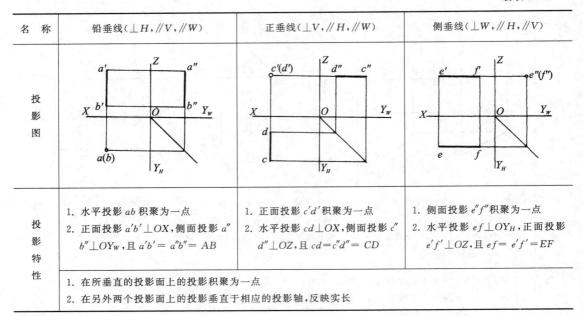		
投影特性	1. 水平投影 ab 积聚为一点 2. 正面投影 $a'b'⊥OX$，侧面投影 $a''b''⊥OY_W$，且 $a'b'=a''b''=AB$	1. 正面投影 $c'd'$ 积聚为一点 2. 水平投影 $cd⊥OX$，侧面投影 $c''d''⊥OZ$，且 $cd=c''d''=CD$	1. 侧面投影 $e''f''$ 积聚为一点 2. 水平投影 $ef⊥OY_H$，正面投影 $e'f'⊥OZ$，且 $ef=e'f'=EF$
	1. 在所垂直的投影面上的投影积聚为一点 2. 在另外两个投影面上的投影垂直于相应的投影轴，反映实长		

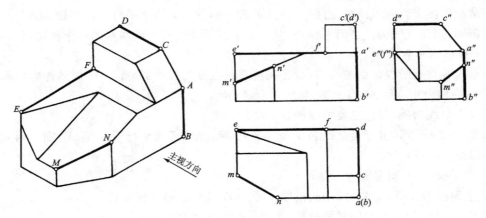

图 2-29　投影面垂直线及一般位置直线的投影

当从投影图上判断直线的空间位置时，若直线的三个投影中有一个投影积聚成为一点，则该直线一定是投影面垂直线，且必垂直于其投影成为一点的那个投影面。

（3）一般位置直线

一般位置直线对三个投影面都是倾斜的，如图 2-28 中的 MN。一般位置直线的投影特性是：在三个投影面上的投影均倾斜于投影轴，且都小于实长。

4. 两直线的相对位置

空间两直线的相对位置有平行、相交、交叉三种情况，前两种属于同平面内的两直线，后一种属于异面两直线。

（1）平行两直线

如果两直线在空间互相平行，则此两直线的各组同面投影也一定互相平行。反之，如果两直线的各组同面投影都互相平行，则此两直线在空间一定互相平行。

如图 2-30 所示,设 AB 和 CD 为空间平行两直线,当它们分别向 V 面投射时,投射线与 AB、CD 构成两互相平行的平面 $ABb'a'$ 和 $CDc'd'$。因此,这两平面与 V 面的交线,即直线 AB 和 CD 在 V 面上的投影 $a'b'$ 和 $c'd'$ 一定互相平行,即 $a'b' /\!/ c'd'$。同理可证 $ab /\!/ cd$,$a''b'' /\!/ c''d''$。

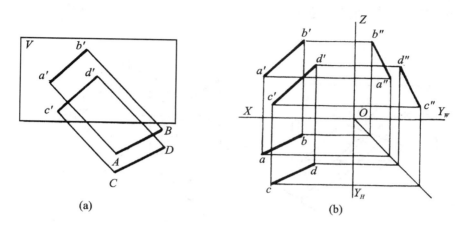

(a)　　　　　　　　　　(b)

图 2-30　平行两直线的投影

（2）相交两直线

如果空间两直线相交,则它们的各组同面投影一定相交,而且交点的投影必符合直线上点的投影规律。反之,如果空间两直线的各组同面投影相交,而且交点的投影符合直线上点的投影规律,则该两直线一定相交。

如图 2-31 所示,设直线 AB 和 CD 相交于 K 点,由于 K 点既在直线 AB 上又在直线 CD 上,是直线 AB 和 CD 的共有点。由直线上点的投影特性知,K 点的正面投影 k 点一定在直线 AB 和 CD 的正面投影 $a'b'$ 和 $c'd'$ 上,即 k' 点一定是 $a'b'$ 和 $c'd'$ 的交点;同理,k 点必定是 ab 和 cd 的交点。k'' 必定是 $a''b''$ 和 $c''d''$ 的交点。因为 k、k'、k'' 是同一点 K 的三面投影,所以它们必然符合点的投影规律。

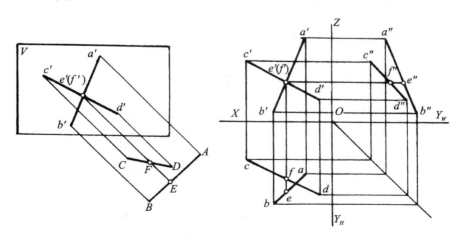

图 2-31　相交两直线的投影

（3）交叉两直线

交叉两直线在空间既不平行，又不相交，如图 2-32 所示。因此交叉两直线的同面投影可有一对或两对互相平行，但交叉两直线的三对投影绝不会都平行；交叉两直线的同面投影，也可有一对、两对或三对同面投影相交，但其交点也绝不会符合点的投影规律。所以，如果两直线的投影既不符合平行两直线的投影特性，又不符合相交两直线的投影特性，则必为交叉两直线。

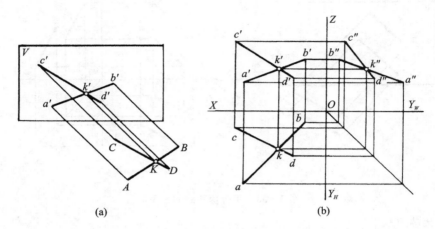

图 2-32　交叉两直线的投影

例 2-6　如图 2-33（a）所示，试判断 AB、CD 两直线的相对位置。

解：因 AB、CD 均为水平线，故需添加 H 面求出 ab 和 cd，如果 $ab \parallel cd$，则 $AB \parallel CD$。如果 ab 不平行于 cd，则 AB 和 CD 交叉。

添加 H 面及求 ab、cd 的过程如图 2-32（b）所示。由作出的投影图知 AB、CD 为交叉两直线。

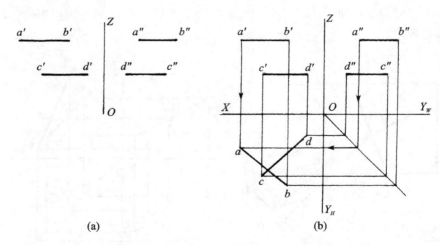

图 2-33　判断 AB、CD 两直线的相对位置

例 2-7　如图 2-34 所示，试判断 AB、CD 两直线的相对位置。

解：由题中所给的条件知 AB 不平行于 CD。又因为 AB 为水平线，CD 为侧平线，所以本题不能从所给条件中直接判断 AB、CD 的相对位置,需用添加第三面投影或用其他辅助手段来判断。本例利用点分隔线段成比例的方法来进行判断。

解题原理 如果 AB、CD 相交,则 $a'b'$ 和 $c'd'$ 的交点,必是 AB、CD 的交点的正面投影;如果 AB、CD 交叉,则 $a'b'$ 和 $c'd'$ 的交点,必是分别位于直线 AB、CD 上的对正立投影面的重影点的投影。

作图步骤

① 在 $a'b'$ 和 $c'd'$ 相交处,定出直线 CD 上的点 E 的正面投影 e'。

② 由 c 作任意方向直线,并在其上量取 $cE_0 = c'e'$,$E_0D_0 = e'd'$。

③ 连接 D_0 和 d,由 E_0 作 $E_0e /\!/ D_0d$ 与 cd 相交于 e,e 即为 E 的水平投影。因为 e 不重合于 ab 和 cd 的交点,所以,$a'b'$ 和 $c'd'$ 的交点分别位于直线 AB、CD 上的对正立投影面的重影点的投影,于是就判定 AB、CD 是交叉两直线。

由上述题例可知:

① 一般情况下,根据两直线的任意两对投影互相平行,即可判断空间两直线平行。但当两直线同时平行于某一投影面时,就不能直接判定它们是否互相平行。这时应根据两直线在所平行的投影面上的投影是否平行才能确定,如图 2 - 33 所示。

② 一般情况下,根据两直线的任意两对投影,即可判定两直线是否相交。但当两直线中有一直线平行于某一投影面时,则须根据两直线在该投影面上是否相交,而且交点是否符合点的投影规律进行判断,或利用分割线段成定比例的方法来判断,如图 2 - 34 所示。

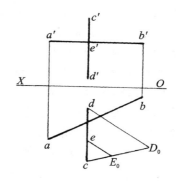

图 2 - 34 判断 AB、CD 两直线的相对位置

2.5 平面的投影

1. 平面的表示方法

根据初等几何可知,一个平面的空间位置,可由下列条件之一来确定:

① 不在同一直线上的三个点,如图 2 - 35(a)所示;

② 一直线和直线外的一个点,如图 2 - 35(b)所示;

③ 相交两直线,如图 2 - 35(c)所示;

④ 平行两直线,如图 2 - 35(d)所示;

⑤ 任意平面图形,如图 2 - 35(e)所示。

以上几种表示平面的方法,虽在表达形式上有所不同,但从投影图中可看出,它们之间的转变只是形式上的变化,而所表示的平面在空间的位置并未改变。因此,确定空间平面位置的最基本几何元素是不在一条直线上的三个点。在投影图上,则利用这些几何元素的投影来表示平面。

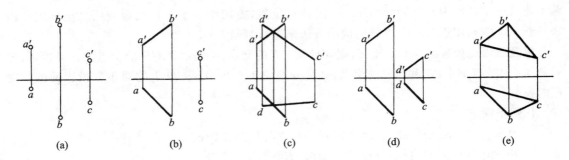

图 2-35　表示平面位置的五种方法

2. 各种位置平面及其投影特性

在三投影面体系中,根据平面对投影面的相对位置,平面可分为三类:

投影面垂直面——只垂直于一个投影面,而对另外两个投影面倾斜的平面;

投影面平行面——平行于一个投影面,而同时垂直于另外两个投影面的平面;

一般位置平面——对三个投影面都倾斜的平面。

投影面垂直面、投影面平行面统称特殊位置平面。

由于平面对投影面所处相对位置的不同,其投影特性也各不相同,现分述如下。

(1) 投影面垂直面

投影面垂直面按平面所垂直的投影面的不同,投影面垂直面分为三种:垂直于 H 面的称为铅垂面;垂直于 V 面的称为正垂面;垂直于 W 面的称为侧垂面。

现以铅垂面为例,讨论这类平面的投影特性。

如图 2-36 所示,由于铅垂面 P 垂直于 H 面,并对 V 面、W 面都处于倾斜位置,因此,铅垂面有下列投影特性:

① 水平投影积聚成一条直线且倾斜于投影轴;

② 正面投影、侧面投影均不反映实形,是小于实形的类似图形。

对正垂面、侧垂面作同样的分析,可得出类似的投影特性。

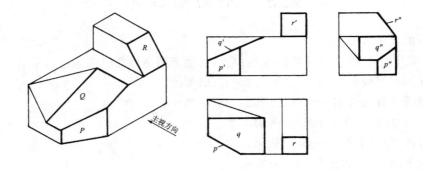

图 2-36　投影面垂直面的投影

表 2-3 列出了投影面垂直面的投影特性。

表 2 - 3　投影面垂直面的投影特性

名　称	铅垂线($\perp H$, $\angle V$, $\angle W$)	正垂线($\perp V$, $\angle H$, $\angle W$)	侧垂线($\perp W$, $\angle H$, $\angle V$)
立体图	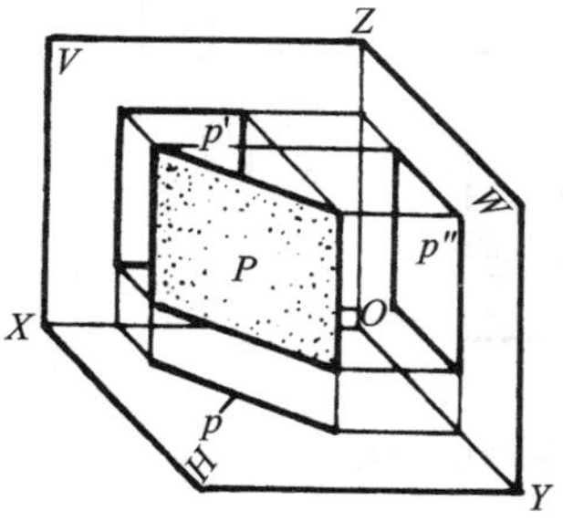	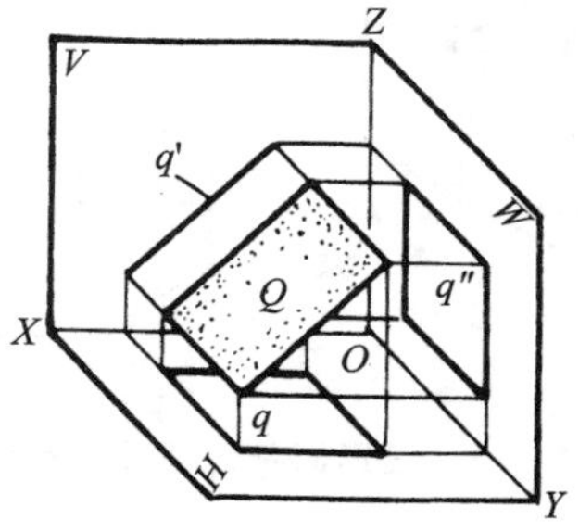	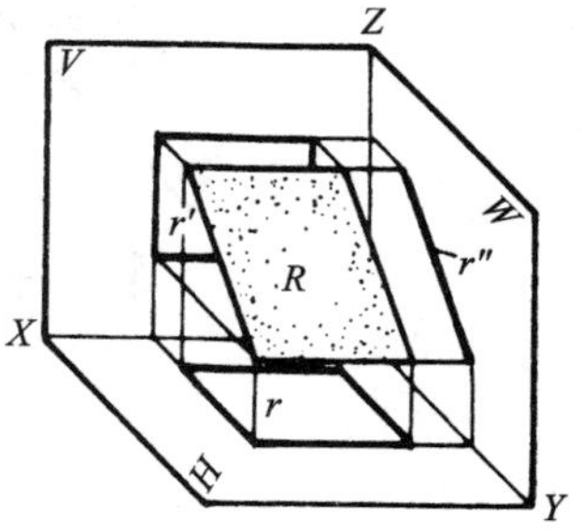
投影图	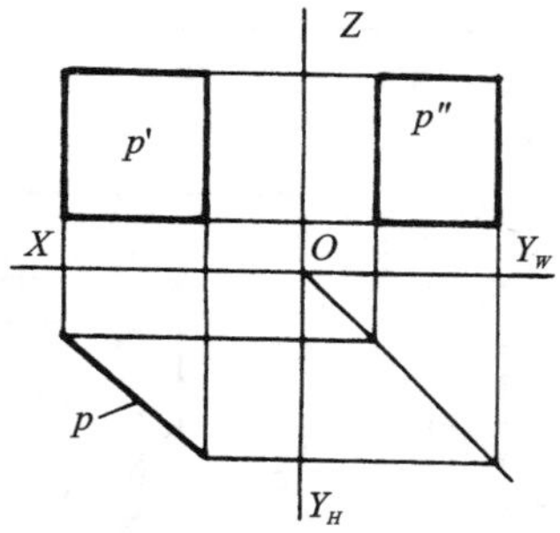	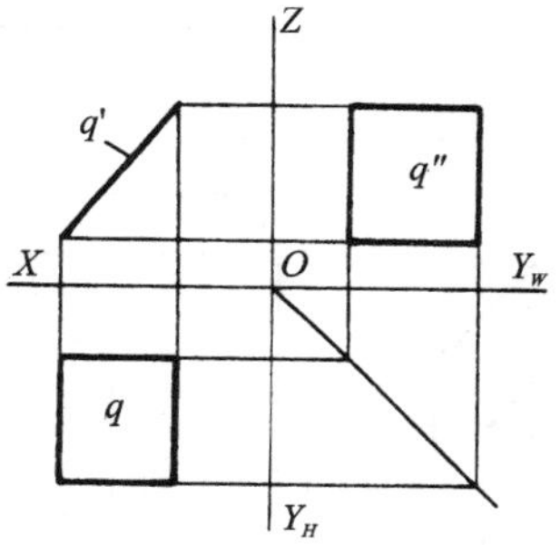	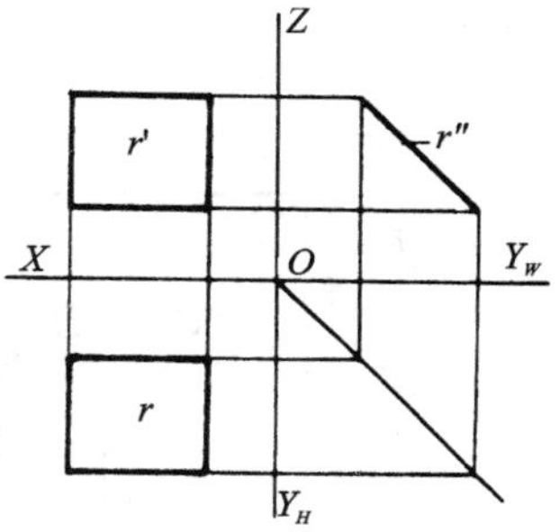
投影特性	1. 水平投影积聚成斜直线 2. 正面投影、侧面投影分别为小于实形的类似图形	1. 正面投影积聚成斜直线 2. 水平投影、侧面投影分别为小于实形的类似图形	1. 侧面投影积聚成斜直线 2. 水平投影、正面投影分别为小于实形的类似图形
	1. 在所垂直的投影面上的投影积聚成斜直线 2. 在另外两个投影面上的投影均为小于实形的类似图形		

　　当从投影图上判断平面的空间位置时,若三个投影中有一个投影是斜直线(即对投影轴倾斜的直线),那么,它一定是该投影面的垂直面。

　　(2) 投影面平行面

　　投影面平行面按平面所平行的投影面的不同可分为三种:平行于 H 面的称为水平面;平行于 V 面的称为正平面;平行于 W 面的称为侧平面。

　　现以正平面为例,讨论这类平面的投影特性。

　　如图 2 - 37 所示,由于正平面 Q 平行于 V 面,同时又垂直于 H 面和 W 面,因此,正平面有下列投影特性:

　　① 正面投影反映实形;

　　② 水平投影、侧面投影都积聚成一条直线,且分别平行于 OX 轴、OZ 轴。

　　对水平面、侧平面作同样的分析,可得出类似的投影特性。

　　表 2 - 4 列出了投影面平行面的投影特性。

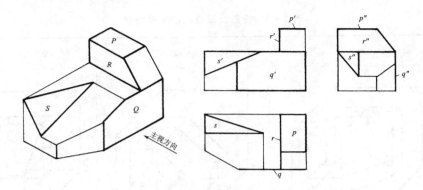

图 2-37　投影面平行面及一般位置平面的投影

表 2-4　投影面平行面的投影特性

名　称	水平线($/\!/H,\perp V,\perp W$)	正平线($/\!/V,\perp H,\perp W$)	侧平线($/\!/W,\perp H,\perp V$)
立体图			
投影图			
投影特性	1. 水平投影反映实形 2. 正面投影、侧面投影分别积聚成直线,且平行于 OX 轴、OY_W 轴	1. 正面投影反映实形 2. 水平投影、侧面投影分别积聚成直线,且平行于 OX 轴、OZ 轴	1. 侧面投影反映实形 2. 水平投影、正面投影分别积聚成直线,且平行于 OY_H 轴、OZ 轴
	1. 在所平行的投影面上的投影反映实形 2. 在另外两个投影面上的投影分别积聚成直线,且平行于相应的投影轴		

　　当从投影图上判断平面的空间位置时,若三个投影中有一个投影积聚成直线并平行或垂直于 OX 轴,而只有一个投影为平面形,则该平面一定是投影面平行面,且一定平行于其投影为平面形的那个投影面。

（3）一般位置平面

一般位置平面对三个投影面都是倾斜的,如图 2-38 所示。故一般位置平面的投影特性是:在三个投影面上的投影,都是小于实形的类似图形。图 2-37 中的 S 平面是一般位置平面。

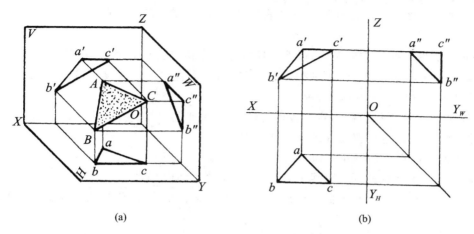

(a)　　　　　　　　　　　　　　　(b)

图 2-38　一般位置平面的投影

例 2-8　图 2-39 为一垫块的立体图和投影图,试判断 P、Q、S 平面为何种位置平面。

解:从图中可以看出,P 平面的正面投影和侧面投影均积聚成为一条直线,且分别平行于 OX 轴和 OY_w 轴。所以,P 平面为水平面;Q 平面的正面投影积聚为一条斜直线,水平投影和侧面投影均为长方形,所以,Q 平面为正垂面;S 平面的三个投影均类似三角形,也就是说 S 平面的任一投影都无积聚性,所以 S 平面为一般位置平面。其他平面与投影面的相对位置不再详述,可自行分析。

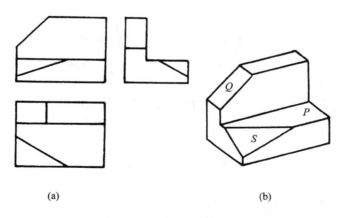

(a)　　　　　　　　　　　　　　　(b)

图 2-39　垫块及其投影

3. 平面内的直线和点

任何平面图形都是由线或点组合而成的,如欲在平面内作出各种平面图形,就必须先在平面内作出一系列的点或线。由此可见,在平面内取点与直线是有关平面作图的基本问题。

（1）平面内取直线由初等几何可知,如果一直线在平面内,则必须符合下列条件之一

① 如果直线通过平面内的两已知点,则此直线在该平面内;

② 如果直线通过平面内的一已知点,且平行于平面内的一已知直线,则此直线在该平面内。

因此,在投影图中,要在平面内取直线,必须先在平面内的已知直线上取点。

例 2 - 9　如图 2 - 40(a)所示,已知直线 DE 在 $\triangle ABC$ 所决定的平面内,求作其水平投影 de。

解:根据直线在平面内的条件,可按下述方法和步骤作图。

① 延长 $d'e'$ 与 $a'b'$ 和 $c'd'$ 分别相交于 $1'$ 和 $2'$;根据直线上点的投影特性,求 I、II 两点的水平投影 1 和 2,如图 2 - 40(b)所示。

② 连接 1、2,再根据直线上点的投影特性,由 $d'e'$ 求得 de,如图 2 - 40(c)所示。

上述作图方法的空间概念如图 2 - 40(d)所示。

(2)平面内取点由初等几何知,点在平面内的条件

如果点位于平面内的任一直线上,则此点位于该平面内。

因此,在投影图中,要在平面内取点,必须先在平面内取直线,然后再在此直线上取点。

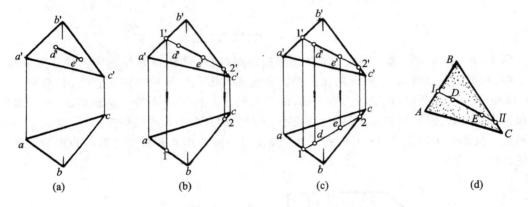

(a)　　　　　(b)　　　　　(c)　　　　　(d)

图 2 - 40　在平面内取直线的方法

例 2 - 10　如图 2 - 41(a)所示,已知 $\triangle ABC$ 及 K 点的两面投影,试判断 K 点是否在 $\triangle ABC$ 所决定的平面内。

解:判断一点是否在平面内,可利用点在平面内的几何条件来确定。

作图步骤

方法一

① 假设 K 点在 $\triangle ABC$ 内,过 a 点作一直线通过 k 点,交 bc 于 1 点;根据直线上点的投影特性,求得 1 点的正面 $1'$,如图 2 - 41(b)所示。

② 连接 $a'1'$,如果 k' 点在 $a'1'$ 上,则原假设成立。可判断 K 点在 $\triangle ABC$ 所决定的平面内。否则,K 点不在 $\triangle ABC$ 所决定的平面内。从图中看出 k' 点在 $a'1'$ 上。所以 K 点在 $\triangle ABC$ 所决定的平面内。

方法二

假设 K 点在 $\triangle ABC$ 内。在 $\triangle ABC$ 内包含 K 点作 I、II 直线平行于 AC,如果 K 点在 $\triangle ABC$ 内,则 K 点的投影必在 I、II 直线的同面投影上,则可判断 K 点在 $\triangle ABC$ 内。反之,如果 K 点的投影不在 I、II 直线同面投影上,则可判断 K 点不在 $\triangle ABC$ 内,作图过程如

图 2 - 41(c)所示。

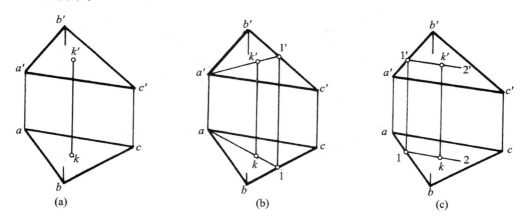

(a)　　　　　　　　　　(b)　　　　　　　　　　(c)

图 2 - 41　判断点 K 是否在△ABC 内

例 2 - 11　如图 2 - 42 所示,试判断点 K 是否位于直线 AB、CD 所确定的平面内。

解:若点在平面上,则其必在平面内的一直线上。假设该 K 点位于直线 AB、CD 确定的平面内。

作图步骤

① 连接 d'k' 与 a'b' 交于 m';

② 求出 M 点的水平投影 m;

③ 连接 dm 则 DM 为平面内一直线;

④ 延长 dm,因 k 位于 dm 的延长线上,所以 K 点位于直线 AB、CD 确定的平面内。

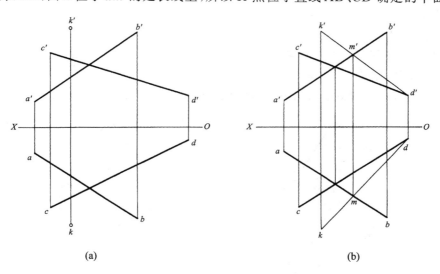

(a)　　　　　　　　　　(b)

图 2 - 42　判断 K 点是否在直线 AB、CD 确定的平面内

例 2 - 12　如图 2 - 43(a)所示,已知平面 ABCD 的正面投影 a'b'c'd' 和水平投影 abc,试完成其水平投影。

解:ABCD 既为平面,则其对角线必相交。

作图步骤

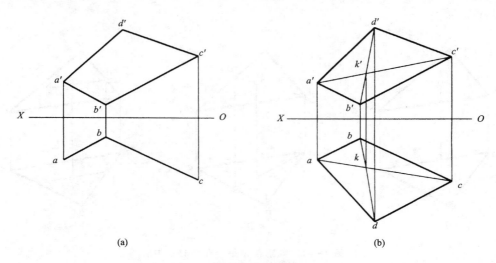

(a)　　　　　　　　　　　　　　　(b)

图 2 - 43　完成平面图形的水平投影

① 连接 AC、BD 的正面投影 $a'c'$、$b'd'$，得交点 k'；

② 连接 AC 的水平投影 ac，求出交点 K 的水平投影 k；

③ 连接 bk 并延长，得 d；

④ 连接 ad、cd，即完成四边形的水平投影。

例 2 - 13　如图 2 - 44(a)所示，在平面 ABC 内作一水平线且距 H 面 16 mm。

解题原理　根据水平线的投影特性，其正面投影平行于 OX 轴，又因该水平线位于平面 ABC 内且距 H 面 16 mm，根据平面内取直线的几何条件，可得该水平线的正面投影，然后即可求出其水平投影。

作图步骤

① 在 V 面上作平行且距 OX 轴 16 mm 的直线，交 $a'b'$、$b'c'$ 于 m'、n' 两点；

② 由 m'、n' 求出 m、n；

③ 连接 mn、$m'n'$，即得平面 ABC 内且距 H 面 16 mm 的水平线的两面投影。

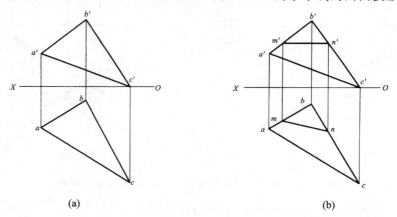

(a)　　　　　　　　　　　　　　　(b)

图 2 - 44　在平面 ABC 内作水平线

4. 圆的投影

当圆所在的平面平行于某投影面时，则圆在该投影面上的投影反映实形，在其他投影面上的投影积聚成为直线,其长度等于圆的直径,如图 2-45(a)所示。

当圆所在平面垂直于某投影面时,则圆在该投影面上的投影积聚成为一斜直线段,而另两投影为椭圆。如图 2-45(b)所示,铅垂面内有一圆心为 O 的圆,该圆的水平投影为直线,其长度等于圆的直径;正面投影为一椭圆,其长轴为圆的铅垂直径 CD 的正面投影 $c'd'$,$c'd'=CD$(反映实长),短轴为圆的水平直径 AB 的正面投影 $a'b'$,其长度可根据投影关系求得。求出椭圆的长、短轴后,可用四心圆弧法作出椭圆。

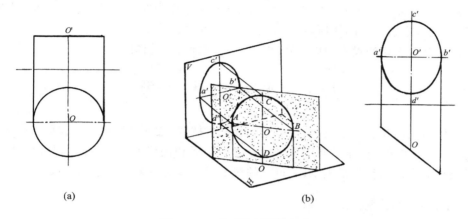

(a)　　　　　　　　　(b)

图 2-45　特殊位置圆的投影

第 3 章　立体投影

立体是由若干表面(平面、曲面)围成的几何体。完全由平面围成的立体称为平面立体,例如棱柱、棱锥等;由曲面和平面或完全由曲面围成的立体称为曲面立体,如圆柱体、圆锥体、圆球、圆环等。这些形状单一的几何体,在工程上习惯称之为基本体。

本章主要介绍立体的投影图以及在立体表面上取点、线的作图方法。

3.1　平面立体投影

平面立体由棱面和底面围成,各棱面的交线称为棱线,棱面与底面的交线称为底边。画平面立体的投影图,实质上就是绘制围成平面立体的平面和棱线的投影,并判别可见性,把可见的平面或棱线的投影用粗实线表示,不可见的棱面或棱线的投影用细虚线表示。

3.1.1　棱柱的投影

常见的棱柱有四棱柱和六棱柱。棱柱的各棱线相互平行。其中,正棱柱的棱面为矩形。下面以正六棱柱为例分析其三面投影。

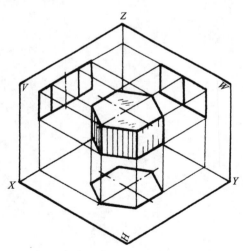

图 3 - 1　正六棱柱的三面投影

如图 3 - 1 所示,正六棱柱由六个棱面和上、下底面围成(为便于画图和看图,常使棱柱的主要表面与投影面垂直或平行)。上、下底面为水平面,其水平投影反映实形(六边形)且重合,正面投影和侧面投影都积聚成两条水平线段。

最前、最后两个棱面为正平面,其正面投影反映实形(矩形)且重合,水平投影和侧面投影积聚成两条直线段。

其余四个棱面为铅垂面,其水平投影积聚成四条线段,正面和侧面投影都为类似图形(小于实形的矩形）。其中,正面投影上,后面两个棱面与前面两个棱面重合;侧面投影上,右面两个棱面与左面的两个棱面重合。六棱柱的六条棱线均为铅垂线,水平投影分别积聚成六边形的六个顶点,正面和侧面投影反映实长。

画正棱柱的投影图时,一般先画反映底面实形的投影,再根据投影规律画出其余两面投影,步骤如图 3-2 所示。

同理可分析其他正棱柱的投影。正棱柱的投影特点是:

在垂直于棱线的投影面上的投影为正多边形,它反映两底面的实形。在平行于棱线的投影面上的投影为一矩形或多个矩形的组合,且矩形的边就是棱线的投影。

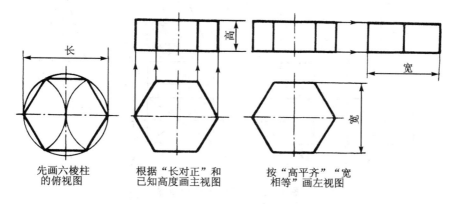

先画六棱柱　　　根据"长对正"和　　　按"高平齐""宽
的俯视图　　　已知高度画主视图　　　相等"画左视图

图 3-2　正六棱柱的画图步骤

3.1.2　棱锥的投影

常见的棱锥有正三棱锥和正四棱锥。棱锥的各个棱面是三角形,各棱线相交于一点,此点即为锥顶。正棱锥的各个棱面是等腰三角形。

如图 3-3 所示,四棱锥由底面矩形和四个棱面围成。底面是水平面,其水平投影反映实

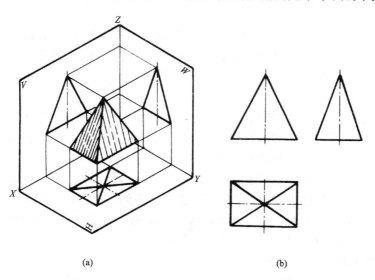

(a)　　　　　　　　　　　　　　　　(b)

图 3-3　四棱锥的三面投影

形(矩形),正面投影和侧面投影积聚成一水平线段。前、后两棱面是侧垂面,其侧面投影都积聚成直线段,水平投影和正面投影为类似形(等腰三角形)。左、右两棱面是正垂面,其正面投影都积聚成直线段,水平投影和侧面投影为类似形。正面投影中,前棱面可见,后棱面不可见。侧面投影中,左棱面可见,右棱面不可见。

画棱锥的投影图时,一般先画底面和锥顶的投影,然后画各棱面(线)的投影(即连接锥顶和底面各点的同面投影),并判别可见性,如图3-4所示。

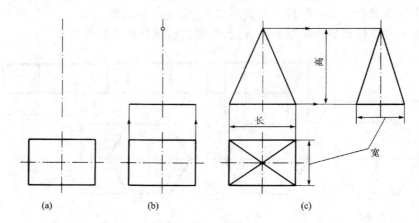

图 3-4 四棱锥的画图步骤

3.1.3 平面立体表面上的点和线

平面立体的表面都是平面,所以在其表面取点、线的作图原理和方法与在平面内取点、线相同。作图的一般步骤是:首先根据点的已知投影的位置和可见性,确定点所在的棱面并找到该棱面的三个投影;然后,根据投影规律作出所求投影;最后判别所求投影的可见性(点的可见性,由点所在平面的可见性确定)。通过上述作图方法,也可画出平面截切体、缺口体的投影。

1. 棱柱表面上取点

在棱柱表面上取点,可利用棱面有积聚性投影这一性质来作图。

例 3-1 在图 3-5 中,已知正六棱柱表面上点 M、点 N 的一面投影 m'、(n),求它们的另外两面投影 m 和 m''、n' 和 n''。

作图步骤

① 因为 m' 可见,所以点 M 在右前棱面上。该棱面的水平投影积聚为一直线段,因此,m 一定在此线段上。根据"长对正"的原则,即可求出水平投影 m,再根据"高平齐"和"宽相等"的原则,求出侧面投影 m''。因右前棱面的侧面投影不可见,所以 m'' 也不可见。

② 因为点 N 的水平投影在多边形范围内,且不可见,所以点 N 在下底面上。因为底面的正面和侧面投影均有积聚性,所以点 N 的正面投影 n' 和侧面投影 n'' 一定在底面的积聚性投影上。根据点的投影规律,即可由 (n) 作出点 n' 和 n''。n' 和 n'' 都可见(当点所在表面的投影积聚为线段并可见时,该点的投影也可见)。

2. 棱锥表面上取点

在棱锥表面上取点时,对特殊位置平面上的点,可利用平面的积聚性投影作出;对一般位置平面上的点,则需利用辅助线才能作出。

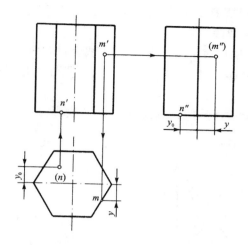

图 3 - 5　在棱柱表面上取点

例 3 - 2　如图 3 - 6 所示,已知三棱锥表面上点 M、N 的正面投影(m')、n',求水平投影 m、n 和侧面投影 m''、n''。

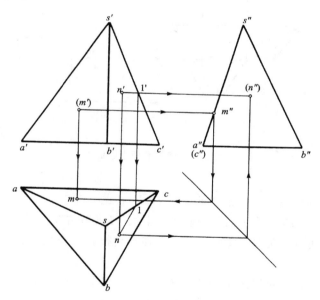

图 3 - 6　棱锥表面上取点

作图步骤

① 因 m' 不可见,所以点 M 在后棱面 SAC 上。此棱面是侧垂面,侧面投影有积聚性,故根据"高平齐"即可先求得侧面投影 m''。再由 m'、m'' 求出其水平投影 m。m 和 m'' 都可见。

② 下面用作辅助线的方法求点 N 的水平投影 n 和侧面投影 n''。

因为 n' 可见,所以点 N 在右侧棱面 SBC 上。此面无积聚性投影,可通过点 N 作辅助线 N1 平行于底边 BC 交棱线 SC 于点 1,在投影图上即过 n' 作 $n'1'$ 平行于 $b'c'$ 交 $s'c'$ 于点 $1'$,由 $1'$ 求得水平投影 1,利用两平行线的投影特性,作出辅助线的水平投影,再利用直线上点的投影特性,即可求得 n 和 (n'')。

当然也可作通过锥顶的辅助线，其结果是相同的。

3．在棱柱、棱锥表面上取线

利用棱柱、棱锥表面上取点的作图方法，先求出线上任意两点（一般取两个端点）的三面投影，再把各组同面投影连接起来，即得线的投影。其可见性也是根据线所在表面的可见性确定的。

例 3 – 3　如图 3 – 7 所示，已知三棱锥表面上线的投影 $d'e'$、$e'f'$，求作其水平投影 de、ef 和侧面投影 $d''e''$、$e''f''$。

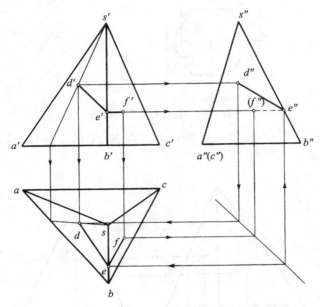

图 3 – 7　棱锥表面上的线

作图步骤

首先根据平面上取点的方法，分别求出点 D、E、F 的水平投影 d、e、f 及侧面投影 d''、e''、(f'')。再连接 de、ef 和 $d''e''$、$e''(f'')$ 即为所求。因为线 DE 在左前棱面 SAB 上，故其水平投影和侧面投影均可见；线 EF 在右前棱面 SBC 上，其水平投影可见而侧面投影不可见，$e''(f'')$ 应连成虚线。

利用上述作图方法，就可以画出棱柱、棱锥被截切后，其缺口的投影图。

例 3 – 4　求作图 3 – 8(a)所示立体的侧面投影。

分析　该立体是正六棱柱被正垂面截断后形成的，如图 3 – 8(b)所示。正垂面与六棱柱各棱面的交线围成一个六边形，它的六个顶点分别是正垂面与六条棱线的交点。该六边形的正面投影积聚为一直线段，六边形的水平投影与六棱柱的水平投影重合，侧面投影为类似形。

作图步骤（见图 3 – 8(c)）

① 画出完整六棱柱的侧面投影；

② 由六边形各顶点的正面投影和水平投影求出其侧面投影；

③ 用直线连接相邻顶点的侧面投影，擦去多余线条，完成作图，如图 3 – 8(d)所示。

例 3 – 5　如图 3 – 9(a)所示，已知截头三棱锥的正面投影，完成水平投影并补画侧面

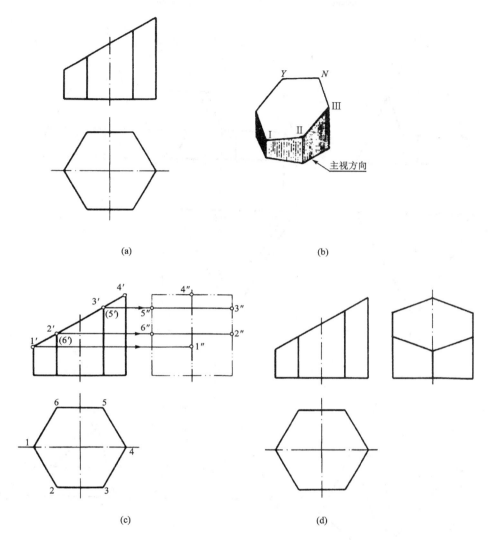

图 3 - 8 截头六棱柱的画法

投影。

分析 三棱锥被一水平面和一正垂面截切。水平截平面平行底面 ABC，它与棱面 SAB、SBC、SAC 的交线 DE、EF、DG 分别平行于底边 AB、BC、AC。正垂面与棱面 SBC、SAC 的交线分别为 HF、HG。由于水平面和正垂面都垂直于正面，所以它们的交线 FG 是正垂线。只要画出这些交线的投影，即可完成作图。

作图步骤（见图 3 - 9(b)）

① 按完整的三棱锥用双点画线画出侧面投影 s''—$a''b''(c'')$。

② 因两截平面都垂直于正面，所以交线的正面投影 $d'e'$、$e'f'$、$d'(g')$ 和 $h'f'$、$h'(g')$ 都分别重合于截平面有积聚性的正面投影上；FG 是正垂线，其正面投影积聚为一点 $f'(g')$。

③ 因 D、H 点分别在棱线 SA、SC 上，所以 d、h 可由 d'、h' 分别在 sa、sc 上求出；再根据平行线的投影特性，由 d 作 $de /\!/ ab$、$dg /\!/ ac$，E 在棱线 SB 上，由 e 作 $ef /\!/ bc$，其中 f、g 的位置分

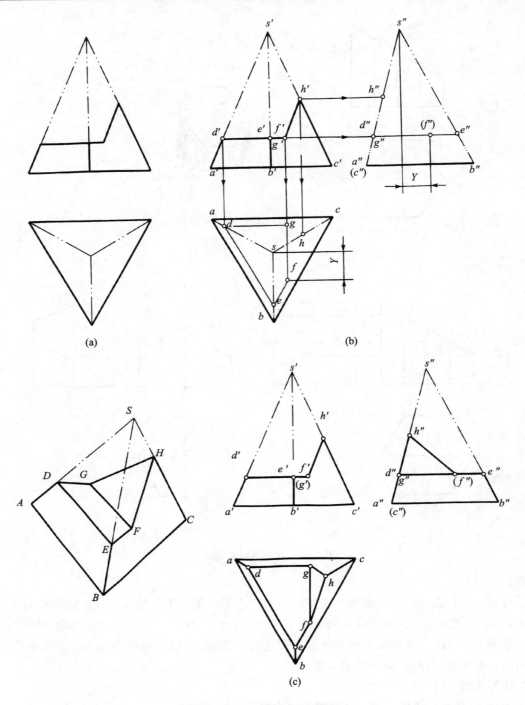

图 3-9　三棱锥切口的画法

别由 f'、g' 确定。

　　④ d''、e''、h'' 可分别由 d'、e'、h' 直接在 $s''a''$、$s''b''$、$s''(c'')$ 上求出；g'' 在棱面 SAC 的积聚性投影 $s''a''(c'')$ 上，f'' 由 f' 和 f 求出，f'' 不可见。

　　⑤ 将所求各点的同面投影按顺序用直线段连接起来，水平投影中各线段都可见，侧面投

影中不可见的 EF 与可见的 DE 重合(因 $DEFG$ 为水平面,其侧面投影积聚成直线段)。

⑥ 检查无误后,去掉多余线条,加深应有的各线段,即为所求,如图 3-9(c)所示。

3.2　曲面立体投影

常见的基本曲面立体是回转体,有圆柱、圆锥、圆球、圆环等,它们的表面是光滑、连续的回转面。因此,画回转体的投影时,应抓住其形成规律及其投影规律。

回转面是一动线(直线或曲线)绕一轴线回转所形成的曲面。通常,将动线称为母线。母线上任一点的运动轨迹都是垂直于轴线的圆,称为纬圆;处于曲面上任意位置的母线称为素线。画曲面的投影,就是画出曲面轮廓的投影。

3.2.1　圆　柱

1. 圆柱面的形成

圆柱体由圆柱面和上、下两底面围成。圆柱面可看作是一直线绕与其平行的轴线旋转而形成的。因此,圆柱面上的所有素线都是与轴线平行的直线。

2. 圆柱体的投影

如图 3-10 所示,当圆柱体的轴线垂直于 H 面时,圆柱体的上、下底面是水平面。其水平投影是一个圆,它反映上、下底面的实形,同时也是圆柱面上所有素线的积聚性投影;正面投影和侧面投影为大小相等的矩形,矩形的上、下边分别是上、下底面的积聚性投影。V 面矩形是可见的前半圆柱面和不可见的后半圆柱面的重影图,矩形的左、右两边分别是圆柱面最左、最右素线的投影;W 面矩形是可见的左半圆柱面和不可见的右半圆柱面的重影图,矩形的前、后两边分别是圆柱面最前、最后素线的投影。

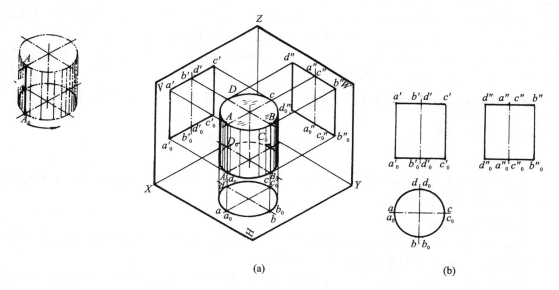

(a)　　　　　　　　　　　　(b)

图 3-10　圆柱体的投影

可以看出,圆柱最前、最后素线的正面投影和最左、最右素线的侧面投影都与轴线重合,不必再画出。画圆柱体的投影图时,应首先画出中心线和轴线,再画投影为圆的视图,最后画出其他两个视图。

3. 圆柱体表面上取点

在圆柱体表面上取点，可根据其投影的积聚性来作图。

例 3 - 6　如图 3 - 11 所示，已知圆柱体表面上 I、II 两点的正面投影 1′、(2′)，III 点的水平投影 3 和 IV 点的侧面投影 (4″)，求作它们的其余两面投影。

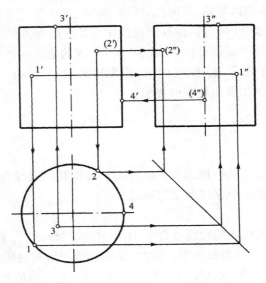

图 3 - 11　圆柱体表面上取点

分析　正面投影 1′ 可见，(2′) 不可见，所以，点 I、II 分别在前、后半圆柱面上。圆柱面的水平投影积聚为圆，因此这两点的水平投影也在此圆周上。

水平投影 3 在圆周内且可见，所以，点 III 在上底面内，而上底面的正面和侧面投影都积聚成直线段，3′、3″ 分别在两线段上；侧面投影 (4″) 在轴线上且不可见，则点 IV 在最右素线上。

作图　根据"长对正"即可在圆周上求出水平投影 1、2；再由 1、1′ 和 2、(2′) 分别求出 1″ 和 2″；点 II 在右半个圆柱面上，其侧面投影不可见。

根据投影规律，即可由 3 和 (4″) 分别求出其余两面投影 3′、3″ 和 4、4′，均为可见。

3.2.2　圆　锥

1. 圆锥面的形成

圆锥体由圆锥面和底面围成。圆锥面可看成是由一动线绕与其相交的轴线旋转而成。圆锥面的素线是通过锥顶的直线。

2. 圆锥体的投影

如图 3 - 12(a) 所示，当圆锥的轴线垂直于 H 面时，其底面是水平面，在 H 面上的投影反映实形圆，在 V、W 面上的投影均积聚成水平线段。

圆锥面的水平投影也是圆，且与底面圆的水平投影重合；正面投影和侧面投影都是全等的等腰三角形。V 面的三角形是可见的前半圆锥面和不可见的后半圆锥面的重影图，三角形的两腰是圆锥面上最左、最右素线的正面投影。W 面的三角形是可见的左半圆锥面与不可见的右半圆锥面的重影图，该三角形的两腰是圆锥面上最前、最后素线的侧面投影。

最前、最后素线的正面投影和最左、最右素线的侧面投影都与轴线重合了,不需再画出。圆锥的三面投影图如图 3 - 12(b)所示。

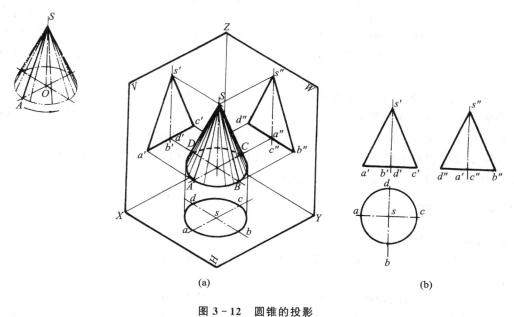

(a)　　　　　　　　　　　　　　(b)

图 3 - 12　圆锥的投影

画圆锥的投影图时,先画中心线和轴线,再画投影为圆的视图,最后画其余两视图。

3. 圆锥体表面上取点

由于圆锥面的三个投影都没有积聚性,所以在圆锥面上取点时需要做辅助线,为作图方便,可选取素线法或纬圆法。

(1) 素线法

如图 3 - 13(a)所示,已知圆锥面上点 A 的正面投影 a',求其水平投影 a 和侧面投影 a''。

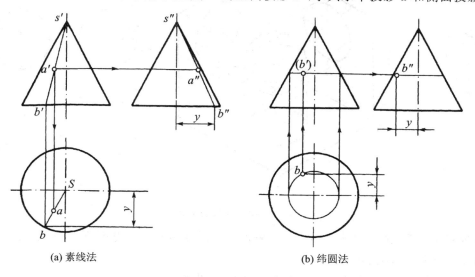

(a) 素线法　　　　　　　　　　　　(b) 纬圆法

图 3 - 13　圆锥表面上取点

分析 因为 a' 可见,所以点 A 在前半圆锥面上。连接 SA 并延长,交底圆于点 B,再利用直线上点的投影特性作图。

作图步骤 连接 s'、a' 并延长使之与底圆的正面投影交于 b',由 b' 在前半底圆的水平投影上作出 b,再由 b 在底圆的侧面投影上作出 b''。连接 sb、$s''b''$,最后由 a' 分别在 sb、$s''b''$ 上作出 a、a''。由于圆锥面的水平投影可见,所以 a 也可见;又因点 A 在左半圆锥面上,所以 a'' 也可见。

（2）纬圆法

如图 3 - 13(b)所示,已知点 B 的水平投影 b,求正面和侧面投影 b' 和 b''。

分析 通过点 B 在圆锥面上作一纬圆,其水平投影与底面圆同心,且反映实形,正面和侧面投影都积聚为垂直于轴线的水平线段,b' 和 b'' 分别在两水平线段上。

作图步骤 在水平投影上过 b 作底圆的同心圆,再作该圆的正面和侧面投影,由 b 求出 b'、b''。因为点 B 在左、后四分之一的圆锥面上,所以 b' 不可见,b'' 可见。

3.2.3 圆 球

1. 圆球面的形成

圆球是由球面围成的。球面可看作是圆以其直径为轴线旋转而成的。

2. 圆球的投影

如图 3 - 14 所示,圆球的三面投影都是与球的直径相等的圆,是从三个不同方向投影得到的图形,而不是球上某一个圆的三个投影。其中,V 面的圆是可见的前半球面和不可见的后半球面的重影图,即前、后半球面的分界圆 B 的正面投影 b';H 面的圆是可见的上半球面和不可见的下半球面的重影图,即上、下半球面的分界圆 A 的水平投影 a;W 面的圆是可见的左半球面和不可见的右半球面的重影图,即左、右半球面的分界圆 C 的侧面投影 c''。

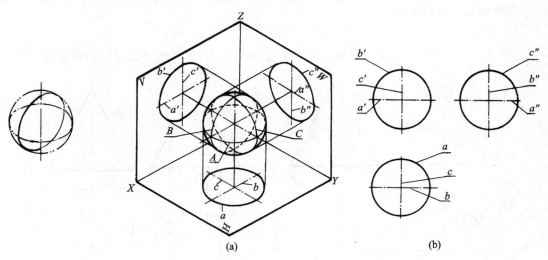

(a)   (b)

图 3 - 14 圆球的投影

需要指出的是,圆 B 的水平投影 b 和侧面投影 b'' 分别与中心线重合,同理,a'、a'' 和 c、c' 也分别与中心线重合,不需再画出。

画图时,首先画出三面投影的中心线,再画三面投影。

3. 圆球面上取点、线

由于球面的三个投影都没有积聚性,所以,可利用纬圆法在球面上取点。不过,这个纬圆可以是平行于 H 面的圆,也可以是平行于 V 面或 W 面的圆。

例 3 - 7　如图 3 - 15(a)所示,已知球面上点 A 的正面投影 a',求水平和侧面投影 a、a''。

分析　过点 A 作一水平纬圆,其正面投影为一通过 a' 的水平线段,长度是纬圆的直径;纬圆的水平投影反映实形,a 在此圆周上;纬圆的侧面投影也为一水平线段,a'' 在此线段上。

作图步骤

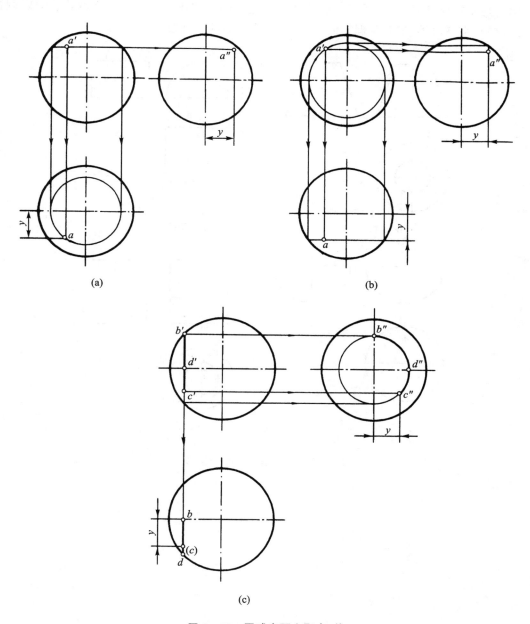

(a)　　　　　　　　　　　　　　(b)

(c)

图 3 - 15　圆球表面上取点、线

因为 a' 可见，点 A 在前半球面上，根据投影规律，可由 a' 求出 a、a''。又因点 A 在左、上四分之一球面上，所以 a、a'' 都可见。

当然，也可以用平行于 V 面或 W 面的辅助纬圆，求出 a、a''。图 3-15(b) 为用平行于 V 面的纬圆求 a、a'' 的作图过程。

图 3-15(c) 为圆球表面上求线的作图过程：BDC' 的正面投影，求其余两面投影。BDC 在平行于 W 面且半径为 $b'd'$ 的纬圆上，此纬圆的侧面投影反映实形，水平投影积聚成直线段。水平投影中，以 d 为分界点，使 bd 可见，dc 不可见，此虚线 bd 与 bd 实线的一部分重合。

除上述基本体外，工程上还有一些常见的不完整的回转体，如圆锥台、半圆柱、半球、圆筒（空心圆柱）、半圆筒等，也应掌握它们，图 3-16 为它们的三面投影图。

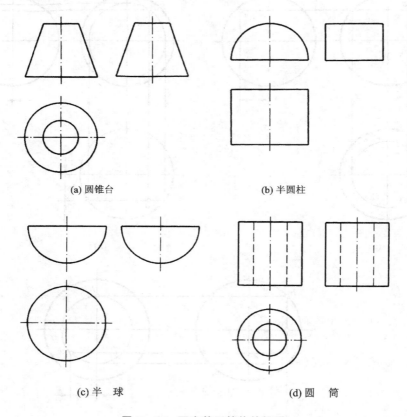

(a) 圆锥台　　　　　　　　　(b) 半圆柱

(c) 半　球　　　　　　　　　(d) 圆　筒

图 3-16　不完整回转体的投影

第4章 立体表面交线

大部分机器零件,都可以看作是由一些基本立体根据不同的要求组合或切割而成。因此,在立体的表面上就会出现一些交线。立体表面的交线有两种:一种称为截交线,它是平面与立体表面相交形成的;另一种称为相贯线,是两立体表面相交形成的,如图 4-1 所示。

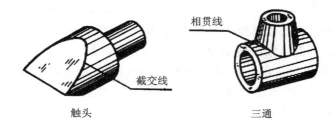

图 4-1 机件表面的截交线和相贯线

本章将研究截交线和相贯线的性质、形状及其画法。

4.1 平面与曲面立体相交

平面与曲面立体相交,平面称为截平面,截平面与立体表面的交线称为截交线。

截交线有下述性质:截交线是截平面与曲面立体表面的共有线,它既在截平面上,又在曲面立体表面上,截交线上的所有点,是截平面和立体表面的共有点;截交线通常是一个封闭的平面图形;截交线的形状取决于曲面立体的形状及其与截平面的相对位置。

截交线的求法,可归结为求出截平面和立体表面上的共有点的问题。因此求截交线的投影,实质就是求共有点的投影,并顺次连线即为所求。

4.1.1 平面与圆柱体相交

按截平面与圆柱轴线的位置不同,圆柱的截交线有三种类型,如表 4-1 所列。

表 4-1 圆柱的截交线

截平面位置	垂直于轴线	倾斜于轴线	平行于轴线
截交线形状	圆	椭 圆	两平行直线
立体图			

截平面位置	垂直于轴线	倾斜于轴线	平行于轴线
投影图			

例 4 - 1　求作圆柱体与正垂面 P 的截交线,如图 4 - 2 所示。

分析　正垂面 P 与圆柱轴线斜交,截交线为一椭圆。截平面为正垂面,圆柱轴线为铅垂线,则截交线的正面投影为一直线段,水平投影为圆,侧面投影为椭圆(但不反映实形)。也就是说,已知椭圆的两面投影,求其侧面投影。作图步骤如下:

1) 画出完整圆柱的侧面投影。

2) 求截交线的侧面投影。

① 求特殊点　截交线上的特殊点有转向轮廓线上的点和极限点(最高、最低、最前、最后、最左、最右点)。在本例中,转向轮廓线上的点 A、B、C、D 是极限点,也是椭圆长、短轴的端点,可根据它们的正面投影和水平投影,求得侧面投影 a''、b''、c''、d'',如图 4 - 2(a)所示。

② 求一般点　在特殊点之间,为了使曲线能光滑连接,可取适当数量的一般点。如在截交线已知正面投影上取重影点 e'、(f') 和 g'、(h')。这四个点分别为前、后对称点和左、右对称

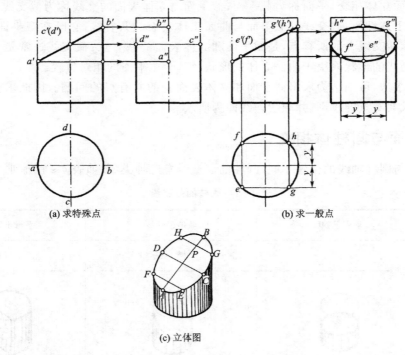

(a) 求特殊点　　　　　　　　(b) 求一般点

(c) 立体图

图 4 - 2　斜截圆柱的截交线画法

点。再根据圆柱面上取点方法求出 e、f、g、h 及 e''、f''、g''、h''，如图 4-2(b)所示。

③ 连曲线　将上述各点的侧面投影顺次光滑连接，即得截交线的侧面投影。

3）整理侧面投影轮廓线，并判别可见性。其截交线的侧面投影所有图线均可见。

4）检查、加深图线，完成全图。

例 4-2　求图 4-3 所示开槽圆柱的水平投影和侧面投影。

分析　被几个平面截切的圆柱，可看成上述基本截切形式的组合。画图前要分析各截平面与立体的相对位置，弄清截交线的形状，然后分别画出各截交线的投影。画图时要注意相交的两截平面应画出其交线的投影。

在本例中，槽是由三个截平面截切而成的，左右对称的两个截平面是平行于圆柱轴线的侧平面，它们与圆柱面的截交线为两条直素线，与上底面的截交线为正垂线；另一截平面是垂直于圆柱轴线的水平面，它与圆柱面的截交线为两段圆弧，三个截平面间产生了两条交线，均为正垂线。

作图步骤　如图 4-3 所示，一般先画完整圆柱的投影，然后再画槽的投影。应注意，截平面间交线的侧面投影不可见，应画成虚线，而圆柱面对 W 面的转向轮廓线，在方槽范围内的一段已被切去。

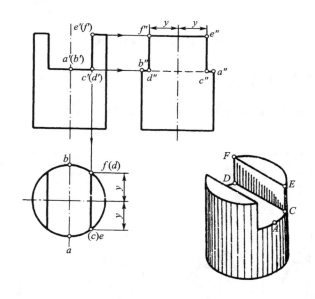

图 4-3　开槽圆柱体的画法

例 4-3　求图 4-4 所示开槽空心圆柱的水平投影和侧面投影。

分析　在上例开槽圆柱的基础上，作一个与外圆柱面同轴的圆柱孔，就形成开槽的空心圆柱，圆柱孔把槽断成两部分。

应注意，在 W 面上，截平面间交线的投影不可见，圆柱孔的转向轮廓线及截平面与圆柱孔的截交线的投影均不可见。

通过以上两例，要明确实心圆柱体和空心圆柱体上方开槽投影的异同。

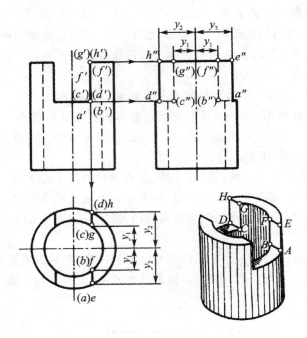

图 4 - 4　　圆筒开槽的画法

4.1.2　平面与圆锥体相交

　　按平面与圆锥的相对位置不同，截交线有五种不同的形状，如表 4 - 2 所列。

表 4 - 2　　圆锥体的截交线

截平面位置	过锥顶	垂直于轴线	倾斜于轴线	平行于一素线	平行于轴线
截交线形状	相交两直线	圆	椭　圆	抛物线	双曲线
立体图					
投影图					

　　例 4 - 4　　如图 4 - 5 所示，求作正垂面与圆锥的截交线。

分析　根据已知条件,可确定截交线为一椭圆,其正面投影为一直线,而其余两投影均为椭圆,作图步骤如下。

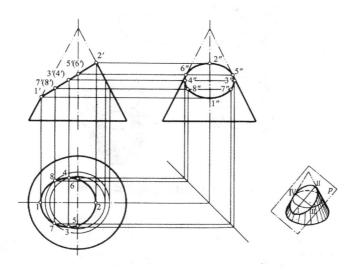

图 4 - 5　平面斜切圆锥所有素线时截交线画法

① 作特殊点椭圆的长轴端点 Ⅰ、Ⅱ是 P 平面与圆锥面最左、最右素线的交点,三面投影可直接求得。短轴Ⅲ、Ⅳ的正面投影 $3'(4')$ 在 $1'2'$ 的中点,其余两投影可用纬圆法求出。 Ⅴ、Ⅵ两点位于 W 面的转向轮廓线上,可根据其正面投影,先求出侧面投影,再求出水平投影。

② 作一般点在截交线上取点Ⅶ、Ⅷ,其正面投影为 $7'$、$(8')$,用纬圆法求出另两投影。

③ 依次光滑连接各点,即得截交线的水平、侧面投影。

4.1.3　平面与球面相交

平面截切圆球时,截交线形状都是圆。当截平面平行投影面时,截交线在该投影面上的投影反映实形,其余两投影积聚为直线段,线段的长度等于所得截交线圆的直径。图 4 - 6 表示用水平面截切圆球时截交线的画法。画图时,一般可先确定截平面的位置,即先画出截交线积聚成直线的投影,然后画出反映为圆的投影。

当截平面垂直于一个投影面而倾斜于其他两投影面时,则截交线在该投影面上的投影,积聚为一直线段,在其他两投影面上的投影是椭圆。

例 4 - 5　如图 4 - 7(d)所示,已知开槽半球的投影,求其余两投影。

分析　槽由两个侧平面和一个水平面截切而成,左右对称,截交线均为圆弧。

截交线的正面投影,均积聚成直线段,如图 4 - 7(a)所示。两个侧平面截切半球所得截交线的侧面投影,各为一段反映实形的圆弧并且重合,其水平投影分别积聚为一直线段,如图 4 - 7(b)所示。水平面截切半球所得截交线的水平投影为两段同心圆弧,侧面投影为直线段。截平面之间的交线为正垂线,交线的侧面投影不可见,如图 4 - 7(b)所示。

作图步骤　先作出完整半球的三面投影,再作出槽的投影。应注意:球面对侧面的转向轮廓线,在方槽范围内不存在,如图 4 - 7(c)所示。

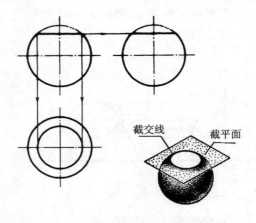

图 4 - 6　平面与球面交线的基本作图

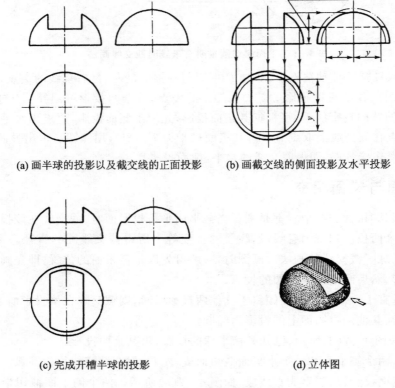

(a) 画半球的投影以及截交线的正面投影　　(b) 画截交线的侧面投影及水平投影

(c) 完成开槽半球的投影　　　　　　　　　(d) 立体图

图 4 - 7　开槽半球的画法

4.1.4　综合举例

例 4 - 6　图 4 - 8 所示的连杆头,是由同轴的小圆柱、圆锥台、大圆柱及半球(大圆柱与球相切)组成,并且被前后对称的两正平面截切,试画出截交线的投影。

分析　截交线由三部分组成:平面与圆锥台的截交线为双曲线,与大圆柱的截交线为两条平行线,与球的截交线为半个圆。截交线的水平投影和侧面投影都积聚成直线段,因此只需作出截交线的正面投影。作图步骤如下：

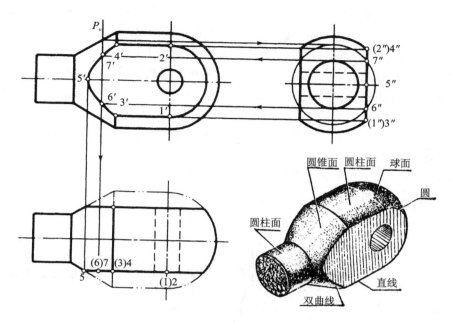

图 4-8　连杆头的投影

　　① 作特殊点　根据水平投影及侧面投影，可求出五个特殊位置点的正面投影 1′、2′、3′、4′、5′。

　　② 作一般点　用纬圆法求出两个一般点的正面投影 6′、7′，再将各点的正面投影依次光滑地连接起来，即得截交线的正面投影。

4.2　两曲面立体相交

　　两立体相交称为相贯，其表面的交线称为相贯线，如图 4-1 所示的空心圆台和圆筒相贯。

　　两曲面立体相交的相贯线有下述性质：相贯线是两曲面立体表面的共有线，也是两曲面立体表面的分界线，相贯线上的点是两曲面立体表面的共有点；两曲面都是回转面时，相贯线的形状取决于回转面的形状、大小和它们的相对位置；两曲面立体相交的相贯线一般是封闭的空间曲线，特殊情况下是平面曲线或直线。

　　求相贯线的投影时，一般先作出两立体表面上一系列共有点的投影，再依次将各点的同面投影连接成光滑的曲线，并表明可见性。

4.2.1　求相贯线的方法

　　求相贯线的常用方法有表面取点法和辅助平面法。

1. 表面取点法

　　相交两曲面立体之一，如果有一个投影具有积聚性，相贯线的这一投影就是已知的，利用这个已知投影，就可用表面取点法求出相贯线的其他投影。

例 4-7   求作图 4-9 所示两圆柱面相贯线的投影。

分析   大圆柱的轴线为侧垂线,所以大圆柱的侧面投影积聚成圆,相贯线的侧面投影应为这个圆上的一段圆弧。小圆柱轴线为铅垂线,所以相贯线的水平投影与小圆柱面的积聚性投影圆重合。只有相贯线的正面投影需要求出。作图步骤如下:

① 作特殊点相贯线上的特殊点,主要是转向轮廓线上的共有点和极限点。如图 4-9(a)所示,转向轮廓线上的共有点 I、II、III、IV 又是极限点。利用取点法,由已知 1、2、3、4 和 1″、2″、3″、4″,求得正面投影 1′、2′、3′、4′。

② 求适当数量的一般点   如图 49(b)所示,在相贯线的已知投影(侧面投影)上任取一重影点 5″、6″,找出水平投影点 5、6,然后作出点 5′、6′。

③ 依次连接各共有点的正面投影,即完成相贯线的正面投影。

④ 判别相贯线的可见性,由于相贯线前后对称,因而其正面投影虚实重合。

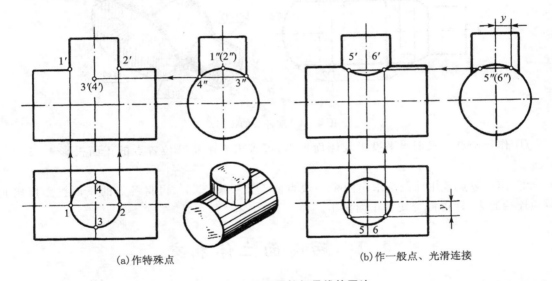

(a)作特殊点   (b)作一般点、光滑连接

图 4-9   两正交圆柱相贯线的画法

2. 辅助平面法

辅助平面法就是假想用一个平面截切相交两立体,所得截交线的交点,就是相贯线上的点,这个假想的平面就是辅助平面。

如图 4-10 所示的圆柱与圆锥相交,求出它们的共有点。假想用一平面 R 截切圆柱与圆

图 4-10   辅助平面法的作图原理

锥,平面与圆锥面的截交线为纬圆 L_A,与圆柱的截交线为两条素线 L_1 和 L_2,L_A 与 L_1、L_2 分别相交于点 Ⅵ、Ⅴ,这两点就是辅助平面 R、圆锥面、圆柱面三个面的共有点。因此,该点也是相贯线上的点。假如连续作一系列的辅助水平面截切圆柱与圆锥,就可以求得一系列共有点,这些点就可连成相贯线。

为便于作图,应使辅助平面与两立体截交线都是简单易画的图线,一般应使交线为直线或圆。

例 4 - 8 求作图 4 - 11 所示的圆柱与圆锥的相贯线。

由图 4 - 11(a)的已知条件,两立体轴线正交,且在同一正平面内,因此相贯线是前后对称的闭合空间曲线。圆柱轴线为侧垂线,相贯线的侧面投影在圆柱面的侧面投影圆上。只需求

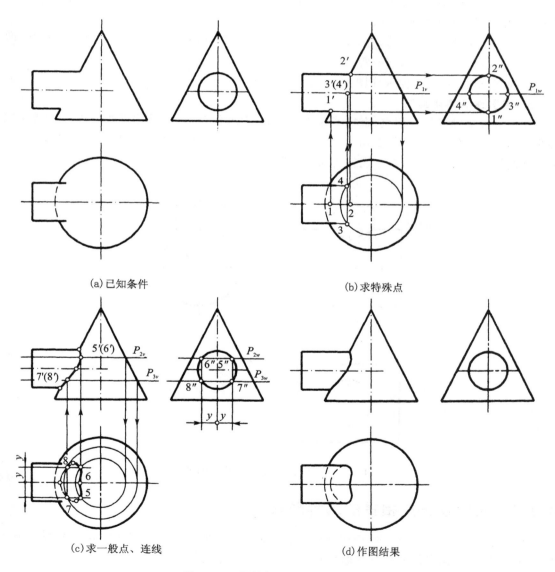

(a)已知条件   (b)求特殊点

(c)求一般点、连线   (d)作图结果

图 4 - 11 圆柱与圆锥相贯线的画法

出正面投影和水平投影。作图步骤如下：

① 作特殊点如图 4-11(b)所示，圆柱与圆锥对称面的轮廓线相交于 I、II 两点，由正面投影 $1'$、$2'$ 求其水平投影 1、2 及侧面投影 $1''$、$2''$，它们是相贯线的最低点和最高点。过圆柱轴线作辅助平面 $P1$，与圆柱面相交于最前、最后两条素线，与圆锥相交得截交线为圆，其水平投影反映实形。在截交线的水平投影相交处，作出相贯线上最前点 III 和最后点 IV 的水平投影 3、4。由 3、4 在 P_{1v} 和 P_{1w} 上分别作出 $3'$、$4'$ 和 $3''$、$4''$。

② 作一般点　如图 4-11(c)所示，在点 I、II 间适当位置作出辅助水平面 P_2 的正面投影 P_{2v} 及其侧面投影 P_{2w}。P_2 与圆柱、圆锥都相交，与圆柱的交线为两条素线，两条素线间的距离可从侧面投影中量得；P_2 与圆锥截交出纬圆，其水平投影反映实形，半径可从正面（或侧面）投影量取。在水平投影中分别作出素线和纬圆的交点 5、6，再由 5、6 求出 $5'$、$6'$。用同样的方法，作出辅助水平面 P_3 即可求出 7、8 和 $7'$、$8'$。

③ 按相贯线侧面投影的顺序，将正面投影和水平投影分别连成平滑曲线，判别可见性，即得相贯线的投影，如图 4-11(c)所示。

④ 整理轮廓线投影，完成作图，如图 4-11(d)所示。

3. 相贯线的简化画法

在两圆柱体轴线垂直相交、直径不等的情况下，为求作图简单，其相贯线可以采用圆弧代替非圆曲线的近似画法，其作法如图 4-12 所示。其要领概括为"以大圆柱的半径为半径，在小圆柱的轴线上找圆心，向着大圆柱弯曲画弧"。

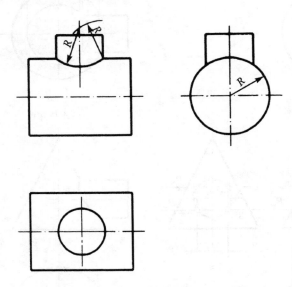

图 4-12　两圆柱正交相贯线的近似画法

4.2.2　两圆柱正交相贯的三种形式

两立体相交可能是它们的外表面相交，也可能是内表面相交。如图 4-13 为两圆柱正交相贯的三种形式，但它们的相贯线形状和作图方法都是相同的。

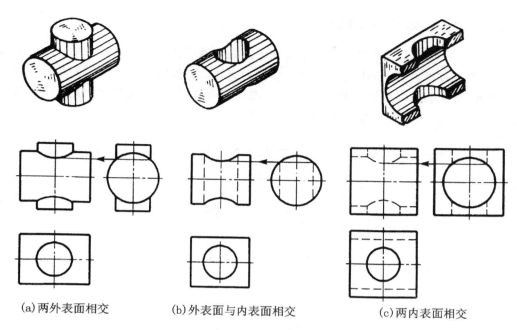

(a)两外表面相交   (b)外表面与内表面相交   (c)两内表面相交

图 4 - 13 两圆柱正交相贯的三种形式

4.2.3 相交两圆柱尺寸的变化对相贯线形状的影响

两立体相交时,它们的尺寸变化会引起相贯线投影的变化,如表 4 - 3 为圆柱直径的大小对两圆柱正交相贯的相贯线形状的影响。

表 4 - 3 尺寸变化对圆柱相贯线形状的影响

两圆柱 直径对比	直径不等		直径相等
	直立圆柱大	直立圆柱小	
立 体 图			
相贯线 形 状	左右两条空间曲线	上下两条空间曲线	两个椭圆
三 面 投 影 图			

4.2.4　同轴回转体的相贯线

同轴的几个回转体相贯,其相贯线是垂直于回转体轴线的圆。当回转体轴线平行于投影面时,相贯线在该投影面上的投影是垂直于轴线的直线段。如图 4 - 14 所示的是圆柱、圆球、圆锥同轴相贯,它们的轴线平行于正面。因此,圆球与圆柱、圆锥的相贯线的正面投影分别为上、下两直线段,其水平投影为大小不等的两个圆。

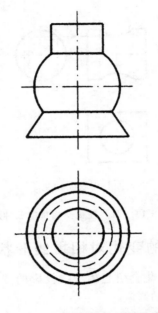

图 4 - 14　同轴回转体的相贯线

第5章 轴测投影

用正投影法在两个或多个投影面上表达物体的主要优点是能完整地、确切地表达出物体各部分的形状,而且作图简便,度量性好;但缺点是直观性差,缺乏立体感,必须有一定读图能力的人才能读懂。因此,在工程上除了广泛采用多面正投影图之外,有时也需要采用直观性好的轴测图来弥补多面正投影图之不足。轴测投影图是一种能同时反映物体长、宽、高三个方向形状的单面投影图(简称轴测图),但由于轴测图不能确切地表达物体的真实形状,而且度量性较差,作图较为复杂。因此,轴测图在工程上仅用来作为辅助图样。

5.1 轴测投影的基本知识

1. 轴测投影的形成

用平行投影法,沿不平行于任一坐标面的方向,将物体连同确定其空间位置的直角坐标系向单一的投影面进行投射,所得的投影图能同时反映出三个坐标面,这样的图称为轴测投影图,如图 5-1 所示。该投影面称为轴测投影面,空间直角坐标轴 OX、OY、OZ 在轴测投影面上的投影 O_1X_1、O_1Y_1、O_1Z_1 称为轴测投影轴,简称轴测轴;轴测轴之间的夹角 $\angle O_1X_1Y_1$、$\angle O_1X_1Z_1$、$\angle O_1Y_1Z_1$ 称为轴间角。

由于平行投影法中包含正(直角)投影和斜投影两种,所以用正投影法获得的轴测图称为正轴测投影图;用斜投影法获得的轴测图称为斜轴测投影图。

2. 轴向伸缩系数

轴测轴上的线段与空间直角坐标轴上的对应线段的长度之比称为轴向伸缩系数,分别以

$$p_1 = \frac{O_1X_1}{OX}, \quad q_1 = \frac{O_1Y_1}{OY}, \quad r_1 = \frac{O_1Z_1}{OZ}$$

来表示 OX、OY、OZ 轴的轴向伸缩系数。

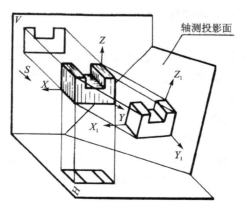

图 5-1 轴测投影的形成

3. 轴测图的投影特性

由于轴测图是用平行投影法得到的一种单面投影图,因此,它具有第 2 章中讲过的平行投影的投影特性:

① 直线性　直线的轴测投影一般仍是直线,特殊情况聚集成点;

② 从属性　点在直线上,则点的轴测投影仍在直线的轴测投影上;

③ 定比性　物体上平行于坐标轴的线段的轴测投影与原线段实长之比,等于相应的轴向伸缩系数,且平行于相应的轴测轴;

④ 平行性　空间互相平行的线段,其轴测投影仍互相平行,且长度比不变。

根据以上投影特性可知,画轴测图时,必须先确定轴间角和轴向伸缩系数。对于物体上平行于各坐标轴的线段,只能沿着平行于相应轴测轴的方向来画,并按相应的轴向伸缩系数来测量其尺寸,"轴测"二字即由此而来。显然,凡不与轴测轴平行的线段,它们的伸缩系数是待求的,作图时不能直接度量。

4. 轴测图的分类

根据投射方向和轴测投影面的相对位置,轴测投影图分为正轴测投影图和斜轴测投影图两类。这两类轴测投影图,根据轴向伸缩系数的不同,又各分为三种:

① 正(或斜)等轴测图,简称正(或斜)等测,即 $p_1 = q_1 = r_1$;

② 正(或斜)二等轴测图,简称正(或斜)二测,即 $p_1 = q_1 \neq r_1$ 或 $p_1 = r_1 \neq q_1$;

③ 正(或斜)三等轴测图,简称正(或斜)三侧,即 $p_1 \neq q_1 \neq r_1$。

在实际作图中,正等测及斜二测用得较多,二测(正、斜)投影一般采用的轴向伸缩系数为 $p_1 = r_1, q_1 = \dfrac{P_1}{2}$。三测投影由于作图较繁,故很少采用。

作物体的轴测图时,应先选择采用何种轴测图,以便确定轴向伸缩系数和轴间角。轴测轴则根据已确定的轴间角,按表达清晰和方便作图来配置,一般情况下 O_1Z_1 轴画成铅垂位置。在轴测图中,应用粗实线画出物体的可见轮廓,必要时,可用虚线画出物体的不可见轮廓。

5.2　正等轴测图的画法

1. 正等轴测图的形成、轴间角和轴向伸缩系数

（1）形　成

用正投影法,使确定物体空间位置的空间直角坐标系的三根坐标轴与投影面倾斜的角度相同时,得到的具有立体感的投影图就是正等轴测图。

（2）轴间角和轴向伸缩系数

由于三根坐标轴与轴测投影面倾斜的角度相同,因此,三个轴间角相等,均为 120°,即 $\angle O_1X_1Y_1 = \angle O_1X_1Z_1 = \angle O_1Y_1Z_1 = 120°$,如图 5 - 2 所示。三根坐标轴的轴向伸缩系数也相等,根据计算,约为 0.82。为了作图简便,常采用简化为 1 的简化轴向伸缩系数(分别用 p、q、r 表示)来作图,这样画出的正等轴测图,只是沿各轴向的长度比理

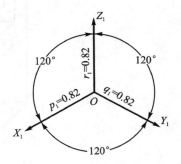

图 5 - 2　正等轴侧图的轴间
角和轴向伸缩系数

论的轴测投影放大了 $1/0.82 \approx 1.22$ 倍,但其形状仍保持不变,图形的立体感也不变。图 5-3 (a)所示为撞块的三视图,图 5-3(b)是按轴向伸缩系数等于 0.82 时画出的撞块的正等轴测图,图 5-3(c)是按轴向伸缩系数等于 1 时画出的撞块的正等轴测图。

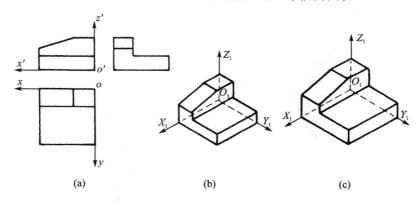

图 5-3　撞块的正等轴测图

2. 平面立体正等轴测图的画法

画轴测图的最基本方法是坐标法。所谓坐标法,就是根据物体上各点的坐标值,找出它们的轴测投影,最后连接各点,就构成物体的轴测图。

例 5-1　作出图 5-4(a)所示正六棱台的正等轴测图。

形体分析　选定坐标原点和坐标轴,坐标原点和坐标轴的选择应以作图简便为原则。从图 5-4(a)可见,正六棱锥台的上下底面都是处于水平位置的正六边形,为作图简便,取上底面的中心 O 为原点,确定坐标轴。

作图步骤

① 在三视图中选定坐标原点和坐标轴,如图 5-4(a)所示。

② 画轴测轴,按坐标关系画顶面六边形的正等轴测图,如图 5-4(b)所示。

③ 测量棱台高度,画底面六边形的正等轴测图,如图 5-4(c)所示。

④ 连接各棱线,加深,完成全图,如图 5-4(d)所示。

例 5-2　作出图 5-5(a)所示立体的正等轴测图。

形体分析　该立体可看作是从长方体上先后切去三棱柱(Ⅰ)和四棱柱(Ⅱ)两部分后形成的挖切式组合体,根据该组合体的形状特征,在画其正等轴测图时,可以先按完整的长方体来画,然后再画出被切去的Ⅰ、Ⅱ两部分的正等轴测图,其剩余部分即是所求立体的正等轴测图。

作图步骤

① 在三视图中选定坐标原点和坐标轴,如图 5-5(a)所示。

② 画轴测图,画出长方体及被切去的Ⅰ部分的正等轴测图,如图 5-5(b)所示。

③ 画出被切去的Ⅱ部分的正等轴测图,如图 5-5(c)所示。

④ 加深,完成全图,如图 5-5(d)所示。

3. 回转体正等轴测图的画法

(1) 平行于坐标面的圆的正等轴测图的画法

从正等轴测图的形成可知,三个坐标面在正等轴测投影中都倾斜于轴测投影面。因此,位于或平行于坐标面的圆的正等轴测投影都是椭圆。图 5-6 是正方体平行于坐标面的内切圆

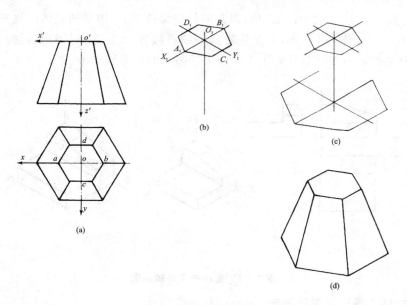

图 5-4 六棱锥台的正等轴测图画法

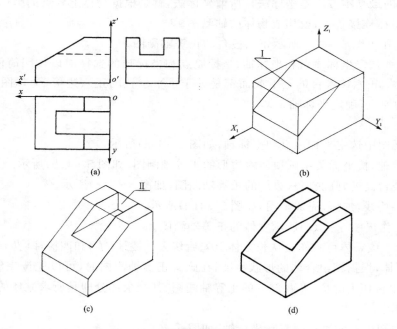

图 5-5 带缺口平面立体的正等轴测图的画法

的正等轴测图。从图中可看出：

① 三个椭圆大小、形状一样，但方向各不相同；

② 各椭圆长、短轴的方向为：

平行于 OXY 坐标面的圆的正等轴测图，其长轴垂直于 O_1Z_1 轴，短轴平行于 O_1Z_1 轴；

平行于 OXZ 坐标面的圆的正等轴测图，其长轴垂直于 O_1Y_1 轴，短轴平行于 O_1Y_1 轴；

平行于 OYZ 坐标面的圆的正等轴测图，其长轴垂直于 O_1X_1 轴，短轴平行于 O_1X_1 轴。

③ 各椭圆长、短轴的长度,按轴向伸缩系数 0.82 作图时,如图 5-6(a)所示;按简化轴向伸缩系数 1 作图时,各椭圆长轴为 1.22 d,短轴为 0.71 d,如图 5-6(b)所示。

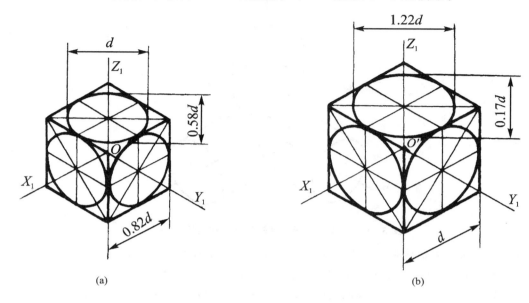

图 5-6 平行于坐标面的圆的正等轴测图

为了简化作图,上述椭圆一般用四段圆弧代替。由于这四段圆弧的四个圆心是根据椭圆的外切菱形求得的,因此这个方法也叫菱形四心法。现以平行于 OXY 坐标面的水平面为例,如图 5-7(a)所示,介绍菱形四心法画椭圆的具体步骤。

① 以圆心 O 为坐标原点,两条中心线为坐标轴 OX、OY,如图 5-7(a)所示。

② 作 O_1X_1、O_1Y_1 轴,以圆的直径为边长,作出其邻边分别平行于两根轴测轴的菱形,该菱形的对角线即为椭圆长、短轴的位置,如图 5-7(b)所示。

③ 菱形两钝角的顶点 1_1、2_1 和其两对边中点的连线与长对角线交与 3_1、4_1 两点,1_1、2_1、3_1、4_1 即为四个圆心,如图 5-7(c)所示。

④ 分别以 1_1、2_1 为圆心,以 1_1D_1 为半径,画大圆弧 $\frown D_1C_1$ 和 $\frown A_1B_1$;分别以 3_1、4_1 为圆心,以 3_1D_1 为半径,画小圆弧 $\frown D_1A_1$ 和 $\frown B_1C_1$,即完成作图,如图 5-7(d)所示。

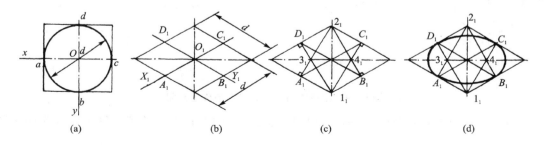

图 5-7 菱形四心法画平行于 OXY 坐标面的圆的正等轴测图

(2)圆柱体的正等轴测图的画法

图 5-8 所示为轴线平行于或位于各坐标轴的圆柱体的正等轴测图。从图中可看出:在圆柱体和圆锥体的正等轴测图中,其上、下底面椭圆的短轴与轴线在一条直线上,且短轴垂直于

长轴。

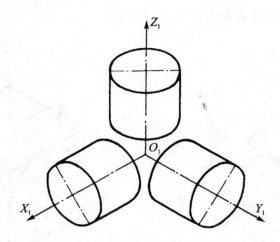

图 5 - 8　轴线平行于坐标轴的圆柱体的正等轴测图

图 5 - 9 所示为轴线垂直于水平面的圆柱体的正等轴测图作图步骤：

① 选定坐标原点 O 和坐标轴 OX、OY、OZ，如图 5 - 9(a)所示。

② 用菱形四心法作上、下底面椭圆，其中心距等于高度 h，如图 5 - 9(b)所示。

③ 作两个椭圆的外公切线，如图 5 - 9(c)所示。

④ 完成的正等轴测图，如图 5 - 9(d)所示。

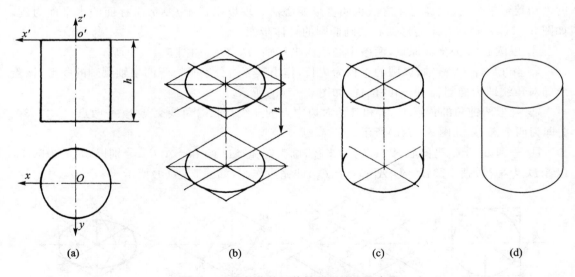

(a)　　　　　　　　(b)　　　　　　　　(c)　　　　　　　　(d)

图 5 - 9　圆柱体的正等轴测图的作图步骤

图 5 - 10(a)所示为圆柱体上部挖槽后形成的立体的两视图。其正等轴测图的作图步骤如下：

① 作圆柱体的正等轴测图，并作出切槽底面椭圆，如图 5 - 10(b)所示。

② 作出切槽的正等轴测图，如图 5 - 10(c)所示。

③ 完成的正等轴测图，如图 5 - 10(d)所示。

(3) 圆角的正等轴测图的画法

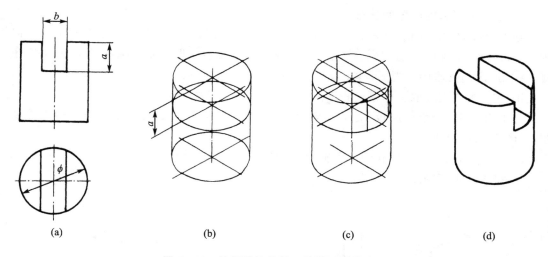

| (a) | (b) | (c) | (d) |

图 5 - 10　挖切圆柱体的正等轴测图的画法

　　图 5 - 11(a)所示是一底板的两视图，其上的圆角通常是四分之一圆柱面，而这四分之一圆柱面上的圆弧又是整圆的四分之一。因此，在正等轴测图中它们正好分别是近似椭圆的四段圆弧中的一段，而各自的圆心在所作外切菱形相邻两边的中垂线的交点上，如图 5 - 11(b)所示。由此得出底板上圆角的正等轴测图的画法如下。

　　① 画长方体的正等轴测图，用四心法画出顶面圆角的正等轴测图。按板厚度 h，用移心法画出底面圆角的正等轴测图，如图 5 - 11(c)所示。

　　② 完成的正等轴测图，如图 5 - 11(d)所示。

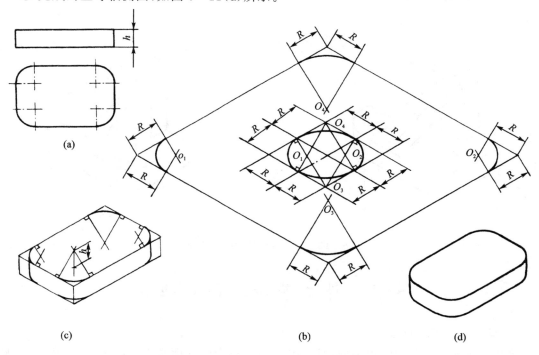

图 5 - 11　圆角的正等轴测图的画法

4. 组合体正等轴测图的画法

画组合体的轴测图时,也应进行形体分析。首先要分析这个组合体是由哪些基本几何体按何种形式组合,相互位置如何,然后考虑表达的清晰性,进而确定画图的方法和顺序。

图 5-12 所示为支座的三视图,其正等轴测图的作图步骤如下:

① 在三视图上选取坐标原点和坐标轴,如图 5-12(a)所示。

② 画轴测轴,分别画底板、立板及底板上的圆角、立板上的半圆柱面及圆孔的正等轴测图,如图 5-12(b)所示。

③ 画筋板,底板上小圆孔的正等轴测图,如图 5-12(c)所示。

④ 完成的正等轴测图,如图 5-12(d)所示。

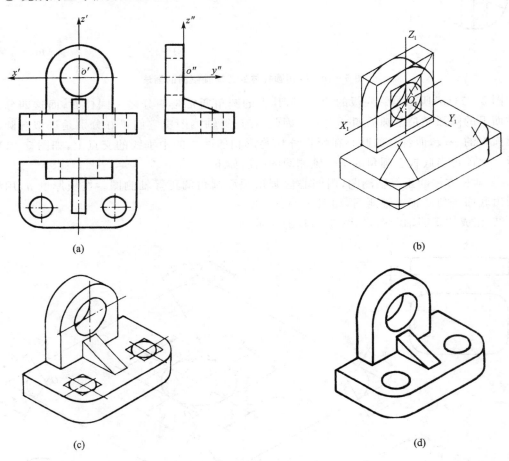

(a)　　　　　　　　　　　　　　　　　　(b)

(c)　　　　　　　　　　　　　　　　　　(d)

图 5-12　组合体正等轴测图的画法

5.3　斜二等轴测图的画法

1. 斜二等轴测图的形成

当投射方向倾斜于轴测投影面,且投射方向与三个坐标面都不互相平行时,所得的轴测图,称为斜轴测投影图。在斜轴测投影中,当 OXZ 坐标面平行于轴测投影面时,OX、OZ 轴的轴向伸缩系数均等于 1;当 OY 轴的轴向伸缩系数 $q\neq 1$ 时,所得的斜轴测投影图称为正面斜二等轴测投影图,简称斜二测,如图 5-13 所示。

2. 轴间角和轴向伸缩系数

在斜二等轴测投影中,由于 OXZ 坐标面平行于轴测投影面,所以,不论投射方向与轴测投影面的倾斜角度如何,OX 轴和 OZ 轴的轴向伸缩系数都等于 1,即 $p=r=1$,其轴间角 $\angle O_1X_1Z_1=90°$。只有 OY 轴的轴向伸缩系数和相应的轴间角随投射方向的变化而发生改变。在实际作图时,为了作图简便,同时又有较强的立体感,通常选取轴间角 $\angle O_1X_1Y_1=135°$ 或 $\angle O_1Y_1Z_1=45°$,OY 轴的轴向伸缩系数 $q=0.5$,如图 5-14 所示。

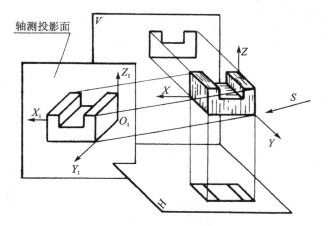

图 5-13 斜二等轴测图的形成

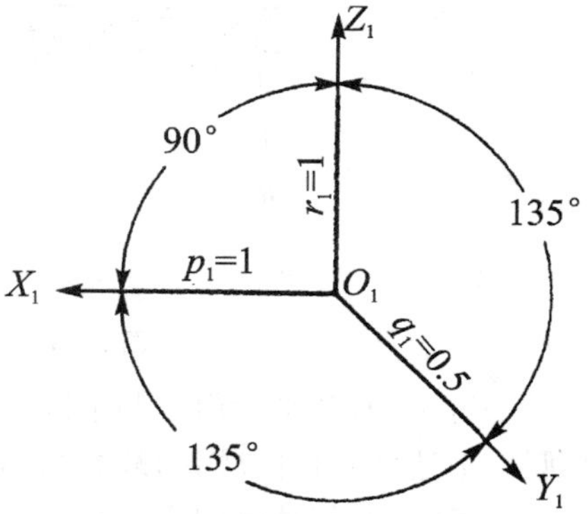

图 5-14 斜二等轴测图的轴间角和轴向伸缩系数

3. 圆的斜二等轴测图的画法

在形成斜二等轴测图的过程中,由于 OXZ 坐标面平行于轴测投影面,根据平行投影的特性,物体表面上凡与 OXZ 坐标面平行的所有图形,其斜二等轴测投影均反映实形。因此,平行于 OXZ 坐标面的圆的斜二等轴测投影仍为圆,且大小不变,如图 5-15 所示。而平行于 OXY、OYZ 两个坐标面的圆的斜二等轴测投影则为椭圆,其椭圆长轴分别与 O_1X_1、O_1Z_1 轴的夹角约为 $7°10'$,椭圆长轴约为 $1.06\ d$,短轴约为 $0.33\ d$。如图 5-16 所示为平行于 OXY 坐标面的水平圆的斜二等轴测图的近似画法,其作图步骤如下。

① 由 O_1 作轴测轴 O_1X_1、O_1Y_1 及圆的外切正方形的斜二测图,四边中点分别为 1_1、2_1、3_1、

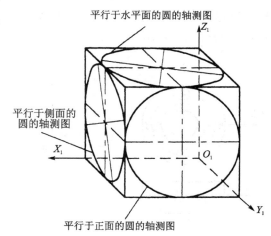

图 5-15 三坐标面上圆的斜二等轴测图

4_1。再作 A_1B_1 与 O_1X_1 轴成 $7°10'$ 的直线,即为长轴方向;作 $C_1D_1\perp A_1B_1$,则 C_1D_1 为短轴方向,如图 5-16(a)所示。

② 分别取 O_15_1、O_16_1 等于 d(圆的直径),连接 55_1 与 2_1、6_1 与 1_1,交长轴于 8_1、7_1 两点,则

5_1、6_1、7_1、8_1即为四段圆弧的圆心,如图 5 – 16(b)所示。

③ 以 5_1、6_1为圆心,$5_1 2_1$、$6_1 1_1$为半径,画大圆弧⌒$9_1 2_1$、⌒$10_1 1_1$与 $5_1 7_1$、$6_1 8_1$交与 9_1、10_1两点;以 7_1、8_1为圆心,$7_1 1_1$、$8_1 2_1$为半径画小圆弧⌒$1_1 9_1$、⌒$2_1 10_1$,由此连成近似椭圆,即完成平行于 OXY 坐标面的水平圆的斜二等轴测图的作图,如图 5 – 16(c)所示。

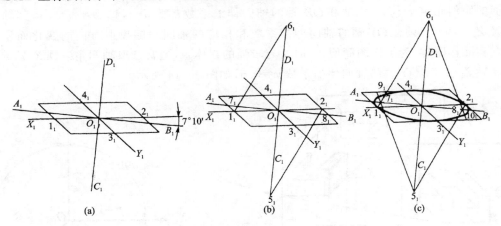

图 5 – 16　水平圆的斜二等轴测图的近似画法

平行于 OYZ 坐标面的侧平圆的斜二等轴测图,仅椭圆长短轴方向不同,其余画法均同水平圆。上述椭圆作图较繁,故当物体的三个方向上都有圆或圆弧时,应避免选用斜二等轴测投影。所以,斜二等轴测图宜用来表达某一方向上的形状复杂或圆(圆弧)较多的物体。

4. 斜二等轴测图的画法

斜二等轴测图的画法和正等测轴图基本相同,只是轴间角和轴向伸缩系数不同。图 5 – 17(a)为一压盖的两视图。由图可知,该物体仅有平行于 XOZ 坐标面的圆。因此在画斜二等轴测图时,可以先分层定出各圆所在平面的位置,然后确定各圆的圆心位置,具体画法如图 5 – 17(b)、(c)、(d)所示。

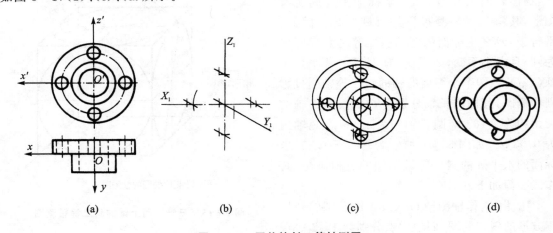

图 5 – 17　压盖的斜二等轴测图

第6章 组合体视图

　　形状各异的零件都可以看成由若干基本体组合而成的形体,两个和两个以上基本体组合而成的形体称为组合体。

6.1 组合体的组成分析

1. 组合体的组合形式

通常,组合体的组合形式可分为叠加类、切割类和综合类三类,如图 6-1 所示。

（1）叠加类

基本体按一定的相对位置叠加在一起组合而成的组合体称为叠加类组合体,如图 6-1(a)所示。

（2）切割类

由基本体经切割、挖槽、钻孔等形成的组合体称为切割类组合体,如图 6-1(b)所示。

（3）综合类

单一的叠加类或切割类组合体均为少见,而常见的是既有叠加又有切割的组合体,称为综合类组合体,如图 6-1(c)所示。

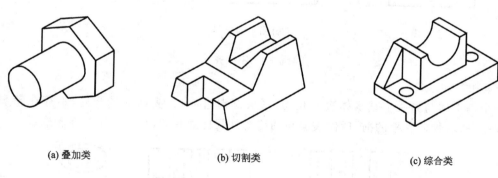

(a) 叠加类　　　　　(b) 切割类　　　　　(c) 综合类

图 6-1　组合体组合形式

2. 组合体的表面过渡关系

组合体的各基本体之间表面过渡关系可分为以下四种。

（1）平　齐

若各基本体的表面结合后处在同一平面上,称为平齐连接,则两个基本体结合处就不应出现轮廓线,如图 6-2 所示。

（2）不平齐

若各基本体表面结合后处在不同平面,称为不平齐连接,则两个基本体结合处就应有轮廓线,如图 6-3 所示。

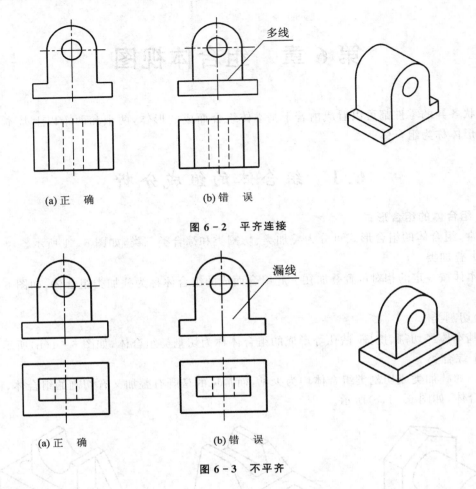

图 6-2　平齐连接

图 6-3　不平齐

（3）相　切

一个基本体与另一个基本体表面相切，形成圆滑过渡，在表面的结合处，不存在轮廓线。如图 6-4 所示物体底板的前、后侧表面与圆筒的外圆柱面相切，相切处不存在轮廓线。

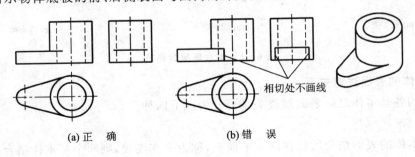

图 6-4　相　切

（4）相　交

一个基本体与另一个基本体的表面相交，在表面的结合处产生交线，相交处应该画出轮廓线。如图 6-5 所示，物体底板的前、后侧表面与大圆柱面相交，在相交处存在轮廓线。

相贯是相交的特殊形式，其相贯线一般采用前述的相贯线画法绘制，如图 6-6 所示。

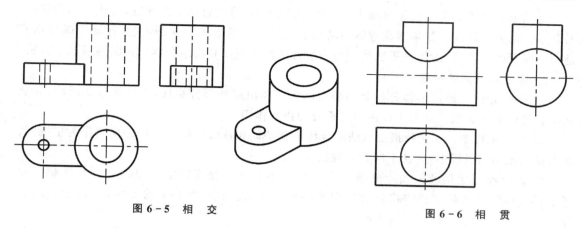

图 6-5　相　交　　　　　　　　图 6-6　相　贯

注意各基本体的表面过渡关系,这样在画图时才能不漏线也不多线。

6.2　组合体视图的画法

从组合体的概念可知,组合体是由简单的基本体经叠加、切割等组合而成,那么只要根据前面学过的基本体的画法和点、线、面的投影知识,运用形体分析法,就不难画出组合体的视图。

1. 组合体的形体分析

为了顺利地绘制或阅读复杂物体的视图,须根据物体的结构特点,若把组合体分解为若干个基本体,通过分析各基本体的形状、相对位置及表面过渡关系,可以逐步地绘制出或看懂复杂物体的视图,这种分析方法称为"形体分析法"。

图 6-7 所示的轴承座零件,可分解为由一个圆筒、一块底板、一块支撑板和一块肋板组成。组合体的整体为左、右对称形体。圆筒位于最上边,支撑板和肋板位于中间,底板位于最下边;圆筒、支撑板和底板在后边均为平齐连接,肋板位于支撑板的前边,支撑板与圆筒的表面过渡关系为相切,画图时应注意相切处不画线,此即形体分析。

图 6-8 所示的支座零件,可以看成由一个立方体经多次切割而成。首先用侧垂面前、后各切去一个三角块;第二步用一个水平面和一个正垂面切去左上角的梯形块;第三步用两个正平面和一个侧平面切去左下长方块;第四步切去右上梯形块。

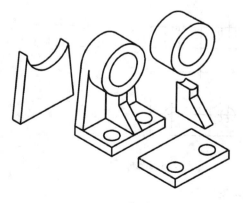

图 6-7　轴承座形体分析

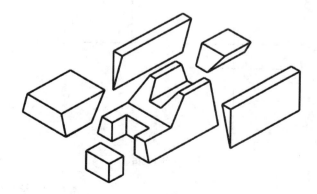

图 6-8　支座形体分析

运用形体分析法把组合体分解为基本体,可以把画、看组合体视图问题,转化为熟悉的画、看基本体的视图问题。如果能在理解的基础上记忆一些基本体的视图,就能保证正确而迅速地画图和看图。可见,形体分析法是学习画组合体的三视图和看组合体三视图的最基本方法。

2. 组合体视图的绘制

① 形体分析 通过形体分析要明确所画组合体由哪些部分组成,以什么形式组成,和表面结合处的过渡关系。这对于作图有着重要的指导作用。

② 选择主视图 要选择最能反映组合体形状特征和各部分相对位置的视图作为主视图。在选择主视图的过程中,应从不同方向观察对比。

③ 确定绘图比例及图幅 根据组合体的大小和复杂程度确定绘图的比例及图幅。要考虑尺寸标注及画标题栏等位置。在可能的情况下,尽量采用 1:1 的比例,以便于绘图和看图。

④ 布置视图 根据各视图的最大尺寸,画出各视图的中心线或基准线;基准线确定后,每个视图在图纸上的具体位置就确定了。每个视图需要两个方向的基准线。一般常用对称中心线、轴线或较大的平面作为基准。同时应使各视图间留有足够的地方以便标注尺寸。

⑤ 画底稿 逐个画出各基本体的三视图。一般先画实形体,后画挖去的形体;先画大的形体,后画小的形体;先画轮廓,后画细节。画每个基本体时,要三个视图联系起来画,并从反映视图特征最多的视图画起,再按投影规律画出其他两个视图。

⑥ 检查、修改、加深 底稿画完后,按基本体逐个仔细检查。看是否符合投影规律,并加以修改,用橡皮擦去多余线条。准确无误后,开始加深各图线。加深的顺序是:先加深圆和圆弧,再加深直线,以便使各种图线光滑连接。相同图线粗细一致,深浅一致。

3. 叠加类、切割类组合体绘制

根据组合体分类不同,视图画法有两种:一种是以叠加类为主的组合体画法,采用积木式的叠加画法,如图 6-9 所示。另一种是以切割类为主的组合体画法,采用先还原成基本体后再切割的画法,如图 6-10 所示,其形体分析立体图如图 6-8 所示。

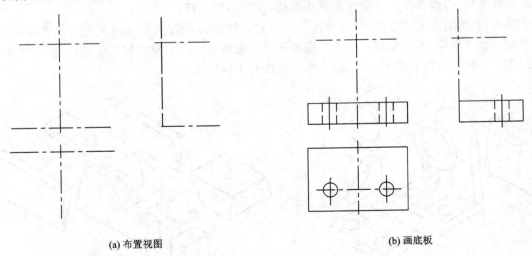

(a) 布置视图   (b) 画底板

图 6-9　轴承座画法

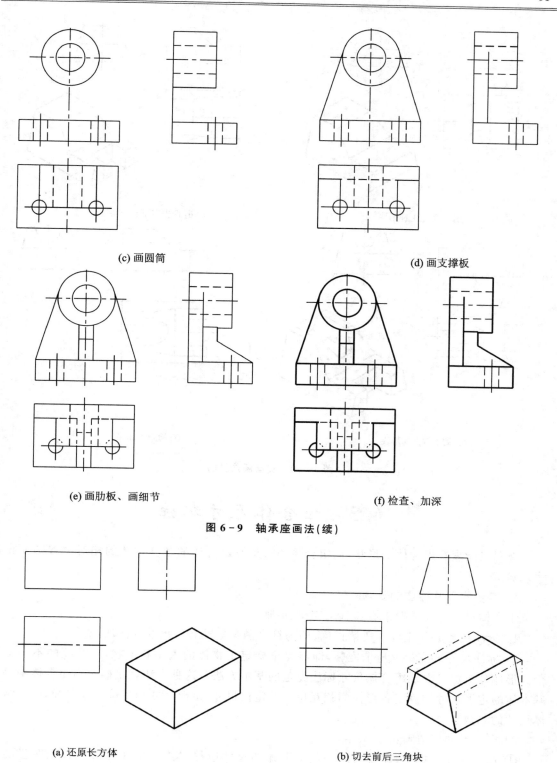

(c) 画圆筒　　　　　　　　　　　　　　　　　　　(d) 画支撑板

(e) 画肋板、画细节　　　　　　　　　　　　　　　(f) 检查、加深

图 6 - 9　轴承座画法(续)

(a) 还原长方体　　　　　　　　　　　　　　　　　(b) 切去前后三角块

图 6 - 10　支座画法

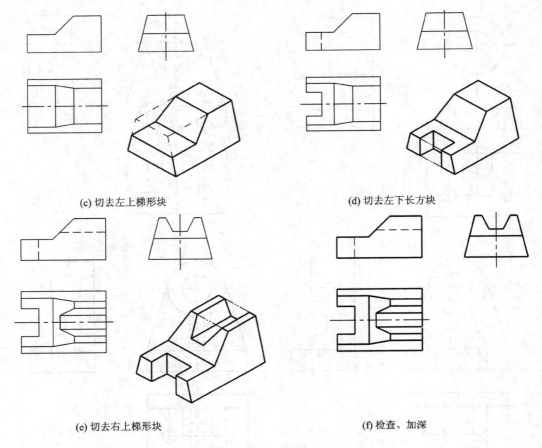

(c) 切去左上梯形块　　　　　　　(d) 切去左下长方块

(e) 切去右上梯形块　　　　　　　(f) 检查、加深

图 6-10　支座画法(续)

6.3　组合体尺寸标注

视图只能表达组合体的形状,而组合体的大小及组合体的各基本体的相对位置则要靠尺寸来确定。

1. 组合体尺寸标注的要求

组合体尺寸标注的要求有:正确、完整、清晰。

1)标注尺寸必须正确　所谓正确,即为符合国家标准有关尺寸标注的规定。

2)标注尺寸要完整　所谓完整,即能完全确定出物体的大小和形状,尺寸注的不多也不少。形体分析法是保证组合体尺寸标注完整的基本方法。这种方法就是确定出组合体中每个基本体的定形尺寸和确定各形体间相互位置的定位尺寸、定形尺寸和定位尺寸总和,就是组合体尺寸的总数。

3)标注尺寸应清晰:

① 尺寸标注要集中,即表示同一基本形体的尺寸应尽量集中标注在形状特征明显的视图上。

② 尺寸应尽量标注在视图的外部,但为了避免尺寸线过长或与其他图线相交,也可注在

视图的空档处。

　　③ 标注尺寸应避开虚线。

　　④ 与两个视图有关的尺寸,尽可能注在两个视图之间;同一方向上连续标注的几个尺寸应尽量标注在一条线上。

　　⑤ 圆柱体的直径尺寸一般应标注在非圆的视图上;当投影为虚线时(筒体),则标注在投影为圆的视图上。

　　⑥ 尺寸线、尺寸界限以及轮廓线应尽量避免相交。

　　⑦ 截交线和相贯线是自然产生的表面交线,所以不应在截交线、相贯线上标注尺寸。

2. 常见基本体的尺寸标注

　　常见基本体有球、圆柱、圆锥、圆环、六棱柱、长方体和三棱柱等。表 6-1 表示了这些基本体的尺寸注法及应标注的尺寸数目。在标注基本体的尺寸时,要注意长、宽、高三个方向的大小。

表 6-1　球和圆柱等的尺寸标准法

尺寸数量	一个尺寸	两个尺寸			三个尺寸
回转体尺寸标注	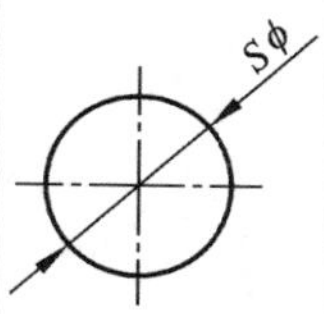	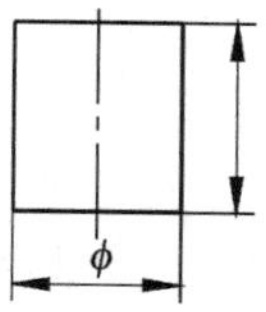	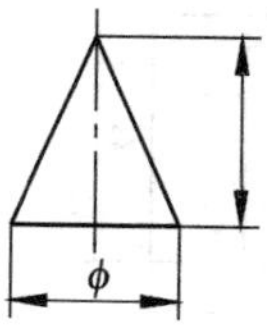	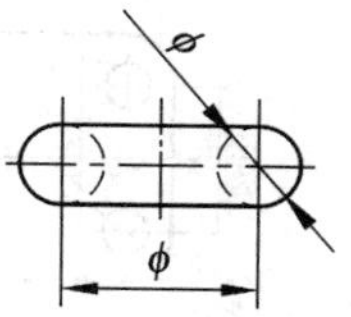	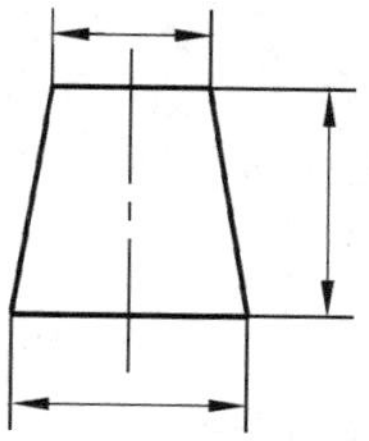

尺寸数量	两个尺寸	三个尺寸	四个尺寸	五个尺寸
平面立体尺寸标注				

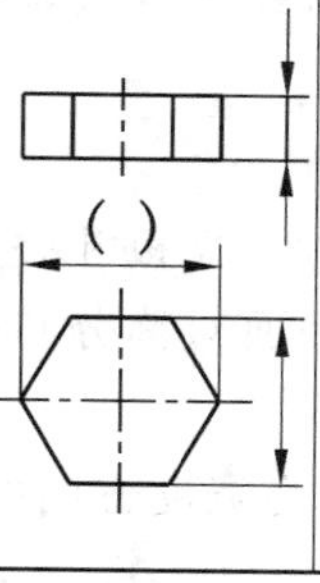

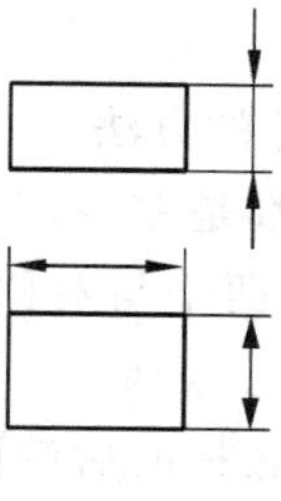

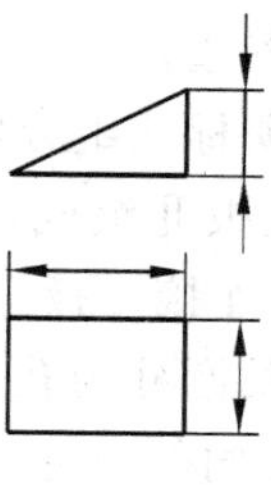

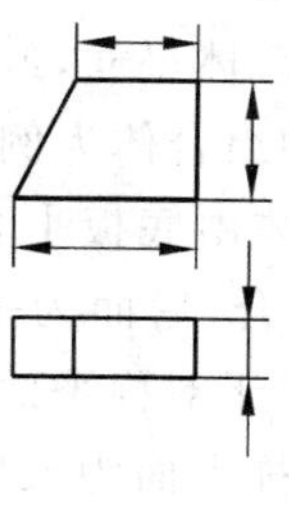

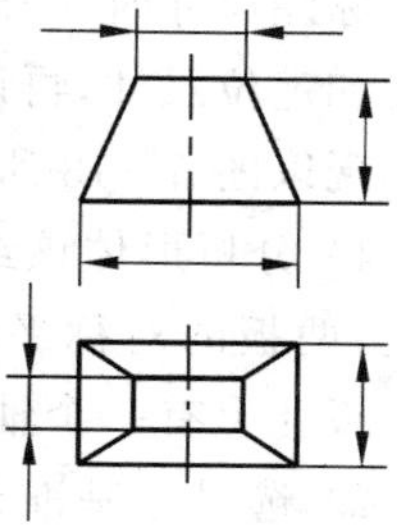

3. 尺寸种类及分析

　　(1) 定形尺寸

　　确定形体形状大小的尺寸称为定形尺寸。定形尺寸一般包括长、宽、高三个方向的尺寸。由于各基本体的形状特点不同,因而定形尺寸的数量也各不相同,如表 6-1 所列。

　　(2) 尺寸基准和定位尺寸

　　① 尺寸基准　标注尺寸的起点就是尺寸基准。在三维空间中,应有长、宽、高三个方向的尺寸基准。一般采用组合体的对称中心线、轴线或较大的平面作为尺寸基准。

② 定位尺寸　定位尺寸是确定基本体间相互位置的尺寸。定位尺寸与基准有关。

（3）总体尺寸

确定组合体的总长、总宽、总高的尺寸称为总体尺寸。

如图 6-11 所示，无矩形框的尺寸都是定形尺寸。图上选右端面为长度方向的尺寸基准，底板的对称平面为宽度方向的尺寸基准，底板的底面为高度方向的尺寸基准。有矩形框的尺寸为定位尺寸，分别用位长、位宽、位高表示三个方向的定位尺寸。图中底板的定形尺寸 60，44 就反映了组合体的总长和总宽。

当组合体的端部是回转面时，该方向一般不直接标注出总体尺寸，而是由确定回转面轴线的定位尺寸和回转面的定形尺寸（半径或直径）来间接确定。图 6-11 中总高由定位尺寸 30 和定形尺寸 R14 之和来确定。

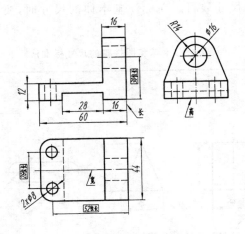

图 6-11　组合体尺寸标注

4. 组合体尺寸标注方法

标注尺寸时，一般先进行形体分析，然后选定三个方向的尺寸基准，标出各基本体的定形尺寸和定位尺寸，再调整总体尺寸，最后检查。

现以图 6-13 所示的组合体为例说明标注组合体尺寸的方法。

1）分析形体该组合体由底板 I 和立板 II 组成，它们都是左、右对称。立板 II 叠加在底板 I 上，两板的对称平面重合，后面为平齐连接。板 I 上有两个与对称平面对称分布的小圆通孔。板 II 上有一个轴线位于对称平面上的圆柱通孔。

2）选尺寸基准选对称平面为长度方向的尺寸基准，底板的后端面为宽度方向的基准，底板的底面为高度方向的基准。

3）逐个形体标注其定形尺寸、定位尺寸以及组合体的总体尺寸标注顺序如下（见图 6-13）。

① 标注基础形体（现为底板）的尺寸（见图 6-13(a)）。

定形尺寸：X 方向尺寸 70；Y 方向尺寸 36；Z 方向尺寸 16 以及圆角尺寸 R8。由于以底板作为整个组合体的基础，所以底板没有定位尺寸。

② 标注底板上两个圆孔的尺寸（见图 6-13(b)）：

定形尺寸：X 及 Y 方向尺寸 $\Phi10$；Z 方向尺寸省略（等于底板的 Z 方向定形尺寸）。

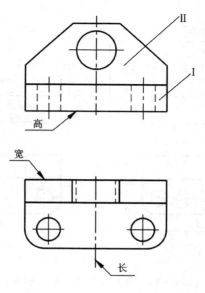

图 6 - 12　组合体尺寸标注

定位尺寸:X 方向尺寸 50;对于基准长对称分布(一般标注尺寸 50,而不标注两个 25);Y 方向尺寸 26;Z 方向尺寸省略。

③ 标注立板上的尺寸(见图 6 - 13(c)):

定形尺寸:X 方向尺寸 70(也可省略)、28;Y 方向尺寸 14;Z 方向尺寸 34 及 10。

定位尺寸:X 方向尺寸省略,因为立板以它的对称面与底板的对称面重合;Y 方向尺寸省略,因为立板和底板两者的背面共面;Z 方向尺寸省略(等于底板 Z 方向的定形尺寸)。

④ 标注立板上圆孔的尺寸(见图 6 - 13(c)):

定形尺寸:X 及 Z 方向尺寸 $\Phi20$;Y 方向尺寸省略(等于底板 Z 方向的定形尺寸)。

定位尺寸:X 及 Y 方向尺寸省略;;Z 方向尺寸 35。

⑤ 标注总体尺寸(见图 6 - 13(c)):X 及 Y 方向都与底板的 X 及 Y 方向的定形尺寸相同,不必重注;Z 方向的总高尺寸为 50。

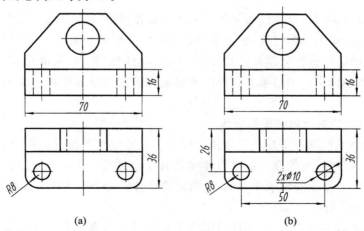

(a)　　　　　　　　　　　　　　(b)

图 6 - 13　组合体尺寸标注方法

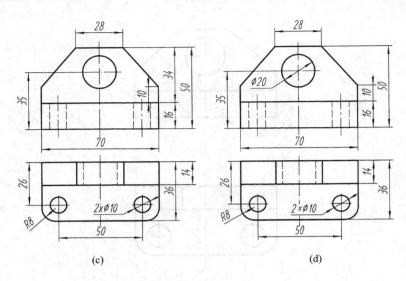

(c)　　　　　　　　　　　　　　　(d)

图 6 - 13　组合体尺寸标注方法(续)

4) 检查、调整按形体逐个检查它们的定位、定形尺寸以及组合体的总体尺寸,补上遗漏,除去重复。例如,在图 6 - 14(c)的俯视图中,立板的宽度尺寸 14 注在底板宽度尺寸 36 的外面不合适,应调整其位置;两板的高度尺寸及组合体的总体尺寸 16、34 和 50 构成封闭尺寸,应去掉立板的尺寸 34(认为底板是基础形体,底板尺寸和总体尺寸更重要)。调整后的尺寸如图 6 - 14(d)所示。

最后,必须强调指出:尺寸要标注完整,一定要先对组合体进行形体分析,然后逐个形体标注其定形、定位尺寸。注完一个形体的尺寸再注另一个形体的尺寸,切忌一个形体的尺寸还没注完,就进行另一个形体尺寸的标注。另外,对每一个形体,一定要考虑 X、Y、Z 三个方向的定位,不要遗漏。

6.4　组合体视图的读法

读图过程,恰与画图相反。画图是把空间的组合体用正投影法表示在平面上,而读图则是根据已画出的图形,运用投影规律,想象出组合体的空间形状。表达方式通常是补画第三视图或画出立体图。画图是读图的基础,而读图即能提高空间想象力,又能提高投影的分析能力。因此,读图是培养和提高空间想象力和空间构思能力的一种重要手段。应通过加强练习来大力提高读图能力。

1. 以叠加为主的组合体视图的阅读

读此类组合体的视图主要是采用形体分析方法。通过对所给视图的投影分析,先分别读懂组合体的各组成形体,再综合各组成形体间表面过渡关系和相互位置想出该组合体的整体形状。现以图 6 - 14 所示的轴承座为例,说明此类组合体视图阅读的方法和步骤。

(1) 认识视图抓特征

认识视图就是以主视图为主,弄清楚图样上各个视图的名称与投射方向:哪个是左视图,哪个是俯视图等。这是最基本的前提,以后遇到的更复杂的零件图会有许多视图,如果连视图

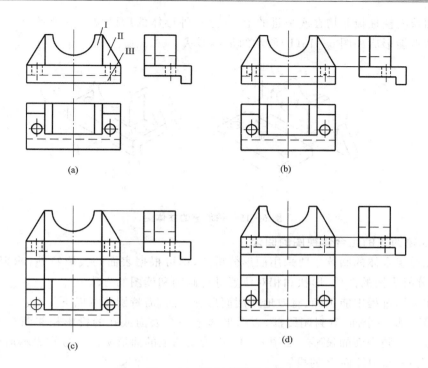

图 6 - 14　轴承座读图方法

名称与投射方向都没有弄清楚,想看懂图样是不可能的。

抓特征就是抓特征视图,找出反映物体特征较多的视图,以便在较短的时间里,对该物体有一个大致的了解。

图 6 - 14(a)给出的是主、俯、左三个视图,其中反映组合体特征较多的是主视图。

(2) 对照投影分形体

参照物体的特征视图,对物体进行形体分析,把它分解成几个部分,再对照投影的"三等关系"分出每个部分的三个投影,想出它们的形状。分形体读图是,一般先粗略地看整体形状,后看形状细节;先看主要部分,后看次要部分;先看容易确定的部分,后看难于确定的部分。

根据图 6 - 14(a)中的主视图,经过粗略分析,可以把该组合体分成Ⅰ、Ⅱ、Ⅲ这三个不同的部分。从形体Ⅰ的主视图出发,向下、向左对投影,找到俯、左视图上相应的投影,如图 6 - 14(b)中粗线所示。可以看出,形体Ⅰ是一个长方体,在其上部挖了一个半圆柱形状的槽。

同样,通过对投影可以找到形体Ⅱ(左、右各一块)的其余两投影,如图 6 - 14(c)粗线所示,它是两块三棱柱板。

最后看形体Ⅲ,其对应的投影如图 6 - 14(d)粗线所示,是一块带弯边的长方板,其上有两个小圆孔。

(3) 综合起来想整体

在看懂各部分形体的基础上,以特征视图为基础,综合各形体的相对位置,想出组合体的整体形状。

从图 6 - 15(a)所示的主、俯视图上,可以清楚地看出各形体的相对位置,带半圆形槽的长方体Ⅰ和两块三棱柱板Ⅱ均在底板Ⅲ的上面,这三种形体的后面位于一个平面上。这样综合起来想整体就能形成如图 6-15(b)所示的整体形状。

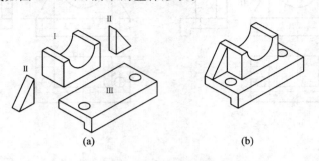

(a)　　　　　　　　　　　　　　(b)

图 6-15　轴承座的立体图

2. 以切割为主的组合体视图的阅读

体现此类组合体的阅读主要采用面形分析法,即可根据表面的投影特性(积聚性、实形性和类似性)分析表面的性质、形状和相对位置进行画图和读图的方法。

为了在读图过程中能正确、有效地使用面形分析法,需特别注意以下几点:

① 视图中每一个面形(封闭线框)表示形体上一个表面或孔的投影相邻两个面形表示形体上两个位置不同表面的投影。如图 6-17 中俯视图上的面形 p、q、r 分别表示形体上的正垂面 P、水平面 Q、和圆柱面 R 的投影。

② 大面形中的小面形(见图 6-16 主视图上的面形 s')表示形体上不同层次表面的投影。小面形表示的表面相对大面形表示的表面,或是凸,或是凹,也可能是斜面或孔。图中主视图上的面形 s' 是一个凸出于立板前面的圆柱前端面的投影,其内所含的小圆面为孔的投影。

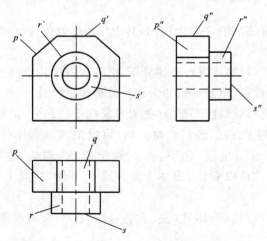

图 6-16　形体上面的投影

③ 一个视图上的面形,在其他视图上对应的投影,或是积聚成线,或是一个与其形状相类似的图形。如图 6-16 俯视图上的面形 p,其对应的正面投影 p' 积聚成直线,对应的侧面投影 p'' 是一个与 p 形状类似的图形。

题 6-1　已知支座的主视图、左视图,求作俯视图,如图 6-17(a)所示。

① 分线框、对投影主视图中只有一个线框,是棱柱体前后被两个侧垂面 P 各切去一块,如

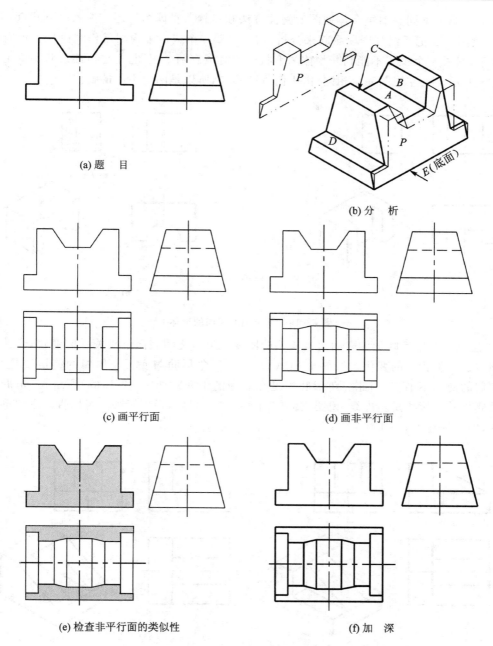

(a) 题　目

(b) 分　析

(c) 画平行面

(d) 画非平行面

(e) 检查非平行面的类似性

(f) 加　深

图 6-17　看懂组合体画出俯视图

图 6-17(b)所示。

② 分析面形两侧垂面 P，其主、俯视图的投影必成类似形（十二边形）；正垂面 B 的俯、左视图必成类似形（四边形）；侧垂面 P 与正垂面 B 的四条交线必为一般位置直线；水平面（A、C、D、E）与侧垂面的交线必为侧垂线，线的位置由左视图决定。

③ 画俯视图先画水平面，再画投影面垂直面，如图 6-17(c)、(d)所示。

④ 运用投影的类似形来检查如图 6-17(e)所示。

⑤ 描深如图 6-17(f)所示。

以上介绍了不同类型组合体视图的阅读方法和步骤。在读图时还应注意以下几点：

① 读图是要把所给视图联系起来分析，切忌只看一个或两个视图就作结论。在没有标注的情况下，只看一个视图不能判断物体的形状。有时虽有两个视图，但也可能形状不确定。如图 6-18 所示，主、左视图完全相同，由于俯视图不同，所以是两个不同的物体。

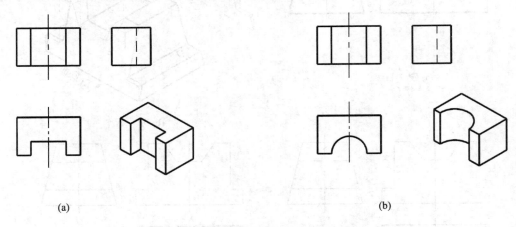

图 6-18　两个视图相同的形体

② 注意视图中反映形体之间过渡关系的图线　形体之间表面过渡关系的变化，会使视图中的图线也产生相应的变化。如图 6-19(a)所示，三角形肋与底板及侧板的连接线是实线，说明它们的前面不平齐，因此三角形肋板是在底板的中间。如图 6-19(b)所示，三角形肋与底板及侧板的连接线是实虚线，说明它们的前面平齐。因此，根据俯视图可以肯定三角形肋板有两块，即一块在前，一块在后。

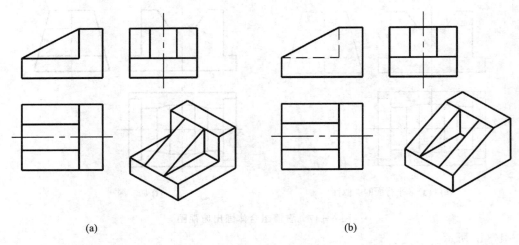

图 6-19　由表面过渡关系判断形体

③ 读图中，对一时读不懂的部分可暂时放下，将能读懂的形体和面形先读懂，"逐步缩小包围圈"。攻难点时，可采用"先假定后验证，边分析边想象"的分析方法。有的还可以借助尺寸，视具体情况灵活运用，不断总结读图经验，不断增加大脑的形状储备，就会越来越熟练。

第 7 章 机件的表达方法

在实际生产中,由于使用要求的不同,机件的结构形状及复杂程度也不尽相同。对于结构形状较为复杂的机件,仅用三视图来表示,往往会出现虚线过多、图线重叠、层次不清、倾斜结构失真变形,及内外部结构不能清楚表达的情况。为了完整、清晰、简便地表达各种机件的结构形状,国家标准《技术制图》中规定了一系列机件的表达方法,以供工程技术人员根据实际需要选用。本章将着重介绍一些常用的表达方法。

7.1 视 图

用正投影法将机件向投影面投射所得的图形,称为视图。

视图主要用于表达机件的外部结构形状,一般只画出可见部分,必要时才画出其不可见部分。视图分为:基本视图、向视图、局部视图和斜视图四种。

1. 基本视图

国家标准规定正六面体的六个面为基本投影面,机件向基本投影面投射所得的视图称为基本视图。

在绘制基本视图时,假想将机件放在正六面体内,采用第一角画法,分别向六个基本投影面投射,这样就可以得到该机件的六个基本视图,即主视图、俯视图、左视图、右视图、后视图和仰视图。其投射方向分别为:

主视图——由前向后投射所得的视图;

俯视图——由上向下投射所得的视图;

左视图——由左向右投射所得的视图;

右视图——由右向左投射所得的视图;

后视图——由后向前投射所得的视图;

仰视图——由下向上投射所得的视图。

这六个基本投影面的展开方法如图 7-1 所示。展开后六个基本视图的配置关系如图 7-2所示。在同一张图纸内按图 7-2 配置视图时,一律不标注视图名称。

六个基本视图之间仍符合“长对正、高平齐、宽相等”的投影规律,即主、俯、仰三个视图长对正;主、左、右、后四个视图高平齐;俯、左、右、仰四个视图宽相等。注意在俯、左、右、仰视图中,远离主视图的一边为机件的前方,靠近主视图的一边为机件的后方,在主、后视图上表达的左、右关系相反。

绘图时,应根据机件的形状和结构特点,选用必要的基本视图,而无需每个机件都画出六个基本视图。即在完整、正确、清晰地表达机件结构形状的前提下,选用的视图数目越少越好。

2. 向视图

向视图是可以自由配置的视图。

在向视图的上方标注“×”(“×”为大写拉丁字母),在相应视图的附近用箭头指明投射方

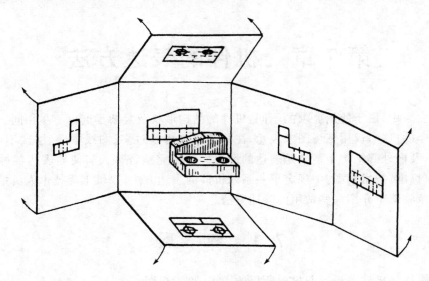

图7-1　六个基本视图的形成和展开

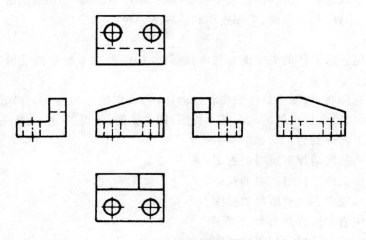

图7-2　六个基本视图的配置

向,并标注相应的字母,如图7-3所示。

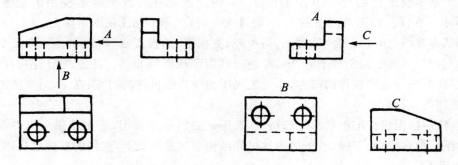

图7-3　向视图及其标注

3. 局部视图

将机件的某一部分向基本投影面投射所得的视图称为局部视图。局部视图是某一基本视图的局部图形,如图 7 - 4(a)中的 A 向和 B 向局部视图。

当选用一定数量的基本视图后,该机件在某个方向上仍有部分结构形状未表达清楚,此时没有必要再画出该方向上完整的基本视图,而只需将这些局部结构向某一基本投影面投射,画出其局部视图。如图 7 - 4 中所示的机件,选用主、俯两个基本视图后,只有左、右两边凸缘部分没有表达清楚。此时,采用 A 向和 B 向两个局部视图,代替左视图和右视图,既能将机件表达完整、清晰,而且视图简明,避免重复、烦琐,使看图、作图更为方便。

画局部视图时,可按向视图的配置形式配置,一般在局部视图的上方标出视图的名称"×"("×"为大写拉丁字母),在相应的视图附近用箭头指明投射方向,并注上同样的字母,如图 7 - 4(a)所示。

当局部视图按基本视图的配置关系配置,中间又没有其他图形隔开时,可省略标注,如图 7 - 4(b)所示。

当局部视图需要画出断裂边界时,可用波浪线表示,如图 7 - 4(a)中 A 向局部视图所示。当所表示的局部结构是完整的,且外轮廓线又成封闭时,波浪线可省略不画,如图 7 - 4(a)中 B 向局部视图所示。

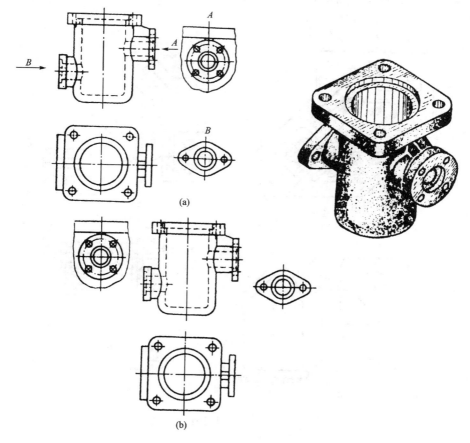

图 7 - 4　局部视图

4. 斜视图

将机件向不平行于基本投影面的平面投射所得的视图称为斜视图。斜视图主要用于表达机件上倾斜部分的真实形状，如图 7-5 所示。

当机件具有倾斜结构时，其倾斜结构在基本投影面上不反映实形，此时，可设置一个平行于倾斜结构的垂直面，作为新投影面，将倾斜结构向该投影面投射，即可得到反映实形的斜视图，如图 7-5(b)所示。

画斜视图时，必须在斜视图的上方标出视图的名称"×"（"×"为大写拉丁字母），在相应的视图附近用箭头指明投射方向，并注上同样的字母，但标注的字母必须水平书写，如图 7-5(b)所示。

斜视图一般按投射关系配置，如图 7-5(b)所示；也可按向视图的配置形式配置在其他适当位置，必要时，允许将斜视图旋转配置，表示该视图名称的大写拉丁字母应靠近旋转符号的箭头端，如图 7-5(c)所示；也允许将旋转角度标注在字母之后，如图 7-5(d)所示。旋转符号的尺寸和比例如图 7-5(e)所示。

斜视图只用于表达倾斜结构的形状，其余部分不必画出，其断裂边界可用波浪线或双折线表示，如图 7-5(b)、(c)、(d)所示。当用双折线表示斜视图范围时，双折线两端需要超出轮廓线少许，如图 7-5(d)所示。当所表示的倾斜结构是完整的，且外轮廓线又成封闭时，断裂边界线可省略不画。

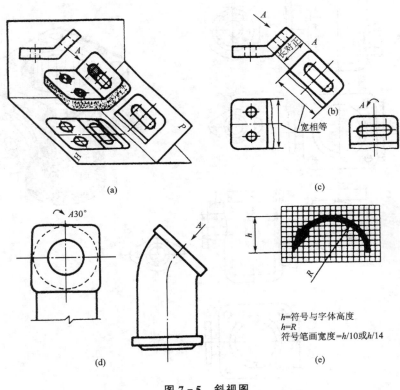

(a) (b) (c) (d) (e)

$h=$符号与字体高度
$h=R$
符号笔画宽度$=h/10$或$h/14$

图 7-5 斜视图

7.2　剖视图

当机件的内部结构较为复杂,视图中会出现较多的虚线,有时虚线会与外形轮廓互相重叠,影响视图的清晰,使得看图困难,也不便于标注尺寸,为了清晰地表达机件的内部结构形状,常采用剖视的方法。

7.2.1　剖视图的概念

1. 剖视图的形成

假想用剖切面剖开机件,将处在观察者和剖切面之间的部分移去,而将其余部分向投影面投射所得的图形,称为剖视图,简称剖视,如图 7 - 6 所示。

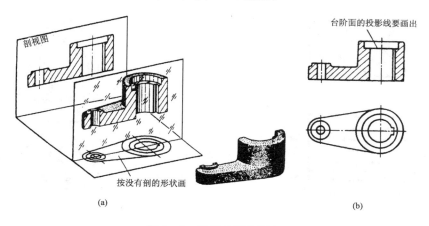

(a)　　　　　　　　　　　　　　　　　(b)

图 7 - 6　剖视的基本概念

2. 剖视图的画法

① 确定剖切面的位置　剖切面一般采用平面。画剖视图时,应先考虑在何位置剖开机件,才能更多地表达出机件的内部形状。为此,剖切面一般选用投影面平行面或垂直面,并尽量通过机件上较多的内部结构的轴线或对称平面,如图 7 - 6(a)所示。

② 画出剖视图　凡剖切面与机件表面的交线,及剖切面后面的可见轮廓线,都要用粗实线画出。

③ 画剖面符号　剖切面与机件的接触部分称为剖面区域。在剖面区域内应画出剖面符号。对不同的材料,应采用不同的剖面符号。国家标准中规定了各种材料的剖面符号,如表 7 - 1 所列。如不需在剖面区域中表示材料的类别时,可采用通用剖面线表示。通用剖面线应以适当角度的细实线绘制,最好与主要轮廓线或剖面区域的对称线成 45°角,如图 7 - 7(a)所示。当同一物体在两平行面上的剖切图紧靠在一起画出时,剖面线应相同,若要表示得更清楚,可沿分界线将两剖切图的剖面线错开,如图 7 - 7(b)所示。在不致引起误解时,剖面线也可不错开,如图 7 - 7(c)所示。当图形中的主要轮廓线与水平线成 45°时,该图形的剖面线应画成与水平成 30°或 60°的平行线,其倾斜的方向仍与其他图形的剖面线一致,如图 7 - 7(d)所示。

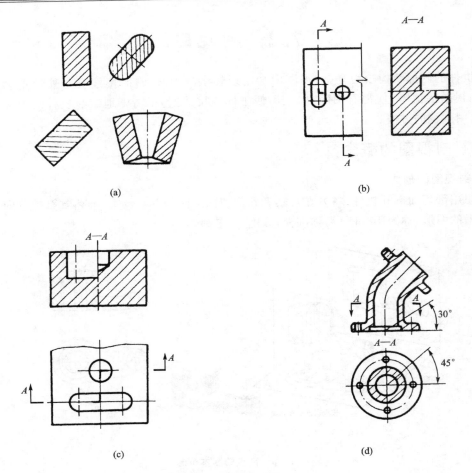

图 7 - 7　剖面线画法

表 7 - 1　剖面符号

材料名称	剖面符号	材料名称	剖面符号
金属材料		木质胶合板（不分层）	
线圈绕组元件		基础周围的泥土	
电器用叠钢片		混凝土	
非金属材料		钢筋混凝土	

材料名称		剖面符号	材料名称	剖面符号
型砂、填砂、粉末冶金、砂轮、陶瓷刀片等			砖	
玻璃及其他透明材料			格　网	
木　材	纵剖面		液　体	
	横剖面			

注:(1) 剖面符号仅表示材料的类别,材料的名称和代码必须另行注明。

　　(2) 叠钢片的剖面线方向,应与束装中叠钢片的方向一致。

　　(3) 液面用细实线绘制。

　　④ 剖视图的标注　为了看图时便于找出各视图之间的对应关系,剖视图一般需要标注出剖切位置、投射方向和剖视名称等。

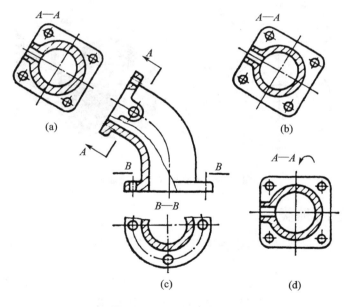

图 7 - 8　剖视图的标注

　　在剖视图的上方用字母标注出剖视图的名称"×—×"("×"为大写拉丁字母或阿拉伯数字),在相应的视图上用剖切符号(用粗实线段画出)表示剖切位置,在剖切符号两端的外侧,用箭头指明投射方向,并在剖切符号的起、迄和转折处标注相同的字母"×",但当转折处的地方有限,又不致引起误解时,允许省略标注。剖切符号尽可能不与图形的轮廓线相交,如图 7 - 7 所示。在同一张图纸上,同时有几个剖视图时,则其名称应按字母顺序排列,不得重复,如图 7 - 8 中的 A—A、B—B 剖视。

剖视图一般应按投影关系配置,如图 7 - 8(a)、(c)所示;也可根据需要配置在其他适当位置,如图 7 - 8(b)所示;在不致引起误解时,允许将图形旋转,其标注形式如图 7 - 8(d)所示。

当剖视图按投影关系配置,中间又没有其他图形隔开时,可省略箭头,如图 7 - 8(c)所示。

当单一剖切面通过机件的对称平面或基本对称的平面,且剖视图按投影关系配置,中间又没有其他图形隔开时,可省略标注,如图 7 - 6(b)所示。

3. 画剖视图应注意的问题

① 由于剖视图是假想地剖开机件,实际上机件是完整无损的。因此,除剖视图外,其他视图要按完整的机件形状画出,如图 7 - 6(b)所示的俯视图。

② 剖切面后方的可见轮廓都应画出,不能遗漏,如图 7 - 6(b)所示的主视图所示阶梯孔的台阶面的投影。

③ 采用剖视时,可以在一个视图上或同时在几个视图上作出剖视,它们之间各自独立,相互不受影响,如图 7 - 8 所示。

④ 采用剖视画法后,在完整清晰地表达机件结构形状的前提下,在其他视图或剖视图中对应的虚线可以省略不画。有时在剖视图中画出必要的虚线,不但不影响图形的清晰,还能使表达方法简单明了,如图 7 - 9 所示。

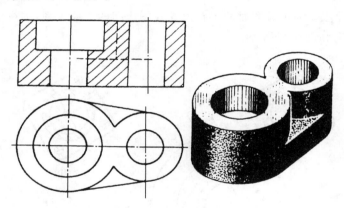

图 7 - 9　剖视图中必要的虚线

7.2.2　剖视图的种类

国家标准(GB/T 17452)规定,剖视图分为全剖视图、半剖视图和局部剖视图。

1. 全剖视图

用剖切面完全地剖开机件所得的剖视图称为全剖视图,简称全剖视。图 7 - 10 中的主视图是最基本的全剖视图,清晰地反映了机件内腔的结构形状。

全剖视图一般用于外形简单或外形已在其他视图上表达清楚,而内部结构复杂的不对称零件。对于一些由回转面构成外形的机件,为了使图形清晰和便于标注内部结构尺寸,也常用全剖视图表达。对于某些内、外部形状均复杂的不对称零件,则可采用全剖视表达它的内部结构,再用视图表达它的外形。

全剖视图的标注同上节所述。

2. 半剖视图

当机件具有对称平面时,向垂直于对称平面的投影面上投射所得的图形,可以对称中心线

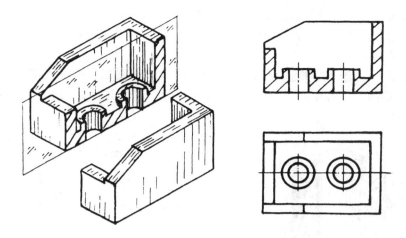

图 7 - 10　全剖视图

为界,一半画成剖视图表达内形,另一半画成视图表达外形,这种剖视图称为半剖视图,简称半剖视。

　　半剖视图主要用于内、外部形状都需要表达的对称机件。图 7 - 11 所示的机件左右对称,为了清楚地表达其内、外部形状,主视图的一半画成剖视以表达其内部阶梯孔,另一半画成视图以表达其外形。而俯视图以前、后对称平面为界,一半画成剖视以表达凸台及其上面的小孔,另一半画成视图以表达顶板及其上四个小孔的形状及位置。

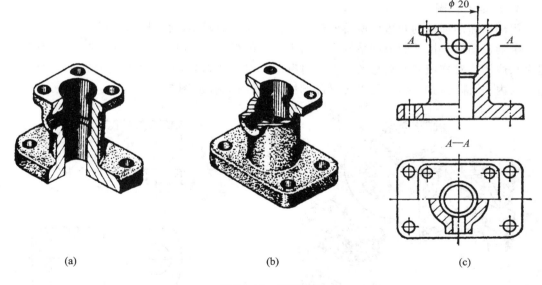

(a)　　　　　　　　　　　　(b)　　　　　　　　　　　　(c)

图 7 - 11　半剖视图

　　在半剖视图中,由于图形对称,且内形已在半个剖视图中表达清楚,所以在半个视图中表示内形的虚线不再画出。半个剖视和半个视图的分界线是对称中心线,应画成细点画线,而不应画成粗实线。当轮廓线与对称中心线重合时,应采用局部剖视图,如图 7 - 19 所示。

　　如果机件的形状基本对称,且不对称部分已在其他视图上表达清楚时,也可画成半剖视图,如图 7 - 12 所示;如果机件的形状虽然对称,但外形比较简单,也可采用全剖视图。

半剖视图的标注方法与全剖视图相同。在图 7 - 11(c)的俯视图中因机件上下不对称,所以需要在主视图上标注剖切位置,并在剖切符号旁标注字母 A,但箭头可以省略,同时在俯视图的上方标注 A—A。

在半剖视图中,由于半个视图中对称的虚线被省略,因此标注机件内部对称结构的尺寸时,其尺寸线应略超过对称中心线,并且只在尺寸线的一端画出箭头,如图 7 - 11(c)主视图中标注的尺寸 Φ20。

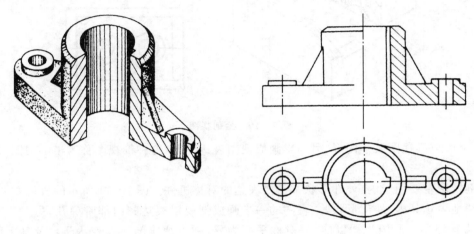

图 7 - 12　用半剖视图表示基本对称的机件

3. 局部剖视图

用剖切面局部地剖开机件所得的剖视图称为局部剖视图,简称局部剖视。

全剖视图能将机件的内部结构表达出来。半剖视图可同时表达机件的内、外部结构形状,但它只适用于对称或基本对称的机件。对有些不对称的机件,有时亦要同时在一个视图上表达它的内、外部结构形状,则可采用局部剖视图,如图 7 - 13、图 7 - 14 所示。

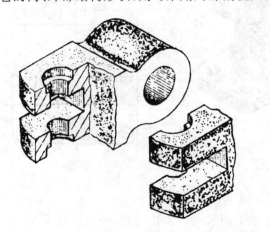
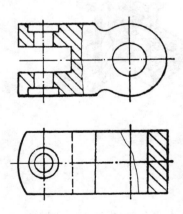

图 7 - 13　局部剖视图(一)

局部剖视图还常用于表达机件上某些局部不可见结构,如图 7 - 14 主视图底板上的小孔及图 7 - 18 主视图中的阶梯孔等。对于实体机件上的键槽、销孔、螺孔等结构也可用局部剖视

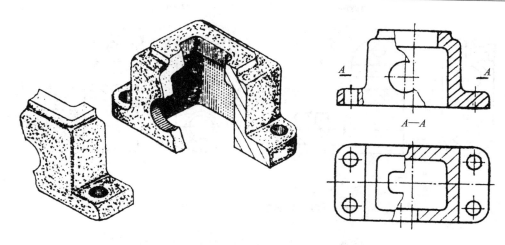

图 7-14 局部剖视图(二)

图表达,如图 7-15 所示。

图 7-15 实体机件上孔、槽的局部剖视图

在局部剖视图中,视图部分与剖视部分的分界线用波浪线表示,如图 7-14 所示。波浪线不可与图形上的其他轮廓线重合或用轮廓线代替,也不能画在轮廓线的延长线上。波浪线不能穿孔、穿槽而过,也不能画在轮廓线以外,如图 7-16、图 7-17 所示。

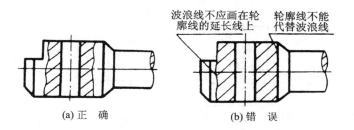

图 7-16 局部剖视画法正误对比之一

当被剖切结构为回转体时允许将该结构的对称中心线作为局部剖视与视图的分界线,如图 7-18 的俯视图所示。

当对称机件的轮廓线与对称中心线重合,不宜采用半剖视图而又不便采用全剖视图时,应采用局部剖视图,如图 7-19 所示。

当用双折线表示局部剖视图范围时,双折线两端要超出轮廓线少许,如图 7-19(b)所示。

局部剖视图的标注方法与全剖视图相同,但当单一剖切平面的剖切位置明显时,局部剖视图的标注可省略,如图 7-14 中的主视图及图 7-15 到图 7-19 所示。

从以上图例可以看出,局部剖视图是一种比较灵活的表达方法,它不受图形是否对称的限

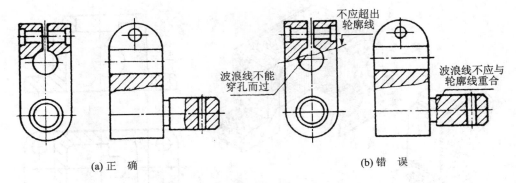

(a) 正　确　　　　　　　　　　　　　(b) 错　误

图 7 - 17　局部剖视画法正误对比之二

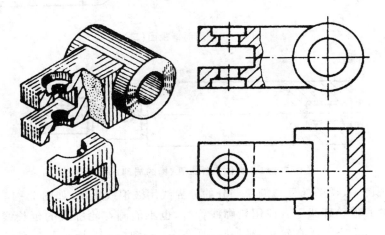

图 7 - 18　用中心线作为分界线

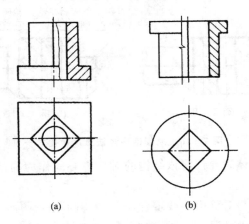

(a)　　　　　　　　　　　　(b)

图 7 - 19　轮廓线与对称中心线重合时应采用局部剖视图

制,在什么位置剖切和剖切范围的大小可根据需要确定,可单独使用,也可配合其他视图使用,运用得当,可使图形简明清晰。但在一个视图中,选用次数不宜过多,否则会影响图形清晰,给看图带来困难。

7.2.3　剖切面的种类

剖切面分为单一剖切面、几个平行的剖切平面和几个相交的剖切面三种。

1. 单一剖切面

① 平行于某一基本投影面的剖切平面　前面讲述的全剖视图、半剖视图和局部剖视图（图 7-6、图 7-8 到图 7-19），都是用单一剖切面剖切后得到的剖视图。

② 不平行于任何基本投影面的剖切平面　当机件上倾斜部分的内部结构需要表达时，可以选择一个与该倾斜部分平行的投影面垂直面作为辅助投影面，然后用一个平行于该投影面的平面剖切机件，并将剖切平面与辅助投影面之间的部分向辅助投影面投射，如图 7-20 所示的机油尺管座。

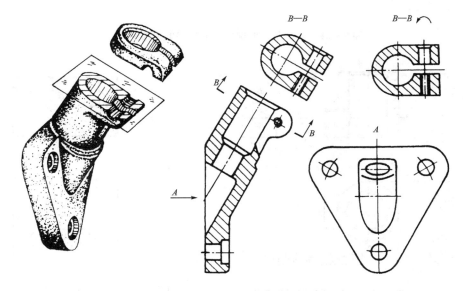

图 7-20　用不平行于任何基本投影面的剖切平面剖切的用法和标注

用不平行于任何基本投影面的剖切平面剖切的剖视图必须进行标注，标注的字母必须水平书写。除剖面线外，其剖视图的画法和配置与斜视图类似，一般应按投射关系配置，也可配置在其他适当位置，在不致引起误解的情况下，允许将图形旋转，其标注形式如图 7-20 所示。

2. 几个平行的剖切平面

当机件的内形层次较多，且其中心线又排列在两个或多个相互平行的平面内时，可采用几个平行的剖切平面剖切的方法得到剖视图，如图 7-21 所示。

用两个或多个互相平行的剖切平面剖切机件，由于剖切是假想的，所以画图时不应画出两个剖切平面转折处的分界线，如图 7-22 中的主视图所示。剖切平面应以直角转折，不可与视图中的轮廓线重合，如图 7-22 中的俯视图所示。

绘制用几个平行的剖切平面剖切获得的剖视图时，在图形内不应出现不完整要素，但当两个要素在图形上具有公共对称中心线或轴线时，可以各画一半，此时应以对称中心线或轴线为界，如图 7-23 所示。具有公共对称中心线结构的机件用几个平行的剖切平面剖切获得的剖视图。

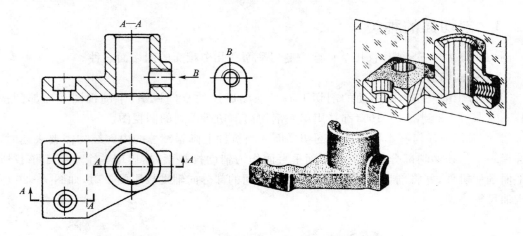

图 7 - 21　两个平行的剖切平面剖切的用法和标注

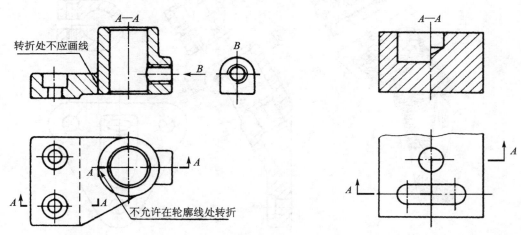

图 7 - 22　绘制用几个平行的剖切平面剖切
获得的剖视图时应注意的问题

图 7 - 23　具有公共对称中心线结构的机件
用几个平行的剖切平面剖切获得的剖视图

用几个平行的剖切平面剖切获得的剖视图必须进行标注,其标注形式如图 7 - 21 所示。在剖切平面的起、迄和转折处,画出剖切符号,注上相同的字母,同时在剖视图的上方标出相应剖视的名称"×—×"。当转折处地方有限又不致引起误解时,允许省略字母,如图 7 - 23 所示。当剖视图按投射关系配置,中间又没有其他图形隔开时可省略箭头。

3. 几个相交的剖切面(交线垂直于某一投影面)

当机件的内部结构形状用一个剖切面剖切不能表达完全,而这个机件在整体上又具有回转轴时,可用几个相交的剖切面剖开机件,并以剖切平面的交线为轴线,将被倾斜剖切平面剖开的机件及有关部分旋转到与选定的基本投影面平行后,再进行投射,如图 7 - 24 所示。

用几个相交的剖切面绘制并剖切获得的剖视图时,位于剖切平面后的结构要素,一般仍按原来的位置投射,如图 7 - 25 中的注油孔。当剖切后产生不完整要素时应将此部分按不剖绘制,如图 7 - 26 中的无孔臂,从俯视图中可以看出被剖切到一部分,但在主视图中仍按未剖切绘制。

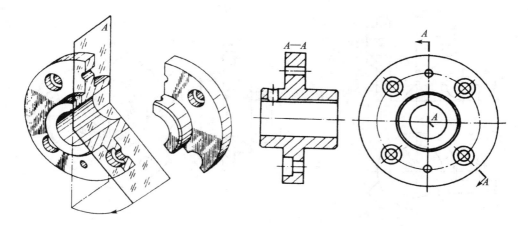

图 7 - 24　用两个相交的剖切平面获得的剖视图(旋转绘制的剖视图一)

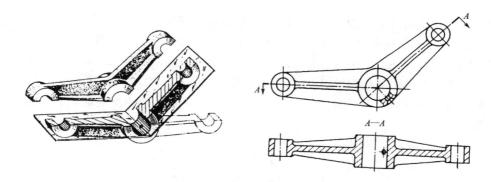

图 7 - 25　用两个相交的剖切平面获得的剖视图(旋转绘制的剖视图二)

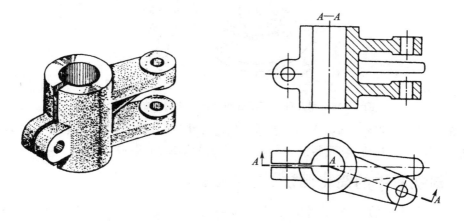

图 7 - 26　用两个相交的剖切平面获得的剖视图(旋转绘制的剖视图三)

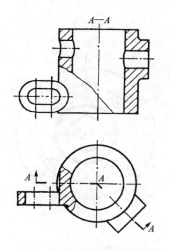

图 7 - 27　用两个相交的剖切平面获得
　　的剖视图(旋转绘制的剖视图四)

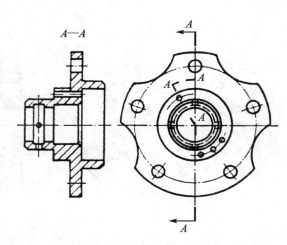

图 7 - 28　用几种剖切平面组合剖
　　切获得的剖视图(一)

　　用几个相交的剖切平面剖切获得的剖视图必须进行标注。在剖切平面的起、迄及转折处画出剖切符号,注上相同的字母,并在相应剖视图的上方用同一字母标注出视图的名称"×—×"。当转折处地方有限,又不致引起误解时,允许省略字母,如图 7 - 25 所示。当剖视图按投射关系配置中间又没有其他图形隔开时,可省略箭头。图 7 - 27 的主视图为采用两个相交的剖切平面剖切获得的局部剖视图。图 7 - 28、图 7 - 29 为采用几个相交的剖切平面剖切获得的全剖视图。

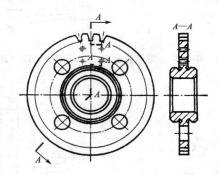

图 7 - 29　用几种剖切平面组合剖切获得的剖视图(二)

　　机件的内部结构形状不同,为清楚表达它们的形状所采用的剖切方法也不一样,但无论采用哪一种剖切面剖开机件,均可得到全剖视图、半剖视图或局部剖视图。

7.2.4　剖视图中的简化画法、规定画法

　　① 对于机件上的肋、轮辐及薄壁等,如按纵向剖切(即剖切平面通过板厚的对称平面或轮辐的轴线)时,这些结构在剖视图上都不画剖面符号,而用粗实线将它与其邻接部分分开,如图 7 - 30 和图 7 - 31 的主视图所示。如按其他方向剖切肋板或轮辐时,仍应按规定画上剖面符号,如图 7 - 30 和图 7 - 31 中的左视图所示。

② 当机件的回转体上均匀分布的肋板、孔、轮辐等结构不处于剖切平面上时,可将这些结构旋转到剖切平面上画出,如图 7 - 32(a)中的肋和图 7 - 32(b)中的孔的画法。均匀分布的孔可在剖视图中只画一个,其余的孔只画出中心线。

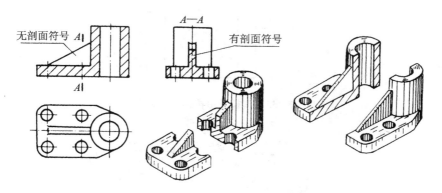

图 7 - 30　肋板的剖视画法

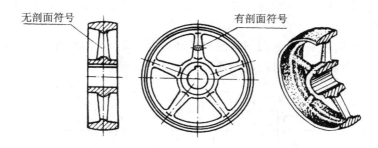

图 7 - 31　轮辐的剖视画法

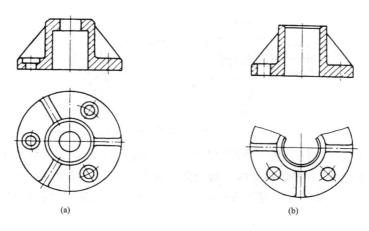

图 7 - 32　均匀分布的肋板、孔的画法

③ 在剖视图的断面中可再作一次局部剖视,采用这种方法表达时,两个断面的剖面线应同方向、同间隔,但要相互错开,并用引出线标出其名称,如图 7 - 33 所示。

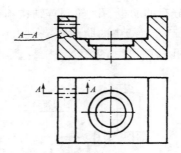

图7－33　剖视图中再作局部剖视

7.3　断面图

7.3.1　断面图概念

假想用剖切面将机件的某处切断,仅画出该剖切面与机件接触部分的图形,这种图形称为断面图,简称断面。

断面图和剖视图的区别是,断面图只画出机件截断面的形状,而剖视图不但要画出截断面的形状,而且还要画出截断面以后的可见轮廓,如图7－34所示。

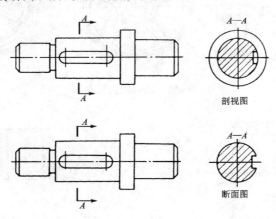

剖视图

断面图

图7－34　断面图概念

断面图常用来表达机件上某一局部的断面实形,如肋板、轮辐的断面形状,用来表达机件上某一局部的结构形状,如表达轴上的键槽、孔等,还常用来表达杆材、型材的断面形状。如果在选择机件的表达方法时,能恰当的选用断面图,则利于简化视图的表达方案,使图形简单、清晰。

7.3.2　断面图的种类

根据断面图配置位置的不同,断面图分为移出断面图和重合断面图。

1. 移出断面图

画在视图之外的断面称为移出断面图,如图7－35所示。移出断面图的轮廓线用粗实线绘制,并尽量配置在剖切线或剖切符号延长线上,如图 7 - 35 所示。断面图形对称时也可画在视图的中断处,如图 7 - 35(b)所示。必要时移出断面图也可配置在其他适当位置,如图 7 - 35(c)中的 A—A、B—B 所示。

　　为了表示切断面的真实形状,剖切平面应与被剖切部分的主要轮廓垂直。由两个或多个相交的剖切平面剖切得出的移出断面图,中间应断开,如图 7 - 35(d)所示。

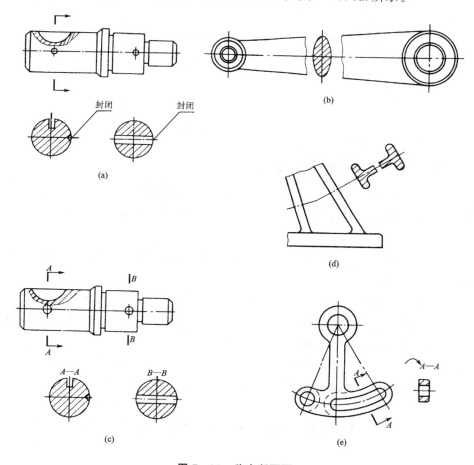

图 7 - 35　移出断面图

　　在不致引起误解时,允许将图形旋转,其标注形式如图 7 - 35(e)所示。

　　当剖切平面通过回转面形成的孔或凹坑的轴线时,这些结构按剖视绘制,如图 7 - 35(a)、(c)所示。

　　当剖切平面通过非圆孔,会导致出现完全分离的两个断面时,这些结构应按剖视绘制,如图 7 - 35(e)所示。

2. 重合断面图

　　画在视图之内的断面称为重合断面图,如图 7 - 36 所示。

　　只有当断面形状简单,且不影响图形清晰的情况下,才采用重合断面图。重合断面图直接画在视图内剖切位置处,其轮廓线用细实线绘制。当视图中的轮廓线与重合断面的图形重叠时,视图中的轮廓线仍应连续画出,不可间断,如图 7 - 36 所示。

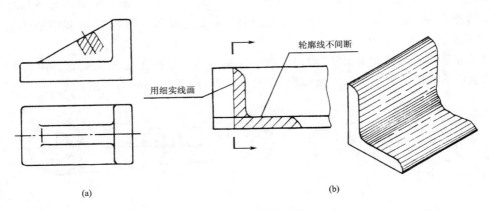

图 7 - 36   重合断面图

7.3.3   剖切位置与断面图的标注

① 移出断面图一般应用剖切符号表示剖切位置,用箭头表示投射方向,并注上字母,在断面图的上方应用同样的字母标出相应的名称"×—×",如图 7 - 35(c)中的"A—A"断面。

② 移出断面图配置在剖切符号延长线上时,对称断面图省略标注;不对称断面图可省略字母,如图 7 - 33(a)所示。

③ 配置在视图中断处的对称移出断面图不加任何标注,如图 7 - 35(b)所示。

④ 移出断面图不配置在剖切符号延长线上移时,对称断面,如图 7 - 35(c)中的"B—B"断面,以及按投影关系配置的不对称断面,均可省略箭头。

(5)重合断面的图形对称时,不加任何标注,如图 7 - 36(a)所示。

(6)配置在剖切符号上的不对称重合断面,不必标注字母,如图 7 - 36(b)所示。

7.4   局部放大图和简化画法

7.4.1   局部放大图

将机件的部分结构,用大于原图形所采用的比例画出的图形,称为局部放大图。

当机件上的某些细小结构,在视图上因图形过小而表达不清楚或不便于标注尺寸时,可采用局部放大画法,如图 7 - 37 所示。

局部放大图可画成视图、剖视图或断面图,它与被放大部分的表达方式无关,局部放大图应尽量配置在被放大部位的附近。

绘制局部放大图时,应用细实线圈出被放大部位。当同一机件上有几个被放大的部位时,必须用罗马数字依次标明被放大的部位,并在局部放大图的上方标注出相应的罗马数字和所采用的比例,如图 7 - 37 所示。当机件上被放大的部位仅一个时,在局部放大图上方只需注明所采用的比例。

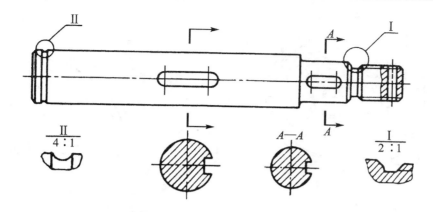

图 7 - 37　局部放大图

7.4.2　简化画法

绘制机械图样时,在完整、清晰表达机件结构形状的前提下,应力求制图简单。为此国家标准中规定了一些简化画法。现对几种较常用的简化画法介绍如下。

① 当机件具有若干相同结构(如齿、槽等),并按一定规律分布时,只需画出几个完整的结构,其余用细实线连接,但在图中应注明该结构的总数,如图 7 - 38(a)所示。

当机件上具有若干直径相同且成规律分布的孔(圆孔、螺孔、沉孔等),可以仅画一个或几个,其余只需用点画线表示其中心位置,并在图中注明孔的总数,如图 7 - 38(b)所示。

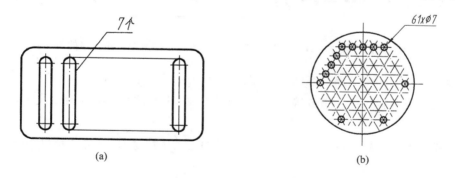

(a)　　　　　　　　　　　　　　　　(b)

图 7 - 38　按规律分布的相同结构的简化画法

② 在不致引起误解时,对于对称机件的视图可只画一半或四分之一,并在对称中心线的两端画出两条与其垂直的平行细实线,如图 7 - 39 所示。

③ 圆柱形法兰和类似的零件上均匀分布的孔可按图 7 - 40 所示的方法绘制(由机件外向该法兰端面方向投射)。

④ 在不致引起误解时,过渡线、相贯线允许简化,例如用圆弧或直线代替非圆弧,如图 7 - 40 和图 7 - 41 所示。

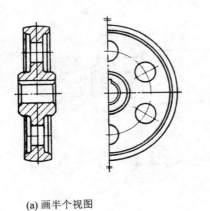
(a) 画半个视图

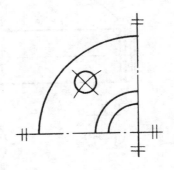
(b) 画四分之一视图

图 7 - 39   对称机件的简画法

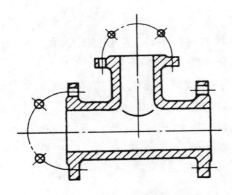
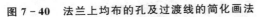

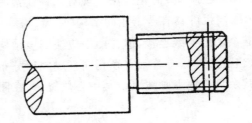

图 7 - 40   法兰上均布的孔及过渡线的简化画法   图 7 - 41   相贯线的简化画法

⑤ 零件上对称结构的局部视图,可按图 7 - 42 所示的方法绘制。

⑥ 与投影面倾斜角度小于或等于 30°的圆或圆弧,其投影可用圆或圆弧代替,如图 7 - 43 所示。

⑦ 对机件上一些较小的结构,如在一个图形中已表示清楚时,其他图形可简化或省略,如图 7 - 42 和图 7 - 44 所示。

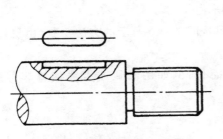

图 7 - 42   对称结构的局部视图
及交线的简化画法

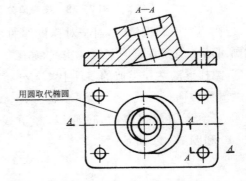

图 7 - 43   倾斜圆的简化画法

(a)　(b)

图 7 - 44　较小结构的简化画法

⑧ 除确实需要表示的某些结构圆角外,其他圆角在零件图中均可不画;45°小倒角也可省略不画。但必须注明尺寸,或在技术要求中加以说明,如图 7 - 45 所示。

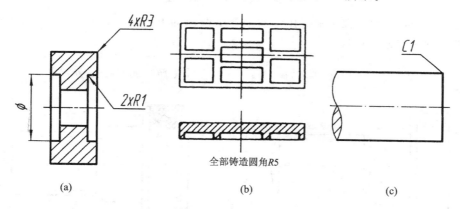

(a)　(b)　(c)

图 7 - 45　结构圆角、小倒角的简化画法

⑨ 机件上斜度不大的结构,如在一个图形中已表达清楚时,其他视图可按小端画出,如图 7 - 46 所示。

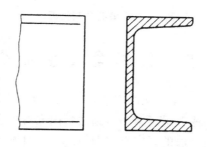

图 7 - 46　小斜度的简化画法

⑩ 当图形不能充分表达平面时,可用平面符号(相交的两条细实线)表示,如图 7 - 47 所示。

⑪ 较长的机件(轴、杆、型材、连杆等)沿长度方向的形状一致或按一定规律变化时,可断开后缩短绘制,但必须按照原来的实际长度注出尺寸,如图 7 - 48 所示。

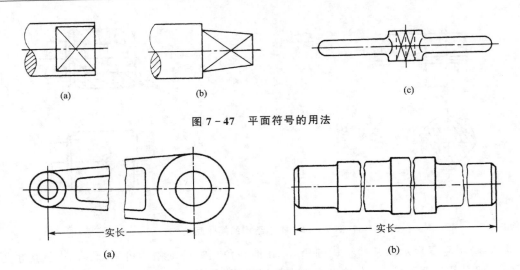

图 7 - 47　平面符号的用法

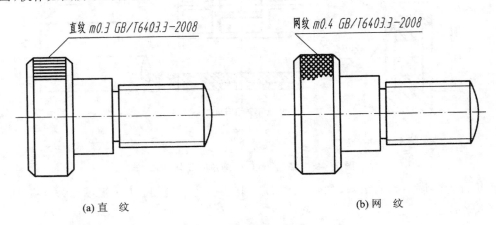

图 7 - 48　较长物体的简化画法

　　⑫ 滚花一般采用在轮廓线附近用细实线局部画出的方法表示,如图 7 - 49 所示;也可省略不画,仅作如图所示的标注。

直纹 m0.3 GB/T6403.3-2008　　　网纹 m0.4 GB/T6403.3-2008

(a) 直　纹　　　　　　　　(b) 网　纹

图 7 - 49　滚花的简化画法

7.5　第三角画法简介

　　国家标准《投影法》GB/T 14692—2008 规定,视图应采用第一角画法,必要时(如按合同规定等),才允许使用第三角画法。采用第一角画法的国家有中国、英国、德国、法国、独联体国家及东欧各国等。采用第三角画法的国家有美国、加拿大、日本等。为便于国际贸易和国际技术交流,应该了解和掌握第三角画法。

　　两个互相垂直的投影面将空间分成四个区域,每一区域称为一个分角,如图 7 - 50 所示。在正立投影面前面和水平投影面上面的区域称为第一分角;正立投影面后面和水平投影面下面的区域称为第三分角。将物体放在第一分角内进行投射的方法称为第一角画法(第一角投影);将物体放在第三分角内进行投射的方法称为第三角画法(第三角投影)。

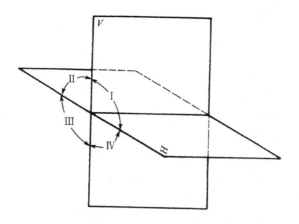

图 7 - 50　空间的四个分角

在第一角画法中,机件处于观察者和投影面之间,从投射方向上看,是观察者→机件→投影面(图形),如图 7 - 51(a)所示。在第三角画法中,把投影面看成是透明的,使投影面处于观察者和机件之间,从投射方向上看,是观察者→投影面(图形)→机件,如图 7 - 52(a)所示。

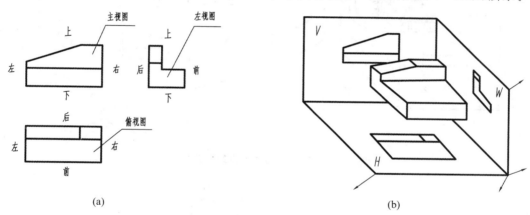

图 7 - 51　第一角画法

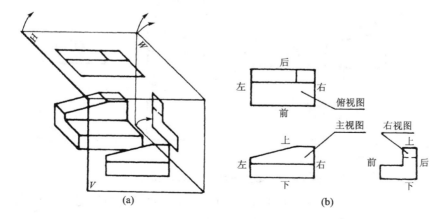

图 7 - 52　第三角画法

机件放在第一分角内得到主、俯、左三个视图，如图7-51(b)所示；机件放在第三分角内得到的三个视图为：

从前向后观察机件在V面上所得的视图，称为主视图；

从上向下观察机件在H面上所得的视图，称为俯视图；

从右向左观察机件在W面上所得的视图，称为右视图。

当投影面展开时，V面保持不动，H面(顶面)绕它与V面的交线向上旋转90°，W面(侧面)绕它与V面的交线向右旋转90°，使三个面展开成一个平面，即可得到图7-52(b)所示的三视图。即俯视图画在主视图的上面，右视图画在主视图的右面。

第三角画法和第一角画法一样，也有六个基本投影面，得到六个基本视图，如图7-53所示。它们是主视图、俯视图、右视图、左视图、仰视图、后视图。展开后六个基本视图的配置关系如图7-54所示。在同一张图纸内按图7-54配置视图时，一律不注视图名称。采用第三角画法时，必须在标题栏内或其上方、左方画出第三角投影的识别符号，如图7-55(b)所示。

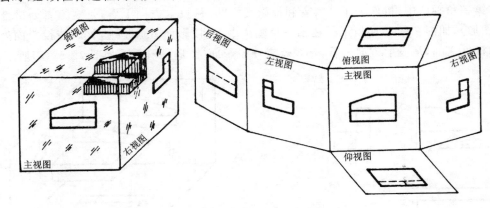

图7-53　第三角画法的投影面及展开

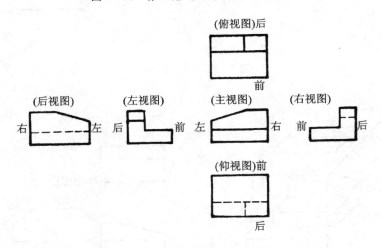

图7-54　第三角画法的基本视图配置

从第三角画法和第一角画法的配置可知：两种画法主要是视图的配置位置不同，而各对应的视图形状完全相同。在第三角画法的六个基本视图之间，仍然符合"长对正、高平齐、宽相等"的投射关系，即：主、仰、俯视图"长对正"，主、后、左、右视图"高平齐"，仰、左、右、俯视图"宽

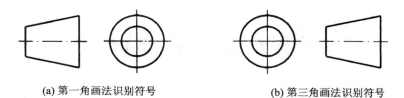

(a) 第一角画法识别符号　　　　　　　　(b) 第三角画法识别符号

图 7 - 55　第一、三角画法的识别符号

相等"。注意在仰、俯、左、右视图中,靠近主视图的一边是机件的前面,远离主视图的一边是机件的后边,如图 7 - 54 所示。

以上仅简单介绍了第三角画法的基本概念,如果我们熟练掌握了第一角画法,就能触类旁通,较为容易的掌握第三角画法。

第8章 紧固件

紧固件是指在机器或部件的装配中起连接作用的零件,如螺栓、螺钉、螺母、垫圈、键、销等。这些零件在各种设备中不仅应用广泛,而且用量也较大。为了使用和制造的方便,国家标准对它们的结构形式、尺寸、代号、图示画法和标记都制定了统一的标准。因此,紧固件也是标准件。

本章主要介绍一些标准件的基本知识、规定画法、代号和标记、连接画法。

8.1 螺纹及螺纹连接件

8.1.1 螺 纹

1. 螺纹的形成、结构及有关概念

一平面图形(如三角形、矩形、梯形等)绕一圆柱(圆锥)作螺旋运动,形成圆柱(圆锥)螺旋体,工业上称为螺纹。

螺纹可采用机床加工,如车床、滚丝机等;也可以采用工具进行手工加工,如扳牙、丝锥等。在圆柱外表面加工的螺纹称为外螺纹,在圆孔内表面加工的螺纹称为内螺纹。常见的螺钉和螺母上的螺纹,分别是外螺纹和内螺纹。在加工螺纹的过程中,由于刀具的切入形成凸起和沟槽两部分,凸起的顶端称为螺纹的牙顶,沟槽的底部称为螺纹的牙底,如图 8-1 所示。

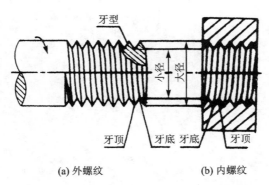

(a) 外螺纹   (b) 内螺纹

图 8-1 螺纹各部分的名称

加工螺纹将近结束时,刀具要逐渐离开工件,因此螺纹终止处附近的牙型将逐渐变浅,形成一小段不完整的螺纹,称为螺尾。

2. 螺纹的要素

(1) 牙 型

在通过螺纹轴线的断面上,螺纹牙齿的轮廓形状称为螺纹牙型。常见的牙型有三角形、梯形等。牙型不同,其用途也不一样。常用标准螺纹的牙型图如表 8-1 所列。

（2）公称直径

公称直径是代表螺纹尺寸的直径，它是指与外螺纹的牙顶或内螺纹牙底相重合的假想圆柱面的直径，也称大径，内、外螺纹的大径分别用 D、d 表示。

与外螺纹牙底或内螺纹牙顶相重合的假想圆柱面的直径称为小径，内、外螺纹的小径分别用 D_1、d_1 表示；在大径和小径之间，其母线通过牙型上凸起宽度和沟槽宽度相等的假想圆柱面的直径称为中径，内、外螺纹的中径分别用 D_2、d_2 表示。

螺纹的大径、小径和中径如图 8 - 1 所示。

（3）线　　数

螺纹分单线和多线两种。沿一条螺旋线形成的螺纹称为单线螺纹，沿两条或两条以上在轴向等距离分布的螺旋线形成的螺纹称为多线螺纹，如图 8 - 2 所示。线数用 n 表示。

（4）螺距和导程

螺纹上相邻两牙在中径线上对应点之间的轴向距离称为螺距，用 P 表示。同一条螺旋线上相邻两牙在中径线上对应点间的距离称为导程，用 P_h 表示。显然，对于单线螺纹 $P = P_h$，对于多线螺纹，$P = P_h/n$。如图 8 - 2 所示。

表 8 - 1　常用标准螺纹的分类

螺纹分类	螺纹种类及特征代号		外形及牙型图	用　途
连接螺纹	普通螺纹	粗牙普通螺纹　M	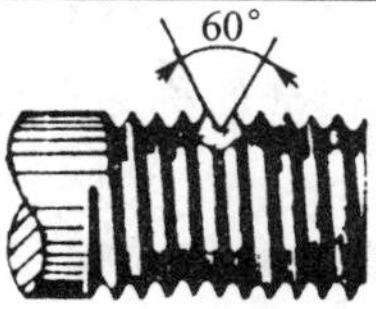 　60°	最常用的连接螺纹，细牙螺纹用于细小的精密零件或薄壁零件
		细牙普通螺纹　M		
	管螺纹	非螺纹密封的管螺纹　G	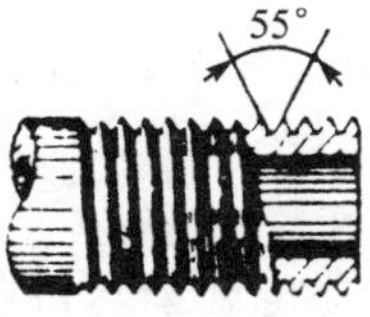 　55°	是特殊的细牙螺纹，仅用于管子的连接，内外螺纹旋合后，牙顶和牙底间没有间隙，密封性好
		用螺纹密封的管螺纹 R（圆锥外螺纹） Rc（圆锥内螺纹） RP（圆柱内螺纹）	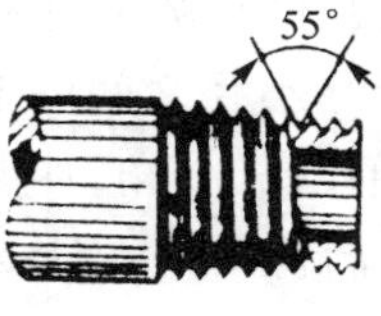 　55°	
传动螺纹		梯形螺纹　Tr	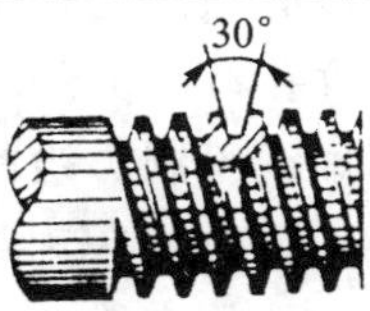 　30°	传递补运动和动力，其中，锯齿形螺纹只能传递单向动力
		锯齿形螺纹　B	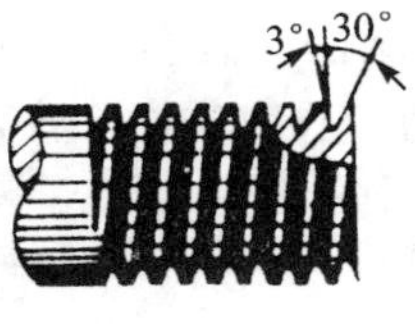 　3°、30°	

说明:细牙和粗牙的区别在于大径相同时,细牙螺纹的螺距和牙型高度比粗牙小。

（5）旋　向

螺纹分为左旋和右旋两种。将外螺纹轴线铅垂放置,螺纹右上左下(即右边高)则为右旋,左上右下(即左边高)则为左旋。右旋螺纹顺时针方向旋进,左旋螺纹逆时针方向旋进,如图 8-3 所示。

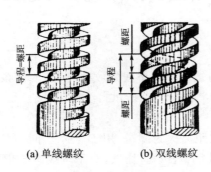

图 8-2　螺纹的线数、螺距和导程

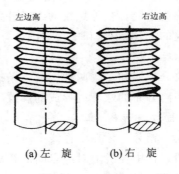

图 8-3　螺纹的旋向

螺纹由上述五个要素确定,只有五个要素都相同的内、外螺纹才能旋合在一起。

在螺纹的要素中,牙型、大径和螺距是最基本的,称为螺纹三要素,国标中规定了相应的标准值。凡三要素符合标准的称为标准螺纹;凡牙型符合标准,公称直径或螺距不符合标准的称为特殊螺纹;凡牙型不符合标准的称为非标准螺纹。

3. 螺纹的分类

螺纹按用途分为连接螺纹和传动螺纹两大类。常用标准螺纹的分类如表 8-1 所列。

4. 螺纹的规定画法

绘制螺纹的真实投影十分复杂,且实际生产中也没有必要。为便于画图,国标对螺纹的画法作了统一的规定。

① 外螺纹的画法　外螺纹的大径(牙顶)和螺纹终止线用粗实线绘制,小径(牙底)用细实线绘制,小径在螺杆的倒角或倒圆部分也应画出。在垂直于螺纹轴线方向的视图中,表示小径的细实线圆只画大约 3/4 圈,倒角圆不再画出,如图 8-4(a)所示。在剖视图中,剖面线画到粗实线,螺纹终止线只画大径与小径之间的部分,如图 8-4(b)所示。表示螺尾时,螺尾部分的牙底用细实线绘制,且与轴线成 30°角,如图 8-4(c)所示。

② 内螺纹的画法　在剖视图中,内螺纹的大径(牙底)用细实线绘制,小径(牙顶)和螺纹终止线用粗实线绘制,剖面线必须画到粗实线。在垂直于螺纹轴线方向的视图中,表示大径的细实线圆只画约 3/4 圈,螺纹孔口的倒角圆省略不画,如图 8-5(a)所示。螺孔不作剖视时,大径、小径和螺纹终止线都用虚线绘制。绘制不穿通的螺孔时,应将钻孔深度和螺孔深度分别画出,如图 8-5(b)所示。螺尾画法同外螺纹。

螺纹孔相交时,只画出钻孔的交线(即相贯线),画法如图 8-6 所示。

③ 内、外螺纹旋合的画法　在剖视图中表示螺纹旋合时,其旋合部分应按外螺纹的画法绘制,其余部分仍按各自的画法绘制。需要注意的是,内、外螺纹的大、小径要分别对齐,如图 8-7 所示。

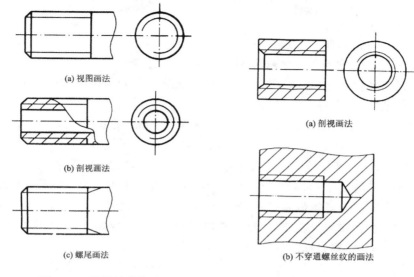

图 8-4　外螺纹的画法　　　　　　图 8-5　内螺纹的画法

(a) 视图画法

(b) 剖视画法

(c) 螺尾画法

(a) 剖视画法

(b) 不穿通螺丝纹的画法

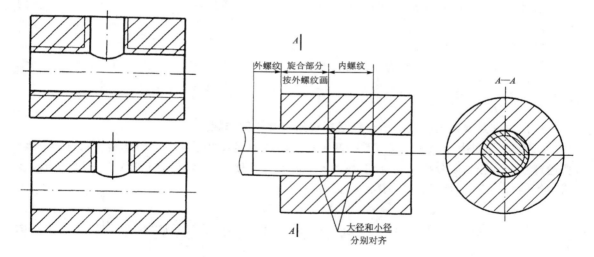

图 8-6　螺纹孔相交的画法　　　　图 8-7　内、外螺纹旋合画法

外螺纹　旋合部分　内螺纹

按外螺纹画

大径和小径
分别对齐

5. 螺纹标注

由于螺纹采用了规定画法，图上不能反映出牙型、螺距、线数和旋向等要素。因此，应在图样上按规定格式进行标注，以区别螺纹的种类及其参数。

（1）普通螺纹

完整的螺纹标记由螺纹特征代号、尺寸代号、公差带代号及其他有必要做进一步说明的个别信息组成。

普通螺纹的标记由五部分组成：

$$\boxed{特征代号}\boxed{尺寸代号}—\boxed{公差带代号}—\boxed{旋合长度代号}—\boxed{旋向代号}$$

① 特征代号　普通螺纹特征代号用字母"M"表示。

② 尺寸代号　单线螺纹的尺寸代号为"公称直径×螺距",粗牙螺纹的螺距不标注,细牙螺纹的螺距必须标注。示例:

公称直径为 8 mm、螺距为 1 mm 的单线细牙螺纹:$M8 \times 1$。

公称直径为 8 mm、螺距为 1.25 mm 的单线粗牙螺纹:$M8$。

多线螺纹的尺寸代号为"公称直径×P_h导程 P 螺距",导程与螺距数值的单位为毫米。如果要表明螺纹的线数,可在后面增加括号用英语说明。

示例:公称直径为 16 mm、螺距为 1.5 mm、导程为 3 mm 的双线螺纹:

$M16 \times P_h 3P1.5$ 或 $M16 \times P_h 3P1.5$(two starts)。

③ 公差带代号　普通螺纹的公差带是用表示螺纹公差带大小的数字表示螺纹公差等级,用表示螺纹公差带位置的字母表示螺纹的基本偏差(外螺纹用小写拉丁字母,内螺纹用大写拉丁字母)。公差等级在前,基本偏差在后,普通螺纹的公差带代号包含中径公差带代号和顶径公差带代号。中径公差带代号在前,顶径公差带代号在后,例如 $5g6g$。当螺纹中径公差带与顶径公差带代号相同时,则只标注一个公差带代号。

根据使用场合,螺纹的公差精度分为精密、中等、粗糙三个等级,中等精度用于一般用途螺纹。

示例:公称直径为 10 mm、螺距为 1.25 mm、单线、中径公差带为 $5g$、顶径公差带为 $6g$ 的细牙外螺纹:

$M10 \times 1.25 - 5g6g$

公称直径为 10 mm、螺距为 1.5 mm、单线、中径公差带与顶径公差带均为 $6H$ 的粗牙内螺纹:

$M10 - 6H$

标记内有必要说明的其他信息包括螺纹的旋合长度和旋向。

④ 旋合长度代号　旋合长度是指两个相互旋合的螺纹沿螺纹轴向相互旋合部分的长度,普通螺纹的旋合长度分为长旋合长度(L)、中等旋合长度(N)、短旋合长度(S)三种。当螺纹为中等旋合长度时,代号"N"在螺纹标记中不标注。

示　例:

短旋合长度的外螺纹:$M12 - 5g6g - S$,长旋合长度的内螺纹:$M10 \times 1 - 7H - L$。中等旋合长度的外螺纹:$M6$。

⑤ 旋向代号　对于左旋螺纹,应在旋合长度之后标注(LH)代号。旋合长度代号与旋向代号之间用"-"分开。右旋螺纹不标注旋向代号。

示　例:

左旋螺纹::$M6 \times 0.75 - 5h6h - LH$。

$M8 \times 1 - LH$(公差带代号和旋合长度被省略)。

$M14 \times Ph6P2 - 7H - L - LH$ 或 $M14 \times P_h 6P2$(three starts)$- 7H - L - LH$。

右旋螺纹:$M10$(螺距、公差带代号、旋合长度代号和旋向代号被省略)。

(2) 梯形螺纹、锯齿形螺纹

梯形螺纹、锯齿形螺纹用于传递运动和动力。梯形螺纹在工作时是牙的两侧均受力,而锯齿形螺纹在工作时是牙的单侧受力。

梯形螺纹、锯齿形螺纹完整的标记:

$$\boxed{特征代号}\ \boxed{公称直径×导程(P\ 螺距)}\ \boxed{旋向代号}\ —\ \boxed{公差带代号}\ —\ \boxed{旋合长度代号}$$

① 特征代号　梯形螺纹特征代号用字母"Tr"表示,锯齿形螺纹特征代号用字母"B"表示。

② 公称直径　梯形螺纹的公称直径指外螺纹的大径。为保证传动的灵活性,梯形螺纹连接中必须使内、外螺纹配合后留有一定的径向保证间隙,因此,内、外螺纹的中径相同,但大径和小径不同。

③ 导程(P 螺距)　当为单线螺纹时可将"导程(P 螺距)"改为"螺距"。

④ 旋向代号　对于左旋螺纹,应在公称直径×导程(P 螺距)之后标注(LH)代号。右旋螺纹不标注旋向代号。

⑤ 公差带代号　梯形螺纹、锯齿形螺纹的公差带代号只有中径公差带代号。

⑥ 旋合长度代号　梯形螺纹、锯齿形螺纹的旋合长度代号中有中等旋合长度(N),长旋合长度(L)两种。中等旋合长度"N"可不标注。

示　例:

梯形螺纹:$Tr40×14(P7)LH-7e-L$、$Tr30×12-7H$。

锯齿形螺纹:$B40×14(P7)LH$、$B30×7-7H$。

(3) 管螺纹

常用的管螺纹分为螺纹密封的管螺纹和非螺纹密封的管螺纹。

管螺纹的标记:

55°非密封管螺纹的标记:

$$\boxed{特征代号(G)}\ \boxed{尺寸代号}\ —\ \boxed{公差等级代号}\ —\ \boxed{旋向代号}$$

55°密封管螺纹的标记:

$$\boxed{特征代号(R,Rc,Rp)}\ \boxed{尺寸代号}\ —\ \boxed{旋向代号}$$

螺纹特征代号 G 表示非螺纹密封的管螺纹,R 表示用螺纹密封的圆锥外螺纹,Rc 表示用螺纹密封的圆锥内螺纹,Rp 表示用螺纹密封的圆柱内螺纹。

管螺纹上标注的公称直径不是管螺纹的大径,而是指管螺纹所在的管子的通孔直径的近似值,其单位为英寸。管螺纹的螺距以每英寸牙数表示,公称直径与对应的每英寸的牙数是单一的,故不必注出。非螺纹密封的管螺纹的公差等级代号,外螺纹分为 A、B 两级,需要标记,如 $G1/2A$、$G3/4B$;内螺纹公差等级仅一种,则不用标记。用螺纹密封的管螺纹,内、外螺纹只有一种公差,故不用标记。

右旋螺纹不标记旋向,左旋螺纹应标记 LH,如 $R3/4-LH$。

(4) 螺纹副的标注

内、外螺纹旋合到一起后称螺纹副。在装配图中需要标注螺纹副时,内螺纹公差带代号在前,外螺纹公差带代号在后,中间用斜线分开。

示　例:

中等旋合长度的螺纹副:$M20×2-6H/5g6g$。

长旋合长度的螺纹副:$M16-7H/7g6g-L$。

表 8-2 给出部分常用螺纹的标注示例。

表 8 - 2　常用标准螺纹的标注

螺纹种类		标注示例	说　明
普通螺纹	粗牙	*M16-5g6g*	粗牙普通螺纹,公称直径 16 mm,单线;螺纹中径公差带代号 5*g*,顶径公差带代号 6*g*;中等旋合长度;右旋
	细牙	*M16×1-5H-LH*	细牙普通螺纹,大径 16 mm,螺距 1 mm,单线;中径和顶径公差带代号都是 5*H*;中等旋合长度;左旋
梯形螺纹		*Tr36×12(P6)LH-7e*	梯形螺纹,公称直径 36 mm,导程 12 mm,螺距 6 mm,双线;中径公差带代号 7*e*;中等旋合长度;左旋
锯齿形螺纹		*B40×7-LH*	锯齿形螺纹,公称直径 40,单线,螺距 6;中径公差带代号 7*H*;中等旋合长度;右旋
管螺纹	非螺纹密封	*G3/4A*	管螺纹,尺寸代号 3/4,单线,右旋;公差等级为 *A*(外螺纹的公差等级分 *A* 级和 *B* 级两种,内螺纹公差等级只有一种)
	用螺纹密封	*Rc1/2-LH*	圆锥内管螺纹,尺寸代号 1/2,单线,左旋(内外螺纹均只有一种公差带)

标注时应注意以下几点:

① 粗牙普通螺纹中,每个公称直径只对应一种螺距,因此螺距无须标注。

② 对于单线、右旋螺纹,其线数和旋向可省略不注。左旋用"*LH*"表示。

③ 普通螺纹的公差带代号按中径和顶径的顺序标注。两者相同时,只标注一个公差带代号;梯形螺纹只标注中径的公差带代号。

④ 管螺纹的标注管螺纹的尺寸单位采用英制,公称直径是管子通孔直径的近似值,而非螺纹的大径。所以管螺纹一律标注在引出线上,并且引出线应由大径处引出,如表 8 - 2 所列。

⑤ 螺纹副的标注　内、外螺纹旋合到一起后称螺纹副。在装配图中需要标注螺纹副时，内、外螺纹的标记用斜线分开，左边表示内螺纹，右边表示外螺纹。其标注方法与单个螺纹相同。普通螺纹、梯形螺纹、锯齿形螺纹在图上以尺寸方式标注，而管螺纹标记一律注在引出线上，引出线应由大径处引出，如图 8-8 所示。

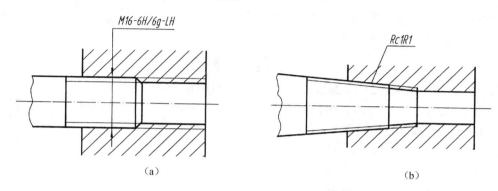

（a）　　　　　　　　　　　　　　　　　（b）

图 8-8　螺纹副的标注

8.1.2　螺纹连接件

　　螺纹连接件是利用内、外螺纹的旋合作用来连接和紧固一些零、部件的。常用的螺纹连接件有螺栓、螺柱、螺钉、螺母和垫圈等。

1. 螺纹连接件的标注

　　GB/T1237—2000 中规定，紧固件的标记方法有完整标记和简化标记两种。完整的标记格式为：

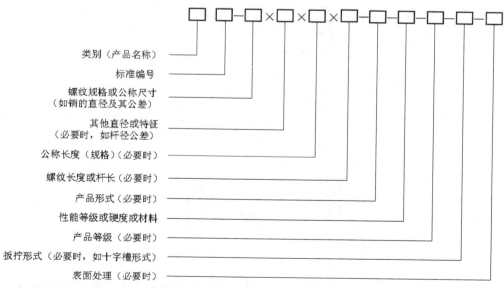

一般情况下，紧固件采用简化标记，简化原则如下：

① 类别（名称）、标准年代号及其前面的"—"，允许全部或部分省略。省略年代号的标准应以现行标准为准。

② 标记中的"—"允许全部或部分省略；标记中"其他直径或特性"前面的"×"允许省略，

但省略后不应导致对标记的误解,一般以空格代替。

③ 当产品标准中只规定一种产品形式、性能等级或硬度或材料、产品等级、拧紧形式及表面处理时,允许全部或部分省略。

④ 当产品标准中规定两种产品形式、性能等级或硬度或材料、产品等级、拧紧形式及表面处理时,应按规定可以省略其中一种,并在产品标准的标记示例中给出省略后的简化标记。

简化后紧固件的标记格式为:

$$\boxed{名称}\ \boxed{标准编号}\ \boxed{规格尺寸}$$

螺纹连接件的结构、尺寸等都已标准化,使用时可根据规定的标记选用。

例如,螺纹规格 $d = M12$、公称长度为 80 mm、性能等级 10.9 级、表面氧化、产品等级为 A 级的六角头螺栓,其完整标记如下:

螺栓 GB/T5782—2000 - $M12 \times 80 - 10.9 - A - O$

一般情况下可简化为:螺栓 GB/T5782 $M12 \times 80$

常用连接件的标记示例,如表 8-3 所列。

表 8-3 常用螺纹连接件及其标注

名称及标准编号	简 图	标记及说明
六角头螺栓 GB/T 5780—2000		螺栓 GB/T 5780 $M12 \times 60$ 表示螺纹规格 $d = M12$,公称长度 $L = 60$
双头螺柱 ($b_m = 1.25d$) GB/T 898—1988		螺柱 GB/T 898 $M10 \times 50$ 表示 (B 型双头螺柱) 螺纹规格 $D = M10$,公称长度 $L = 50$
开槽圆柱头螺钉 GB/T 65—2000		螺钉 GB/T 65 $M10 \times 50$ 表示螺纹规格 $d = M10$,公称长度 $L = 50$
开槽长圆柱端紧定螺钉 GB/T 75—1985		螺钉 GB/T 75 $M12 \times 50$ 表示螺纹规格 $d = M12$,公称长度 $L = 50$
六角螺母—C 级 GB/T 41—2000		螺母 GB/T 41 $M16$ 表示螺纹规格 $D = M10$

名称及标准编号	简图	标记及说明
I 型六角开槽螺母 A 级和 B 级 GB/T 6178—1986	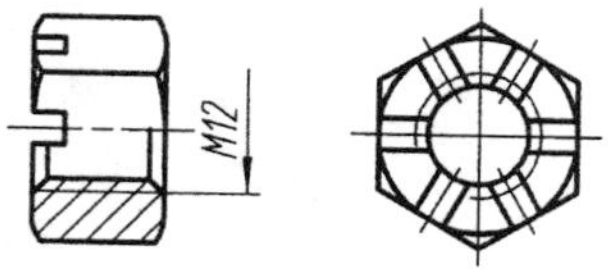	螺母　GB/T 6178　M12 表示螺纹规格 D = M12
平垫圈—A 级 GB/T 97.1—2002	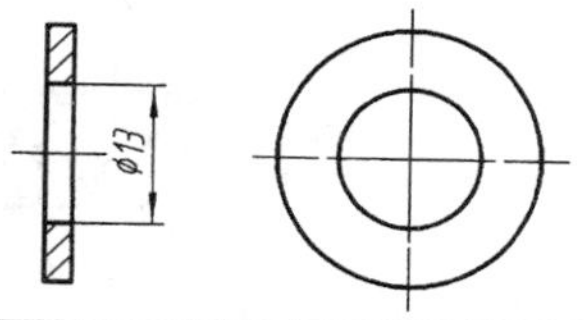	垫圈　GB/T 97.1　12 表示公称尺寸(螺纹规格)d = 12

2. 螺纹连接画法的有关规定

① 两个零件的接触面画一条线,非接触面画两条线。

② 两个零件相邻时,不同零件的剖面线方向应相反,或者方向一致、间隔不等;且同一零件在各剖视图中的剖面线方向、间隔应相同。

③ 剖切平面通过紧固件和实心零件(螺栓、螺钉、螺母、垫圈、键、销、轴等)的轴线时,这些零件均按不剖绘制。

3. 螺纹连接的比例画法

螺纹连接件的全部尺寸数据可以根据标记在标准中查出。但为了简化作图,通常采用比例画法,它

是将螺纹连接件的各部分尺寸(公称长度除外),都取与螺纹大径成一定比例的数值来画图的一种作图方法。

(1) 螺栓连接的比例画法

螺栓用于连接两个较薄且能钻成通孔的零件。连接时,先将螺栓杆身穿过两个零件的通孔,然后套上垫圈,再拧紧螺母。为了防止损伤螺栓的螺纹,被连接零件的通孔直径应略大些,画图时取 1.1d。垫圈的作用是防止拧紧螺母时损伤被连接零件的表面及增加支承面积。螺栓上的螺纹终止线应画至上部零件的通孔内,以保证拧紧螺母时有足够的螺纹长度。螺栓连接的比例画法如图 8 - 9 所示。

螺栓的公称长度可先按下式估算,然后根据估算值查表选用相近的标准长度值,即

$$L \geqslant \delta_1 + \delta_2 + h + m + a$$

图 8 - 10 为螺栓连接的常见错误画法,画图时应予以注意。图中:

① 零件通孔的直径为 1.1d,此处应画两条线;

② 螺栓伸出螺母部分的螺纹应表达完整;

③ 两相邻零件的剖面线方向应相反;

④ 大、小径按外螺纹画完整。

(2) 双头螺柱连接的比例画法

双头螺柱的两端都有螺纹,一端为旋入端,另一端为紧固端。螺柱连接的两个零件中,一个较厚(不适于钻成通孔或不能钻成通孔),要加工出螺孔(螺孔深度应大于旋入螺纹的长度,

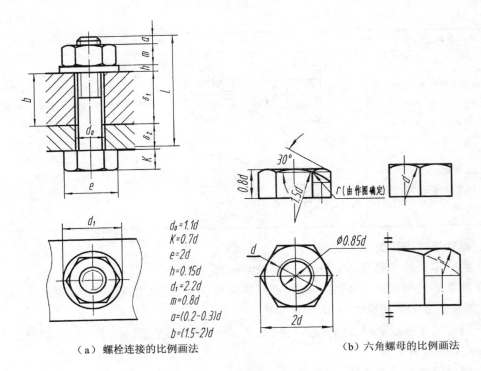

$d_0 = 1.1d$
$K = 0.7d$
$e = 2d$
$h = 0.15d$
$d_1 = 2.2d$
$m = 0.8d$
$a = (0.2 \sim 0.3)d$
$b = (1.5 \sim 2)d$

（a）螺栓连接的比例画法　　　　　　　　（b）六角螺母的比例画法

图 8-9　螺纹紧固件的比例画法

以确保旋入端全部旋入）；另一个较薄,要钻出通孔。连接时,螺柱的旋入端全部旋入较厚零件的螺孔内,另一端通过较薄零件的光孔,再套上垫圈,拧紧螺母。双头螺柱的连接画法如图 8-11 所示。

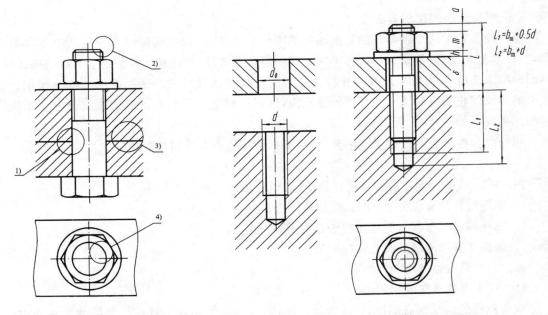

$L_1 = b_m + 0.5d$
$L_2 = b_m + d$

图 8-10　螺栓连接的错误画法　　　　　　　　**图 8-11　双头螺柱连接的比例画法**

　　螺柱旋入端的长度 b_m 与被旋入零件的材料有关:钢或青铜时, $b_m = d$;铸铁时, $b_m = (1.25\sim$ $1.5)d$;铝合金时, $b_m = 2d$。

　　双头螺柱的公称长度指无螺纹部分长度与紧固端螺纹长度之和,可先按下式估算,然后查表选用相近的标准值,即

$$L \geqslant \delta + h + m + a$$

图 8-12 为双头螺柱连接的常见错误画法,画图时应注意。图中:

　　① 旋入端的螺纹终止线应与螺孔端面平齐;

　　② 旋合部分内、外螺纹的大、小径应分别对齐;

　　③ 钻孔锥顶角应为 $120°$。

　　其他部分与螺栓连接画法相同。

　　(3) 螺钉连接的比例画法

　　螺钉用于连接受力不大又不常拆卸的两个零件。一个零件较薄钻出通孔,另一个较厚的零件加工出螺孔,螺孔深度应大于旋入螺纹的长度。螺钉连接时,不用螺母与垫圈,而是将螺钉直接拧入零件的螺孔里,依靠螺钉头部压紧零件。螺钉连接画法如图 8-13 所示。

　　螺钉旋入螺孔的深度 L_1 与被旋入零件的材料有关,取值方法与双头螺柱的 b_m 相同。螺钉的公称长度可先按下式估算,然后根据估算值查表选用相近的标准值,即

$$L \geqslant \delta + L_1$$

　　画螺钉连接图时应注意以下几点:

　　① 螺纹终止线应高出螺孔的端面或螺杆全长上都有螺纹。

　　② 螺钉头部的槽,在投影为圆的视图中画成与中心线倾斜 $45°$。

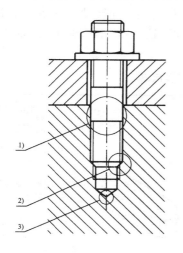

图 8-12　双头螺柱连接的错误画法

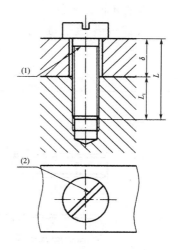

图 8-13　螺钉连接的比例画法

　　(4) 螺栓、螺柱、螺钉连接的简化画法

　　国标规定,螺纹连接件在装配图中可采用简化画法,如图 8-14 所示。

　　① 连接件的倒角和因倒角产生的截交线可省去不画。

　　② 螺孔的钻孔深度可省去不画。

　　③ 螺钉头部的起子槽,可画成一条加粗的实线。

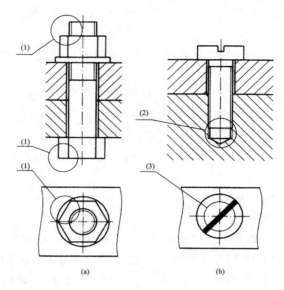

图 8 - 14　螺栓、螺钉连接的简化画法

8.2　键及其连接

8.2.1　键的作用、形式和标记

　　键常用于联连轴和轴上零件(例如齿轮、带轮等),使它们一起转动。键在工作中起传递扭矩的作用。常用的键有普通平键、半圆键和钩头楔键,这些均属标准件,其简图和标记如表 8 - 4 所列。

表 8 - 4　常用键的简图和标记

名称及标准编号	简　图	标记及说明
普通平键 GB/T 1096—2003		GB/T 1096—2003 键 8×7×28 表示圆头普通平键(A 型),宽度 $B = 8$ mm,$h = 7$ mm,长度 $L = 30$ mm
半圆键 *GB/T 1099.1—2003*		GB/T 1099.1—2003 键 6×10×25 表示半圆键,宽度 $b = 6$ mm,高度 $h = 10$ mm,直径 $D = 25$ mm

名称及标准编号	简　图	标记及说明
钩头楔键 GB/T 1565—2003		键 8×30GB/T 1565—2003 表示钩头楔键,宽度 $b =$ 8 mm,长度 $L = 30$ mm

普通平键有 A 型(圆头)、B 型(平头)、C 型(单圆头)三种,其中 A 型应用最普遍,标记中的 A 字省略不注。

8.2.2　键连接的画法

用键连接的轴和轮,需要加工出键槽。键与键槽的尺寸,根据轴的直径查阅有关标准确定。

1. 普通平键和半圆键

普通平键和半圆键的两侧面是工作面,与轴、轮毂上的键槽的两侧面接触,在装配图中画一条线;键的底面与轴上键槽的底面也接触,故也应画一条线;而键的顶面是非工作面,与轮毂上的键槽之间有间隙,在图中画两条线,如图 8 - 15 和图 8 - 16 所示。

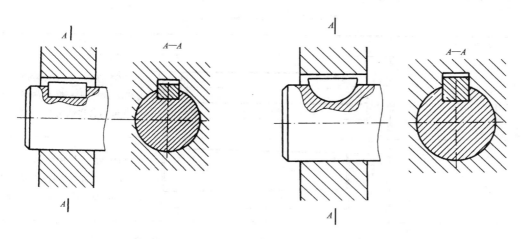

图 8 - 15　普通平键的连接画法　　　　图 8 - 16　半圆键的连接画法

2. 钩头楔键

钩头楔键的顶面有 1∶100 的斜度,装配时将键打入键槽,依靠键的顶面和底面与轮、轴之间挤压的摩擦力而连接。所以画图时,上、下两接触面画一条线。侧面有间隙,画两条线,如图 8 - 17 所示。

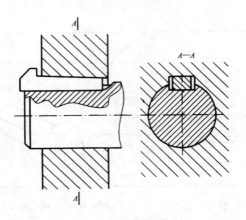

图 8 - 17　钩头楔键的连接画法

8.3　销及其连接

① 销的作用、种类和标记　销主要用于零件之间的连接和定位。常用的销有圆柱销、圆锥销和开口销。开口销通常和开槽螺母配合使用,用来锁定螺母,防止松脱。

销也是标准件,其结构和尺寸都可以从标准中查出。圆锥销的公称直径指小端直径,开口销的直径指销孔的直径。销孔直径大于销本身的直径。

常用销的简图和标记如表 8 - 5 所列。

表 8 - 5　常用销的简图和标记

名称及标准编号	简　图	标记及说明
圆柱销 GB/T 119.1—2000	∅10　60	销 GB/T119.1　B10×60 表示 B 型圆柱销,公称直径 $d=$ 10 mm,公称长度 $L=60$ mm
圆锥销 GB/T 117—2000	∅12　60	销 GB/T 117　B12×60 表示 A 型圆锥销,公称直径 $d=$ 12 mm,公称长度 $L=60$ mm
开口销 GB/T 91—2000	45　∅7.5	销 GB/T 91　B8×45 表示开口销,销孔的公称直径 $d=8$ mm,公称长度 $L=45$ mm

② 销连接的画法圆柱销和圆锥销的连接画法如图 8 - 18 所示。用销连接和定位时,装配要求较高,两个零件的销孔需要一起加工,并在图上注明"与××件配制",如图 8 - 19 所示。

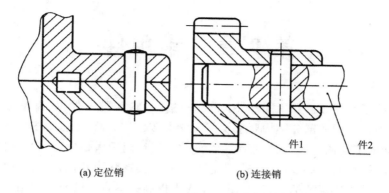

(a) 定位销　　　　　　　(b) 连接销

图 8 - 18　销连接的画法

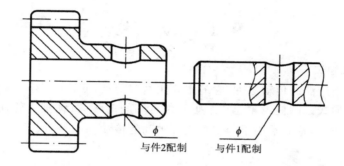

图 8 - 19　销孔的尺寸标注

第9章　常用件

在机器中,除了一般零件和紧固件外,还有一些广泛应用的零件,如齿轮、弹簧、滚动轴承等,被称为常用件。它们的部分结构要素及其尺寸参数已实行标准化,这样一来,加工时就可以应用标准的切削工具或专用机床,甚至由专业化的工厂组织大量生产,大大提高了生产率和产品质量。在绘图时,对这些零件的结构则不必按其真实形状画图,而只要按照机械制图国家标准的规定画法,并作适当的标注,使制图效率大大提高。本章主要介绍常用件的基本知识和规定画法。

9.1　齿　　轮

1. 齿轮的基本知识

齿轮是一种应用广泛的传动零件,它的主要用途有传动、变速、变向等。图9-1所示为三种常见的齿轮传动形式。圆柱齿轮通常用于两平行轴间的传动;圆锥齿轮通常用于两垂直相交轴间的传动;蜗杆与蜗轮通常用于两垂直交叉轴间的传动。

(a) 圆柱齿轮　　　　　　(b) 圆锥齿轮　　　　　　(c) 蜗杆与蜗轮

图9-1　常见的齿轮传动方式

常见的圆柱齿轮按轮齿的方向不同分为直齿圆柱齿轮和斜齿圆柱齿轮两种,如图9-2所示。其中,以直齿圆柱齿轮应用为多。本章主要介绍直齿圆柱齿轮的基本知识和规定画法。

2. 直齿圆柱齿轮的各部分名称、基本参数及尺寸关系

(1) 轮齿各部分名称 (见图9-3)

① 齿顶圆—— 通过齿顶的圆,其直径用 d_a 表示。

② 齿根圆—— 通过齿根的圆,其直径用 d_f 表示。

③ 分度圆(节圆 d')——齿轮上的一个假想圆。该圆上的齿厚弧长(s)与齿间弧长(e)相等;此圆是设计、计算和制造齿轮时进行分度轮齿和确定轮齿尺寸的基准圆,分度圆直径用 d 表示。节圆直径 d' 是一对标准齿轮在标准安装状态下,两分度圆相切与连心线 O_1O_2 上的 C 点,此时,分度圆称为节圆,即 $d' = d_0C$。

(a) 直齿轮　　　　　　　　　　　(b) 斜齿轮

图 9 - 2　圆柱齿轮

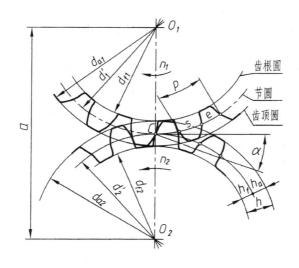

图 9 - 3　轮齿各部分名称

④ 节点——在一对啮合齿轮上,两节圆的切点,位于连心线 O_1O_2 上,用 C 表示。

⑤ 齿顶高——从分度圆到齿顶圆间的径向距离,用 h_a 表示。

⑥ 齿根高——从分度圆到齿根圆间的径向距离,用 h_f 表示。

⑦ 齿高——从齿顶圆到齿根圆间的径向距离,用 h 表示。$h = h_a + h_f$。

⑧ 齿厚——分度圆周上每个轮齿的齿廓间的弧长,用 s 表示。

⑨ 齿槽宽——分度圆周上每个齿槽的齿廓间的弧长,用 e 表示。

⑩ 齿距——分度圆周上相邻两轮齿对应点间的弧长,用 p 表示。在分度圆周上标准齿轮的齿厚 s 与槽宽 e 相等,即

$$s = e = \frac{1}{2}p$$

(2) 基本参数

① 齿数——用 z 表示。

② 模数——是设计、制造齿轮的重要参数,用 m 表示。因分度圆周长等于齿数乘齿距,即

$$\pi d = zp, \qquad d = p/\pi \cdot z$$

令　　　　　　　　　　　$p/\pi = m,$　　　　　　则 $d = mz$

从上式中看出 m 愈大,则 p 愈大,齿厚 s 也随之增大,因而齿轮的承载能力大。为便于设计和制造,模数已标准化,其数值如表 9 - 1 所列。

表 9 - 1　齿轮标准模数系列(GB/T 1357—2008)

第一系列	1,1.25,1.5,2,2.5,3,4,5,6,8,10,12,16,20,25,32,40,50
第二系列	1,125,1.375,1.75,2.25,2.75,3.5,4.5,5.5,(6.5),7,9,(11),14,18,22,28,(30),36,45

注:(1) 选用模数时应优先选用第一系列,其次选用第二系列,括号内的模数尽可能不用。

(2) GB/T 12368—1990 规定锥齿轮模数除表中数值外,还有 30。

③ 压力角 α——又称齿形角,在节点 p 处,两齿廓曲线的公法线(即齿廓的受力方向)与两节圆的内公切线(即节点 p 处的瞬时运动方向))所夹的锐角,称为压力角。我国采用的标准压力角为 20°。一对互相啮合的齿轮,模数 m 和压力角 α 必须相等。

(3) 尺寸关系

标准直齿圆柱齿轮的各部分尺寸都可根据模数来确定,计算公式如表 9 - 2 所列。

表 9 - 2　标准直齿圆柱齿轮的各部分计算公式

名　称	代　号	计算公式
分度圆直径	d	$d = mz$
齿距	p	$p = \pi m$
齿顶高	h_a	$h_a = m$
齿根高	h_f	$h_f = 1.25m$
齿高	h	$h = h_a + h_f$
齿顶圆直径	d_a	$d_a = m(z+2)$
齿根圆直径	d_f	$d_f = m(z-2.5)$
中心距	a	$a = (d_1 + d_2)/2 = 1/2m(z_1 + z_2)$

3. 圆柱齿轮的画法

(1) 单个齿轮的画法

① 齿顶线和齿顶圆用粗实线绘制。

② 分度线和分度圆用点画线绘制。

③ 齿根线和齿根圆在视图中用细实线绘制(见图 9 - 4(a)、(b)),也可省略不画;在剖视图中,当剖切平面通过齿轮的轴线时,轮齿一律按不剖处理,齿根线用粗实线绘制(见图 9 - 4(b)、(c)、(d))。

④ 当需要表示轮齿的方向时,可用三条细实线表示(见图 9 - 4(c)、(d))。

(2) 齿轮啮合画法

当两标准圆柱齿轮正确安装时,两个分度圆是相切的,此时的分度圆也称为节圆。

非啮合区,按单个齿轮的画法绘制。

啮合区内,在剖视图中,一个齿轮的轮齿用粗实线绘制,另一个齿轮的轮齿被遮挡的部分用虚线绘制,如图 9-5(a)的主视图所示,也可省略不画。在投影为圆的视图中,两节圆相切,齿顶圆均用粗实线绘制,如图 9-5(a)的左视图所示;啮合区内的齿顶圆部分也可省略不画,如图 9-5(b)所示;齿根圆用细实线绘制,也可省略不画。在画投影不为圆的视图时,啮合区内的齿顶线不需画出,节线用粗实线绘制,如图 9-5(c)、(d)所示。

由于齿根高与齿顶高相差 0.25 mm,因此,一个齿轮的齿顶线和另一个齿轮的齿根线间存在 0.25 mm 的径向间隙,这一点在画剖视图时应予以注意,如图 9-6 所示。

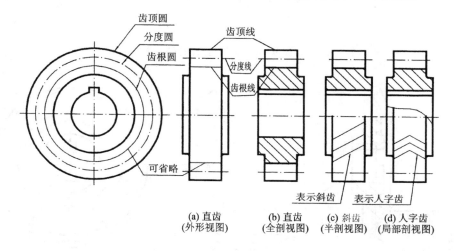

图 9-4　圆柱齿轮的规定画法

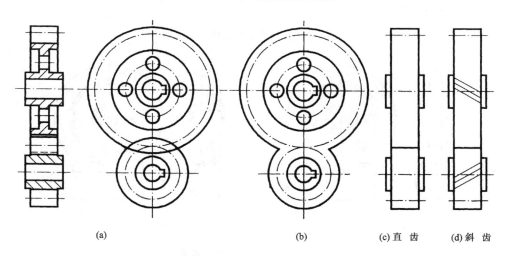

图 9-5　圆柱齿轮啮合的规定画法

4. 圆锥齿轮、蜗杆与蜗轮的啮合画法简介

对于非机类的学生,只需了解它们啮合的规定画法,以便于识图,在这里仅给出圆锥齿轮啮合的规定画法,如图 9-7 所示。而蜗杆与蜗轮啮合的规定画法如图 9-8 所示。

若要了解圆锥齿轮、蜗杆与蜗轮的各部分名称、参数及尺寸关系时,可参考其他机械类的《机械制图》教材。

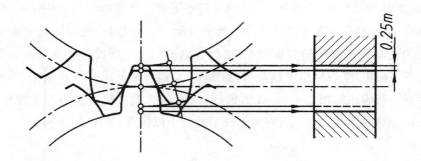

图 9 - 6　齿轮啮合的间隙

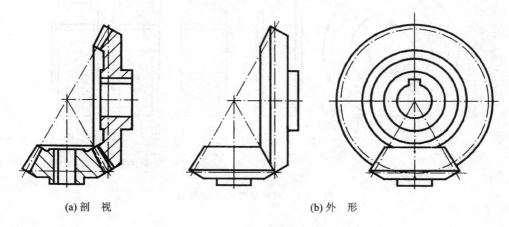

(a) 剖　视　　　　　　　　　　(b) 外　形

图 9 - 7　圆锥齿轮啮合的规定画法

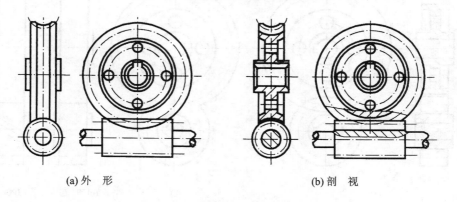

(a) 外　形　　　　　　　　　　(b) 剖　视

图 9 - 8　蜗杆与蜗轮啮合的规定画法

9.2　弹　簧

　　弹簧作为一种减振、夹紧、测力和储存能量的零件,其应用相当广泛。在各种弹簧中,以圆柱螺旋弹簧最为常见。

　　圆柱螺旋弹簧按用途分为压缩弹簧、拉伸弹簧和扭转弹簧,如图 9 - 9 所示。本节只介绍压缩弹簧的有关尺寸计算和画法。

(a) 压缩弹簧　　　　　　(b) 拉伸弹簧　　　　　　(c) 扭转弹簧

图 9－9　圆柱螺旋弹簧

1. 圆柱螺旋压缩弹簧的各部分名称和尺寸计算(见图 **9－10**)

弹簧丝直径 d，弹簧外径 D_2 则弹簧内径 D_1：$D_1 = D - 2d$

弹簧中径 D：$D = (D_1 + D_2)/2 = D_1 + d = D_2 - d$

节距 t：除支撑圈外，相邻两有效圈数对应点之间沿轴向的距离。

有效圈数 n：除支撑圈外，具有相等节距的圈数。它是计算弹簧受力的主要依据。

支撑圈数 n_2：为使压缩弹簧工作时受力均匀，保证弹簧轴线垂直于支承端面，两端常并紧磨平。这部分圈数仅起支撑作用，称为支撑圈。支撑圈有 1.5 圈、2 圈和 2.5 圈三种，以 2 圈用得较多，即两端各有 $1\frac{1}{4}$ 圈支撑圈，其磨平为 3/4 圈。

总圈数 n_1：有效圈数与支撑圈数之和称为总圈数，即 $n_1 = n + n_2$。

自由高度 H_0：弹簧在受载荷作用时的轴向尺寸，即

$$H_0 = nt + 2d（支撑圈数为 2.5 时）$$

$$H_0 = nt + 1.5d（支撑圈数为 2 时）$$

$$H_0 = nt + d（支撑圈数为 1.5 时）$$

弹簧展开长度 L：制造时弹簧丝的长度为

$$L \geqslant n_1 \big[(\pi D_2)^2 + t^2\big]^{1/2}$$

旋向：弹簧分为右旋和左旋两种，常用右旋弹簧。

2. 圆柱螺旋压缩弹簧的规定画法

图 9－10(a) 是通过轴线的剖视图画法；图 9－10(b) 是压缩弹簧的外形视图画法。

(1) 圆柱螺旋压缩弹簧的画图步骤

已知圆柱螺旋压缩弹簧的要素 H_0、d、D、n_1、n_2，其画图步骤如图 9－11 所示。

① 根据 H_0、d、D、n_1、n_2 计算 D_2，绘制矩形，如图 9－11(a) 所示。

② 绘制支撑圈，如图 9－11(b) 所示。

③ 绘制有效圈数，如图 9－11(c) 所示。

④ 将可见轮廓线加粗，绘制剖面线，完成全图，如图 9－11(d) 所示。

(2) 绘制圆柱螺旋压缩弹簧应注意的问题

在平行于螺旋弹簧轴线的投影面的视图中，其各圈的轮廓应画成直线，如图 9－10 所示。

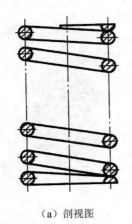 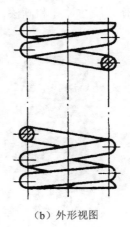

（a）剖视图　　　　　　　　　　　　　　　（b）外形视图

图 9 - 10　圆柱螺旋压缩弹簧的画法

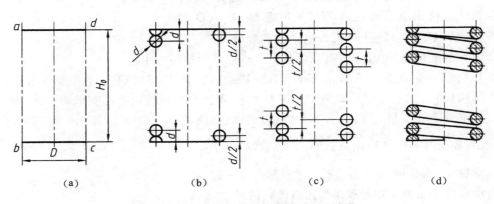

（a）　　　　　　　（b）　　　　　　　（c）　　　　　　　（d）

图 9 - 11　圆柱螺旋压缩弹簧的画图步骤

　　在图样上,螺旋弹簧均可画成右旋,对必须保证的旋向要求应在"技术要求"中注明。图 9 - 10 所示为右旋弹簧。

　　圆柱螺旋压缩弹簧,如果要求两端并紧且磨平时,不论支撑圈的圈数多少和末端贴紧情况如何,均可按图 9 - 11 绘制。

　　有效圈数在 4 圈以上的螺旋弹簧的中间部分可以省略。当中间部分省略后,允许适当缩短图形的长度。

　　在装配图中,被弹簧挡住的结构不必画出,可见部分应从弹簧的外轮廓线或从弹簧钢丝剖面的中心线画起,如图 9 - 12(a)所示。当被剖切的弹簧丝的直径剖面在图形上等于或小于 2 mm 时可用涂黑表示,如图 9 - 12(b)所示,也可绘制成示意图,如图 9 - 12(c)所示。

　　3. 圆柱螺旋压缩弹簧的规定标记

　　圆柱螺旋压缩弹簧分为 YA 冷卷两端圈并紧磨平型和 YB 热卷两端圈并紧制扁型两类。

　　国家标准规定圆柱螺旋压缩弹簧的名称代号为 Y,圆柱螺旋压缩弹簧分为 A 型(冷卷两端圈并紧磨平型)和 B 型(热卷两端圈并紧制扁型)两类。它们的制造精度分为 2 级和 3 级两种。

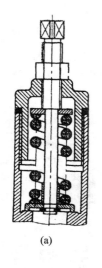
(a)
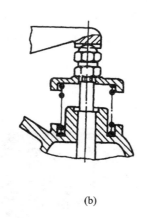
(b)
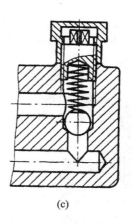
(c)

图 9 - 12　装配图中弹簧的画法

圆柱螺旋压缩弹簧标记的组成如下：

$$\boxed{类型代号}\ \boxed{规格}—\boxed{精度代号}\ \boxed{旋向代号}\ \boxed{标准号}$$

类型代号　类型代号由名称代号 Y 与形式代号 A 型或 B 型组成。

规格　规格由弹簧丝直径 d×弹簧中径 D×自由高度 H_0 组成。

精度代号　圆柱螺旋压缩弹簧的制造精度分为 2 级、3 级两种，2 级精度制造不标注，3 级精度制造应注明"3"级。

旋向代号　右旋弹簧可省略标注，左旋弹簧应注明旋向代号"LH"。示例：

YA 型弹簧，材料直径为 1.2 mm，弹簧中径为 8 mm，自由高度 40 mm，精度等级为 2 级，左旋的两端圈并紧磨平的冷卷压缩弹簧。

标记：YA　1.2×8×40　LH　GB/T 2089—2009 或 YA　1.2×8×40　LH　GB/T 2089。

YB 型弹簧，材料直径为 30 mm，弹簧中径为 160 mm，自由高度 200 mm，精度等级为 3 级，右旋的两端圈并紧磨平的冷卷压缩弹簧。

标记：YB　30×160×200—3　B　GB/T 2089—2009，或 YB　30×160×200—3　B　GB/T 2089。

9.3　滚动轴承

滚动轴承用来支撑旋转轴的标准件，由于它具有结构紧凑、摩擦阻力小等特点，所以得到广泛采用。

1. 滚动轴承的结构

滚动轴承的种类很多，一般由外圈、内圈（或上圈、下圈）滚动体和保持架所组成，如图 9 - 13 所示。

常用的滚动轴承有:

① 深沟球轴承——适用于承受径向载荷(见图 9-13(a))(根据 GB/T 276—2013)。

② 推力球轴承——适用于承受轴向载荷(见图 9-13(b))(根据 GB/T 301—2015)。

③ 圆锥滚子轴承——适用于同时承受径向载荷和轴向载荷(图 9-13(c))(根据 GB/T 297—2015)。

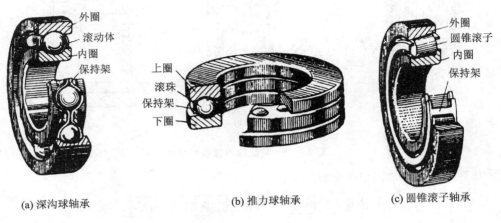

(a) 深沟球轴承   (b) 推力球轴承   (c) 圆锥滚子轴承

图 9-13 滚动轴承

2. 滚动轴承的画法

滚动轴承是标准件,不需要画出部件图。在装配图中可根据国家标准采用简化画法(含特征画法和通用画法)或规定画法绘制。

(1) 规定画法

滚动轴承的规定画法,如图 9-14 中规定画法示例的轴线上方图形所示。在画滚动轴承的图形时,通常在轴线的一侧按规定画法绘制,而另一侧则按通用画法绘制。规定画法中各种符号、矩形线框和轮廓线均用粗实线绘制,规定画法的尺寸如图 9-14 所示。

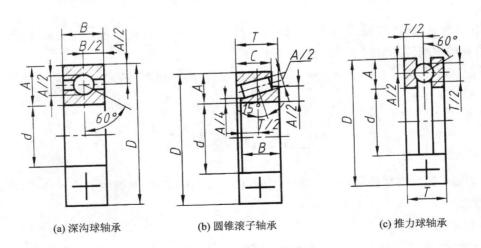

(a) 深沟球轴承   (b) 圆锥滚子轴承   (c) 推力球轴承

图 9-14 轴承的规定画法

（2）简化画法

滚动轴承的外轮廓形状及大小不能简化，以使它能正确反映出与其相配合零件的装配关系。它的内部结构可以简化。简化画法分为通用画法和特征画法。在同一张图样中只采用一种画法。

① 特征画法 在剖视图中，采用矩形线框及在线框内画出其滚动轴承结构要素符号的画法。特征画法中各种符号、结构要素符号均用粗实线绘制，特征画法的尺寸如图 9-15 所示。

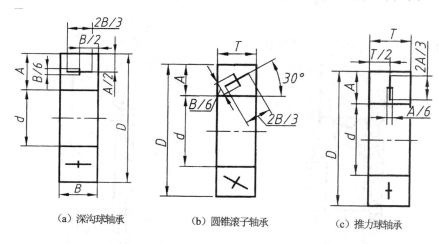

(a) 深沟球轴承　　　(b) 圆锥滚子轴承　　　(c) 推力球轴承

图 9-15 轴承的特征画法

② 通用画法 在剖视图中，当不需要确切地表示滚动轴承的外形轮廓、载荷特性、结构特征时，可采用矩形线框及位于线框中央正立的十字形符号表示。矩形线框和十字形符号均用粗实线绘制，十字形符号不应与矩形线框接触，通用画法的尺寸如图 9-16 所示。

在垂直于滚动轴承轴线的投影面上视图的画法，无论滚动体的形状（球、柱、锥、针）和尺寸如何均可按图 9-17 所示的方法绘制。

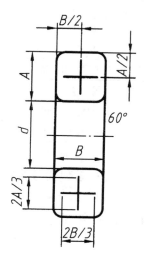

图 9-16 轴承的通用画法

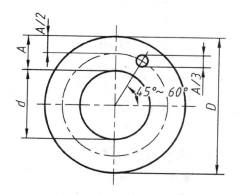

图 9-17 垂直于滚动轴承轴线的投影面上视图的画法

滚动轴承在装配图中的画法,如图 9-18 所示。

3. 滚动轴承的标记和代号

国家标准规定轴承的结构形式、特点、承载能力、类型内径尺寸等均采用代号来表示,代号由基本代号、前置代号和后置代号三部分组成,其排列位置如下:

$$\boxed{前置代号}\ \boxed{基本代号}\ \boxed{后置代号}$$

滚动轴承的基本代号由轴承类型代号、尺寸系列代号、内径代号构成,是轴承代号的基础。

轴承类型代号　　轴承类型代号用数字或字母表示,如表 9-3 所列。

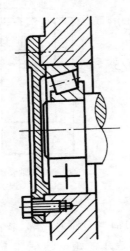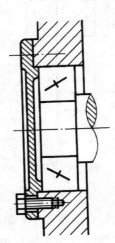

图 9-18　滚动轴承在装配图中的画法

表 9-3　滚动轴承的类型代号

代　号	轴承类型	代　号	轴承类型
0	双列角接触球轴承	6	深沟球轴承
1	调心球轴承	7	角接触轴承
2	调心滚子轴承和推力调心滚子轴承	8	推力圆柱滚子轴承
3	圆锥滚子轴承	N	圆柱滚子轴承
4	双列深沟球轴承	U	外球面球轴承
5	推力球轴承	QJ	四点接触球轴承

注:在表中代号后或前加字母或数字表示该类轴承中的不同结构。

尺寸系列代号　　尺寸系列代号是由轴承的宽(高)度系列代号和直径系列代号组合而成,用数字表示。

为了适应不同载荷的情况,在内径一定的情况下,轴承可以有不同的宽(高)度和不同的外径大小,它们成一定系列,称为轴承的尺寸系列。

内径代号是由数字表示轴承公称内径,轴承公称内径代号如表 9-4 所列。

表 9 - 4 滚动轴承的类型代号

轴承公称内径/mm		内径代号	示 例
10～17	10	00	深沟球轴承 6200 $d = \Phi10$ mm
	12	01	
	15	02	
	17	03	
20～480(22、28、32 除外)		公称内径除以 5 的商数,商数为个位数时需在商数左侧加"0",如 08	深沟球轴承 6208 $d = \Phi40$ mm
大于和等于 500 以及 22、28、32		用公称内径毫米数直接表示,但在与尺寸系列代号之间用"/"分开	调心滚子轴承 230/500 $d = \Phi500$ mm 深沟球轴承 62/22 $d = \Phi22$ mm

前置、后置代号是在轴承结构形状、尺寸、公差、技术要求等有改变时,在其基本代号左右添加的补充代号。详细说明请查阅相关的国家标准。

现以推力球轴承 51204 为例,说明代号中各位数字的意义如下:

5 —— 类型代号(推力球轴承);

12 —— 尺寸系列代号(高度系列代号为 1,直径系列代号为 2);

04 —— 内径代号($d = 20$ mm)。

第 10 章　零件图

机械产品的设计、制造、检验、维修、管理等技术工作都离不开机械图样。任何机器（或部件）都是由各种零件组成的，表达一个零件的图样称为零件工作图（简称零件图）。零件图是在生产中起指导作用的图样，它是表达机械零件结构形状、尺寸、加工精度和技术要求的图样，是设计部门提交给生产部门的重要技术文件；它反映了设计者的意图，表达了机器（或部件）对零件的要求，同时还要考虑到结构和制造的可能性与合理性，是制造和检验零件的依据。本章主要讨论零件图的内容、零件的结构分析、零件表达方案的选择、零件图中尺寸的合理标注、画零件图和看零件图的方法和步骤。

10.1　零件图的作用和内容

由于零件图是直接指导零件的制造和检验的依据，所以，图样中必须详尽地反映零件的结构形状、尺寸、技术要求等内容。也就是说图样中必须包括制造和检验该零件时所需要的全部资料，如图 10-1 所示。因此，一张完整的零件图应包括以下几个方面的内容。

1. 一组图形

用一组视图（包括视图、剖视、断面图、局部放大图和简化画法等）正确、完整、清晰和简明地表达出零件各部分的结构形状。

2. 完整的尺寸

用一组尺寸正确、完整、清晰、合理地标注出零件的结构形状及其相互位置的大小。即标注出符合零件设计和工艺要求的全部尺寸。

3. 技术要求

用规定的符号、数字、字母或文字注解，简明、准确地给出零件在制造、检验、装配过程中应达到的技术要求（包括表面结构要求、尺寸公差、几何公差、表面处理、表面装饰、材料及热处理、检验方法和其他特殊要求等）。

4. 标题栏

图纸右下角有标题栏，其中填写有关生产管理及制造方面应记载的内容，如零件的名称、材料、数量、比例、图样编号、设计者、制图者、校审者、批准者的姓名和日期等。

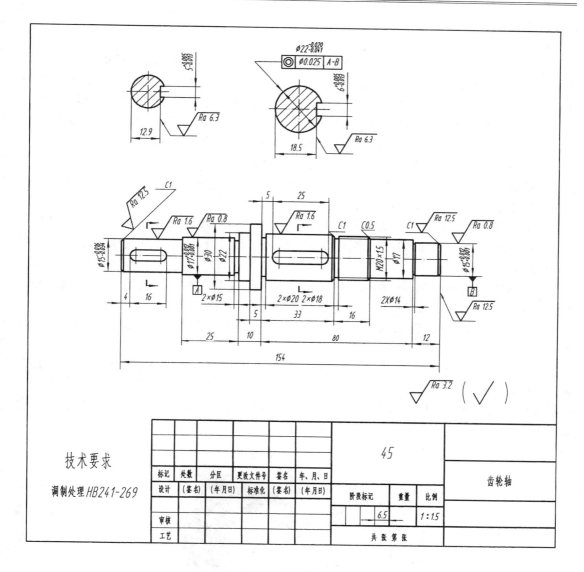

图 10-1　蜗轮轴零件图

10.2　零件的结构设计

1. 零件的结构分析

第 6 章中讨论的形体分析和线面分析方法是绘制和阅读组合体视图的基本方法。但是，组合体与零件是有区别的，区别之一是，零件上的形体、线面都体现一定的结构。而构成零件的各部分结构形状的原因，又是和零件的设计要求、工艺要求（加工方法、装配关系）及使用维护等因素紧密联系在一起的。也即这些结构都有一定的功用。因此，在绘制、阅读零件图时，不但要进行形体分析、线面分析，还要分析零件的结构形状，从而了解设计者是如何确定零件形状的，以及零件的形状与加工方法有何关系和零件间通常有哪些主要装配关系等。这种分析方法,即为结构分析。

2. 零件的结构分析方法

零件的结构可以分为主要结构和局部工艺结构两大部分。零件的结构形状,是由它在机器(或部件)中的功能要求、工艺要求、装配要求及使用要求决定的。零件的结构分析就是从设计要求和工艺要求出发,对零件的各部分结构进行分析,分析它们各自的功能和作用。

从设计要求方面来看,零件在机器(或部件)中,可以起到支撑、容纳、传动、配合、连接、安装、定位、密封和防松等一项或几项功用,这是决定零件主要结构的根据。

如图 10-2 所示的齿轮轴,其主要功能是用来传递扭矩(或动力)。因此,在一般情况下,其主要结构应由若干同轴回转体组成,其轴上的齿与其他齿轮啮合用来传动,键槽用来装键以实现与其他轮的连接和传动,螺纹用来连接、定位等。

从工艺要求方面来看,为了使零件的毛坯制造、加工、检验以及装配和调试工作能进行得更顺利,应设计出铸造圆角、拔模斜度、倒角、倒圆、退刀槽、越程槽等结构,这是决定零件局部结构的根据。

若零件的局部结构不合理,往往会使制造工艺复杂、成本增加,不易装配或无法装配,甚至造成零件报废。因此,在设计时应充分考虑工艺结构的合理性。

根据加工、装配的需要,齿轮轴上设计了退刀槽、越程槽、圆角、倒角等结构,如图 10-2 所示。

设计零件时,对零件进行结构分析,可以加深对零件上每一结构功用的认识,才能正确、完整、清晰和简明地表达出零件的结构形状,完整与合理地标注出零件的尺寸和技术要求。观察、分析零件时,也应对零件进行结构分析,这将有助于对图样的理解和对零件结构的想像。

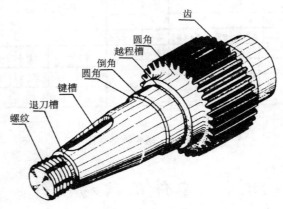

图 10-2　齿轮轴

3. 零件的结构设计举例

图 10-3 是一台减速器的轴测分解图。减速器是指原动机与工作机之间独立的闭式传动装置,用来降低转速并相应地增大转矩,以适应工作要求。

图 10-4 是减速底座体,其主要功用是容纳、支撑轴和齿轮,并与减速器箱盖连接组成包容空腔以实现密封、润滑等要求。减速器底座的结构形状正是由这些要求确定的,其构形的主要过程如表 10-1 所列。

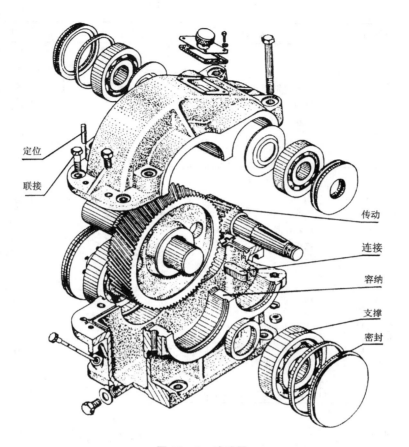

定位

联接

传动

连接

容纳

支撑

密封

图 10 – 3 减速器

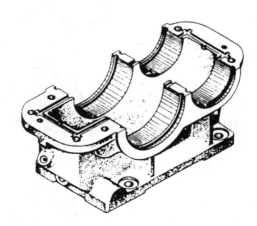

图 10 – 4 减速器底座

表 10 - 1 减速器底座的结构分析

结构形状形成过程	主要考虑的问题	结构形状形成过程	主要考虑的问题
1. 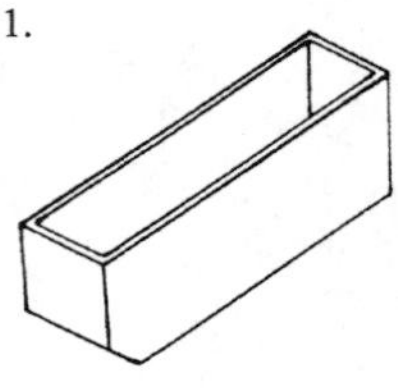	为了容纳下齿轮和润滑油,底座做成中空形状	2. 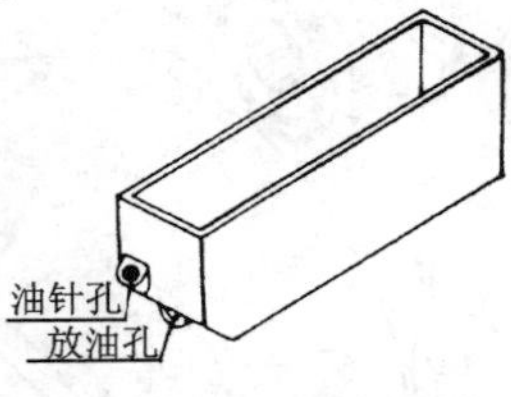 油针孔 放油孔	为了更换润滑油和观察润滑油面的高度,底座上开有放油孔和油针孔。为了保证油针孔处便于钻孔,外部做成斜凸台
3. 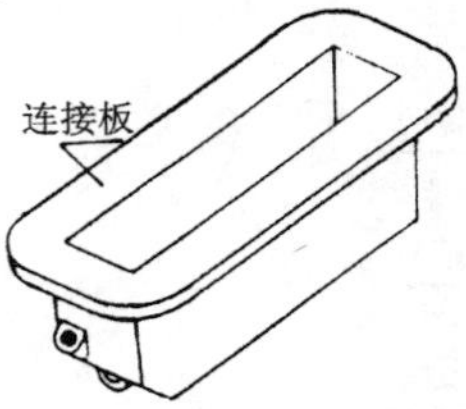 连接板	为了与减速器盖连接,底座上要加连接板	4. 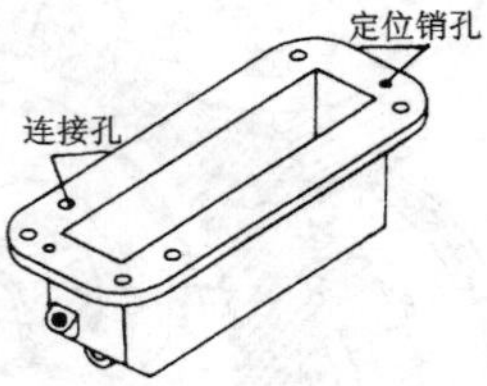 定位销孔 连接孔	为了与减速器盖对准和连接,连接板上应该有定位销孔和连接螺栓孔
5. 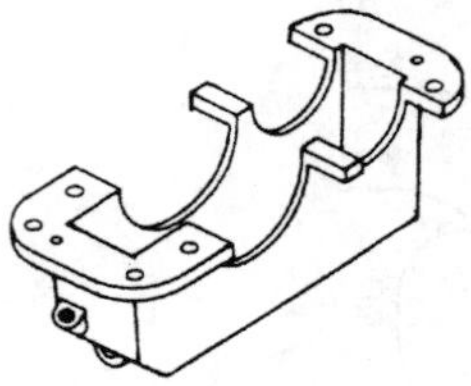	为了支撑两根轴(轴上两端装有轴承),底座上必须开两对大孔	6. 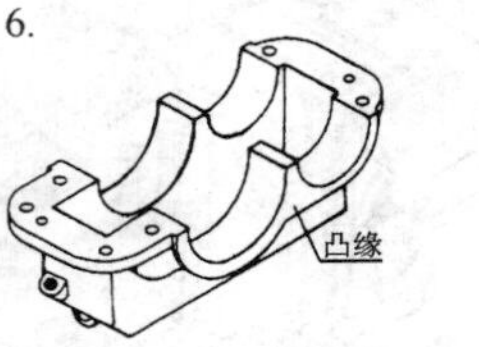 凸缘	为了支撑轴承,底座在大孔处加一凸缘
7. 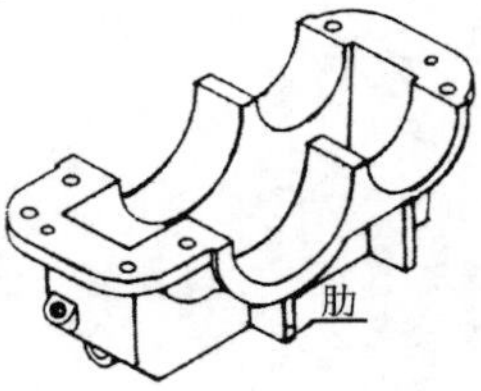 肋	由于凸缘伸出过长,为避免变形,在凸缘的下部加一肋	8. 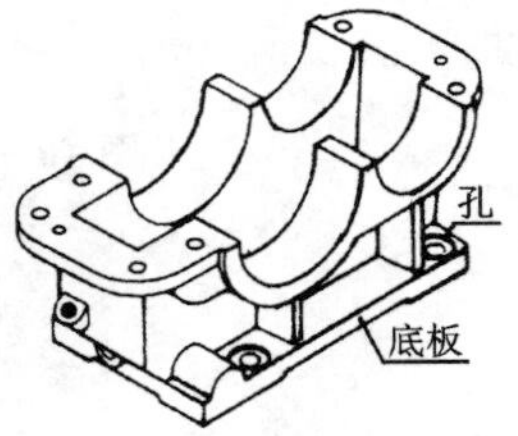 孔 底板	为了安装方便,便于固定在工作地点,底座下要加一底板,并做出安装孔
9. 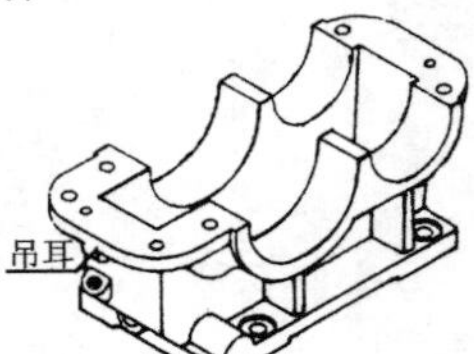 吊耳	为了安装方便,便于搬动,在上连接板下加两吊耳	10. 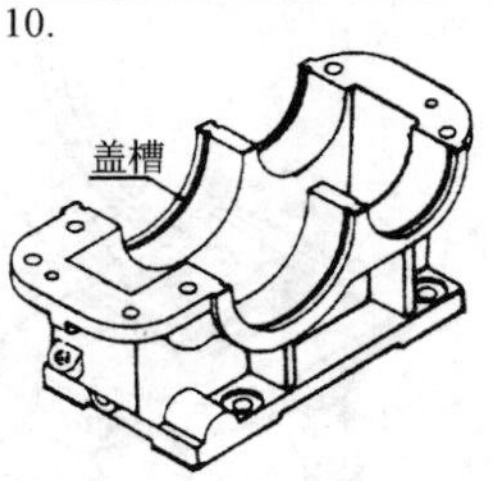 盖槽	为了密封,防止油溅出或灰尘进入,在支撑凸缘端部加个端盖。因此,必须做出相应盖槽
11. 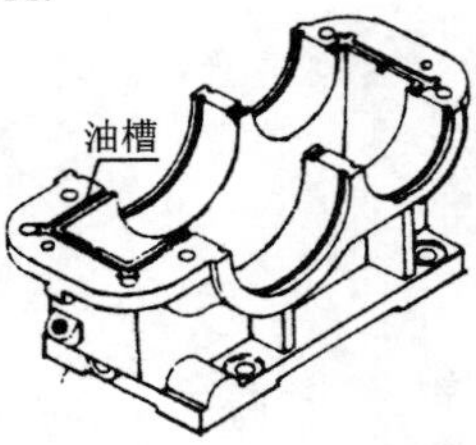 油槽	为了密封,防止油流出,在连接板顶面上开一圈油槽,使油流回箱内	12. 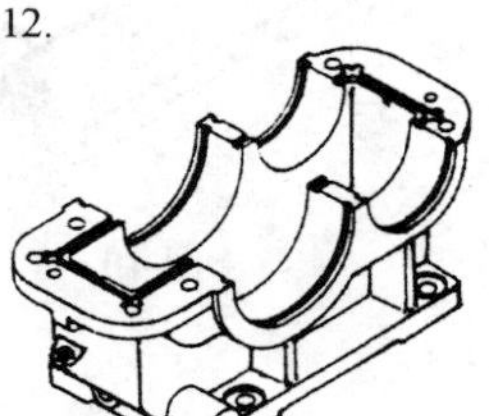	由于工艺方面的要求,上面还设计出铸造圆角、拔模斜度、倒角……,形成一个完整的零件

4. 零件结构设计进一步考虑的问题

设计零件时,除了从设计要求和工艺要求出发确定零件的主要结构形状和局部结构形状外,对于外部的零件还应从美学的角度出发来考虑其结构形状。因为,人们不仅需要产品的物质功能,而且还需要从产品的外观形式上得到美的享受,产品的外观形态,对人们的心理影响很大。如果某一产品具有美的形态,在人们的视觉上就容易引起诱导,吸引观察者的视线,同时在观察者的心理上也易于产生愉悦之感,这即美感。因此,具备一些工业美学、造型设计的知识,才有可能设计出既轻便美观,又经济实用的产品。

5. 零件结构的工艺性

零件的结构形状,除了要满足设计要求外,还要考虑到加工的方便,检测,装配的可能。因此,在设计零件时,要使零件的结构既能满足使用要求,又要方便制造。下面介绍零件上的一些常见工艺结构。

（1）零件上的铸造结构

把金属融化成液体,浇注到与零件毛坯形状相同的型腔内(即铸型),经冷却凝固后便得到铸件。根据材质不同,铸件可分为铸铁件、铸钢件、有色金属件等。由于铸造成型的方法较为简单,从一般形状到复杂的形体都可以制造,而且铸造成本低廉,具有较好的抗压、耐磨和吸震等性能,因此铸件的应用较为广泛。铸造的方法很多,其中最常见的方法是砂型铸造。

① 铸造圆角　铸件各表面相交处应以圆角过渡,如图 10 - 5 所示。因为转角处的表面若以直角相交,则浇注时,铁水易将尖角处型砂冲落,而冷却时,则在尖角处易产生裂纹或缩孔,如图 10 - 6 所示。

从铸造工艺上来讲,为便于脱模,防止铸型落砂,使铁水易于流动,也要求转角处不做成直角。铸造圆角半径应与铸件壁厚相适应,一般为 $R=3\sim5$ mm,同一铸件上圆角半径的种类应尽可能少,如图 10 - 7 所示。其尺寸可在图上标注,也可在技术要求中统一注明。当相交表面中,有一个表面经切削加工后,铸造圆角消失,如图 10 - 5(c)所示。

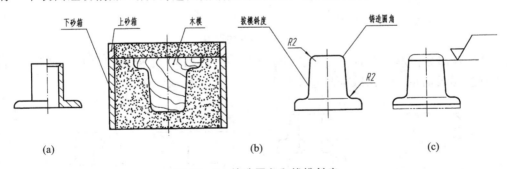

图 10 - 5　铸造圆角和拔模斜度

(a) 裂　纹　　(b) 缩　孔　　(c) 好

图 10 - 6　铸造表面相交处结构比较

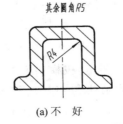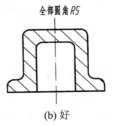

(a) 不　好　　　　　(b) 好

图 10 - 7　圆角半径尽量相同

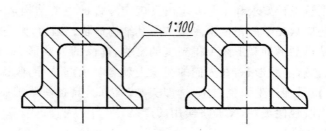

图 10-8　拔模斜度

② 拔模斜度　为了在造型时能方便地把木模从铸型中取出,常将木模沿起模方向的内、外表面作成一定的斜度,此即拔模斜度,如图 10-8(a)所示。因斜度较小,一般为 1:20,故零件图中一般不画出,技术要求中也可不必说明,仅在制作木模时适当考虑,如图 10-8(b)所示。

③ 铸件壁厚要均匀　在结构设计时,应根据铸造的工艺特点,为避免铸件在冷却过程中,由于冷却速度的不同在较厚处产生缩孔,在薄壁处出现裂纹,如图 10-9(a)所示。应使铸件各部分壁厚尽量均匀,当必须采用不同壁厚连接时,壁厚要逐渐过渡,如图 10-9(b)、(c)、(d)所示。

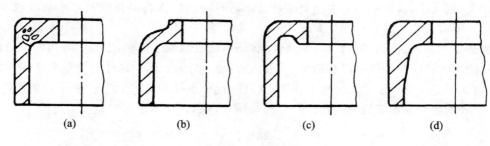

　　　　(a)　　　　　　　　(b)　　　　　　　　(c)　　　　　　　　(d)

图 10-9　铸件的壁厚

④ 铸件各部分构形力求简化　为了便于制模、造型、清砂、去除浇冒口和机械加工,铸件的内、外壁应尽量简单、平直、减少凸起和分支部分,如图 10-10 所示。

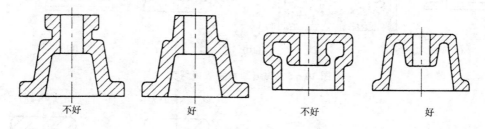

　　　不好　　　　　　　好　　　　　　　不好　　　　　　　好

图 10-10　铸件各部分结构要简化

⑤ 过渡线　由于铸造圆角、拔模斜度的存在,铸件表面的相贯线就不十分明显了,这种线称为过渡线。过渡线的画法与相贯线的画法一样,按没有圆角的情况求出相关线的投影,画到理论交点为止,如图 10-11(a)、(b)所示。其他形式过渡线的画法,如图 10-11(c)所示。

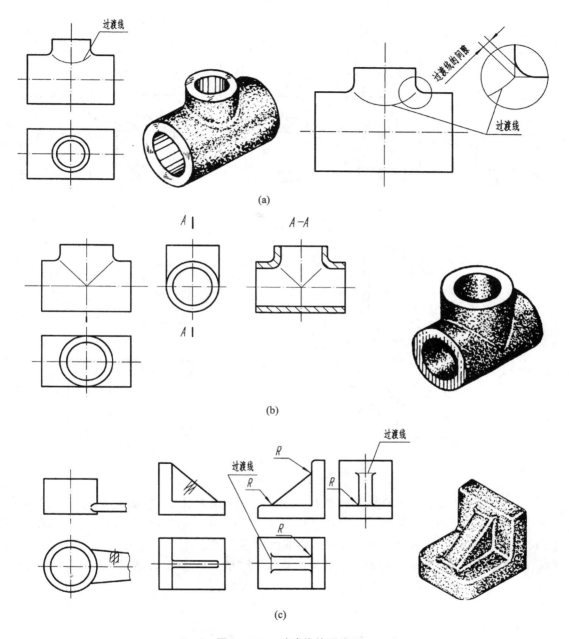

图 10-11 过渡线的画法

（2）零件上的机械加工结构

① 倒角 为了便于装配和去掉切削时产生的毛刺、锐边,在轴或孔的端部加工出 45°倒角,也有的制成 60°或 30°倒角,如图 10-12 所示。图样中倒角尺寸全部相同或某一尺寸占多数时,可在图样空白处注明"全部 C×"或"其余 C×",其中"C"是 45°倒角符号,"×"是倒角高度数值。当倒角尺寸较小时,也可在技术要求中注写"锐边(角)倒钝"字样。

② 倒圆 在阶梯轴(孔)中之轴肩转角处,为避免产生应力集中而断裂,提高零件的强度,其转角处应以圆角过渡,其画法和标注如图 10-13 所示。

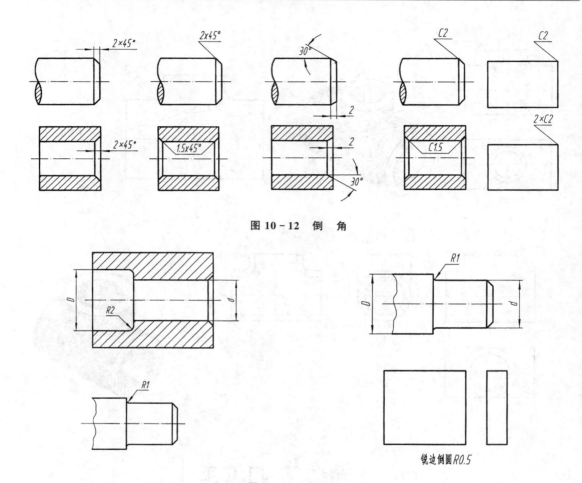

图 10 – 12 倒 角

图 10 – 13 圆 角

③ 退刀槽、越程槽 为了在切削、磨削加工时顺利退出刀具、砂轮,避免刀具、砂轮的损坏,同时为保证装配时相邻零件靠紧,常在被加工零件的根部预先加工出退刀槽或砂轮越程槽,如图 10 – 14 和图 10 – 15 所示。对螺纹根部如不留出退刀槽会产生不完全螺纹,有时会影响旋合。螺纹退刀槽标注形式,一般可按"槽宽×槽深"或"槽宽×直径"标注,如图 10 – 14 所示。

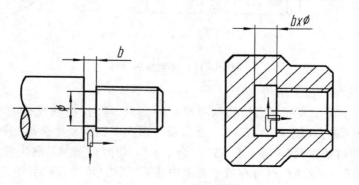

图 10 – 14 退刀槽

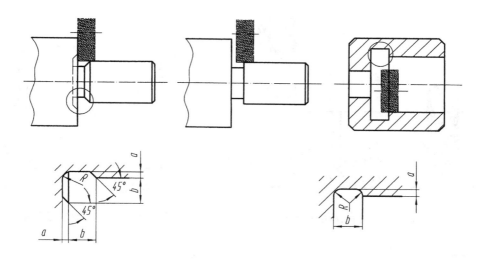

图 10-15 越程槽

④ 钻孔结构 钻孔时,应尽量使钻头垂直于被加工表面,当被加工表面为斜面或曲面时,应削平或做出平台,以保证钻孔时准确定位,避免钻头折断;钻透处要避免钻头单侧受力,如图 10-16 所示。

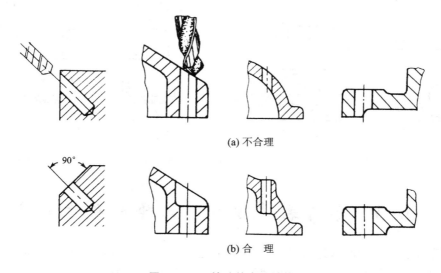

(a) 不合理

(b) 合 理

图 10-16 钻孔的合理结构

因钻头的顶角约为 120°,所以,孔底或阶梯孔的过渡处应设计成 120°,如图 10-17 所示。钻孔时,还应考虑加工的可能性,如图 10-18 所示。

⑤ 减少加工面积 零件上凡与其他零件相接触的表面,一般都要进行切削加工,为保证配合、接触的质量,节约材料,降低零件重量和减少刀具消耗,降低加工成本,在设计零件时,应使加工面与非加工面分开,尽量减少切削加工面积。因此,在零件上常设计出凸台、凹坑、凹槽等结构,并应使被加工表面位于同一平面上,以便有利于加工、检验,如图 10-19 所示。

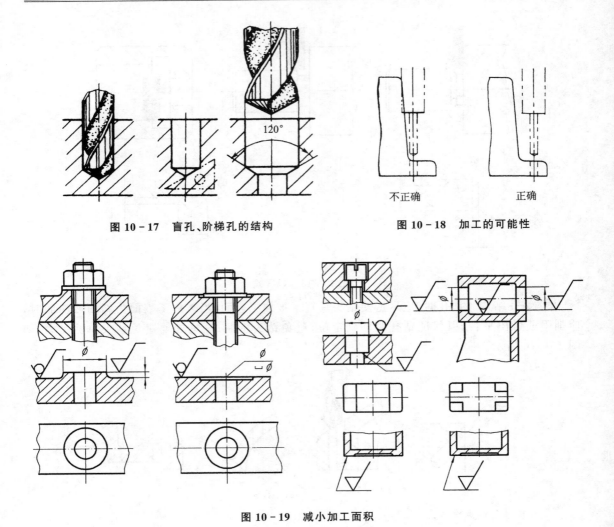

图 10-17 盲孔、阶梯孔的结构   图 10-18 加工的可能性

不正确   正确

图 10-19 减小加工面积

10.3 零件表达方案的选择及尺寸标注

所谓零件表达方案的选择,就是运用各种表达方法,完整、清晰地表达出零件各部分的结构形状,在便于看图的前提下,力求制图简便,这是零件视图选择的基本要求。要达到这个要求,就要根据零件的结构特点,解决两个问题:一是如何选择主视图;二是选择哪些视图和采用什么表达方法。

1. 主视图的选择

表示物体信息量最多的那个视图应作为主视图。主视图是零件视图中最重要的视图,主视图选择的合理与否,直接影响到其他视图的选择、读图的方便和图幅的合理利用。因此,画零件图时,必须首先选好主视图。

主视图的合理选择应满足"形状特征"和"合理位置"两个基本原则。

（1）主视图的投射方向

主视图的投射方向,应该从能够反映出零件各组成部分的相互位置、形状特点两个方面来考虑,一般把最能表达这两个方面内容的方向作为主视图的投射方向。这就是我们通常所说的"形状特征"原则。如图 10-20 所示,分别按 A、B 方向画出轴的视图,显然 A 向作为主视图的投射方向,不能很好地反映出轴的各部分结构形状及位置;而 B 向作为主视图的投射方向,则能较好地反映出该轴的不同轴段的直径、长度及轴上键槽的形状和位置。又如图 10-21 所示的轴承座,从给出的轴测图可以看到,轴承座大致有两个部分:

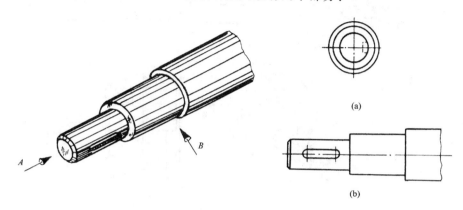

图 10-20　轴的主视图选择

① 带凸台的圆筒——支撑轴衬和转轴,凸台上要装油杯,以便润滑转轴;

② 长方底板——支撑圆筒和安装(底板下面有通槽,是为了减少加工面和减少安装接触面)。从 A、B 两个方向看,轴承座都是对称的。

A 向作为主视图的投射方向,得到的视图如图 10-21(a)所示,圆筒和底板结合情况很明显,轴承座的形状特点很突出,但凸台和底板与圆筒的前后位置关系不大清楚,中间圆形线框表示什么也不明确。B 向作为主视图的投射方向,并取剖视后,得到的视图如图 10-21(b)所示,圆筒和底板的前后位置关系、圆筒的结构等虽然清楚,但整个轴承座的形状特点不如 A 向清楚。所以选择 A 向作为主视图的投射方向。

（2）零件的安放位置

主视图的投射方向只能确定主视图的形状,而不能确定主视图在图纸上的方位。因此,还必须确定零件的安放位置。零件的安放位置应尽量符合零件的工作位置或加工位置。

① 零件的工作位置　所谓零件的工作位置,就是主视图按零件在机器中的工作位置画出;主视图的选择,可与装配图直接对照,便于根据装配关系来考虑和校核零件的结构形状和尺寸。如图 10-22 所示的电磁阀体的主视图,就是按工作位置绘制的,A 向所得的视图能很好地反映电磁阀体的形状特征,所以选择 A 向视图作为主视图。通常,对于结构形状比较复杂的支架、箱(壳)体类零件,由于其加工工序较多,加工位置多变,一般应按工作位置画出主视图。

② 零件的加工位置　主视图按零件在机床上的主要加工位置画出,这样便于加工时图物对照、测量尺寸,如图 10-20(b)所示。对于以回转体为主要结构的轴、套、轮、盘类等零件,从它们在机器中的工作情况来看,它们的轴线可能处于水平、垂直或倾斜的位置,然而从它们的加工角度来看,其主要的加工工序是在车床或磨床上完成的,其回转轴线与车床或磨床的主轴轴线方向一致,所以它们的主视图应按轴线垂直于侧面画出。

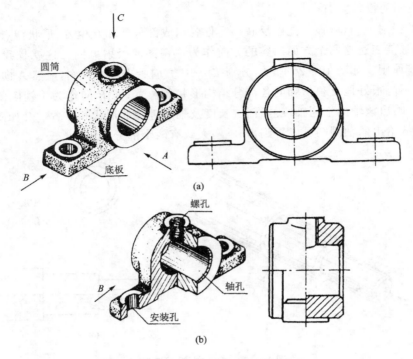

图 10-21　轴承座的主视图选择

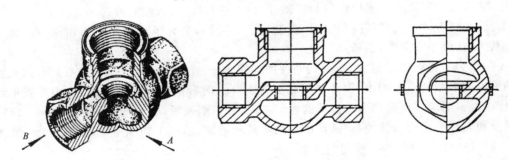

图 10-22　电磁阀体的主视图选择

必须指出,按上述原则选择主视图的安放位置,只能作为画图时的主要参考,同时,还需注意以下几点。

第一,在满足"形状特征"原则的前提下,对某些零件来说,其安放位置,既符合"工作位置",又符合"加工位置"。而对于有些零件,两者不能兼顾或某一原则无法适用时,就应根据具体情况决定。

例如,有一些运动零件(如连接杆等),没有固定的工作位置;有的零件处于倾斜位置,若按倾斜位置画图,则给画图和看图带来不便;还有一些零件需经多道工序才能完成加工,而各工序的加工位置又各不相同。这时,主视图的选择,应以反映零件形状特征为主,并将零件摆正,按工作位置(或按自然位置)选择。

第二,选择主视图时,还应考虑图纸幅面的合理利用。例如,对于长、宽相差悬殊的零件,应使零件的长度方向与图纸幅面的长度方向一致。

2. 其他视图的选择

主视图选定后,其他视图的选择对主视图来讲主要起配合与补充表达的作用。对其他视图的选择可考虑以下几点。

① 根据零件的复杂程度和内外部结构来全面考虑所需要的其他视图的数量,使每个视图都有表达的重点。但要注意,采用的视图数目不宜过多,以免烦琐、重复,导致主次不分。在保证清晰地表达零件内、外部结构形状的前提下,尽可能使视图数目最少。

② 优先考虑用基本视图,以及在基本视图上作剖视。对尚未表达清楚的零件局部形状和细小结构,补充必要的局部视图和局部放大图。采用斜视图和局部视图时,应尽可能按投影关系配置,并配置在有关视图附近。

③ 要考虑合理地布置视图位置,既使图样清晰美观,又利于图幅的充分利用。

图 10-23 是轴承座的表达方案。主视图比较集中地反映了轴承座的整体和各部分的形状特征,表明该零件左、右对称,并采用局部剖视图表达安装孔的结构;俯视图主要用来表达底板的形状;左视图采用全剖视图,重点反映了轴承座的内部结构形状。

总之,在视图选择时要目的明确,重点突出。熟悉国家标准中规定的各种表达方法,熟练灵活地根据零件的结构特点加以选用,使所选视图完整、清晰、数目恰当,做到既使看图方便,又使作图简单。以上归纳的几点原则,实际运用时,有时能很好地结合,有时则相互矛盾。因此,需要根据具体情况全面地加以分析、比较,不能机械地只遵循某个原则。只有通过不断实践,总结选择零件表达方法的经验,才能使零件的表达符合正确、完整、清晰而又简便的要求。

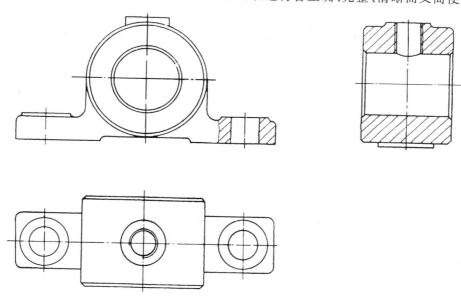

图 10-23　轴承座的表达方案

3. 零件图中尺寸的合理标注

零件图是加工和检验零件的依据,因此,在零件图中除应有一组完整的视图(包括剖视、断面等)表达零件的结构形状外,还需要标注尺寸,用以确定零件中各部分形体的大小及相对位置。如果尺寸标注不全,则无法加工;尺寸标注不清晰,甚至错误,就会产生废品;尺寸标注不合理,就会给生产过程造成困难。所谓合理,就是所标注的尺寸应满足结构设计要求,并考虑加工方便、测量简单,切合生产实际,即满足设计要求和工艺要求。为了能够合理地标注尺寸,就必须对零件进行形体分析、结构分析和工艺分析,了解零件的作用、加工制造方法、各种加工设备及检测方法。显然,只有具备较多的零件设计和工艺知识及实践经验,才能满足尺寸标注合理的要求,因此这里仅介绍一些合理标注尺寸的初步知识。

(1) 尺寸基准

1) 基准 标注尺寸的起点称为尺寸基准,简称基准。通常取零件的主要加工面、对称平面、安装底面、端面等作为基准面,零件上的中心线、轴线等作为基准线,这些基准线面就是尺寸基准。

由于在确定尺寸基准时,要根据零件在机器中的作用、装配关系以及零件的加工、测量等情况来决定,所以根据基准的作用不同,基准可分为两类,即设计基准和工艺基准。

① 设计基准 根据设计要求直接标注出的尺寸称为设计尺寸,标注设计尺寸的起点称为设计基准。所谓设计基准就是确定零件在机器或部件中的工作位置及相互关系的基准。图 10 - 24 是齿轮油泵的轴测图(部分零件),为使齿轮在油泵中准确定位,泵体的长、宽、高设计基准分别为端面 C、对称中心线 D、轴线 A,根据传动齿轮轴在泵体中的位置及装配关系,其长度设计基准应为端面 E,其径向设计基准为轴线 A。在齿轮油泵中,传动齿轮轴的长度基准端面 E 与泵体的长度基准端面 C 平齐;其径向基准轴线 A 与泵体的宽度基准对称中心线 D 和轴线 A 重合。对于轴、轮类零件其轴线一般都是设计基准。

② 工艺基准 零件在制造时用以加工定位和检验而选定的基准称为工艺基准。如图 10 - 24 所示,泵体的安装面 B 是装夹定位面;传动齿轮轴的左右端面 F 和 G 为测量长度尺寸时选定的测量基准,它们都是工艺基准。从传动齿轮轴的加工工艺看其轴线 A 亦是工艺基准。

在设计和制造过程中,当机器的结构和装配要求决定后,设计基准是较容易确定的,而工艺基准则应根据零件的材料、结构形状、设计要求以及工厂的设备条件和生产的批量大小等因素来决定。而且在制造零件时,其工艺规程不同,工艺基准也可能不同。如图 10 - 25 所示的销轴,有三种不同的尺寸标注形式,因此基准也各不相同。图中各直径尺寸,是以轴线为设计基准而注出的。其线性尺寸,以图 10 - 25(c)为例,端面 D 是端面 A 和端面 C 的设计基准,而端面 C 又是端面 B 的设计基准。当测量尺寸为 L_2 和 L_3 时,端面 D 又是端面 C 和端面 A 的测量基准(工艺基准)。

2) 基准的选择 在机器制造业中,零件从设计到由毛坯加工成为成品,基准始终在起作用。所谓选择基准,就是在标注尺寸时,是从设计基准出发,还是从工艺基准出发。

从设计基准出发,其优点是在标注尺寸时反映了设计要求,便于保证所设计的零件在机器或部件中的工作性能。

从工艺基准出发,其优点是把尺寸的标注与零件的制造加工和测量联系起来,在标注尺寸时反映了工艺要求,使零件便于制造、加工和测量。

为了减少加工误差,保证设计要求,应该尽可能地使设计基准和工艺基准重合。如图 10 - 24 所示,当选择端面 C 和对称中心线 D 作为泵体长、宽方向的主要尺寸基准时,则其设计基准和工艺基准重合。传动齿轮轴的轴线 A 既是设计基准,又是工艺基准。这样既能满足设计要求,又能满足工艺要求。

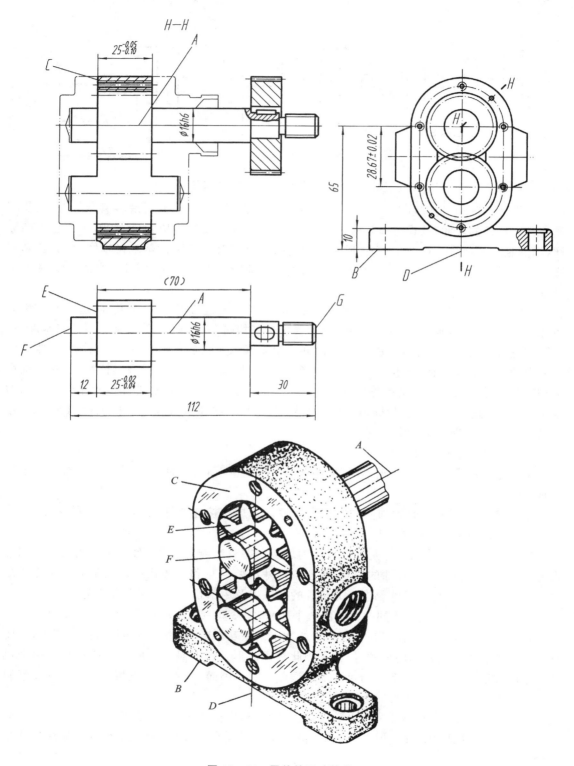

图 10 - 24 零件的尺寸基准

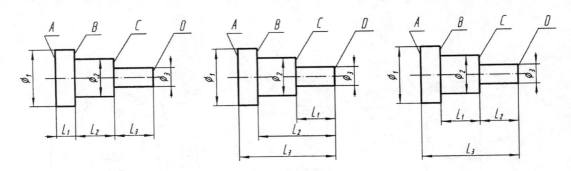

图 10-25　基准不同的三种尺寸注法

当设计基准和工艺基准不一致时,一般应保证功能尺寸(零件上直接影响产品性能、装配精度及互换性的尺寸)从设计基准注出以满足设计要求。其他非功能尺寸,则从工艺基准标注,以满足工艺要求。如图 10-24 所示,在泵体的高度方向上,设计基准是轴线 A,工艺基准底面 B,为保证中心距 28.76 ± 0.02 的要求,则选择轴线 A 为主要尺寸基准,底面 B 为辅助尺寸基准。

对于每个零件都有长、宽、高三个方向,因此,每个方向上都应有一个基准,这个基准称为主要基准。但是,根据设计、加工、测量上的要求,有时在同一方向上还需要附加一些基准,这些附加基准称为辅助基准,在主、辅基准之间一定要有尺寸联系。如图 10-24 所示,泵体高度方向上的 65,传动齿轮轴长度方向上的 12 都是联系尺寸。有时还需要视具体情况,对一些尺寸作适当调整。为保证传动齿轮轴各段轴肩之间的位置,如从主基准端面 E 标注轴肩端面的定位尺寸 70,这样既不符合阶梯轴的加工工艺,又不便于测量其尺寸,所以,选择端面 F、G 作为长度方面的辅助基准,标注尺寸 30。

(2) 标注尺寸的形式

由于零件的设计、工艺要求不同,尺寸基准的选择也不同,因而,零件图上尺寸标注有下列三种形式。

① 链状式　链状式是把同一方向的尺寸逐段首尾相接连续标注,前一尺寸的终止处,即为后一尺寸的基准,如图 10-26 所示。

这种尺寸标注形式的优点是每段尺寸的加工误差只影响其本身,而不受其他段尺寸加工误差的影响。缺点是总长尺寸的误差,是各段尺寸误差的总和。链状式常用于标注中心线之间的距离,阶梯状零件中尺寸要求十分精确的各段以及用组合刀具加工的零件等。

② 坐标式　坐标式是把同一方向的各个尺寸,均从同一标准注出,如图 10-27 所示。

这种尺寸标注形式的优点是各段尺寸的加工误差互不影响,也没有累积误差。因而,当要从一个基准定出一组精确的尺寸时,常采用此种标注形式。但对于从同一基准注出的两个尺寸之差的那段尺寸,其误差等于两尺寸加工误差之和。因而,当要求保证相邻两个几何要素间的尺寸精度时,不宜采用坐标式标注尺寸。

③ 综合式　综合式的尺寸标注形式,是链状式和坐标式的综合,它兼有两种标注形式的优点,实际工作中用的最多,如图 10-28 所示。实际上,单纯采用链状式或坐标式标注尺寸是极少见的。

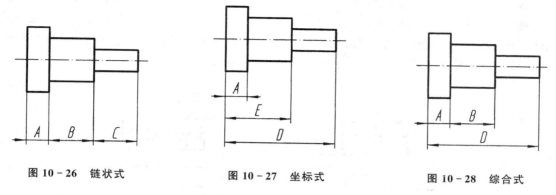

图 10−26 链状式　　　　图 10−27 坐标式　　　　图 10−28 综合式

（3）标注尺寸应注意的问题

1）重要的设计尺寸应直接注出　为保证零件在机器或部件中正常工作，凡零件间的配合尺寸，重要的相对位置尺寸，保证机器工作性能及互换性的尺寸等，都属于重要的设计尺寸，这些尺寸应直接注出，不能靠尺寸间的相互换算得到。直接注出功能尺寸，还能够直接提出尺寸公差、形状和位置公差的要求，以保证设计要求。如图 10−24 所示，传动齿轮轴上的轴径尺寸 $\Phi 16h6$，轴向尺寸 12、$25_{-0.04}^{-0.02}$，泵件上的 $25_{-0.10}^{-0.05}$ 及两轴线的中心距尺寸 28.76 ± 0.02 等都是重要的设计尺寸，均须在图上直接注出。传动齿轮轴线相对安装底面的高度尺寸 65 应直接注出，而不能先标注安装板的厚度 10，再以该板的上表面为起点标注轴线的位置尺寸 55，这样标注既不合理，误差又大，将会给加工、装配带来困难。

2）标注尺寸不应当出现封闭尺寸链　封闭尺寸链是首尾相接，绕成一整圈的一组尺寸。每个尺寸是尺寸链中的一环，如图 10−29（a）所示。在实际加工中，由于每个尺寸的加工误差不同，这样各段尺寸将互相影响，最终将因选择基准和工序的不同而使最后加工得到的那个尺寸产生累积误差，从而导致零件成为次品或废品。由于上述原因，所以在标注尺寸时，一般应注出精度要求较高的各段尺寸，将精度要求较低的一段尺寸空出不注，则空出不注尺寸的一段称为开口环，如图 10−29（b）所示。这样加工误差全部累积在开口环上，这种把尺寸注成开口尺寸链的形式，既保证了零件的设计要求，又便于加工。究竟哪个尺寸不注，应视设计和加工要求决定。在某些情况下，为避免加工时作加、减计算，把开口环尺寸加上括号标注出来，称为"参考尺寸"，如图 10−29（c）所示。生产中对参考尺寸一般不进行检验。

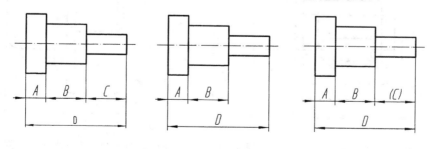

图 10−29 尺寸链

3）标注尺寸要相对集中

① 为了加工、检验时查对尺寸，应把零件上同一形体的尺寸，尽量集中标注在表达该形体

特征最明显的一、两个视图上,看图时,能把了解零件的形状和有关尺寸紧密结合。但尺寸过多的集中必然影响图面的清晰,所以,要根据具体情况,把零件上不同形体的尺寸适当地分散标注。如图 10-30 所示,T 型槽和沉孔的尺寸分别标注在主、左视图上,这样的布局既显得图样清晰,又使看图方便。

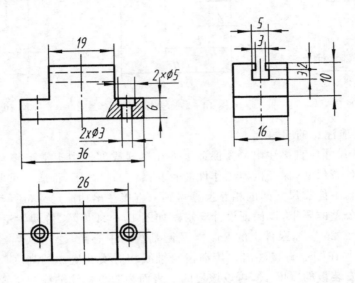

图 10-30　尺寸标注相对集中

② 不同工序的尺寸、内外形尺寸分开标注,便于看图及查对尺寸。如图 10-31 所示,上部为铣工尺寸,下部为车工尺寸。如图 10-32 所示,上部为外形尺寸,下部为内形尺寸。

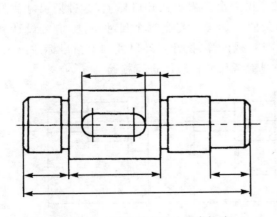

图 10-31　不同工序尺寸分类标注

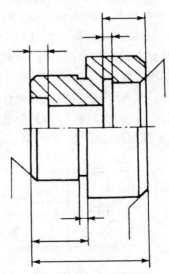

图 10-32　内外形尺寸分类标注

4) 毛面的尺寸标注　标注零件上毛面的尺寸时,加工面与毛面之间,在同一方向上只能有一个尺寸的联系,其余则为毛面与毛面之间或加工面与加工面之间的联系。如图 10-33 (a)所示,尺寸 A 为加工面与毛面的联系尺寸。图 10-33(b)是错误注法,因为毛坯制造误差较大,加工面不能同时保证对两个或两个以上毛面尺寸的精度要求。

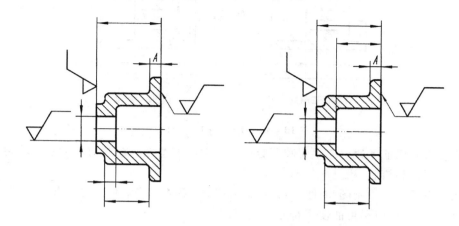

图 10-33 毛面的尺寸标注

5) 标注尺寸要便于测量 如图 10-34(a) 所示的零件,如按图 10-34(b) 的形式标注尺寸则不便于测量,而应按图 10-34(c) 的形式标注尺寸。标注梯形孔的尺寸时,因加工方法一般是先小孔,再依次加工出大孔,因此,应从端面标注大孔的深度尺寸,以便于测量,如图 10-35 (b) 所示。

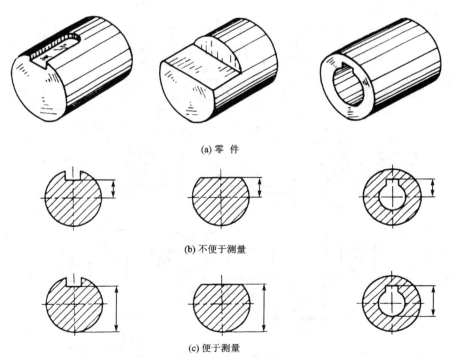

(a) 零件

(b) 不便于测量

(c) 便于测量

图 10-34 标注尺寸要便于测量

6) 常用简化注法 国家标准 GB/T 16675.2—2012 技术制图简化表示法第 2 部分尺寸注法规定了若干简化注法,现择要列于表 10-2。应在下述原则和要求下使用简化注法:

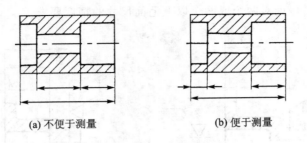

| (a) 不便于测量 | (b) 便于测量 |

图 10－35　阶梯孔的尺寸标注

① 简化必须保证不致引起误解和不会产生理解的多意性。在此前提下应力求制图简便。

② 便于识读和绘制,注重简化的综合效果。

③ 在考虑便于手工制图和计算机制图的同时,还要考虑缩微制图的要求。

④ 标注尺寸时,应尽可能使用符号和缩写词。

表 10－2　常用简化注法

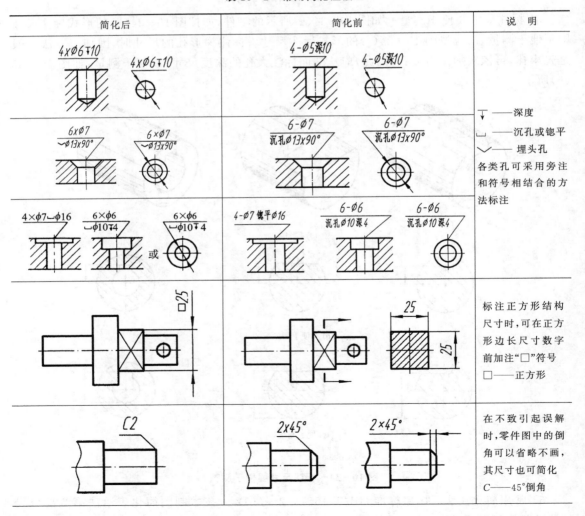

简化后	简化前	说　明
4×∅6▼10　　4×∅6▼10	4-∅5深10　　4-∅5深10	▼——深度 ⌴——沉孔或锪平 ∨——埋头孔 各类孔可采用旁注和符号相结合的方法标注
6×∅7　　6×∅7 ∨∅13×90°	6-∅7 沉孔∅13×90°　　6-∅7 沉孔∅13×90°	
4×∅7⌴∅16　6×∅6 ⌴∅10▼4　　6×∅6 或 ⌴∅10▼4	4-∅7锪平∅16　6-∅6 沉孔∅10深4　　6-∅6 沉孔∅10深4	
□25	25　　25	标注正方形结构尺寸时,可在正方形边长尺寸数字前加注"□"符号 □——正方形
C2	2×45°　　2×45°	在不致引起误解时,零件图中的倒角可以省略不画,其尺寸也可简化 C——45°倒角

简化后	简化前	说　明
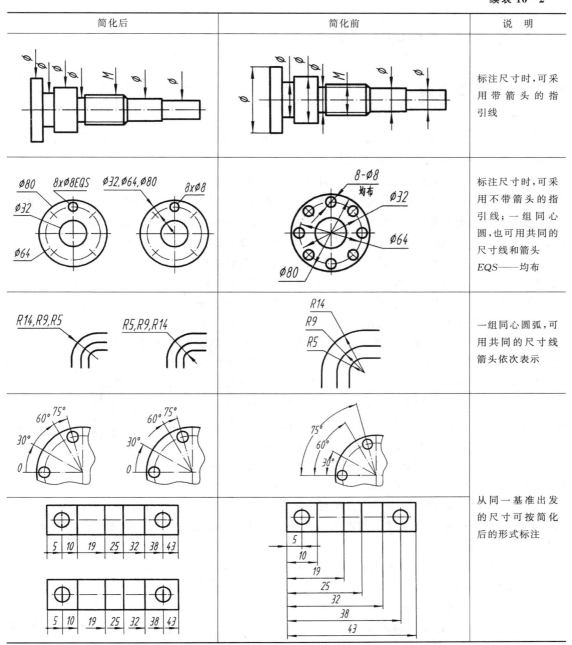		标注尺寸时,可采用带箭头的指引线
		标注尺寸时,可采用不带箭头的指引线;一组同心圆,也可用共同的尺寸线和箭头　EQS——均布
		一组同心圆弧,可用共同的尺寸线箭头依次表示
		从同一基准出发的尺寸可按简化后的形式标注

10.4　零件图上的技术要求

零件图是生产制造零件过程中重要的技术文件,因此,零件图上除了视图和尺寸外,还应注明制造和检验零件时应达到的质量要求,一般称为技术要求。用以保证零件加工制造的精度,满足其使用性能。

零件的技术要求主要包括:表面结构要求、极限与配合、几何公差、材料的热处理、表面处理及其他要求。

零件图上的技术要求,应按国家标准规定的各种符号、代号直接标注在图上,没有规定的可用文字逐条简明的注写在标题栏的上方或左侧。

10.4.1 表面结构

1. 概 述

表面结构要求是评定机器和机械零件质量的重要指标之一,是机械零件设计、生产、加工和验收过程中一项必不可少的质量标准。

机械加工的零件表面结构与其使用性能关系密切,它对加工中的任何变化(如刀具、加工条件、材料性能、环境状况等)非常敏感,表面结构要求是用于控制加工过程的重要手段。表面结构包含表面原始轮廓(P 轮廓)、表面波纹度(W 轮廓)和表面粗糙度(R 轮廓)三类结构特征。这三类结构特征同时叠加在同一表面轮廓上,构成了零件的表面特征,称为表面结构。国家标准 GB/T 3505—2009《产品几何技术规范(GPS)表面结构轮廓法术语、定义及表面结构参数》规定用轮廓度法确定表面结构(粗糙度、波纹度和原始轮廓)的术语、定义和参数。

由于加工制造过程中受各种因素的影响,零件的实际表面不论加工的多么光滑,放在放大镜(或显微镜)下观察,都可以看到峰谷高低不平的状况,如图 10 - 36 所示。零件的实际表面通常受表面粗糙度、表面波纹度、形状误差等综合因素的影响。它们直接影响零件的性能,需要分别进行测量和控制。

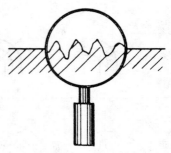

图 10 - 36 表面微观几何形状

表面粗糙度 表面粗糙度一般是由刀具刃口形状、进刀或走刀、切屑形成过程等因素造成,我们把加工表面上具有较小间距和峰谷所组成的微观几何形状特征称为表面粗糙度。表面粗糙度是衡量零件质量的标志之一,它对零件的配合、耐磨性、抗腐蚀性、抗疲劳强度、接触刚度、工作精度、密封性和外观都有影响。

表面波纹度 表面波纹度是指在机械加工过程中,机床、工件和刀具系统的振动,在零件表面形成的间距比粗糙度大得多的表面不平度。零件表面的波纹度是影响零件使用寿命和引起振动的主要因素。

形状误差主要是由机床的几何精度、工件安装误差、热处理产生的变形等因素造成。

2. 术语及定义

(1)轮廓滤波器和传输带

原始轮廓、表面波纹度和表面粗糙度三类轮廓各有不同的波长范围它们又同时叠加在同一表面轮廓上,因此,在测量评定三类轮廓上的参数时,必须先将表面轮廓在特定的仪器上进行滤波,以便分离获得所需波长范围的轮廓。将轮廓分成长波和短波成分的仪器称为轮廓滤波器。由两个不同截止波长的滤波器分离获得的轮廓波长范围则称为传输带。

(2)取样长度 l_p、l_r、l_w

工件实际轮廓包含原始轮廓、表面波纹度轮廓、表面粗糙度轮廓和形状误差轮廓。在轮廓总的走向上量取一定长度来评定该部分轮廓的不规则特征,该长度即定义为取样长度(评定粗糙度和波纹度的取样长度 l_r、l_w 在数值上分别与 λ_c 和 λ_f 轮廓滤波器的截止波长相等,原始轮廓

的取样长度 l_p 等于评定长度。)

（3）评定长度 l_n

实际检测评定时，考虑到加工表面的不均匀性，规定测量时取一个或几个取样长度作为测量长度，该长度称为评定长度。标准规定，一般情况下默认 $l_n = 5l_r$，在表面粗糙度的标注中，不用任何表示。但当 l_n 不是 $5l_r$ 时，则需在参数代号后给出取样长度的个数。

3. 评定表面结构常用的轮廓参数

对于零件表面结构的状况，可由三类参数加以评定：轮廓参数、图形参数、支承率曲线参数。其中轮廓参数是我国机械图样中最常用的评定参数。现介绍评定粗糙度轮廓（R 轮廓）中的两个高度参数 Ra 和 Rz。

（1）算术平均偏差 Ra

在一个取样长度 l_r 内，被评定轮廓在任一位置到轮廓中线的纵坐标 $Z(x)$ 绝对值的算术平均值，用 Ra 表示，如图 10-37 所示。公式表示为：

$$Ra = \frac{1}{l_r}\int_0^{l_r}\left|Z(x)\right|\mathrm{d}x \quad \text{或近似表示为：} Ra = \frac{1}{n}\sum_{i=1}^{n}\left|Z_i\right|$$

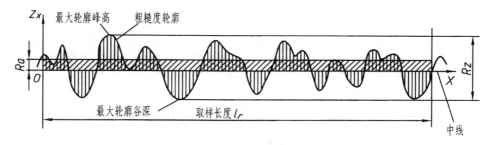

图 10-37　评定轮廓的算术平均偏差 Ra 和轮廓的最大高度 Rz

Ra 的数值系列已标准化，如表 10-3 所列。

表 10-3　轮廓算术平均偏差 Ra 的数值　　　　　单位：μm

基本系列	补充系列	基本系列	补充系列	基本系列	补充系列
	0.008	0.2			
	0.010		0.25	6.3	5.0
0.012			0.32		
	0.016	0.4			8.0
	0.020		0.50	12.5	10.0
0.025			0.63		
	0.032	0.8			16.0
	0.040		1.00	25	20
0.050			1.25		
	0.063	1.6			32
	0.080		2.0	50	40
0.1			2.5		
	0.125	3.2			63
	0.160		4.0	100	80

注：应优先选用表中基本系列[1]。基本系列不能满足要求时，可选取补充系列。

---

[1]　"基本系列"为本书用语，后同。

（2）轮廓的最大高度 Rz

在评定长度内。最大轮廓峰高与最大的轮廓谷深之和，称为轮廓最大高度，如图 $10-37$ 所示。

Rz 的数值系列已标准化，如表 $10-4$ 所列。

表 10 - 4　　R_z的数值 单位:μm

基本系列	补充系列	基本系列	补充系列	基本系列	补充系列	基本系列	补充系列
			0.25		5.0	100	
			0.32	6.3			125
		0.40			8.0		160
0.025			0.50		10.0	200	
	0.032		0.63	12.5			250
	0.040	0.80			16.0		320
0.05			1.00		20	400	
	0.063		1.25	25			500
	0.080	1.6			32		630
0.100			2.0		40	800	
	0.125		2.5	50			1000
	0.160	3.2			63		1250
0.20			4.0		80	1600	

注:应优先选用表中基本系列。基本系列不能满足要求时,可选取补充系列。

对于零件表面质量,一般选用高度参数 Ra 和 Rz 来控制表面粗超度质量。轮廓算术平均偏差 Ra 是各国普遍采用的一个参数,它既能反应加工表面的微观几何形状特征,又能反映凸峰高度;轮廓最大高度 Rz 只能反映表面轮廓的最大高度,不能反映轮廓微观几何形状特征,对于某些表面不允许出现微观较深的加工痕迹(影响疲劳强度)和小零件表面有其实用意义。

零件表面的功能不同,所要求的表面粗糙程度也不一样,零件的表面质量直接影响着机器或部件的使用和寿命。但是,零件表面粗糙度数值越小,其加工越精密,成本也越高。因此,在满足机器或部件对零件使用要求的前提下,应尽量降低对零件表面粗糙度的要求。

（3）表面粗糙度的选用

零件表面粗糙度数值的选择,直接影响到产品的质量。因此,具体选用时,既要满足零件的功能要求,又要考虑经济合理性。同时可从下列不同因素考虑:

① 在同一零件上,零件的工作面表面粗糙度比非工作面表面粗糙度,接触面表面粗糙度比非接触面的表面粗糙度参数值要小。

② 摩擦表面粗糙度比非摩擦表面粗糙度参数值要小,滚动摩擦表面粗糙度比滑动摩擦表面粗糙度参数值要小。

③ 配合稳定性要求高的表面比配合稳定性要求低的表面,其表面粗糙度参数值要小。

④ 相对运动速度高,单位压力大的摩擦表面粗糙度参数值要小。

⑤ 运动精度高的表面比运动精度低的表面粗糙度参数值要小。

⑥ 间隙配合的间隙越小,表面粗糙度参数值越小;对于过盈配合,为保证牢固可靠和稳定,载荷越大,表面粗糙度参数值越小。

⑦ 尺寸和形位精度要求高的表面比尺寸和形位精度要求低的表面粗糙度参数值要小。

⑧ 配合性质相同时或同一公差等级时,小尺寸比大尺寸、轴比孔的表面粗糙度参数值要小。

⑨ 受循环载荷的表面及容易引起应力集中的表面(如圆角、沟槽),表面粗糙度参数值要小。

⑩ 要求密封、耐腐蚀或具有装饰性的表面粗糙度参数值要小。

表面粗糙度轮廓算术平均偏差 Ra 的应用举例如表 10-5 所列。

表 10-5　Ra 的应用及加工方法　　　　　　单位 μm

Ra	表面特征	主要加工方法	应用举例
50、100	明显可见刀痕	粗车、粗铣、粗刨、钻、粗纹锉刀和粗砂轮加工	粗糙度最低的加工面
25	可见刀痕		
12.5	微见刀痕	粗车、刨、立铣、平铣、钻	不接触表面、非配合表面;齿轮或皮带轮侧面、不重要的接触表面,如平键及键槽上、下面、螺钉孔、倒角、机座底面等
6.3	可见加工痕迹	精车、精铣、精刨、铰、镗、粗磨等	要求有定心及配合特性的固定支承面;没有相对运动的零件接触面,如箱、盖、套筒要求紧贴的表面、键和键槽工作表面;三角皮带轮槽面;相对运动速度不高的接触面,如支架孔、衬套、带轮轴孔的工作表面等
3.2	微见加工痕迹		
1.6	看不见加工痕迹		
0.8	可辨加工痕迹	精车、精铰、精拉、精镗、精磨等	中速运动轴径;要求很好密合的接触面,如与滚动轴承配合的表面、锥销孔等;过盈配合的孔 H7,间隙配合的孔 H8、H7;相对运动速度较高的接触面,如滑动轴承的配合表面、齿轮轮齿的工作表面等
0.4	微辨加工痕迹		
0.2	不可辨加工痕迹		
0.1	暗光泽面	研磨、抛光、超级精细研磨等	精密量具的表面、极重要零件的摩擦面,如气缸的内表面;精密机床的主轴颈、坐标镗床的主轴颈;磨擦离合器的磨擦表面;量块工作面光学测量仪器中的金属镜面;高压油泵中柱塞和柱塞套的配合面等
0.05	亮光泽面		
0.025	镜状光泽面		
0.012	雾状镜面		

4. 表面结构的图形符号

（1）图形符号及其含义

在图样上，可以用不同的图形符号表示对零件表面结构的不同要求。标注表面结构要求时的图形符号种类、名称及其含义如表 10-6 所列。

表 10-6　表面结构图形符号

图形符号	意义及说明
（基本符号）	基本符号—由两条不等长且与标注表面成 60°夹角的直线构成，表示表面可用任何方法获得。该符号仅适用于简化代号标注，没有补充说明时不能单独使用
（扩展符号 带短横）	扩展符号—基本符号加一短横，表示表面由去除材料的方法获得。例如：车、铣、钻、刨、磨等
（扩展符号 带圆圈）	扩展符号—基本符号加一圆圈，表示表面由不去除材料的方法获得的。例如：铸、锻、轧、冲压等
（完整图形符号）	完整图形符号—当要求标注表面结构特征的补充信息时，在上述三个符号的长边上加一横线，在横线的上、下可标注有关参数和说明
（相同要求符号）	相同要求符号—在完整图形符号的长边与横线相交处加一圆圈，在不致引起歧义时用来表示某视图上构成封闭轮廓的各表面具有相同的表面结构要求

（2）图形符号的画法及尺寸

图形符号的画法如图 10-38 所示，图形符号尺寸如表 10-7 所列。

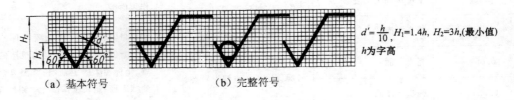

$d'=\dfrac{h}{10}$，$H_1=1.4h$，$H_2=3h$，(最小值)

h 为字高

（a）基本符号　　　　　　（b）完整符号

图 10-38　表面结构图形符号画法与比例

表 10-7　表面结构图形符号的尺寸　　　　　　　　　　　　　　单位:mm

项　目	参　数　值						
数字与字母高度 h	2.5	3.5	5	7	10	14	20
符号的线宽 d'	0.25	0.35	0.5	0.7	1	1.4	2
字母的线宽 d							
高度 H_1	3.5	5	7	10	14	20	38
高度 H_2(最小值)	7.5	10.5	15	21	30	42	60

H_2 取决于标注内容

（3）表面结构完整图形符号的组成及其标注

为了明确表面结构的要求,除应标注表面结构参数和数值外,必要时还应标注补充要求,补充要求包括传输带、取样长度、加工工艺、表面纹理及方向、加工余量等。

表面结构补充要求的注写位置:在完整图形符号中,对表面结构的单一要求和补充要求应注写的位置,如表 10-8 所列。

表 10-8　表面结构补充要求的注写位置

表面结构完整图形符号	含　义
$\sqrt{\begin{array}{c}c\\a\\e\ d\ b\end{array}}$	位置 a —注写表面结构的单一要求 位置 b —注写第二个表面结构要求 位置 c —注写加工方法(加工方法、表面处理、涂层或其他加工工艺要求等。如"车"、"磨"、"镀"等) 位置 d —注写表面纹理和方向(如"="、"×"、"M") 位置 e —加工余量(单位为 mm)

在标注表面结构参数代号、极限值、传输带或取样长度时,为了避免误解,在参数代号和极限值之间应插入空格。传输带或取样长度后应有一斜线"/",短波滤波器在前,长波滤波器在后,之后是表面结构参数代号,最后是数值,如图 10-39 所示。当传输带为标准规定范围时,可不标注(默认),如图 10-39 所示。

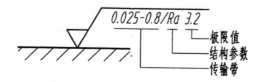

图 10-39　单一要求的标注

当需要标注一个滤波器截止波长值,而另一个采用默认的截止波长值时,可采用图 10 - 40 的形式标注,但要保留连字号"—",用以区分标注的是短波滤波器的截止波长还是长波滤波器的截止波长。

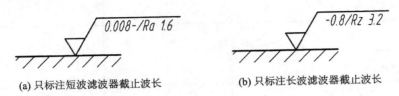

(a) 只标注短波滤波器截止波长　　　　　　　(b) 只标注长波滤波器截止波长

图 10 - 40　一个滤波器截止波长的注法

当需要注写表面结构第二个单一要求或注写第三个及更多个表面结构要求时,图形符号应在垂直方向扩大,以空出足够的空间,如图 10 - 41 所示。

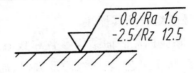

图 10 - 41　第二个单一要求的注法

注写加工方法、表面处理、涂层或其他加工工艺要求等,如"车"、"磨"、"镀"等,如图 10 - 42 所示。

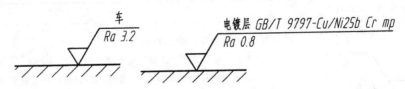

图 10 - 42　有加工工艺要求的注法

注写加工纹理和方向,如"="、"×"、"M"、"C"、"R"、"P",如图 10 - 43 所示。

注写加工余量:加工余量以毫米为单位给出数字,如图 10 - 44 所示。

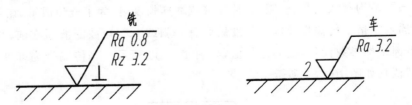

图 10 - 43　有加工纹理要求的注法　　　　**图 10 - 44　有加工余量要求的注法**

（4）极限值判断规则的标注

当完工零件的表面按检验规范测得轮廓参数值后,与图样上给定的极限值比较,以判定其是否合格。极限判断规则有 16% 规则和最大规则两种。

16％规则　在同一评定长度上,如果所选参数在检测所得的全部实测值中,大于(或小于)给定的上限值(或小于下限值)的个数不超过总数的 16％ 时,即认定该表面是合格的,这一规则称为 16％ 规则。16％ 规则是默认规则,指明参数的上、下限值时,所用参数符号中没有"max"标记,如图 10-45 所示。

最大规则　检验时,若参数的规定值为最大值,则在被检表面的全部区域内测得的参数值一个也不应超过图样或技术产品文件中的规定值,即认定该表面是合格的,这一规则称为最大规则。若规定参数的最大值,应在参数符号后面增加一个"max"标记,如图 10-46 所示。

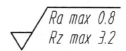

图 10-45　应用 16％规则(默认传输带)时参数的标注　　　　　图 10-46　应用最大规则(默认传输带)时参数的标注

16％ 规则和最大规则均适用于 GB/T 3505 中定义的轮廓参数。

(5) 双向极限的标注

标注双向极限以表示对表面结构的明确要求。偏差与参数代号一起标注。

在完整符号中表示双向极限时应标注极限代号。当给出的参数数值为允许的最大值时,称为参数的上限值,上限值在上方,在参数的前边加注"U";当给出的参数数值为允许的最小值时,称为参数的下限值,下限值在下方,在参数的前边加注"L",如图 10-47 所示。

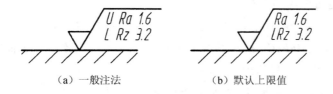

(a) 一般注法　　　　　　　　　(b) 默认上限值

图 10-47　上限值与下限值的注法

如果同一参数具有双向极限要求(既要求上限值,又要求下限值)时,在不引起歧义的情况下,也可不加注"U""L",如图 10-48 所示。

图 10-48　双向极限的注法

标注表面结构参数时应使用完整的图形符号,在完整图形符号中注写了具体参数代号、极限值等要求后即称为表面结构代号,表面结构代号的示例及含义如表 10-9 所列。

表 10 - 9　表面结构代号示例

代号示例	含义/解释
$\sqrt{Ra\ 1.6}$	表示不允许去除材料,单向上限值,默认传输带,R 轮廓,算术平均偏差为 1.6 μm,评定长度为 5 个取样长度(默认),"16％规则"(默认)
$\sqrt{Rz\ max\ 1.6}$	表示去除材料,单向上限值,默认传输带,R 轮廓,粗糙度的最大高度为 1.6 μm,评定长度为 5 个取样长度(默认),"最大规则"
$\sqrt{-0.8/Ra3\ 3.2}$	表示去除材料,单向上限值,取样长度(等于传输带的长波波长值)0.8 mm,传输带的短波波长值为 0.025 mm(默认),R 轮廓,算术平均偏差为 3.2 μm,评定长度包含 3 个取样长度,"16％规则"(默认)
$\sqrt{\begin{array}{l} U\ Ra\ max\ 3.2 \\ L\ Ra\ 0.8 \end{array}}$	表示去除材料,双向极限值,两极极限值均使用默认传输带,R 轮廓,上限值:算术平均偏差为 3.2 μm,评定长度为 5 个取样长度(默认),"最大规则";下限值:算术平均偏差为 0.8 μm,评定长度为 5 个取样长度(默认),"16％规则"(默认),加工纹理垂直于视图所在的投影面

5. 表面结构在图样中的注法

表面结构要求在同一图样上,每一表面一般只标注一次,并尽可能注在相应的尺寸及公差的同一视图上。除非另有说明,所标注的表面结构要求是对完工零件表面的要求。

(1)表面结构要求的注写和读取方向

总的原则是使表面结构要求的注写和读取方向要与尺寸的注写和读取方向一致,如图 10 - 49 所示。

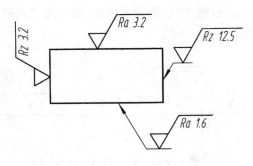

图 10 - 49　表面结构要求的注写方向

(2)标注在轮廓线上或指引线上

表面结构要求应尽可能标注在具有确定该表面大小或位置的视图的轮廓线上或轮廓线的

延长线上,如图 10 - 50 所示。必要时可以用带箭头或黑点的指引线引出标注,如图 10 - 51
所示。

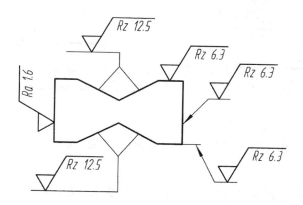

图 10 - 50 表面结构要求在轮廓线上的标注

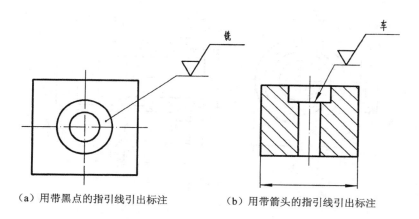

(a)用带黑点的指引线引出标注　　　　(b)用带箭头的指引线引出标注

图 10 - 51 用指引线引出标注表面结构要求

(3)标注在特征尺寸的尺寸线上

在不致引起误解的情况下,表面结构要求可标注在给定的尺寸线上,如图 10 - 52 所示。

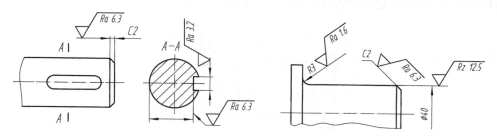

图 10 - 52 表面结构要求标注在尺寸线上

(4)标注在几何公差框格上

表面结构要求可标注在几何公差框格的上方,如图 10 - 53 所示。

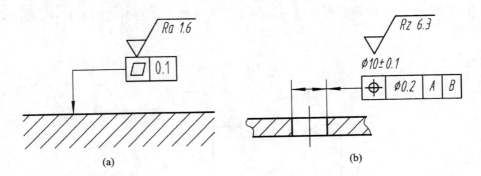

图 10 - 53　表面结构要求标注在几何公差框格的上方

（5）标注在延长线上

表面结构要求可以直接标注在特征尺寸的延长线上，或用带箭头的指引线引出标注，如图 10 - 50、图 10 - 54 所示。

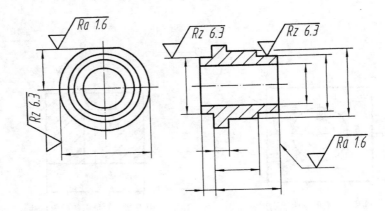

图 10 - 54　表面结构要求标注在特征尺寸的延长线上

（6）标注在圆柱和棱柱表面上

圆柱和棱柱表面的表面结构要求只标注一次，图 10 - 54 所示。如果每个棱柱表面有不同的表面结构要求，则应分别单独标注，图 10 - 55 所示。

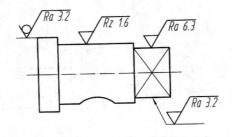

图 10 - 55　圆柱和棱柱的表面结构要求的注法

6. 表面结构在图样中的简化注法

当多个表面具有相同的表面结构要求或图纸空间有限时,可以采用简化画法。

(1) 统一标相同表面结构

当工件全部表面有相同的表面结构要求时,可统一标注在图样的标题栏附近,如图 10 – 56 所示。

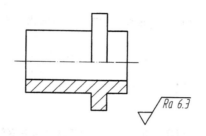

图 10 – 56 全部要求都相同的注法

(2) 多个表面有共同要求的简化注法

当多个表面具有相同的表面结构要求时,可以统一标注在图样的标题栏附近,并在符号后面加圆括号,圆括号内给出无任何其他标注的基本符号,如图 10 – 57(a) 所示;或在圆括号内给出不同表面的表面结构要求,如图 10 – 57(b) 所示。

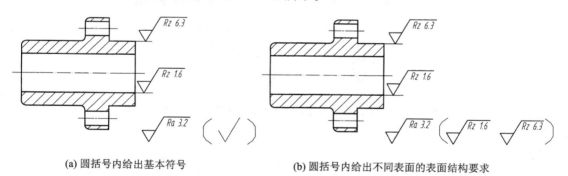

(a) 圆括号内给出基本符号   (b) 圆括号内给出不同表面的表面结构要求

图 10 – 57 多个表面有共同要求的注法

(3) 多个表面有共同要求的简化注法

当多个表面具有相同的表面结构要求或图纸空间有限时,可以采用简化画法。

① 用带字母的完整符号的简化注法　当多个表面具有相同的表面结构要求或图纸空间有限时,可用带字母的完整符号标注在图中,并以等式的形式在图形或标题栏附近,对有相同表面结构要求的表面进行简化标注,如图 10 – 58 所示。

② 只用表面结构符号的简化注法　用基本符号或扩展符号以等式的形式给出多个表面共同的表面结构要求,如图 10 – 59、图 10 – 60、图 10 – 61 所示。

7. 两种或多种工艺获得的同一表面的注法

由几种不同的工艺方法获得的同一表面,当需要明确每种工艺方法的表面结构要求时,如图 10 – 62 所示。

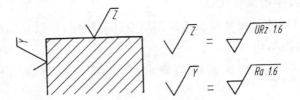

图 10-58　图纸空间有限时的简化注法

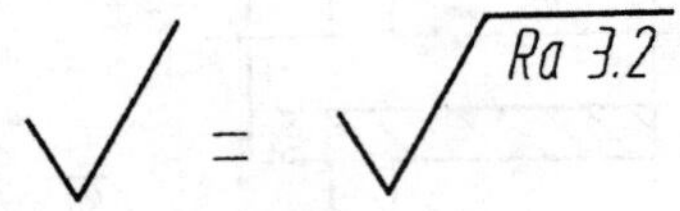

$$\sqrt{} = \sqrt{Ra\ 3.2}$$

图 10-59　未指定工艺方法的多个表面结构要求的简化注法

$$\sqrt{} = \sqrt{Ra\ 3.2}$$

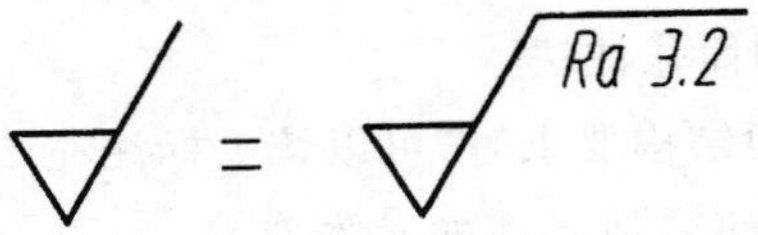

图 10-60　要求去除材料的多个表面结构要求的简化注法

$$\sqrt{} = \sqrt{Ra\ 3.2}$$

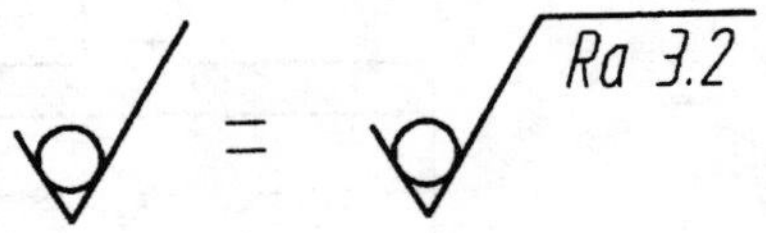

图 10-61　不允许去除材料的多个表面结构要求的简化注法

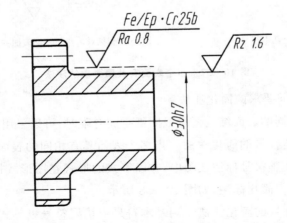

图 10-62　同时给出镀覆前后的表面结构要求的注法

10.4.2 极限与配合

1. 零件的互换性

所谓互换性,是指机器中的零件或部件按规定的精度要求制造,在装配时,无须选择、不经钳工修配或其他任何辅助加工及调整,就能装配成满足预定使用性能要求的机器。按照这种原则生产的零件或部件,就称为具有互换性。在使用机器中,当有些零、部件损坏而需要更换时,备件不需任何修配即能装上机器,并能满足规定的使用要求,这样的备件也称为具有互换性。零件具有互换性,其优点是既能满足生产部门广泛协作的要求,又能进行高效率的专业化生产,提高装配的劳动生产率及降低装配成本,还能保证产品质量的稳定性。

零、部件按互换性要求设计制造,便于实现设计三化(即产品质量标准化、品种规格系列化、零部件通用化),从而有利于设计工作量的减少,设计质量的提高和缩短设计周期,同时也有利于发展系列产品和促进产品结构、性能的不断改进。

如果零、部件具有互换性,则使现场迅速、方便维修成为可能,从而可大大提高机器的使用效率,也给用户带来极大方便。

标准化是互换性的保证,极限与配合制度是实现互换性的重要基础。为此,国家标准对极限与配合的基本术语、代号、各种数值标注及选择等都作了统一规定。详见 GB/T 1800.1—2009,GB/T 1800.2—2009,GB/T 1801—2009。在实际生产中,必须严格遵守,图纸上必须正确标注。

在实际生产中,由于受机床、刀具、夹具、量具及测量误差和操作人员技术水平等因素的影响,零件加工完成后其尺寸必然存在一定的误差。为了使零件或部件具有互换性,因此,在设计时必须对尺寸规定一个允许的变动量,即给零件规定一个允许的误差范围,这个变动量或误差范围称为尺寸公差,简称公差。

2. 尺寸公差的相关术语

1) 轴 通常指工件的圆柱形外表面,也包括非圆柱形外表面(由二平行平面或切面形成的被包容面)。

2) 孔 通常指工件的圆柱形内表面,也包括非圆柱形内表面(由二平行平面或切面形成的包容面)。

3) 公称尺寸 由图样规范确定的理想形状要素的尺寸称为公称尺寸。公称尺寸是根据零件的设计、结构、工艺要求,设计时确定的尺寸。公称尺寸可以是一个整数或一个小数值。

4) 提取组成要素的局部尺寸 一切提取组成要素上对应点之间的统称。简称为提取要素的局部尺寸。

5) 极限尺寸 尺寸要素允许的尺寸的两个极端。提取组成要素的局部尺寸应位于其中,也可以达到极限尺寸。

在两个极端的尺寸中最大的一个称为上极限尺寸,最小的一个称为下极限尺寸。

上极限尺寸 尺寸要素允许的最大尺寸,称为上极限尺寸。如图 10 - 63 所示,它限定了提取要素的局部尺寸的最大值。

下极限尺寸　尺寸要素允许的最小尺寸,称为下极限尺寸。如图 10 - 63 所示,它限定了提取要素的局部尺寸的最小值。

6) 零线　在极限与配合图解中,表示公称尺寸的一条直线,以其为基准确定偏差和公差,如图 10 - 63 所示。通常,零线沿水平方向绘制,正偏差位于其上,负偏差位于其下,如图 10 - 64 所示。

7) 偏差　某一尺寸(提取要素的局部尺寸、极限尺寸等)减其基本尺寸所得的代数差,称为偏差。

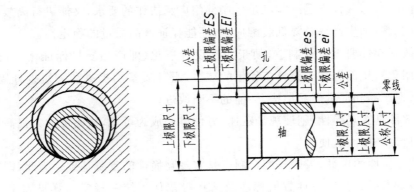

图 10 - 63　术语图解

① 极限偏差:

上极限偏差　上极限尺寸减去其公称尺寸所得的代数差。

下极限偏差　下极限尺寸减去其公称尺寸所得的代数差。

轴的上、下极限偏差代号用小写字母 es、ei 表示;孔的上、下极限偏差用大写的 ES、EI 表示,如图 10 - 63、图 10 - 64 所示。上极限偏差、下极限偏差可以是正值、负值或零。

② 基本偏差　国家标准极限与配合制中,确定公差带相对零线位置的那个极限偏差,称为基本偏差。它可以是上极限偏差或下极限偏差,一般为靠近零线的那个偏差。当公差带在零线的上方时,基本偏差为下极限偏差,反之,则为上极限偏差,如图 10 - 64 所示。

国家标准对孔和轴各规定了 28 种不同状态的基本偏差。基本偏差的代号用拉丁字母表示,大写的为孔,小写的为轴。基本偏差系列如图 10 - 65 所示。

从基本偏差系列图中可以看出:

孔的基本偏差从 A 到 H 为下极限偏差,从 J 到 ZC 为上极限偏差。JS 的公差带对称分布于零线两边,其上、下极限偏差是 $\pm IT/2$。

轴的基本偏差从 a 到 h 为上极限偏差,从 j 到 zc 为下偏差。js 的公差带对称分布于零线两边,其上、下偏差是 $\pm IT/2$。

基本偏差代号为 H 的孔的基本偏差(下极限偏差)为零,基本偏差代号为 h 的轴的基本偏差(上极限偏差)为零。

基本偏差系列图只表示了公差带靠近零线一端的位置,而开口一端的位置取决于所选标准公差的大小。

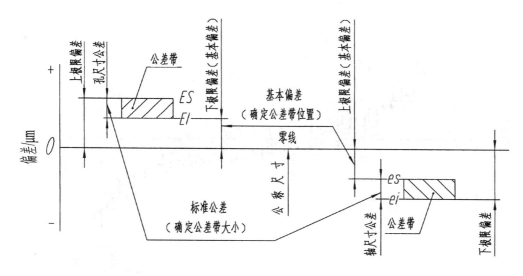

图 10 - 64　公差带示意图

根据尺寸公差的定义,基本偏差和标准公差有以下计算关系:

孔:$ES = EI + IT$ 或 $EI = ES - IT$

轴:$es = ei + IT$ 或 $ei = es - IT$

国家标准 GB/T 1800.2—2009 给出了轴与孔的基本偏差数值,如附表 4 - 1、附表 4 - 2 所列。

8)尺寸公差　(简称公差)上极限尺寸减去下极限尺寸之差,或上极限偏差减去下极限偏差之差。它是允许尺寸的变动量。显然,尺寸公差是一个没有符号的绝对值。

① 标准公差　国家标准极限与配合制中,所规定的任一公差,称为标准公差。标准公用 IT 表示,IT 为"国际公差"的符号。标准公差代号用符号 IT 和数字组成,数字表示标准公差等级。

② 标准公差等级　国家标准将公称尺寸至 500 mm 的标准公差等级分为 20 级,即 IT01、IT0、IT1、…IT18。其尺寸精确程度从 IT01 到 IT18 依次降低。公称尺寸至 3 150 mm 的 IT1 至 IT18 的标准公差数值如表 10 - 10 所列。标准公差数值不仅与基本尺寸有关,而且与标准公差等级有关。国家标准极限与配合制中,同一公称等级(例如 IT7)对所有公称尺寸的一组公差被认为具有同等精确程度。也即两个不同公称尺寸的零件,如果公差等级相同,虽然标准公差数值不同,但它们被认为在制造和使用时具有相同的精确程度。对于一定的公称尺寸,标准公差等级愈高,标准公差数值愈小,尺寸的精确程度愈高。公称尺寸和公差等级相同的孔与轴,它们的标准公差数值相等。

选用标准公差等级的原则是:在满足使用要求的前提下,尽可能选用较低的标准公差等级,以降低生产成本。由于孔较轴难加工,一般在配合中选用孔较轴低一级的标准公差等级。通常 IT12 前面的用于配合尺寸,IT12～IT18 用于非配合尺寸,非配合尺寸的公差带代号一般在图样中不必注出。

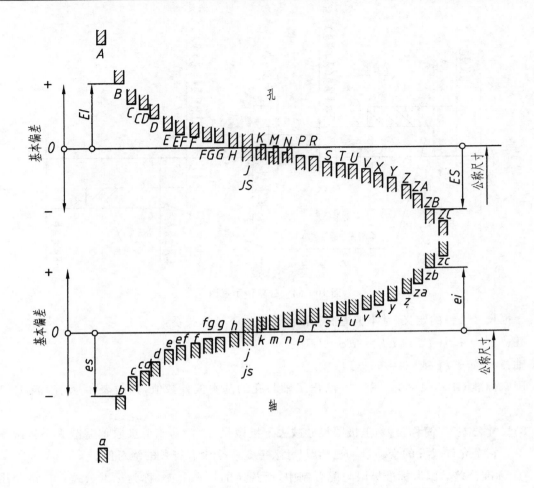

图 10 - 65　基本偏差系列示意图

③ 公差带　在公差带图解中,由代表上极限偏差和下极限偏差或上极限尺寸和下极限尺寸的两条直线所限定的一个区域。它是由公差大小和其相对零线的位置如基本偏差来确定。实际常使用"公差带示意图"来表示。为方便起见,一般只画出孔或轴的上、下极限偏差围成的方框简图,称为公差带图。公差带方框的左右长度根据需要任意确定,如图 10 - 64 所示。在公差带图中,零线是表示公称尺寸的一条直线。

公差带代号　孔和轴的公差带代号由基本偏差代号与公差等级代号组成。

例如:$\Phi 30 H 8$

其中:$H 8$——孔的公差带代号;H——孔的基本偏差代号;8——公差等级代号。

例如:$\Phi 30 f 7$

其中:$f 7$——轴的公差带代号;f——轴的基本偏差代号;7——公差等级代号。

公差带的选择和极限偏差数值表　由于标准公差有 20 个等级,孔、轴的基本偏差各有 28 种,因此,可以组成大量的公差带。国家标准根据机械工业产品生产的需要,从产品的质量和生产的经济性出发,考虑到定值刀具、量具规格的统一,避免繁杂,国家标准 GB/T 1800.2—

2009 对公差带的选择作了限制,并给出了相应的极限偏差,即使这种公差带的数量仍然很多,不利于发挥标准的作用。为此,国家标准 GB/T 1801—2009 对公差带又作了进一步的限制。该标准规定了基本尺寸至 3 150 mm 的孔、轴公差带的选择范围,并给出了基本尺寸至 500 mm 的孔、轴公差带按"优先选用"、"其次选用"和"最后选用"的顺序选择。附表 4 - 3、附表 4 - 4 给出了基本尺寸至 500 mm 的轴、孔常用(其次选用)及优先选用公差带的极限偏差。

表 10 - 10　标准公差数值

基本尺寸 /mm		标准公差等级																
		IT1	IT2	IT3	IT4	IT5	IT6	IT7	IT8	IT9	IT10	IT11	IT12	IT13	IT14	IT15	IT16	IT17	IT18
大于	至	μm											mm						
—	3	0.8	1.2	2	3	4	6	10	14	25	40	60	0.1	0.14	0.25	0.4	0.6	1	1.4
3	6	1	1.5	2.5	4	5	8	12	18	30	48	75	0.12	0.18	0.3	0.48	0.75	1.2	1.8
6	10	1	1.5	2.5	4	6	9	15	22	36	58	90	0.15	0.22	0.36	0.58	0.9	1.5	2.2
10	18	1.2	2	3	5	8	11	18	27	43	70	110	0.18	0.27	0.43	0.7	1.1	1.8	2.7
18	30	1.5	2.5	4	6	9	13	21	33	52	84	130	0.21	0.33	0.52	0.84	1.3	2.1	3.3
30	50	1.5	2.5	4	7	11	16	25	39	62	100	160	0.25	0.39	0.62	1	1.6	2.5	3.9
50	80	2	3	5	8	13	19	30	46	74	120	190	0.3	0.46	0.74	1.2	1.9	3	4.6
80	120	2.5	4	6	10	15	22	35	54	87	140	220	0.35	0.54	0.87	1.4	2.2	3.5	5.4
120	180	3.5	5	8	12	18	25	40	63	100	160	250	0.4	0.63	1	1.6	2.5	4	6.3
180	250	4.5	7	10	14	20	29	46	72	115	185	290	0.46	0.72	1.15	1.85	2.9	4.6	7.2
250	315	6	8	12	16	23	32	52	81	130	210	320	0.52	0.81	1.3	2.1	3.2	5.2	8.1
315	400	7	9	13	18	25	36	57	89	140	230	360	0.57	0.89	1.4	2.3	3.6	5.7	8.9
400	500	8	10	15	20	27	40	63	97	155	250	400	0.63	0.97	1.55	2.5	4	6.3	9.7
500	630	9	11	16	22	32	44	70	110	175	280	440	0.7	1.1	1.75	2.8	4.4	7	11
630	800	10	13	18	25	36	50	80	125	200	320	500	0.8	1.25	2	3.2	5	8	12.5
800	1000	11	15	21	28	40	56	90	140	230	360	560	0.9	1.4	2.3	3.6	5.6	9	14
1000	1250	13	18	24	33	47	66	105	165	260	420	660	1.05	1.65	2.6	4.2	6.6	10.5	16.5
1250	1600	15	21	29	39	55	78	125	195	310	500	780	1.25	1.95	3.1	5	7.8	12.5	19.5
1600	2000	18	25	35	46	65	92	150	230	370	600	920	1.5	2.3	3.7	6	9.2	15	23
2000	2500	22	30	41	55	78	110	175	280	440	700	1100	1.75	2.8	4.4	7	11	17.5	28
2500	3150	26	36	50	68	96	135	210	330	540	860	1350	2.1	3.3	5.4	8.6	13.5	21	33

注:(1) 基本尺寸大于 500 mm 的 IT1 至 IT5 的标准公差数值为试行的。

　　(2) 基本尺寸小于或等于 1mm,无 IT14 至 IT18。

3. 配　合

公称尺寸相同的、相互结合的孔和轴公差带之间的关系,称为配合。

(1) 配合的种类

根据使用要求的不同,孔、轴之间配合的松紧程度也不一样。国家标准规定,配合分为三类。

① 间隙配合 具有间隙(包括最小间隙等于零)的配合,称为间隙配合。此时,孔的公差带在轴的公差带之上,如图 10-66 所示。

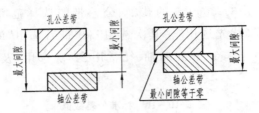

图 10-66 间隙配合

最小间隙＝孔的下极限尺寸－轴的上极限尺寸;

最大间隙＝孔的上极限尺寸－轴的下极限尺寸。

② 过盈配合 具有过盈(包括最小过盈等于零)的配合,称为过盈配合。此时,孔的公差带在轴的公差带之下,如图 10-67 所示。

最小过盈＝孔的上极限尺寸－轴的下极限尺寸;

最大过盈＝孔的下极限尺寸－轴的上极限尺寸。

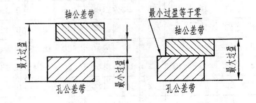

图 10-67 过盈配合

③ 过渡配合 可能具有间隙或过盈的配合,称为过渡配合。此时,孔的公差带与轴的公差带相互交叠,如图 10-68 所示。

最大过盈＝孔的下极限尺寸－轴的上极限尺寸;

最大间隙＝孔的上极限尺寸－轴的下极限尺寸。

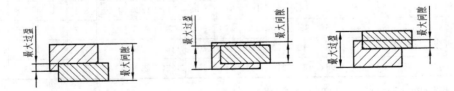

图 10-68 过渡配合

(2) 配合制

同一极限制的孔和轴组成配合的一种制度,称为配合制。公称尺寸相同的孔、轴公差带组合起来,就可以得到各种不同的配合。为便于设计和制造,实现配合标准化,国家标准规定了配合制。它分为基孔制配合和基轴制配合。

① 基孔制配合 基本偏差为一定的孔的公差带,与不同基本偏差的轴的公差带形成各种

配合的一种制度,称为基孔制配合。

　　基孔制配合是孔的下极限尺寸与公称尺寸相等、孔的下极限偏差为零的一种配合制。基孔制配合如图 10 - 69 所示。在基孔制配合中选作基准的孔,即下极限偏差为零的孔称为基准孔,其基本偏差代号为 H。

　　在基孔制配合中,基本偏差从 a 至 h 用于间隙配合,从 j 至 zc 用于过渡配合和过盈配合。

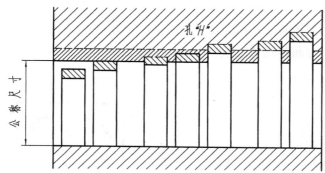

　　注:(1) 水平线代表孔或轴的基本偏差。

　　　　(2).虚线代表另一极限,表示孔和轴之间能的不同组合与与它们的公差等级有关。

图 10 - 69　基孔制配合

　　② 基轴制配合　基本偏差为一定的轴的公差带,与不同基本偏差的孔的公差带形成各种配合的一种制度,称为基轴制配合。

　　基轴制配合是轴的上极限尺寸与基本尺寸相等、轴的上极限偏差为零的一种配合制。基轴制配合如图 10 - 70 所示。在基轴制配合中选作基准的轴,即上极限偏差为零的轴称为基准轴,其基本偏差代号为 h。

　　在基轴制配合中,基本偏差从 A 至 H 用于间隙配合,从 J 至 ZC 用于过渡配合和过盈配合。

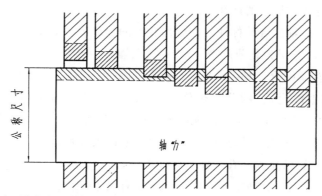

　　注:(1) 水平线代表孔或轴的基本偏差。

　　　　(2) 虚线代表另一极限,表示孔和轴之间能的不同组合与与它们的公差等级有关。

图 10 - 70　基轴制配合

国家标准规定：一般情况下，优先选用基孔制配合。因为加工相同公差等级的孔和轴时，孔的加工比轴要困难些，采用基孔制可以限制定值刀具、量具的数量。基轴制通常仅用于具有明显经济效益的场合或结构设计要求不适合采用基孔制的场合。如与标准件配合时，则需按标准件的具体情况而定。

如图 10－71 所示，与滚动轴承内孔配合的轴颈须用基孔制配合，而与其外径配合的座孔则应采用基轴制配合。

如图 10－72 所示，活塞销与连杆衬套孔采用间隙配合，而与活塞上的孔采用过渡配合，此处采用基轴制配合优点是显而易见的。

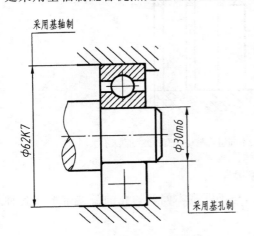

图 10－71　基轴制选用示例（一）

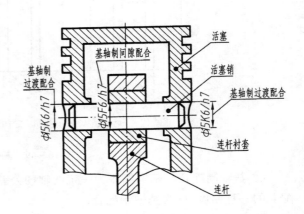

图 10－72　基轴制选用示例（二）

国家标准 GB/T 1801—2009 中给出了基本尺寸至 500 mm 的基孔制、基轴制优先和常用配合，如附表 4－5、附表 4－6 所列。

国家标准亦规定，如有特殊需要，允许将任一孔、轴公差带组成配合。

（3）极限与配合在图样中的标注

① 装配图中的孔、轴配合的标注　配合用相同的公称尺寸后跟孔、轴公差带表示。孔、轴公差带写成分数形式，分子为孔公差带，分母为轴公差带。通常分子中含 H 的为基孔制配合，分母中含 h 的为基轴制配合。如图 10－73 所示，图中 $\Phi 20H7/f6$ 的含义为：该配合的公称尺寸为 $\Phi 20$，基孔制过渡配合；孔的公差带代号为 $H7$，孔的基本偏差代号为 H，公差等级为 7 级；与其配合的轴的公差带代号为 $f6$，轴的基本偏差代号为 f，公差等级为 6 级。

② 零件图中极限的标注　标注公差的尺寸用公称尺寸后跟所要求的公差带或（和）对应的偏差值表示。具体的标注方法有三种。

第一，标注公差带代号　这种标注形式是直接在公称尺寸后跟公差带代号，如图 10－75(a) 所示。

第二，标注极限偏差　这种标注形式是直接在公称尺寸后跟上、下极限偏差数值（以 mm 为单位），如图 10－75(b) 所示。

第三，标注公差带代号和极限偏差　这种标注形式是直接在公称尺寸后同时注出公差带代号和对应的上、下极限偏差数值，此时偏差数值应加上圆括号，如图 10－74(c) 所示。

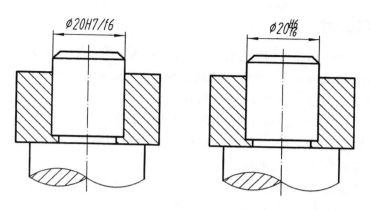

图 10-73　装配图中配合尺寸的注法

在标注极限偏差时应注意：上、下极限偏差绝对值不同时,偏差值字高比公称尺寸字高小一号,下极限偏差应与公称尺寸标注在同一底线上。当上极限偏差或下极限偏差为零时,用数字"0"标出,并与另一偏差的个位对齐。当上、下极限偏差绝对值相同、符号相反时,则在公称尺寸和偏差值之间注上"±"符号,且两者数字高度相同。

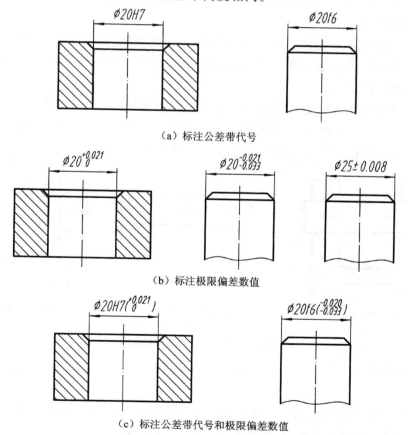

图 10-74　零件图中极限的标注

10.4.3 几何公差

零件在制造过程中,由于各因素的影响,不可避免地会产生加工误差,除前节所述的尺寸误差外,还会出现零件的形状和零件要素之间相对位置的误差,称为形状误差和位置误差。这种零件的形状和零件要素之间相对位置的误差是由几何公差加以限制。国家标准 $GB/T1182—2008$ 规定了工件几何公差标注的基本要求和方法。

形状误差 被测提取要素对其拟合要素的变动量,称为形状误差。零件上各几何要素形状与理想形状之间的差异就是形状误差。

位置误差 被测提取要素对一具有确定位置的拟合要素的变动量,称为位置误差。实际相对位置与理想相对位置之间的误差就是位置误差。

形位误差的允许变动量称为几何公差。形位误差不仅会影响机械产品的质量,还会影响零件的互换性,例如:

影响零件的配合性质 圆柱表面的形状误差,在间隙配合中会使间隙大小分布不均,造成局部磨损加快,从而降低零件的使用寿命;

影响零件的功能要求 平面的形状误差,会减少配合零件的实际接触面积,增大单位面积压力,从而增加变形;

影响零件的自由装配 轴承盖上螺钉孔的位置不正确(属位置误差),会使螺钉装配不上;

影响零件的使用寿命 在齿轮传动中,两轴承孔的轴线平行度误差(也属位置误差)过大,会降低轮齿的接触精度。

零件的形状或位置误差过大,会影响产品的使用性能及使用寿命,严重时可导致无法装配,如图 10-75 所示。因此,对某些精度要求较高的零件,则应根据实际需要,在图样上注出形状误差和位置误差的允许变动范围,即标注出几何公差。

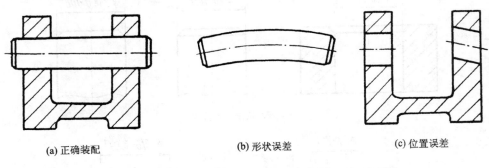

(a) 正确装配   (b) 形状误差   (c) 位置误差

图 10-75 几何公差的概念

1. 术语和定义

(1) 要 素

几何要素 任何零件都是由点、线、面构成的,这些点、线、面称为几何要素。

① **组成要素** 面或面上的线,称为组成要素。组成要素是实有定义的。

② **导出要素** 由一个或几个组成要素得到的中心点、中心线或中心面,称为导出要素。

例如:球心是由球面得到的导出要素,该球面为组成要素;圆柱的中心线是由圆柱面得到的导出要素,该圆柱面为组成要素。

（2）尺寸要素

由一定大小的线性尺寸或角度尺寸确定的几何形状,称为尺寸要素。它可以是圆柱形、球形、两平行对应面、圆锥形或楔形。

（3）公称组成要素

由技术制图或其他方法确定的理论正确组成要素,称为公称组成要素,如图 10 - 76 所示。公称组成要素具有几何学意义,没有任何误差的要素。公称组成要素用实线（可见）或虚线（不可见）表示。

公称导出要素　由一个或几个公称组成要素导出的中心点、轴线或中心平面,称为公称导出要素,如图 10 - 76 所示。

在技术制图中,公称导出（理想中心）要素用点画线或两根相互垂直的点画线交点表示。

（4）工件实际表面

实际存在并将整个工件与周围介质分隔的一组要素,称为工件实际表面。

实际（组成）要素　由接近实际（组成）要素所限定的工件实际表面的组成要素部分,如图 10 - 76 所示。实际（组成）要素是零件加工后实际存在的要素,该要素存在误差。

实际（组成）要素在提取时由于测量方法与测量误差的不同,可以有若干个提取组成要素。测量误差越小,测得实际要素越接近实际要素。

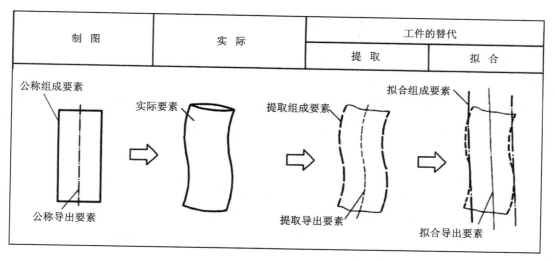

图 10 - 76　几何要素定义之间的相互关系

（5）提取组成要素

按规定方法,由实际（组成）要素提取有限数目的点所形成的实际（组成）要素的近似替代,称为提取组成要素,如图 10 - 76 所示。

提取导出要素　由一个或几个提取组成要素得到的中心点、中心线或中心面,称为提取导出要素,如图 10 - 76 所示。

为方便起见,提取圆柱面的导出中心线称为提取中心线,两相对提取平面的导出中心面称为提取中心面。提取导出要素应在先得出拟合导出要素的基础上作若干横截面后再得到。

(6) 拟合组成要素

按规定的方法由提取组成要素形成的并具有理想形状的组成要素,称为拟合组成要素,如图 10-76 所示。

拟合组成要素主要用于测量,它的实质是找出提取(测得)实际要素之其相应的理想轮廓要素。

拟合导出要素　由一个或几个拟合组成要素导出的中心点、轴线或中心平面,称为拟合导出要素,如图 10-76 所示。拟合时处理数据均采用最小二乘法。

(7) 提取组成要素的局部尺寸

一切提取组成要素上两对应点之间的距离的统称,称为提取组成要素的局部尺寸。简称为提取要素的局部尺寸。

(8) 被测要素

图样上给出了形位公差要求的要素,即需要检测的要素。

(9) 基准要素

零件上用来建立基准并实际起基准作用的实际要素(如一条边、一个表面或一个孔)。

2. 公差带的概念

(1) 公差带

由一个或几个理想的几何线或面所限定的、由线性公差值表示其大小的区域,称为公差带。

只要被测提取要素被包含在公差带内,则被测提取要素合格。它体现了对被测提取要素的设计要求,也是加工和检验的根据。

形位公差带控制的不是两点之间的距离,而是点(平面的、空间的)、线(素线、轴线、曲线)、面(平面、曲面)、圆(平面、空间、整体圆柱)等区域,所以,它具有大小、形状、方向、位置这四个特征。

(2) 基本概念

① 应按照功能要求给定几何公差,同时考虑制造和检验上的要求。

② 对要素规定的几何公差确定了公差带,该要素应限定在公差带之内。

③ 要素是工件上的特定部位,如点、线或面,这些要素可以是组成要素(如圆柱体的外表面),也可以是导出要素(如中心线或中心面)。

④ 除非有进一步的限制要求,被测要素在公差带内可以具有任何形状、方向和位置。

⑤ 几何公差的公差带必须包含实际的被测要素。

⑥ 除非另有规定,公差适用于整个被测要素。

⑦ 相对于基准给定的几何公差并不限定基准要素本身的几何误差,基准要素的几何公差可另行规定。

⑧ 根据公差的几何特征及其标注方式,公差带的主要形状如下:

——一个圆内的区域；

——两个同心圆之间的区域；

——两等距线或两平行直线之间的区域；

——一个圆柱面内的区域；

——两同轴圆柱面之间的区域；

——两等距面或梁平新面之间的区域；

——一个球面内的区域。

（3）几何公差带的方向和位置

几何公差带的方向和位置可以是固定的，也可以是浮动的。如被测要素相对于基准的方向和位置关系是用理论正确尺寸标注的，则公差带方向和位置是固定的，否则是浮动的。

对于无基准而言形状公差，其公差带的方向和位置可以是浮动的。公差带的浮动不是无限的，它受该方向的尺寸公差控制。

3. 几何公差的特征项目和符号

为了控制机器零件的形位误差，提高机器的精度和延长使用寿命，保证互换性生产，国家标准 GB/T1182—2008《产品几何技术规范(GPS)几何公差形状、方向、位置和跳动公差标注》规定 19 项几何要素的几何公差特征、符号，如表 10－11 所列。

表 10－11　形位公差特征项目及符号

公差类型	几何特征	符　号	有无基准
形状公差	直线度	—	无
	平面度	⏥	无
	圆　度	○	无
	圆柱度	⌭	无
	线轮廓度	⌒	无
	面轮廓度	⌓	无
方向公差	平行度	∥	有
	垂直度	⊥	有
	倾斜度	∠	有
	线轮廓度	⌒	有
	面轮廓度	⌓	有

公差类型	几何特征	符　号	有无基准
位置公差	位置度	⌖	有或无
	同心度（用于中心点）	◎	有
	同轴度（用于轴线）	◎	有
	对称度	⌯	有
	线轮廓度	⌒	有
	面轮廓度	⌓	有
跳动公差	圆跳动	↗	有
	全跳动	⌰	有

4. 几何公差的标注

按国家标准几何公差的规定，在图样上标注几何公差时，应采用代号标注，用指引线连接被测要素和公差框格。几何公差项目的符号、框格、指引线、公差数值、基准符号以及其他有关符号构成了几何公差的代号。无法采用代号标注时,允许在技术条件中用文字加以说明。

(1) 几何公差在图样上的标注

1)公差框格与基准　几何公差要求在矩形方框中给出,该方框由 2 格或多格组成。框格中的内容从左到右按以下次序填写。第一格填写公差特征的符号;第二格填写线性公差值,如公差带是圆形或圆柱形的则在公差值前加注"Φ",如果是球形的则加注"SΦ";第三格和以后各格填写表示基准要素的字母和有关符号,如图 10-77(a)所示。

几何公差框格用细实线绘制,框格中的字体应与图样中尺寸数字等高,框格高度为图样中尺寸数字高度的两倍,框格中第一格的宽度等于框格高度,第二格应与标注内容的长度相适应,第三及以后各格(如属需要)须与有关字母的宽度相适应。

框格的竖画线与标注内容之间的距离应至少为线条粗细的两倍,且不得少于 0.7 mm。

相对于被测要素的基准要素,由基准符号表示,图 10-78(b)给出了基准符号的画法。与被测要素相关的基准用一个大写字母表示,基准(大写字母)标注在基准方框内,与一个涂黑的或空白的三角形以细实线相连,以表示基准。涂黑的或空白的三角形的基准三角形含义相同。方框中基准字母一律水平书写,字母高度应与图样中尺寸数字等高,如图 10-77 所示。

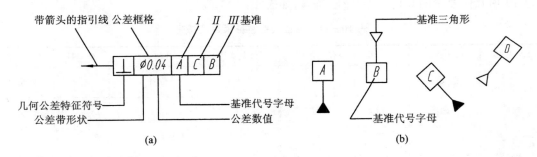

图 10-77　形位公差代号及基准代号

2)被测要素的标注　带箭头的指引线(细实线)将框格与被测要素相连,按以下方式标注:

① 当公差涉及轮廓线或轮廓面时,将箭头指向该要素的轮廓线或轮廓线的延长线上,但必须与尺寸线明显的错开,如图 10-78 和图 10-79 所示;箭头也可指向引出线的水平线,引出线引自被侧面,如图 10-80 所示。

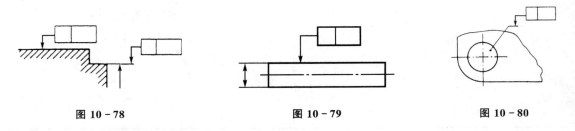

图 10-78　　　　　　　　　　图 10-79　　　　　　　　　　图 10-80

② 当公差涉及要素的中心线、中心面或中心点时,箭头应位于相应尺寸线的延长线上,如图 10-81、图 10-82、图 10-83 所示。

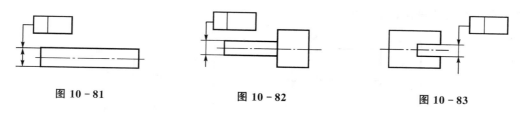

图 10-81　　　　　　　　图 10-82　　　　　　　　图 10-83

③ 螺纹轴线作为被测要素或基准要素时,默认为螺纹中径圆柱的轴线,否则应另有说明,例如用"MD"表示大径,用"LD"表示小径,如图 10-84 所示。以齿轮、花键轴线为被测要素或基准要素时,需说明所指的要素,如用"PD"表示节径,用"MD"表示大径,用"LD"表示小径。

④ 如果需要就某个要素给出几种几何特征的公差,可将一个公差放在框格放在另一个的下面,如图 10-85 所示。

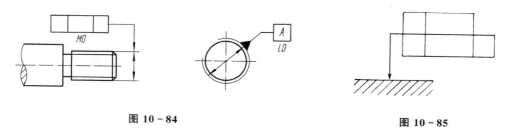

图 10-84　　　　　　　　　　　　　　　　图 10-85

3)基准要素的标注:

① 当基准要素是轮廓线或轮廓面时,基准三角形放置在要素的轮廓线或它的延长线上,但应与尺寸线明显错开,如图 10-86 所示;基准三角形还可置在该轮廓面引出线的水平线上,如图 10-87 所示。

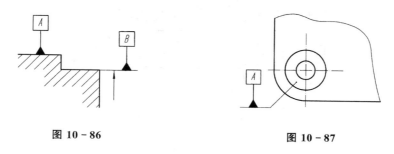

图 10-86　　　　　　　　　　　图 10-87

② 当基准是尺寸要素确定的轴线、中心平面或中心点时,基准三角形应放置在该尺寸线的延长线上,如图 10-88、图 10-89 所示;如果没有足够的位置标注基准要素尺寸的两个尺寸箭头,则其中一个箭头可用基准三角形代替,如图 10-89 所示。

③ 以单个要素作基准时,用一个大写字母表示,如图 10-90 所示。

④ 以两个要素建立公共基准时,用中间加连字符的两个大写字母表示,如图 10-91 所示。

⑤ 以两个或三个基准建立基准体系(即采用多基准)时,表示基准的大写字母按基准的优

先顺序自左至右填写在各个框格内,如图 10-92 所示。

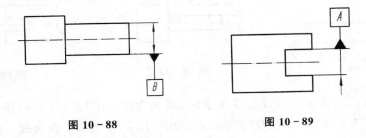

图 10-88　　　　　　　　　　　　图 10-89

为不致引起误解,字母 E、I、J、M、O、P、L、R、F 不采用。

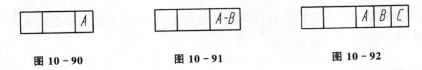

图 10-90　　　　　　　图 10-91　　　　　　　图 10-92

（2）几何公差标注示例

如图 10-93 所示为一气门阀杆,图中省略了与几何公差无关的尺寸和表面结构等技术要求。

对该气门阀杆的几何公差要求共有四处,意义分别为:

① $SR750$ 的球面对 $\Phi16$ 圆柱轴线的圆跳动公差值是 0.003;

② $\Phi16$ 圆柱的圆柱度公差值为 0.005;

③ $M8\times1$ 的螺孔的轴线对 $\Phi16$ 圆柱轴线的同轴度公差值是 $\Phi0.1$;

④ 零件的右端面对 $\Phi16$ 圆柱轴线的圆跳动公差值为 0.1。

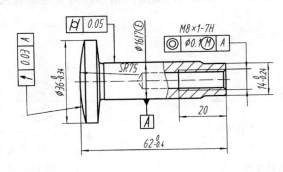

图 10-93

10.5　典型零件图例分析

由于零件在机器中的作用不同,其结构形状也各不相同,根据它们的用途、结构、加工制造方面的特点,大致可将它们分为四类。

10.5.1　轴套类零件

1. 结构分析

轴套类零件主要包括各种轴、套筒等。轴一般用来支撑传动零件和传递动力。套筒一般是装在轴上或机体孔中,用定位、支撑、导向或保护传动零件。轴套类零件多为若干段同轴回转体组成,其径向尺寸小于轴向尺寸。其上常有倒角、圆角、销孔、定位孔、轴肩,键槽、挡圈槽、退刀槽、砂轮越程槽,小平面、螺孔、中心孔等工艺结构,如图 10-94、图 10-95 所示。

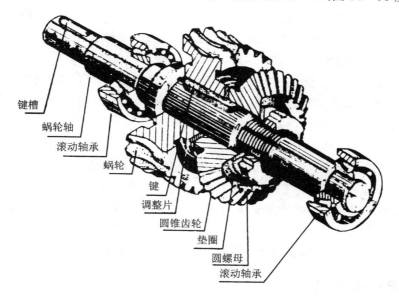

键槽
蜗轮轴
滚动轴承
蜗轮
键
调整片
圆锥齿轮
垫圈
圆螺母
滚动轴承

图 10-94　轴与轴上零件

2. 表达方案分析

① 轴套类零件大多是在车床或磨床上加工的,为便于加工时图物对照,一般主视图将轴线横放,即该类零件按加工位置放置,轴线垂直于侧面。除主视图外一般不必再画出其他基本视图。对有内部结构的轴套类零件,可用全剖视图、半剖视图或局部剖视图表达。

② 对于主视图中尚未表达清楚的局部结构(如键槽、退刀槽、越程槽等),可采用断面图、局部视图、局部剖视图或局部放大图来补充表达。

如图 10-1 所示,蜗轮轴按加工位置放置,轴线垂直于侧面,将键槽转至正前方,主视图即能反映键槽的形状和位置。

由于轴的各段圆柱可以用注尺寸 Φ 来表示,因此,不必画出其左视图或右视图,轴上的两个键槽在主视图上反映了它的长度和宽度,为了表示其深度,分别采用了移出断面图。至此,蜗轮轴的全部结构形状已经表达清楚。

3. 尺寸标注分析

① 根据设计和工艺要求,轴套类零件的高度、宽度主要基准是回转轴线,即径向基准;长度方向的主要基准应根据设计和工艺要求选择。

② 重要尺寸应直接注出,其余尺寸可按加工顺序标注。

③ 不同工序的加工尺寸,内外结构形状尺寸应分开标注。

④ 对于零件上的标准结构,如倒角、圆角、键槽、退刀槽、越程槽等,应按国家标准的有关规定标注尺寸。

如图 10-1 所示,蜗轮轴的轴线是径向基准,左端尺寸为 $\Phi15^{-0.016}_{-0.034}$ 的一段和凸轮配合,$17^{+0.012}_{+0.001}$ 和右端 $\Phi15^{+0.012}_{+0.001}$ 处装配滚动轴承,中间 $\Phi22^{-0.020}_{-0.041}$ 装配蜗轮及圆锥齿轮,这四个尺寸是蜗轮轴的主要径向尺寸,为了使轴传动平稳、齿轮啮合正确,$\Phi22^{-0.020}_{-0.041}$ 1 轴段的轴线对 A、B 公共基准轴线有同轴度要求。

蜗轮轴上主要装配蜗轮及圆锥齿轮,为了保证齿轮传动的正确啮合,齿轮的轴向定位十分重要,所以选用蜗轮定位轴肩即 $\Phi30$ 轴的右轴肩为轴向尺寸的设计基准。由这一轴肩开始,以尺寸 10 决定左端滚动轴承定位轴肩,再以尺寸 25 决定凸轮安装轴肩。尺寸 80 决定右端滚动轴承定位轴肩,并以尺寸 12 决定轴的右端面。除这四个有设计要求的主要尺寸外还有尺寸 33 和 16,在这范围内安装蜗轮、调整片、圆锥齿轮、垫圈和圆螺母,由于圆锥齿轮的轴向位置在装配时可由调整片调整,因此这两个尺寸要求较低。

4. 技术要求

① 有配合要求的表面,其表面粗糙度参数值较小。无配合要求的表面粗糙度参数值较大。

② 有配合要求的轴颈尺寸公差等级较高,无配合要求的轴颈尺寸公差等级较低或不需标注。

③ 有时有配合要求的轴颈与轴颈、轴颈与端面还应有形位公差的要求。

10.5.2 轮盘类零件

1. 结构分析

轮盘类零件包括齿轮、手轮、传送带轮、法兰盘、端盖等。轮主要用来传递动力和扭矩;常用键、销和轴连接;盘盖主要起支撑、定位和密封作用。

轮盘类零件的主体多数是由回转体组成,其轴向尺寸小于径向尺寸。其上常有螺孔、销孔、键槽、轮辐、肋板等结构;为了加强支撑,减少加工面积,还常设计有凸缘、凸台或凹坑等结构;对某些防漏的零件如轴承盖等,还常设计出油沟和毡圈槽等结构,如图 10-95 所示。

2. 表达方案分析

① 对于回转体或主体结构为回转体的轮盘类零件,主要是在车床上加工,一般应按加工位置放置,并选择能反映轴线的视图作为主视图,为了表达内部结构,主视图常采用剖视的方法。

对于加工时并不以车削为主的轮盘类零件,则应根据零件的形状特征和工作位置确定主视图。

② 轮盘类零件一般需要两个基本视图,除主视图外,还需选取一左(或右)视图来补充表达端面形状及其上分布的孔、槽等结构。

③ 对于肋、轮辐可用移出断面或重合断面来表达。对于较小结构可采用局部放大图来表达。

　　如图 10 - 95 所示,法兰盘按加工位置放置,主视图采用全剖视图,剖切方法为旋转剖,以此来反映零件的内部结构形状。用左视图表示法兰盘的端面形状。

3. 尺寸标注分析

　　① 轮盘类零件常用回转体的轴线、主要形体的对称平面及经过加工的较大的端面作为基准。

　　② 各主体直径以轴线为基准标注在主视图上。

　　③ 内外结构尺寸应分开标注。

　　④ 对零件中均布孔的定位、定形尺寸,应尽量使用国家标准推荐的简化注法。

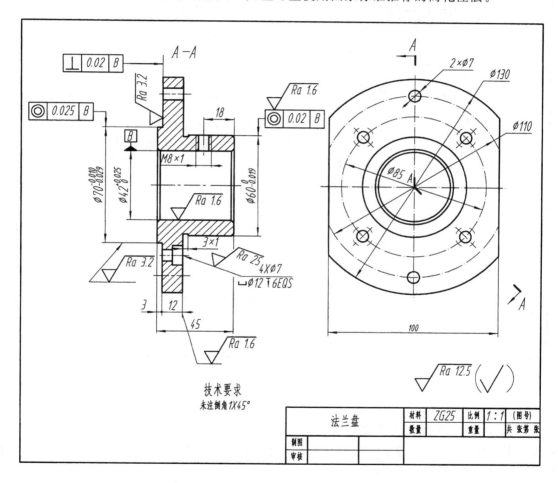

图 10 - 95 法兰盘零件图

10.5.3　叉架类零件

1. 结构分析

　　叉架类零件包括拨叉、支架、连杆、拉杆等。该类零件主要起传动、调节、制动及支撑连接作用。

　　叉架类零件结构形状差别较大,形式多样,其主要结构一般由不同截面的空心、实心杆件、肥板及工作部分组成。这类零件多为铸件或锻件,其上具有铸造圆角、拔模斜度、凸台、凹坑等结构。连接部分常有倾斜弯曲结构,如图 10-96 所示。

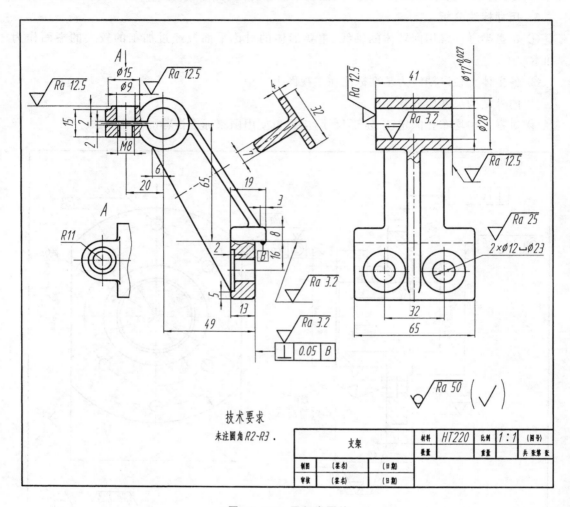

图 10-96 叉架类零件

2. 表达方案选择

① 叉架类零件结构形状复杂,需经多种工序加工,工作位置往往不固定,为此,主视图一般按其形状特征和工作位置确定。对于在机器中工作位置处于倾斜状态的零件,为了便于制图,也可将其位置放正,进行绘图。

② 由于叉架类零件形状不规则,故一般需要采用两个以上的基本视图。由于该类零件上常具有倾斜结构等,仅采用基本视图往往不能清晰确切地表达这些结构的形状。因此,还常采用斜视图、斜剖视图、局部剖视图、断面图等表达方法,有时还采用旋转剖视图。

如图 10-96 所示,该零件主视图是按工作位置和形状特征原则选择的,左上方的局部剖视图表达了开槽凸缘的上部是光孔,下部是螺纹孔,右下方的局部剖视图表达了沉孔结构。左视图表达了叉架的侧面形状及两个沉孔的分布情况,上方采用了局部剖视图以表达孔的内部结构。用移出断面表达了连接肥板的形状,A 向局部剖视图表达了上部开槽凸缘的形状。

3. 尺寸分析

① 叉架类零件长、宽、高三个方向的主要基准一般为对称平面,孔的中心线、轴线及较大的加工平面。

② 叉架类零件因其结构复杂,故其上定位尺寸较多,一般要标出各孔中心间的距离,或孔中心到平面的距离,或平面到平面的距离。

10.5.4　箱体类零件

1. 结构分析

箱体类零件包括各种泵体、阀体、液压缸体、机壳等。这类零件是机器或部件中的主要零件,一般情况下其内外部结构形状都较复杂,通常起包容、支撑、定位和密封其他零件的作用;且一般都是铸件,具有铸造圆角、拔模斜度、凸缘、凸台、凹坑、螺孔、安装孔和加强肋等结构,如图 10－97 所示。

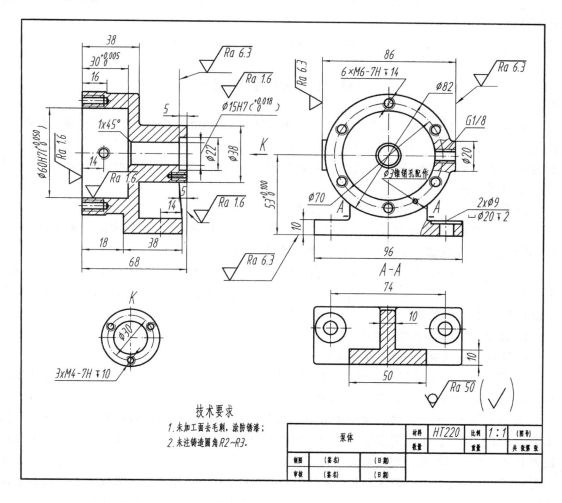

图 10－97　箱体类零件

2. 表达方案选择

① 箱体类零件由于加工工序较多,装夹位置不固定,因此,主视图主要按形状特征和工作位置确定。

② 箱体类零件的结构简单与复杂的程度差别很大,因此,在视图选择时,不能一概而论。一般需要三个以上的基本视图,并采用通过其主要支撑孔轴线的剖视图来表达其内部结构,对零件的外形也可采用相应的视图来表达。对局部结构可采用局部视图、斜视图、局部剖视图、斜剖视图和断面图来表达。

如图 10-97 所示,主视图是按工作位置和形状特征原则选择的,采用全剖视图,以充分表达内腔形状,左视图采用局部剖视,主要表达外形及局部的内部结构,采用 A—A 全剖视图来表达肋板的断面及底板的形状,用局部视图来表达泵体右端面上螺孔的位置。

3. 尺寸分析

① 箱体类零件长、宽、高三个方向的主要基准通常选用对称平面,主要孔的轴线、底面、结合面及较大的加工表面。

② 定位尺寸多,各孔中心线(或轴线)间的距离要直接标注出来。

10.6   读零件图

读零件图的目的就是要根据零件图想像出零件的结构形状,了解零件的尺寸和技术要求,以便在制造时采用相应的加工方法,或者在此基础上进一步研究零件结构的合理性,以得到不断的改进和创新。因此,在设计、生产、学习中,读零件图是一项非常重要的工作。

1. 读零件图的要求

① 看标题栏了解零件的名称、材料、比例、数量和用途。

② 分析视图、想像形状根据视图布局及配置找出主视图,确定各视图间的关系,分析投影,了解组成零件各部分结构的特点、功能,想象出零件的结构形状。

③ 分析尺寸和技术要求   确定长、宽、高三个方向的主要尺寸基准,了解各部分的定形、定位尺寸及总体尺寸,了解各尺寸公差与配合的要求,各部分形位公差要求,各表面粗糙度的要求及其他技术要求。

2. 读零件图的方法和步骤

以图 10-98 为例,说明读零件图的方法和步骤。

① 看标题栏   从标题栏中可知零件的名称为箱体,材料为 $HT200$,比例为 1:2,件数为 1,它具有一般箱体零件的支撑、容纳作用。

② 分析视图,想像形状   该箱体采用了两个基本视图、两个局部视图及一个移出断面图来表达其结构形状。主视图根据箱体的形状特征和工作位置来确定。用全剖的主视图和在左视图上采用局部剖视来分别表达它的内部结构和外部结构形状;A—A 断面图表达箱体右部圆筒上三个阶梯孔的分布情况及其内部结构;局部视图 B 表达箱体的底部端面形状及其上螺孔的分布情况;局部视图 C 表达箱体前下部凸缘的端面形状及其上螺孔的分布情况。

通过上述分析可以看出,该箱体由两部分组成:主体部分为倒 U 型壳体,右部为圆筒。箱体左端凸缘上均布着四个 M6 的螺孔,此外,还有铸造圆角、倒角等工艺结构。综合上述分析,

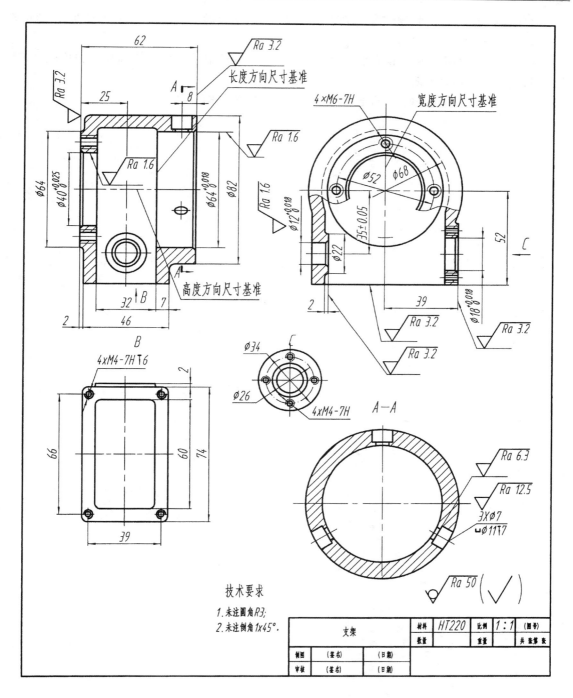

图 10-98　读零件图示例

可大致想出箱体的内、外部结构形状。

③ 分析尺寸和技术要求　根据设计、工艺要求,该箱体通过下部圆孔 Φ18 轴线的侧平面为长度方向的主要尺寸基准,通过 Φ64 孔轴线的水平面为高度方向的主要尺寸基准,则该箱体前后基本对称,以其基本对称面为宽度方向的主要尺寸基准。

该箱体的重要尺寸有 $\Phi40_0^{+0.025}$、$\Phi64_0^{+0.019}$、$\Phi18_0^{+0.018}$、$\Phi12_0^{+0.018}$ 和 35 ± 0.050,其中 35 ± 0.050 是定位尺寸,其余为配合尺寸。

该箱体加工表面的表面粗糙度 R_a 值为 $1.6\sim12.5\ \mu m$,有配合的孔表面加工精度较高,其公差等级分别为 6 级、7 级。

④ 综合整理把上述内容综合起来,就得到该箱体的总体情况。

第 11 章　装配图

机器或部件是由若干零件按一定的装配关系和技术要求装配起来的。表示机器或部件（装配体）的图样，称为装配图。在生产机器或部件（以后通称装配体）的过程中，一般要先进行设计，画出装配图，再由装配图拆画出零件图，最后依据装配图把零件装配成装配体。在对现有机器和部件的安装和检修工作中，装配图也是必不可少的技术资料。在技术革新、技术协作和商品市场中，也常用装配图体现设计思想、交流技术经验和传递产品信息。所以装配图是生产中的主要技术文件之一。

本章将着重介绍装配图的内容、表示方法，看装配图的方法、步骤以及由装配图拆画零件图的方法等。

11.1　装配图的内容

图 11-1 是球阀的装配轴测图，图 11-2 是球阀的装配图。

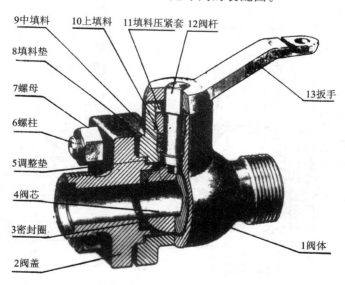

图 11-1　球阀的装配轴测图

一张完整的装配图须具有下列内容：

① 一组视图　清晰地表示出装配体的各组成零件间的相互位置、装配关系、工作原理和各零件的主要结构形状等。

② 必要的尺寸包括装配体的规格、性能、装配、检验和安装时所必要的一些尺寸。

③ 技术要求　用文字或符号表明装配体的性能、装配、调整要求、验收条件、试验和使用规则等。

④ 标题栏、明细栏和零件（或部件）序号　在装配图中，应对每个不同的零部件编写序号，

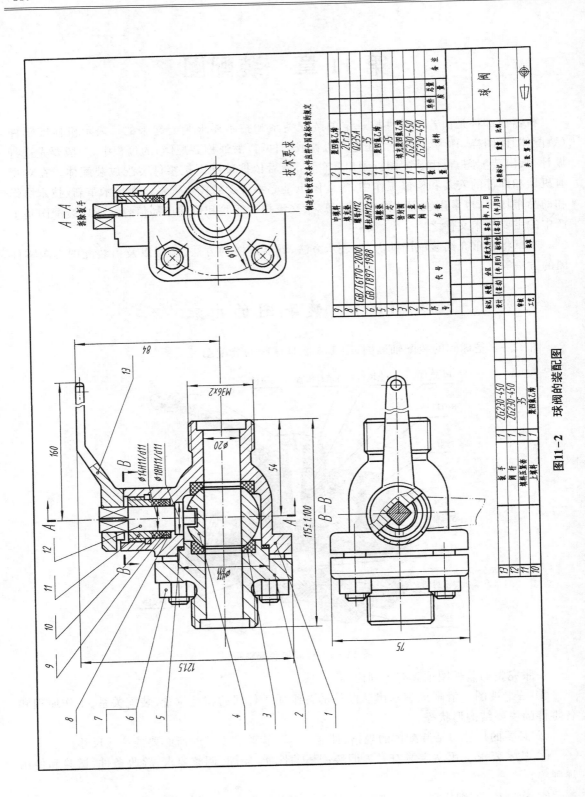

图11-2　球阀的装配图

并在明细栏(也称明细表)中填写序号、名称、件数、材料和备注等内容。标题栏一般应包含机器或部件的名称、比例、图号及有关人员的签名和日期等。

11.2 装配图的表达方法

机件的各种表达方法既适用于零件图,也适用于装配图,但两者表达的内容不同,零件图表达的是单个零件的结构形状,而装配图表达的是整个机器(部件)的结构形状,零件间的装配、连接、定位关系及工作原理。因此,与零件图比较,装配图还有其规定画法、特殊画法和简化画法。

1. 规定画法

① 两零件的配合面或接触面,规定只画一条线,如图 11 - 3 中(1)、(2)处所示;而非接触面,即使间隙再小,也应画两条线,如图 11 - 3 中(3)处所示。

② 相接触的零件的剖面线方向应相反,或方向一致而间隔不等。同一装配图中的同一零件的剖面线方向、间隔应一致,如图 11 - 3 中(4)处所示。在装配图中,宽度小于或等于 2 mm 的狭小面积剖面,可用涂黑代替剖面符号,如图 11 - 3 中(7)处所示。

③ 对于紧固件以及轴、键、销等实心零件,若按纵向剖切,且剖切平面通过其对称平面或轴线时,这些零件均按不剖处理。如需要表明零件上的键槽、销孔等结构可用局部剖视,如图 11 - 3 中(5)、(6)处所示。

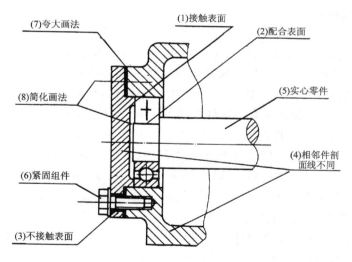

图 11 - 3 装配图画法基本规定

2. 特殊画法

① 沿结合面剖切 为了清楚地表达内部结构,可假想沿某些零件的结合面剖切,此时零件的结合面不画剖面线,但被剖切到的其他零件应画剖面线,如图 11 - 10 中的 B—B 剖视图所示。

② 拆卸画法 因为是很多零件装配在一起,在画某一个视图时难免出现一个或几个零件遮挡其他零件或部分结构的情况,这时可假想拆去一个或几个零件后绘制图形,但图形上方应注写"拆去××"字样,如图 11 - 2 的 A—A 剖视图所示。

　　③ 假想画法　为了表示本机器或部件与相邻零、部件的安装、连接关系时，可用双点画线画出相邻件的轮廓。如图 11-10 左视图下方所示用双点画线画出了机体的安装板。在剖视图中，相邻件一般不画剖面符号。

　　假想画法还用来表示运动零件的运动范围或极限位置。如图 11-2 俯视图所示用双点画线画出了扳手的极限位置。

　　④ 夸大画法　当薄片、细弹簧丝、微小间隙等无法按其实际尺寸画出时，可不按比例而适当夸大画出，如图 11-3 中(7)处所示。

　　⑤ 单独画出某个零件视图　在装配图中，当某个零件的结构形状未表达清楚，会给看图造成一定的困难时，可单独画出某个零件的视图，如图 11-10 中 C—C 剖视图所示。

　　3. 简化画法

　　① 装配图中若干相同的零件组，可详细地画出一处，其余的只需用中心线表示其装配位置，如图 11-3 中(8)处所示。

　　② 在装配图中，零件的工艺结构，如小圆角、倒角、退刀槽等可不画出。

　　③ 在装配图中，当剖切平面通过的某些部件为标准产品或该部件已由其他图形表达清楚时，可按不剖绘制。如图 11-10 中的螺栓、螺母、销等的画法。

11.3　装配图的尺寸标注、技术要求、序号及明细栏

　　1. 装配图尺寸标注

　　与零件图不同，装配图不需注出零件的全部尺寸，而只需标注出一些对其功能和安装等有直接关系的必要的尺寸。按其作用的不同，装配图中的尺寸大致可分为以下几类：

　　① 性能(规格)尺寸　性能(规格)尺寸即表示机器或部件性能(规格)的尺寸，它们是设计、了解和选用该机器或部件的依据。如图 11-2 中球阀的公称尺寸 $\Phi20$ 即是规格尺寸。

　　② 装配尺寸　即有关相互配合的零件之间的尺寸、有关零件之间相对位置的尺寸、装配时须进行加工的有关尺寸等，它们往往影响装配性质和质量。如图 11-2 中阀杆和压紧套的配合尺寸 $\Phi14H11/d11$、阀体与阀盖的配合尺寸 $\Phi50H11/h1l$ 以及螺柱定位尺寸 $\Phi70$ 等。

　　③ 安装尺寸　安装尺寸即机器或部件安装时所需的尺寸，如图 11-2 中的 $M36\times2$。

　　④ 外形尺寸　机器或部件的外形尺寸，即总长、总宽、总高。它们为包装、运输和安装过程所占的空间大小提供了数据，如图 11-2 中的 115 ± 1.100、75 和 121.5。

　　⑤ 其他重要尺寸　其他重要尺寸指装配图中必须给出而又不属于上述尺寸的其他一些重要尺寸，如运动零件的极限尺寸、主要零件的重要尺寸等。

　　上述五类尺寸之间并不是孤立无关的。实际上有的尺寸往往同时具有多种作用，例如球阀中的尺寸 115 ± 1.100，它既是外形尺寸，又与安装有关。此外，一张装配图中有时也并不全部具备上述五类尺寸。因此，对装配图中的尺寸需要具体分析，然后进行标注。

　　2. 技术要求

　　在装配图中，用简明文字逐条说明在装配过程中的注意事项及应达到的要求；产品执行的技术标准和试验、验收技术规范；包装、运输、安装使用时的注意事项以及涂饰、润滑等要求。

　　3. 零部件序号和明细栏

　　为了便于读图、图样管理和生产准备工作，应对装配图中的零件或组件进行编号，这种编

号称为零件的序号。一般可在标题栏的上方绘制明细栏，自下而上填写零件的序号、名称、数量、材料，将标准件的规格及标准代号填写在备注栏中。

（1）序　号

1）基本要求

① 装配图中所有的零、部件、组件均应编写序号。

② 装配图中一个部件可以只编写一个序号；同一装配图中相同的零、部件用一个序号，一般只标注一次；多处出现的相同的零、部件，必要时也可重复标注。

③ 装配图中零、部件的序号应与明细表中的序号一致。

④ 装配图中所用的指引线和基准线应用细实线绘制。

2）序号的编排

① 装配图中编写零、部件序号的表示方法有以下三种：

在水平的基准（细实线）上或圆（细实线）内注写编号，序号字号比该装配图中所注尺寸数字的字号大一号，如图 11-4（a）所示。

在水平的基准（细实线）上或圆（细实线）内注写编号，序号字号比该装配图中所注尺寸数字的字号大一号或两号，如图 11-4（b）所示。

在指引线的非零件端的附近注写序号，序号字号比该装配图中所注尺寸数字的字号大一号或两号，如图 11-4（c）所示。

② 同一装配图中的编排序号的形式应一致。

③ 相同的零、部件用一个序号，一般只标注一次。多处出现的相同的零、部件，必要时也可重复标注。

④ 指引线应自所指轮廓内引出，并在末端画一圆点，如图 11-4 所示。若所指部分（很薄的零件或涂黑的剖面）内不变画圆点时，可在指引线的末端画出箭头，并指向该部分的轮廓，如图 11-5 所示。

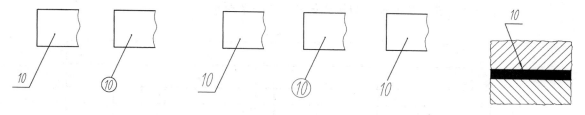

图 11-4　装配图中编注序号的方法　　　　　　　　　图 11-5

指引线不能相交。当指引线通过有剖面线的区域时，它不应与剖面线平行。指引线可以画成折线，但只可曲折一次。

一组紧固件以及装配关系清楚的零件组，可以采用公共指引线，如图 11-6 所示。

⑤ 装配图中序号应按水平或竖直方向顺次排列整齐，如图 11-2 所示。

（2）明细栏

明细栏中填写机器或部件所含的零、部件的序号、代号、名称、数量、材料、质量（单件、总计）、分区和备注等，也可按实际需要增加或减少。

① 序号　填写图样中相应组成部分的序号。

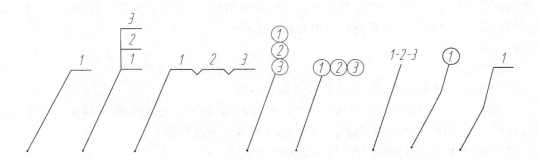

图 11-6 零件序号的编绘形式

② 代号 填写图样中相应组成部分的图样代号或标准编号。

③ 名称 填写图样中相应组成部分的名称,必要时也可写出其形式与尺寸。

④ 数量 填写图样中相应组成部分在装配中的数量。

⑤ 材料 填写图样中相应组成部分的材料标记。

⑥ 质量 填写图样中相应组成部分单件和总件数的计算质量。以千克(kg)为计量时,允许不写出计量单位。

⑦ 分区 必要时,应按照有关规定将分区代号填写在备注栏中。

⑧ 备注 填写该项的附加说明或其他有关的说明。

明细栏一般配置在标题栏的上方,按由下而上顺序填写。其格数应根据需要而定,当由下而上延伸位置不够时,可紧靠在标题栏的左边自下而上延续。

当装配图中不能在标题栏的上方配置明细栏时,可作为装配图的续页按 A4 幅面单独给出。其顺序是由上而下延伸。还可连续加页,但应在明细栏的下方配置标题栏。

明细栏中的线型应按 GB/T17450 和 GB/T4457.4 中规定的粗实线和细实线的要求绘制。参见图 11-7。

装配图中明细栏各部分的尺寸与格式如图图 11-7 所示。

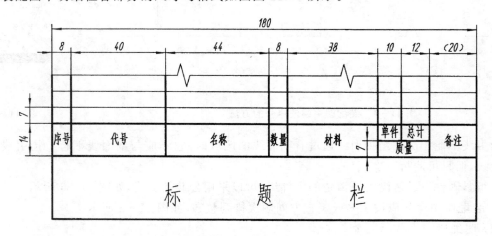

图 11-7 明细栏的格式

11.4　常见装配结构的合理性

为了保证装配体的装配质量且便于零件的装、拆,应使零件具有合理的装配结构。

1. 接触面的合理结构

① 当轴与孔配合时,为保证轴肩与孔端面的良好接触,孔沿应制成倒角或在轴肩根部切槽,这样就可避免装配时在折角处发生干涉,如图 11-8 所示。

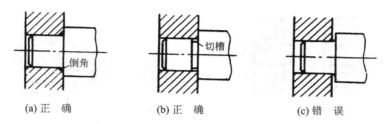

图 11-8　轴肩与孔端面接触时的结构

② 为了保证零件接触良好,又便于加工和装配,两零件在同一方向只宜有一对接触面,如图 11-9 所示。

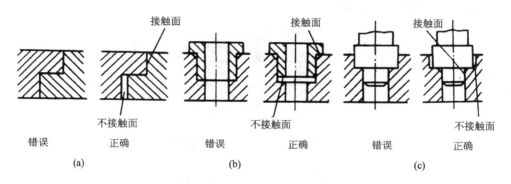

图 11-9　同一方向上的接触面

2. 装拆方便的合理结构

① 在用轴肩或孔肩定位滚动轴承时,应注意到维修时拆卸的方便与可能,如图 11-10 所示。

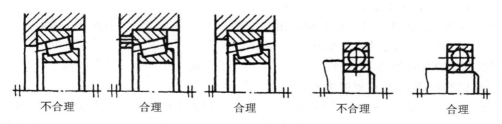

图 11-10　滚动轴承用轴肩或孔肩定位的结构

② 当零件用螺纹紧固件连接时,应考虑到装、拆的可能性。图 11-11 所示为一些合理与不合理结构的对比。

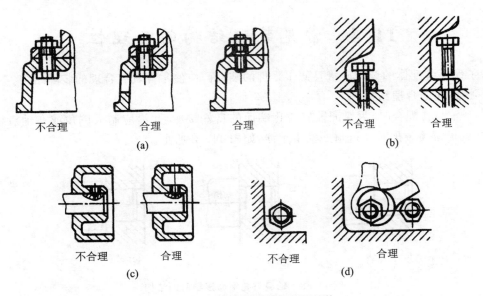

图 11 - 11　螺纹紧固件的装配结构

③ 当用圆柱销或圆锥销将两零件定位时，为了加工和装拆的方便，在可能的条件下，最好将销孔做成通孔，如图 11 - 12 所示。

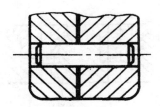

图 11 - 12　销连接的装配结构

11.5　读装配图

在设计机器、装配产品、使用和维修机器设备及技术交流都要用到读装配图。因此，从事工程技术的工作人员都必须能读懂装配图。读装配图应达到下列三点基本要求：

① 了解装配体的功能、性能和工作原理。

② 明确各零件的作用和它们之间的相对位置、装配关系以及各零件的拆装顺序。

③ 看懂零件（特别是几个主要零件）的结构形状。

现以齿轮油泵装配图（见图 11 - 13）为例，说明读装配图的一般方法与步骤。

1. 认识部件概况，分析视图关系

拿到一张装配图，应先看标题栏、明细栏，从中得知装配体的名称和组成该装配体的各零件的名称、数量等。从图 11 - 13 的标题栏中知道，这个部件的名称叫齿轮油泵。从明细栏中可知齿轮油泵由 17 种零件装配而成，其中有 7 种标准件。图 11 - 13 中的齿轮油泵装配图共有两个视图：全剖视图的主视图，表达了齿轮油泵各个零件间的装配关系；左视图是采用沿左端盖 1 与泵体 6 结合面剖切后移去了垫片 5 的半剖视图 $B—B$，它清楚地反映这个油泵的外部形状,齿轮的啮合情况以及吸、压油的工作原理;再以局部剖视反映吸、压油的情况。齿轮油泵的外形尺寸是 118、85、95。

2. 了解装配关系及工作原理

泵体 6 是齿轮油泵中的主要零件之一,它的内腔容纳一对吸油和压油的齿轮。将齿轮轴 2、传动齿轮轴 3 装入泵体后,两侧有左端盖 1、右端盖 7 支撑这一对齿轮轴的旋转运动。由销 4 将左、右端盖与泵体定位后,再用螺钉 15 将左、右端盖与泵体连接成整体。为了防止泵体与端盖结合面处以及传动齿轮轴 3 伸出端漏油,分别用垫片 5 及密封圈 8、轴套 9、压紧螺母 10 密封。齿轮轴 2、传动齿轮轴 3、传动齿轮 11 是油泵中的运动零件。当传动齿轮 11 按逆时针方向(从左视图观察)转动时,通过键 14,将扭矩传递给传动齿轮轴 3,经过齿轮啮合带动齿轮轴 2,从而使后者作顺时针方向转动,工作原理如图 11-14 所示。当一对齿轮在泵体内作啮合传动时,啮合区右边空间的压力降低而产生局部真空,油池内的油在大气压力作用下进入油泵低压区内的吸油口,随着齿轮的转动,齿槽中的油不断沿箭头方向被带至左边的压油口把油压出,送至机器中需要润滑的部分。

3. 分析尺寸、了解技术要求

分析装配图上所标注的尺寸的意义,进一步了解部件的规格、外形大小、零件间的装配要求、配合性质以及安装方法、技术要求等。例如传动齿轮 11 要带动传动齿轮轴 3 一起转动,除了靠键把两者连成一体传递扭矩外,还需定出相应的配合。在图中可以看到,它们之间的配合尺寸是 $\Phi 14H7/K6$,它属于基孔制的优先过渡配合,由 GB/T 1801—2009(见附录)查得:

孔的尺寸是 $\Phi 14+0.0180$;轴的尺寸是 $\Phi 14+0.012+0.001$,即:

配合的最大间隙=0.018-0.001=+0.017;

配合的最大过盈=0-0.012=-0.012。

齿轮与端盖在支撑处的配合尺寸是 $\Phi 16H7/h6$;轴套与右端盖的配合尺寸是 $\Phi 20H7/h6$;齿轮轴的齿顶圆与泵体内腔的配合尺寸是 $\Phi 34.5H8/f7$。它们各是什么配合?请读者自行解答。

尺寸 28.76 ± 0.016 是一对啮合齿轮的中心距,这个尺寸准确与否将会直接影响齿轮的啮合传动。尺寸 65 是传动齿轮轴线离泵体安装面的高度尺寸。28.76 ± 0.016 和 65 分别是设计和安装所要求的尺寸。

吸、压油口的尺寸 G3/8 是进、出油口的规格尺寸;两个螺栓 16 之间的尺寸 70,是安装齿轮油泵的定位尺寸。

图 11-15 是齿轮油泵的装配轴测图,供读图分析思考后对照参考。

4. 看懂零件形状,拆画零件图

分析零件的结构形状一般先从主要零件开始,因为主要零件结构形状定了,次要的、小的零件的结构形状就比较容易确定。

从装配图中分离不同零件的方法:

① 利用剖面线区分同一零件的剖面线方向、间隔一致;相邻零件的剖面线方向相反或方向相同、间隔不同。

② 注意装配图的特殊画法、规定画法。沿结合面剖切不画剖面符号;通过对称平面、轴线纵向剖切时,紧固件、键、销、轴、杆等实心零件不画剖面符号。

③ 借助序号、指引线可直接分离出某些简单零件。

④ 根据投影规律及一些常见结构的画法,分析不同零件的结构形状。

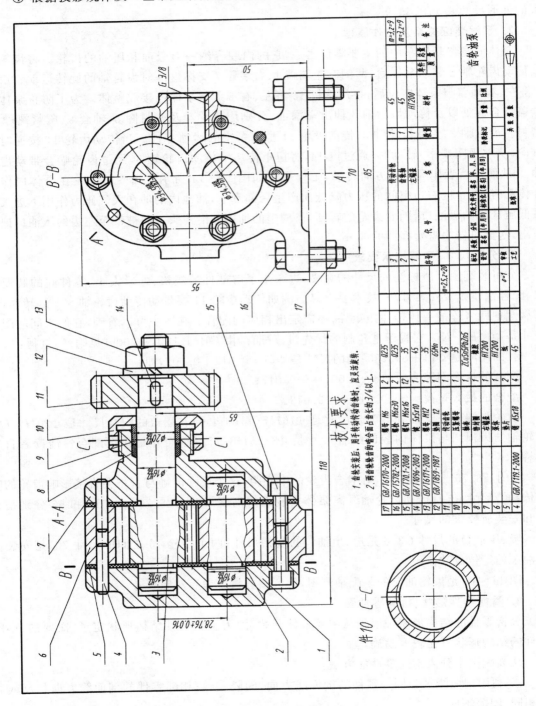

图 11-13　齿轮油泵装配图

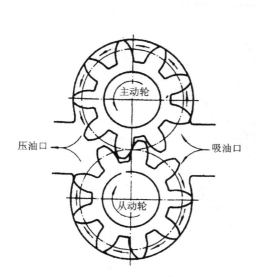

图 11 - 14　齿轮油泵工作原理

图 11 - 15　齿轮油泵装配轴测图

现以拆画右端盖为例,说明拆画零件图的方法步骤:

从明细表知右端盖的序号为 7,由指引线在主视图中找到它的位置;根据剖面线方向及间隔,从主视图分离出它的视图轮廓,由于在装配图的主视图上,右端盖的一部分可见投影被其他零件所遮,因而它是一幅不完整的图形,如图 11 - 16(a)所示。根据此零件的作用及装配关系,可以补全所缺的轮廓线,并根据表达需要作适当调整,画出右端盖全剖的主视图,如图 11 - 16(b)所示。

按照投影规律及左、右端盖与泵体的连接方法,根据左、右端盖的作用及图示结构情况,由左视图的外形视图可知右端盖外形是长圆形凸台。补绘出右端盖俯视图,并按零件图的要求注全了尺寸和技术要求,有关的尺寸公差是按装配图中已表达的要求注写的。至此,即得完整、清晰的右端盖零件图,如图 11 - 17 所示。

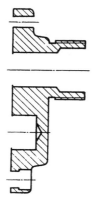

(a) 分离出的右端盖主视图

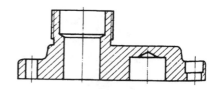

(b) 补全漏线调整后的右端盖全剖的主视图

图 11 - 16　根据装配图拆画右端盖零件图

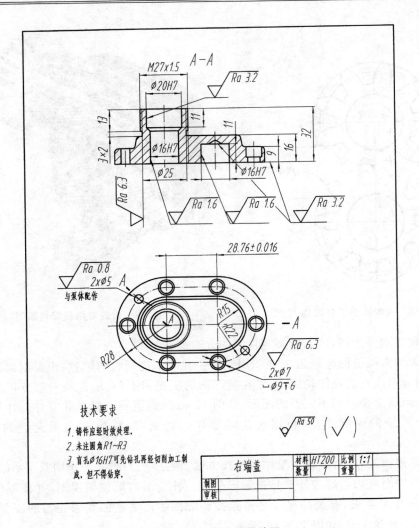

技术要求
1. 铸件应经时效处理.
2. 未注圆角R1~R3.
3. 盲孔∅16H7可先钻孔再经切削加工制成, 但不得钻穿.

图 11-17 右端盖零件图

第 12 章　SolidWorks 三维软件

12.1　SolidWorks 基础

12.1.1　SolidWorks 概述

SolidWorks 是美国 SolidWorks 公司开发的基于 Windows 操作系统的设计软件,是功能强大的三维 CAD 设计软件。SolidWorks 是面向机械设计、消费品设计和模具设计用户,在设计创新、易用性和高效性等多方面都比以前的版本有了显著的增强。它强大的辅助分析功能,已广泛应用于各个行业中,例如工业设计、电装设计、通信器材设计、汽车制造设计、航空航天的飞行器设计等行业,同时可以根据需要方便地进行零部件设计、装配体设计、钣金设计、焊件设计等。

12.1.2　SolidWorks 功能概述

SolidWorks 是一套高度集成的 CAD/CAE/CAM 一体化软件,是一个产品级的设计和制造系统,功能特点体现在以下几个方面:

1. 参数化尺寸驱动

SolidWorks 采用的是参数化尺寸驱动建模技术,即尺寸控制图形。当改变尺寸时,相应的模型、装配体、工程图的形状和尺寸将随之变化而变化,有利于新产品在设计阶段的反复修改。

2. 三维实体造型

SolidWorks 进行设计时直接从三维空间开始,创建设计者的产品模型,实体造型模型中包含精确的几何、质量等特性信息,可以方便准确地计算零件或装配体的体积和重量,轻松地进行零件模型之间的干涉检查等。

3. 三个基本模块联动

SolidWorks 具有三个功能强大的基本模块,即零件模块、装配体模块和工程图模块,分别用于完成零件设计、装配体设计和工程图设计,基本模块之间完全关联,减少修改时间。

4. 特征管理器(设计树)

SolidWorks 采用了特征管理器(设计树)技术,可以详细地记录零件、装配体和工程图环境下的每一个操作步骤,有利于设计者在设计过程中的修改与编辑。

5. 支持国标(GB)的智能化标准件库 Toolbox

Toolbox 是同三维软件 SolidWorks 完全集成的三维标准零件库。SolidWorks 中的 Toolbox 支持中国国家标准(GB),包含了机械设计中常用的型材和标准件,诸如:角钢、槽钢、紧固件、连接件、密封件、轴承等。

6. 高效插件

SolidWorks 中包含 Simulation 系列插件:有限元分析软件 COSMOSWorks、运动与动力学动态仿真软件 COSMOSMotion、流体分析软件 COSMOSFloWorks、动画模拟软件 MotionManager、高级渲染软件 PhotoWorks、数控加工控制软件 CAMWorks 等。

7. eDrawings

eDrawings ——网上设计交流工具,一个通过电子邮件传递设计信息的工具,专门用于设计者在网上进行交流、沟通及设计信息的共享。

8. API 开发工具接口

SolidWorks 提供了自由、开放、功能完整的 API 开发工具接口,用户可以选择 Visual C++、Visual Basic、VBA 等开发程序进行二次开发。同时 SolidWorks 支持众多三维数据标准,包括 IGES、STEP、SAT、STL、DWG、DXF、VDAFS、VRML、Parasolid 等,可直接与 Pro/E、UG 等软件的文件交换数据。

12.1.3 SolidWorks 操作界面

1. SolidWorks 的启动

在 Windows 操作环境下,SolidWorks 安装完成后,就可以通过以下两种方式进行启动:

① 选择【开始】|【所有程序】|SolidWorks 命令;

② 双击桌面上的 SolidWorks 的快捷方式图标。

SolidWorks 的启动画面,如图 12 - 1 所示。

图 12 - 1 SolidWorks 的启动画面

启动后系统将进入 SolidWorks 初始界面,如图 12 - 2 所示。

2. 新建文件

进入初始界面后,即可进行文件的新建。选择【文件】|【新建】命令,或单击工具栏上的 ▫（新建）按钮,弹出【新建 SolidWorks 文件】对话框,如图 12 - 3 所示。

在【新建 SolidWorks 文件】对话框中可以进行文件类型的选择,3 个图标分别代表【零件】、【装配体】、【工程图】。根据创建需要自行选择,然后单击【确定】按钮,进入默认的工作环境。

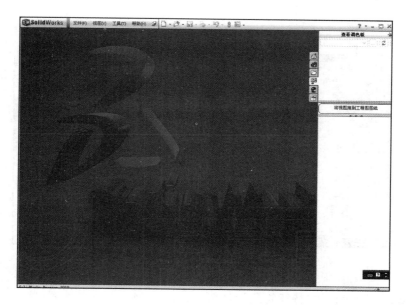

图 12 - 2　SolidWorks 初始界面

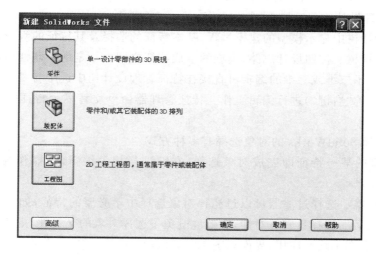

图 12 - 3　【新建 SolidWorks 文件】对话框

3. 用户操作界面

SolidWorks 的操作界面是用户进行创建文件进行操作的基础,如图 12 - 4 所示为一零件的操作界面,包括菜单栏、工具栏、特征管理区、状态栏等。

(1) 菜单栏

SolidWorks 菜单栏包括【文件】、【编辑】、【视图】、【插入】、【工具】、【ANSYS 12.1】、【窗口】、【帮助】等菜单。

(2) SolidWorks 通过命令管理器控制工具栏的选项

该选项主要有【特征】、【草图】、【评估】、【DimXpert】,【办公室产品】界面。

(3) 特征管理区

特征管理区主要包括 PropertyManager(属性管理器)、ConfigurationManager(配置管理

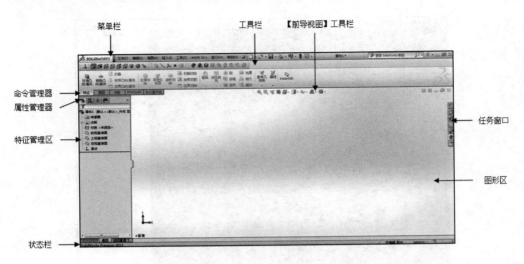

图 12-4　操作界面

器）、FeatureManager 设计树（特征管理设计树）、FeatureManager 过滤器（特征管理过滤器）、DimXpertManager（尺寸专家管理器）5 部分。

（4）特征管理设计树

特征管理设计树中显示模型的建模过程，基本特征的选择及其特征的编辑，如图 12-5 所示弹簧的特征设计树。按照设计思路，模型的生成特征之间有一定的关联性，特征下的子文件为特征的草图，对于二维或三维的编辑可直接在特征管理设计树中选中将要编辑的特征，单击鼠标右键（以下简称"右键"）进行编辑工作。特征管理器命令交替显示特征的基本信息，同时可进行外观设置。

（5）对象选择 SolidWorks 的对象选择有多种方式

① 左击模型的某一特征即完成对象选择，右键进行相关编辑，此操作为最基本的对象选择。

② 选择过滤器　选择过滤器可以过滤掉对象选择中不必要的特征，如点、线、面、实体及参考几何体，过滤后的选择具有针对性，有效地避免了选择对象的交叉性，提高建模的效率，在零件、装配体、工程图中均有应用，界面如图 12-6 所示。

图 12-5　弹簧的特征设计树

图 12-6　选择过滤器

12.1.4　SolidWorks 系统环境

通过操作 SolidWorks 的系统环境,可以提高工作效率。可操作项有显示或隐藏工具栏,添加或删除工具栏中的按钮,设置零件、装配体和工程图的操作界面。

1. 设置工具栏

（1）菜单命令设置工具栏

选择【工具】|【自定义】命令,或者右击任意工具栏,选择【自定义】命令,系统会弹出的【自定义】对话框,如图 12-7 所示。

图 12-7　【自定义】对话框

在对话框中选择进行设置的【工具栏】标签,切换到【工具栏】选项卡,设置完成后单击【确定】按钮,完成对工具栏的用户设置。

（2）右击命令设置工具栏

在操作界面的工具栏中右击,系统弹出设置工具栏的快捷菜单,如图 12-8 所示。

2. 工具栏按钮

系统默认的工具栏按钮,可以进行添加或隐藏。选择【工具】|【自定义】命令,或右击任意工具栏,在系统弹出的快捷菜单中选择【自定义】命令,如图 12-7 所示,系统弹出【自定义】对话框。

单击【自定义】对话框中的【命令】标签,切换到【命令】选项卡,如图 12-9 所示。在【类别】选项框中选择显示或隐藏的工具栏;在 Buttons 选项栏中,可以按住左键拖动添加按钮。

3. 快捷键

在执行操作命令时,除了使用菜单和工具栏中的按钮外,用户还可以通过设置快捷键来执行命令。

如图 12-7 的【自定义】对话框中,单击【键盘】标签,切换到【键盘】选项卡,在此选项卡中可以方便地自定义或者移除快捷键,如图 12-10 所示。

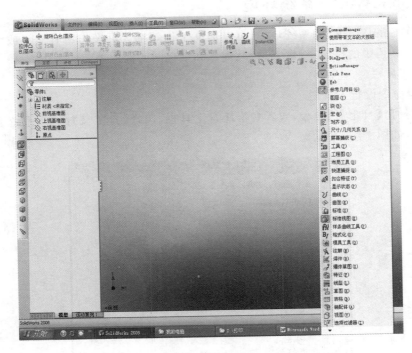

图 12 - 8　工具栏右键设置显示

图 12 - 9　【命令】选项卡

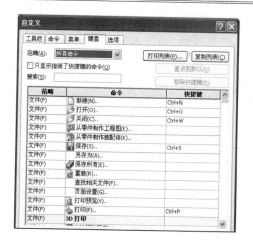

图 12 - 10 【键盘】选项卡

12.2 草图绘制

12.2.1 草图绘制的基本概念

草图是进行三维造型的基础,它可以分为二维和三维草图。三维草图是位于空间的点、线的组合,使用三维草图可以作为扫描特征的扫描路径、放样或扫描的引导线、放样的中心线等,无特别指明时草图均指二维草图。二维草图必须在平面上绘制。这个平面可以是基准面,也可以是实体的特征表面等。

1. 进入草图绘制

进入草图绘制状态,可以有两种方式:

① 左击"命令管理器"中的"草图",左击选择工具栏中的"草图绘制"命令按钮,然后左击选择特征设计树中的前视基准面作为草图绘制平面,进入草图绘制界面,如图 12 - 11 所示。

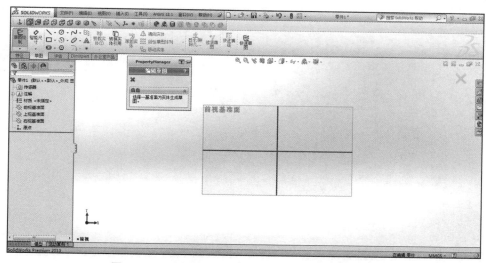

图 12 - 11 "草图绘制"命令按钮进入草图绘制界面

　　② 左击菜单栏中的【插入】|"草图绘制"命令,然后左击选择特征设计树中的前视基准面作为草图绘制平面,进入草图绘制界面,操作如图 12-12 所示。

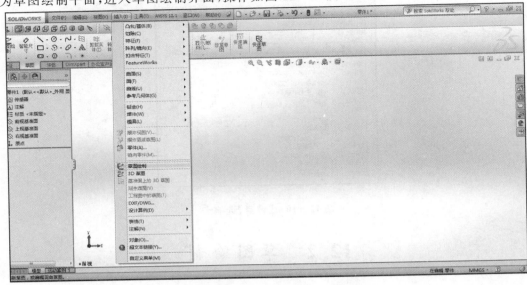

图 12-12　【插入】菜单栏进入草图绘制界面

　　注意:前视基准面、上视基准面、右视基准面对应国家标准《机械制图》中实体模型主视图、俯视图、左视图的投影平面。

2. 退出草图绘制

　　完成草图的绘制后,即可退出草图进行特征创建,SolidWorks 退出草图的方式有 4 种:

　　① 左击"命令管理器"中的"草图",左击选择工具栏中的"退出草图"命令按钮，即可退出草图绘制界面。

　　② 左击草图绘制区右上角的草图绘制状态按钮，退出草图绘制界面。

　　③ 左击菜单栏中的【插入】|"退出草图"命令,退出草图绘制界面,如图 12-13 所示。

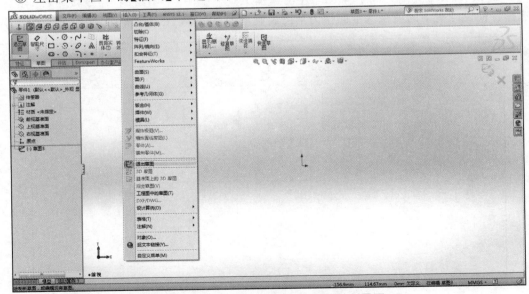

图 12-13　【插入】菜单栏退出草图绘制界面

④ 在图形区右击,选择最右上端的"退出草图"命令按钮，退出草图绘制界面。

12.2.2　绘制草图

草图绘制实体包括绘制点、直线、矩形、多边形、圆、槽口和文本等。

1. 绘制点

点是草图的最基本图形,可以作为绘制直线、曲线、矩形等的基本元素,也可作为参考几何体的构建元素。点的绘制过程如下:

(1) 左击命令管理器

左击"命令管理器"中的"草图",左击选择工具栏中的"点"命令按钮或左击选择【工具】|【草图绘制实体】|"点"命令或在图形区右击,菜单中左击选择"点"命令,在图形区单击左键绘制一个点,特征管理区出现【点属性管理器】,如图 12 - 14 所示。

(2)【点属性管理器】的设置

① 现有几何关系　现有几何关系是在绘制点时软件自动生成的约束关系,是定位尺寸的基础。

② 添加几何关系　点的几何关系只有"固定"一项,可以根据实际作图选择添加。

③ 参数　参数栏中显示的是点的绝对直角坐标,可进行编辑修改,重新定位点的位置。

(3) 生成点

左击【点属性管理器】中的按钮,完成点的绘制。

图 12 - 14　【点属性管理器】

2. 绘制直线

SolidWorks 直线的绘制命令除了绘制直线外,还可以进行中心线的绘制。直线的绘制有两种方式,即拖动式和单击式。拖动式是在绘制直线的起点时,按住左键不放拖动鼠标,直到直线终点放开;单击式是在绘制直线的起点单击左键,然后在直线终点单击左键。直线的绘制过程如下:

(1) 左击命令管理器

左击"命令管理器"中的"草图",左击选择工具栏中的"直线"命令按钮或左击选择【工具】|【草图绘制实体】|"直线"命令或在图形区右击,菜单中左击选择"直线"命令,在图形区单击左键绘制直线的起点和终点,特征管理区出现【线条属性管理器】,如图 12 - 15 所示。

(2)【线条属性管理器】的设置

① 现有几何关系　图 12 - 14 中的现有几何关系为水平,表示绘制的直线是水平直线,左击选中"水平"几何关系右击,在菜单中左击选择"删除"命令,删除后直线目前没有约束关系。

② 添加几何关系　直线的几何关系有水平,垂直和固定,根据绘制草图实际情况选择,这是直线最基本的几何约束条件,如均不符合实际要求,可以通过其他草图对直线进行约束。

③ 选项　选项中选择"作为构造线",绘制的直线转变成中心线;选择"无限长度",直线的长度无限长。

④ 参数　直线的参数包括长度及角度,长度数值表示直线的实际长度,角度是绘制的直

线与 X 轴的夹角,参数数据可进行修改。

⑤ 额外参数　额外参数中详细显示了直线特征,起始点及终点的绝对直角坐标,X、Y 轴相对增量,数据可进行修改,这对于与 X 轴有一定夹角的直线修改很方便。

（3）生成直线

左击【线条属性管理器】中的☑按钮,完成直线的绘制。

3. 绘制矩形

SolidWorks 提供多种矩形绘制命令,绘制过程如下:

（1）左击命令管理器

左击"命令管理器"中的"草图",左击选择工具栏中的"矩形"命令按钮▢或左击选择【工具】|【草图绘制实体】|"矩形"命令或在图形区右击,菜单中左击选择"矩形"命令,在图形区单击左键绘制矩形的起点和终点,特征管理区出现【矩形属性管理器】,如图 12 - 16 所示。

（2）【矩形属性管理器】的设置

① 矩形类型　矩形绘制过程中有五种类型,分别为边角矩形、中心矩形、3 点边角矩形、3 点中心矩形、平行四边形,从图 2 - 16 中可以很明显地看出五种矩形的绘制方法。

② 现有几何关系　显示绘制的矩形已经存在的几何约束关系。

③ 添加几何关系　矩形中可以添加水平、竖直、共线、平行、相等、固定的几何约束关系,可以任选一项也可多选。

④ 选项　左击勾选"作为构造线"选项,矩形转化为矩形中心线。

图 12 - 15　【线条属性管理器】

⑤ 参数　图 2 - 16 中为边角矩形的参数设置,可以进行矩形四个顶点坐标的灵活修改。

（3）生成矩形

左击【矩形属性管理器】中的☑按钮,完成矩形的绘制。

4. 绘制多边形

多边形是常见标准件的轮廓形状,如螺栓、螺母,在 SolidWorks 中多边形的绘制简单、方便,软件自动添加多边形自身约束。多边形的绘制过程如下:

（1）左击命令管理器

左击"命令管理器"中的"草图",左击选择工具栏中的"多边形"命令按钮◉或左击选择【工具】|【草图绘制实体】|"多边形"命令或在图形区右击,菜单中左击选择"多边形"命令,在图形区左击绘制多边形的中心和任意边的一个端点,特征管理区出现【多边形属性管理器】,如图 12 - 17 所示。

（2）【多边形属性管理器】的设置

① 选项　左击勾选"作为构造线"选项,多边形转化为多边形中心线。

② 参数　设置多边形边数,选择控制多边形大小的内切圆或外切圆,并可以在下面的数据栏修改其数值,参数设置中还可以设置多边形的中心坐标及多边形最低边与 X 轴的夹角。

③ 生成多边形　左击【多边形属性管理器】中的 按钮，完成多边形的绘制。

5. 绘制圆

圆是基本草图之一，圆的绘制过程如下：

（1）左击命令管理器

左击"命令管理器"中的"草图"，左击选择工具栏中的"圆"命令按钮 或左击选择【工具】|【草图绘制实体】|"圆"命令或在图形区右击，菜单中左击选择"圆"命令，在图形区左击键绘制圆的圆点和圆上任意一点，特征管理区出现【圆属性管理器】，如图 12 - 18 所示。

图 12 - 16　【矩形属性管理器】

图 12 - 17　【多边形属性管理】

图 12 - 18　【圆属性管理器】

（2）【圆属性管理器】的设置

① 圆类型　圆的绘制中有两种　圆——确定圆心及圆上任意一点；周边圆——确定圆上任意三点的位置。

② 现有几何关系　显示绘制的圆已经存在的几何约束关系。

③ 添加几何关系　【圆属性管理器】中的添加几何关系选项不可用，圆的约束关系由定位尺寸或由其他草图确定。

④ 选项　左键单击勾选"作为构造线"选项,圆转化为圆周中心线。

⑤ 参数　参数选项中包括圆心的绝对直角坐标和半径大小,数据可以进行修改。

（3）生成圆

左击【圆属性管理器】中的☑按钮,完成圆的绘制。

6. 槽　口

SolidWorks 草图绘制中添加槽口的绘制,包括直槽口、中心点直槽口、三点圆弧槽口、中心点圆弧槽口。

直槽口的绘制:绘制直槽口通过拉伸凸台/基体可以创建圆头键,也可以通过拉伸切除创建圆头键形状的槽口,绘制过程如下:

（1）单击草图绘制实体命令等

单击选择【工具】|【草图绘制实体】|"直槽口"命令或在图形区右击,菜单中左击选择"直槽口"命令,在图形区单击左键绘制直槽口中心线起点与终点,移动鼠标确定槽口宽度,单左击确认,特征管理区出现【槽口属性管理器】,如图 12 - 19 所示。

（2）【槽口属性管理器】的设置

① 槽口类型　左键单击槽口类型中的任意一个,直槽口、中心点直槽口、三点圆弧槽口、中心点圆弧槽口的绘制任意切换,左击勾选"添加尺寸"确定槽口的大小,两种形式的尺寸标注方法。

② 参数　x、y 数值分别代表槽口中心线中点坐标,同时设置槽口总长及总宽数值。

（3）生成槽口

左击【槽口属性管理器】中的☑按钮,完成槽口的绘制。

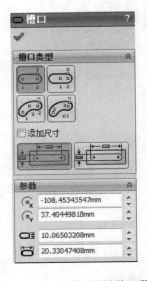

图 12 - 19　【槽口属性管理器】

7. 绘制草图文本

插入文本是在曲线上插入文字,在实体上表示的一个修饰或者说明,绘制过程如下:

（1）左击命令管理器

左击"命令管理器"中的"草图",左击选择工具栏中的"文本"命令按钮🅰或左击选择【工具】|【草图绘制实体】|"文本"命令或在图形区右击,菜单中左击选择"文本"命令,绘制文字之前首先绘制一条曲线,在曲线上插入文字,【草图文字属性管理器】如图 2 - 20 所示。

（2）【草图文字属性管理器】的设置

① 曲线　选择插入文字的曲线,曲线选项框中出现曲线名称。

② 文字　输入插入的文字,可以是英文也可以是中文,文字的常用设置在文字输入框下,文字的格式取消"使用文档字体"前选框,左击"字体"命令,弹出【选择字体】对话框,如图 2 - 21 所示。

（3）生成文本

左击【草图文字属性管理器】中的☑按钮,完成文本的绘制。

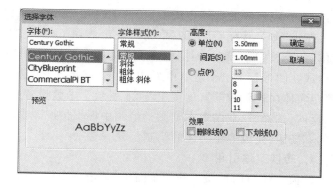

图 12 - 20　【草图文字属性管理器】　　　　　图 12 - 21　【选择文字】对话框

12.2.3　编辑草图

　　草图绘制完毕后,需要对草图作进一步的编辑,如进行绘制圆角、绘制倒角、等距实体、转换实体引用、镜像、阵列、裁剪等。

1. 绘制圆角

　　圆角是机械零部件的必要特征,在草图绘制中绘制圆角,实现对圆角特征的直接创建。左键单击"命令管理器"中的"草图",左击选择工具栏中的"圆角"命令按钮🔲或左击选择【工具】|【草图工具】|"圆角"命令或在图形区右击,菜单中左击选择"绘制圆角"命令,出现【圆角属性管理器】,如图 12 - 22 所示。

　　在"要圆角化的实体"选框中选择草图顶点或相邻的两条直线、曲线,在"圆角参数"中设置圆角的半径,左击【圆角属性管理器】中的🔲按钮,完成圆角的绘制。

2. 绘制倒角

　　倒角是回转体类零件常见的特征,在草图中完成倒角的绘制,生成倒角特征。左击"命令管理器"中的"草图",左击选择工具栏中的"圆角"命令下标🔲中的"倒角"命令按钮🔲或单击选择【工具】|【草图工具】|"倒角"命令,出现【倒角属性管理器】,如图 12 - 23 所示,选取要生成倒角的两条边绘制倒角。

图 12 - 22　【圆角属性管理器】

　　倒角的绘制包括"角度距离"倒角和"距离—距离"倒角:

　　(1)"角度距离"倒角

　　倒角的尺寸由倒角的锐角及倒角垂直高度决定,修改两者的值改变倒角大小。

　　(2)"距离—距离"倒角

　　距离分别表示倒角的水平与竖直距离,两者距离可以相等也可不等。

　　左击【倒角属性管理器】中的☑按钮,完成倒角的绘制。

3. 等距实体

　　在草图绘制中等距实体是复制相同草图到一定距离的工具,在有一定壁厚的实体生成中,省去了内外壁的重复绘制。

　　左击"命令管理器"中的"草图",左击选择工具栏中的"等距实体"命令按钮🗲或左击选择【工具】|【草图工具】|"等距实体"命令或在图形区右击,菜单中左击选择"等距实体"命令,出现

图 12 - 23 【倒角属性管理器】

【等距实体属性管理器】,如图 12 - 24 所示。参数设置中修改草图等距离偏离的数值,添加尺寸、反向、选择链、双向等在草图的绘制中根据情况左击勾选,最后左击【等距实体属性管理器】中的☑按钮,完成等距实体的绘制。

4. 转换实体引用

　　转换实体引用是在打开的草图中,单击一个模型边线、环、面、曲线、外部草图轮廓线、一组边线、或一组曲线投影到草图基准面上形成一条或多条曲线。

　　左击"命令管理器"中的"草图",左击选择工具栏中的"转换实体引用"命令按钮🗍或左击选择【工具】|【草图工具】|"转换实体引用"命令或在图形区右击,菜单中左击选择"转换实体引用"命令,出现【转换实体引用属性管理器】,如图 12 - 25 所示,左击选择要投影的草图或左击勾选"选择链"选择草图中的多条曲线。

5. 镜　像

　　对于轴对称的草图,绘制草图时可仅绘制一半或四分之一,但需运用"镜像"命令完成全部草图。

　　左击"命令管理器"中的"草图",左击选择工具栏中的"镜像"命令按钮⚠或左击选择【工具】|【草图工具】|"镜像"命令或在图形区右击,菜单中左击选择"镜像"命令,出现【镜像属性管理器】,如图 12 - 26 所示,左击"要镜像的实体"选择框,依次选择要镜像的草图,左击"镜像点"选择框,左击选择草图的对称轴,左击【镜像属性管理器】中的☑按钮,完成草图的镜像。

图 12 - 25 【转换实体引用属性管理器】

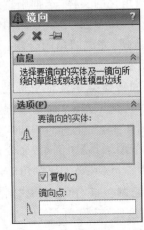

图 12 - 26 【镜像属性管理器】

6. 线性草图阵列

对按照一定顺序排列的相同多个草图,如散热板上的散热孔的创建,在草图绘制时运用阵列命令可以缩短草图绘制的时间。

左击"命令管理器"中的"草图",左击选择工具栏中的"线性草图阵列"命令按钮▦或左击选择【工具】|【草图工具】|"线性草图阵列"命令,出现【线性阵列属性管理器】,如图 12-27 所示。【线性阵列属性管理器】的设置:

（1）方向 1

软件默认情况下,方向 1 第一栏↗选项为 X 轴,也可选取草图阵列方向边,第二栏选项为相邻阵列实体之间的距离,第三栏为阵列的个数,第四栏为相对于阵列方向夹角。

（2）方向 2

软件默认情况下,方向 2 第一栏↗选项为 Y 轴,也可选取草图阵列方向边,其他选项与方向 1 相同。

（3）要阵列的实体

左击"要阵列的实体"下面的选项框,在草图中左击选择要阵列的实体。

（4）可跳过的实体

"可跳过的实体"选项操作与"要阵列的实体"选项相同,选择此项后该阵列即为选择性线性阵列。

左击【线性阵列属性管理器】中的☑按钮,完成草图的线性阵列。

图 12-27　【线性阵列属性管理器】

7. 圆周草图阵列

圆周草图阵列的方式与于线性草图阵列的方式不同,其阵列后草图呈圆周状。

左击"命令管理器"中的"草图",左击选择工具栏中的"线性草图阵列"下标▾中的"圆周草图阵列"命令按钮❀或左击选择【工具】|【草图工具】|"圆周草图阵列"命令,出现【圆周阵列属性管理器】,如图 12-28 所示。【圆周阵列属性管理器】的设置:

（1）参　数

① 参数选项中第一栏⟳选择圆周阵列时的阵列圆心。

② 第二栏、第三栏、第四栏分别为圆心坐标及阵列实体组成的角度,圆周阵列时阵列后的相邻实体可以是等距也可以是不同半径的阵列,左击勾选"等间距"、"标注半径"、"标注角间距"任意一个选项,实现上述功能。

③ 第五栏❀为阵列实体的数目,此数目包括源阵列实体。

④ 第六栏↗为源阵列草图上一点,如圆的圆心、矩形的一个顶点等,与阵列圆心之间的

距离。

⑤ 第七栏上一步中两点组成的直线与 X 轴的夹角。

（2）要阵列的实体

左击"要阵列实体"下面的选项框,在图形区左击选择要阵列的草图实体。

（3）可跳过的实体

"可跳过的实体"选项操作与"要阵列的实体"选项相同,选择此项后该阵列即为选择性圆周阵列。

左击【圆周阵列属性管理器】中的 ✓ 按钮,完成草图的圆周阵列。

8. 剪裁草图实体

在基本草图形状构建整个草图的过程中,剪裁实体是最常用的命令之一,SolidWorks 中的剪裁命令操作简单快捷。

左击"命令管理器"中的"草图",左击选择工具栏中的"剪裁实体"命令按钮 ✄ 或左击选择【工具】|【草图工具】|"剪裁"命令或在图形区右击,菜单中左击选择"剪裁实体"命令,出现【剪裁属性管理器】,如图 12 - 29 所示。剪裁方式的选择:

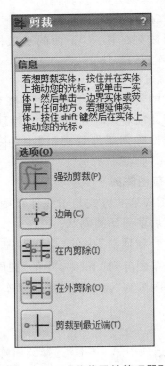

图 12 - 28 【圆周阵列的属性管理器】   图 12 - 29 【剪裁属性管理器】

（1）强劲剪裁

按住鼠标左键不放,移动鼠标划过要剪裁的草图,实现多余草图的删除。

（2）边　　角

左击选择草图的交叉曲线或直线,左击在夹角处剪裁掉多余的草图。

（3）在内剪除

左击选择相互平行的曲线或直线,然后左击选择曲线或直线之间的线段,实现删除作用。

（4）在外剪除

在外剪除命令与在内剪除命令相反,左击选择相互平行的曲线或直线,然后左击选择曲线或直线之外的线段,实现删除作用。

（5）剪裁到最近端

左击选择要剪裁的草图实体,然后左击选择要剪裁的草图,草图只能剪裁到交叉线段的最近端。

五种剪裁方式在草图编辑中应灵活选择,实现草图的准确、快速的剪裁。

左击【剪裁属性管理器】中的☑按钮,完成草图的剪裁。

12.3　参考几何体

参考几何体贯穿于 SolidWorks 的各个模块,如草图的绘制、零件的建模、装配体的生成等。参考几何体包括基准面、活动剖切面、基准轴、坐标系等,合理设置不同的参考几何体,可以有效地减小产品设计中的复杂程度。

参考几何体的选择有两种方式：

① 左击选择界面左端"命令管理器"中的"特征",在工具栏中左击选择"参考几何体"命令按钮🗶。

② 自定义工具栏,左击选择【工具】|【自定义】或右击工具栏空白处,菜单中左击选择"自定义",弹出【自定义】对话框,左击勾选"工具栏"中的"参考几何体",出现参考几何体工具栏,如图 12 - 30 所示,实现参考几何体工具栏的添加。

图 12 - 30　参考几何体工具栏

12.3.1　建立基准

草图、实体以及曲面都需要一个或多个基准来确定其空间/平面的具体位置,基准可以分为基准面、基准轴、坐标系、参考点。

1. 基准面

基准面的添加是为草图绘制选择一个合理的绘制平面,在装配体中实现零件的准确定位。

左击"命令管理器"中的"特征",左击选择工具栏中"参考几何体"命令🗶下标▾中的"基准面"命令🗔,出现【基准面属性管理器】,如图 12 - 31 所示,进行基准面的创建。

【基准面属性管理器】的设置：

（1）参考的选取

图 12 - 31　【基准面属性管理器】

【基准面属性管理器】中三个参考的选择可以是点、线、面任意一个元素,根据选取元素的不同,基准面的生成位置不同。

(2) 参考点的设置

在第一参考 中选取实体中一点,出现点的设置对话框,如图 12-32(a)所示,参考点在基准面中可以和基准面重合,也可是基准面上投影的一点,生成基准面时参考点是与参考边或者参考面联合使用。

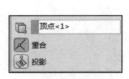
(a) 点参考的设置

(b) 线参考的设置

(c) 面参考的设置

图 12-32　参考设置

(3) 参考线的设置

垂直、重合、投影是参考线的三种设置方式,如图 12-32(b)所示,基准面的创建过程中,参考线既可以与参考点联合使用,也可与参考面联合使用,实现基准面的灵活创建。

(4) 参考面的设置

基准面中常用的生成方式是参考面的选取,基准面平行于参考面或与参考面成一定的夹角,如图 12-32(c)所示。

左击【基准面属性管理器】中的 按钮,完成基准面的创建。

2. 基准轴

SolidWorks 中特征的建模及编辑,基准轴常作为圆周阵列实体的参数,装配体零件定位的配合选项,合理的创建基准轴为零件建模及装配体生成带来便利。

左击“命令管理器”中的“特征”,左击选择工具栏中“参考几何体”命令 下标 中的“基准轴”命令 ,出现【基准轴属性管理器】,如图 12-33 所示,基准轴的生成方式如下:

(1) 一直线/边线/轴

左击选择框 ,在特征实体中左击选择一条直线或边线(不可以为曲线)或轴作为基准轴的参考线,基准轴与这些参考线重合,这是创建基准轴最简单的方式。

(2) 两平面

将两个相交平面的交线作为基准轴,选取特征实体中任意两个相交平面,生成基准轴。

(3) 两点/顶点

在特征实体中选取任意两点或两个顶点,生成基

图 12-33　【基准轴属性管理器】

准轴。

（4）圆柱/圆锥面

左击圆柱或圆锥面，出现其黄色中心线，即为生成的基准轴。

（5）点和面/基准面

点和面/基准面生成的基准轴是通过点的面/基准面的法线，而该法线即为生成的基准轴。

在基准轴的创建过程中，如需撤销选择框中已选择的实体，指向实体名称右键菜单中选择"删除"，单击"消除选择"将会删除选择框中所有的选项。

左击【基准轴属性管理器】中的✔按钮，完成基准轴的创建。

12.3.2　建立坐标系

坐标系是将软件默认的坐标系进行位置的调整，更方便模型的建立或装配体的配合。

左击"命令管理器"中的"特征"，左击选择工具栏中"参考几何体"命令🗝下标▾中的"坐标系"命令⬜，出现【坐标系属性管理器】，如图 12 - 34 所示。

图 12 - 34　【坐标系属性管理器】

参考系的创建选项有参考系原点、X 轴及 Y 轴，按钮⬜可以调整方向，在已生成的特征中选择坐标系的原点、X 轴、Y 轴，生成坐标系，方便新特征的生成。

左击【坐标系属性管理器】中的✔按钮，完成坐标系的创建。

12.3.3　建立参考点

点是参考几何体中最基本的几何体，创建过程也相对简单，左击"命令管理器"中的"特征"，左击选择工具栏中"参考几何体"命令🗝下标▾中的"点"命令✳，出现【点属性管理器】，如图 12 - 35 所示，此时的点是特征点，与草图点不同。点的创建方式如下：

（1）圆弧中心

左击"圆弧中心"选项◉，在图形区实体特征中左击圆弧边线，自动生成圆弧中心。

（2）面中心

左击"面中心"选项▣，在图形区实体特征中左击一个面，自动生成面的中心。

（3）交叉点

图 12 - 35 【点属性管理器】

左击"交叉点"选项⊠,在图形区实体特征中左击两个相交的直线或曲线,即会自动选择两者的交叉点。

(4) 投　影

左击"投影"选项⬚,在图形区实体特征中左击一个点及一个面,实现点在面上的投影。

(5) 沿曲线距离或多个参考点

左击"沿曲线距离或多个参考点"选项⬚,在图形区实体特征中左击一条直线或曲线,输入要创建的个数及其之间的距离,完成直线或曲线上参考几何体点的设置。

左击【点属性管理器】中的✔按钮,完成参考几何体点的创建。

第 13 章　SolidWorks 零件构型设计

13.1　基本特征

拉伸特征、旋转特征、扫描特征和放样特征，此四种特征是 Solidworks 实体操作中应用最为广泛的也是最为基本的特征操作。在此重点讲述四种特征的操作和在具体实体操作中的应用。

13.1.1　拉伸特征

拉伸是特征生成的常用命令之一，是模型的基本特征。

1. 拉伸凸台/基体

草图绘制完之后，退出草图。左击"命令管理器"中的"特征"，在工具栏中左击"拉伸"命令按钮  或左击选择【插入】|【凸台/基体】|"拉伸"命令，特征管理区中弹出【凸台—拉伸属性管理器】，如图 13－1 所示，进行拉伸参数的设置。

（1）从（F）

拉伸凸台/基体的起始点可以是草图基准面，也可以是曲面/面/基准面、顶点、等距，在草图特征生成中草图基准面作为拉伸的起点。

（2）方向 1

方向 1 定义拉伸的终止位置，拉伸方向通过按钮调整，拉伸终止选项有给定深度、完全贯穿、成形到一顶点、成形到一面、到离指定面指定距离、成形到实体、两侧对称，不同的终止条件适用于不同的成形场合，出现不同的拉伸结果，见表 13－1。

图 13－1　【拉伸尾性管理器】

（3）方向 2

左击勾选"方向 2"，为拉伸特征定义第 2 个成形方向，选择项目与方向 1 的相同。

（4）薄壁特征

左击勾选"薄壁特征"，草图会被拉伸成一定厚度的薄壁，厚度可以自由的设定。

（5）所选轮廓

SolidWorks 中可以任意的选择要进行拉伸的草图轮廓，在草图实体比较复杂时，实现部分草图的拉伸特征。

表 13－1　　不同终止选项下的拉伸结果

终止选项	拉伸过程	参　数	拉伸结果
给定深度		给定深度　　　▼ 7.50mm	
完全贯穿		完全贯穿　　　▼ ☑合并结果(M)	
成形到一顶点		成形到一顶点　　▼ 顶点<2> ☑合并结果(M)	
成形到下一面		成形到下一面　　▼ ☑合并结果(M)	
成形到一面		成形到一面　　　▼ 面<1> ☑合并结果(M)	
到离指定面指定距离		到离指定面指定的距离　▼ 面<1> D1　10.00 mm ☐反向等距(V) ☐转化曲面(U) ☑合并结果(M)	

续表 13－1

终止选项	拉伸过程	参　数	拉伸结果
成形到实体		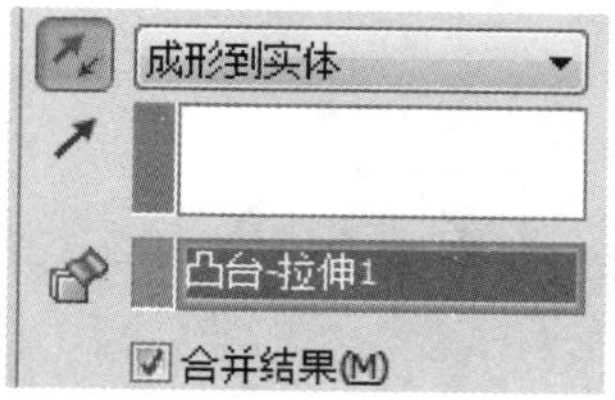 成形到实体　▼ 凸台-拉伸1 ☑合并结果(M)	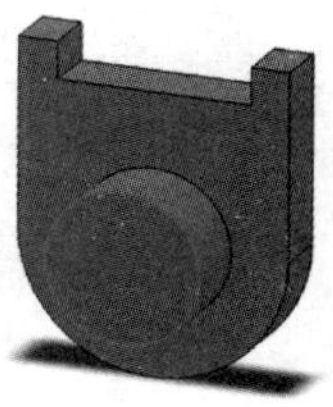
两侧对称		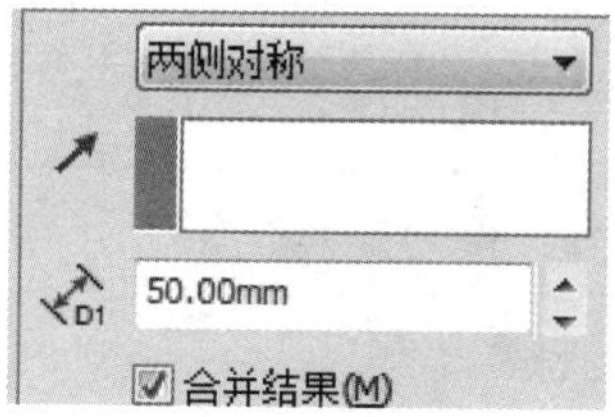 两侧对称　▼ 50.00mm　▲▼ ☑合并结果(M)	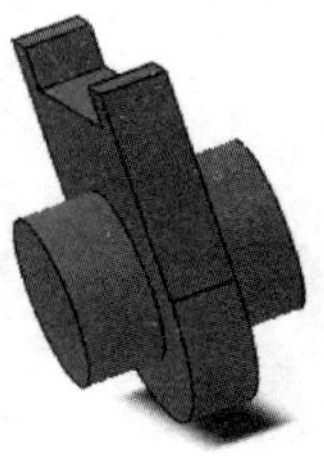

2. 拉伸中常用选项的设置

① 中选取拉伸的方向，软件默认情况下拉伸方向已经给出，重新定义拉伸方向时左键选中方向选择框，在草图或参考几何体中选取拉伸方向。

② 为拉伸的距离，数值可以修改。

③ 为拔模选项，左击此按钮，出现拔模角度及方向（向内或向外）的设置，软件默认为向内。

④ 合并结果是将生成的特征进行布尔求和，特征转化为一个实体。

⑤ 左击【凸台—拉伸属性管理器】中的☑按钮，完成拉伸特征的创建。

3. 拉伸凸台/基体建模应用——螺栓毛坯件

螺栓是装配体中常用到的标准件，在固定连接方面起着重要的作用，以下为 M12 螺栓毛坯件的建模过程如下。

（1）新建零件

左击选择菜单栏的"新建"命令按钮，弹出【新建 SolidWorks 文件】对话框，左击选择零件，左击"确定"按钮。

（2）螺杆毛坯特征

螺杆毛坯为直径 12 mm 的圆柱体，公称长度为 80 mm。

① 左击选择前视基准面为草图绘制平面，左击"草图"工具栏中的"草图绘制"命令按钮进入草图绘制界面，绘制圆心在坐标原点，直径为 12 mm 的圆，如图 13－2(a)所示。

② 左击图形区右上角按钮，退出草图。

③ 左击"命令管理器"中的"特征"，工具栏中左击选择"拉伸凸台/基体"命令按钮，"终止选项"为给定深度，距离为 80 mm，如图 13－2(b)所示，完成【凸台—拉伸属性管理器】的设置。

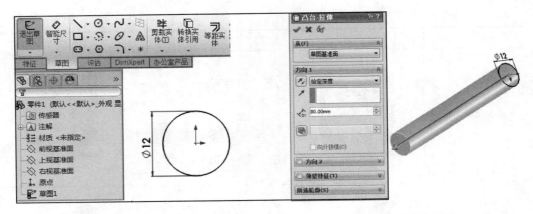

(a) 螺杆毛坯草图　　　　　　　　　　(b) 螺杆毛坯特征

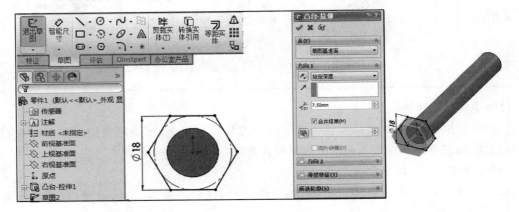

(c) 螺栓毛坯头部草图　　　　　　　　(d) 螺栓毛坯头部特征

图 13 - 2　螺栓毛坯件特征的创建

④ 左击【凸台—拉伸属性管理器】中的✅按钮,完成螺杆毛坯特征的创建。

(3) 螺栓毛坯头部

① 左击选取螺柱的任意一个圆端面为草图绘制平面,左击"草图"工具栏中的"草图绘制"命令按钮进入草图绘制界面,以圆端面的圆心为六边形的中心,六边形上下两条直线的几何条件为水平,六边形内切圆直径为 18 mm,草图绘制如图 13 - 2(c)所示。

② 左击图形区右上角按钮,退出草图。

③ 左击"命令管理器"中的"特征",工具栏中左击选择"拉伸凸台/基体"命令按钮,"终止选项"为给定深度,距离为 7.5 mm,如图 13 - 2(d)所示,完成【凸台—拉伸属性管理器】的设置。

④ 左击【凸台—拉伸属性管理器】中的✅按钮,完成螺栓毛坯件头部特征的创建。

(4) 螺栓毛坯件的模型

如图 13 - 3 所示为螺栓毛坯件模型。

4. 拉伸切除

拉伸切除是将材料从实体中切除,实现特征中孔、洞等。拉伸切除中的方向、距离、拔模及合并结果的设置与拉伸特征相同,设置参见前一节,反侧切除是切除的材料为草图轮廓之外。

退出草图后,左击"特征"工具栏的"拉伸切除"命令按钮或【插入】|【切除】|"拉伸切除"命令,左击选择刚绘制的草图,特征管理区出现【切除—拉伸属性管理器】如图 13 - 4 所示。拉伸切除的终止选项包含给定深度、完全贯穿、成形到一顶点、成形到下一面、成形到一面、到离指定面指定距离、成形到实体、两侧对称,不同终止选项拉伸切除结果不同,最后左击【切除—拉伸属性管理器】中的按钮,完成拉伸切除特征的创建,如表 13 - 2 所列。

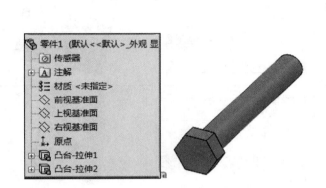

图 13 - 3　螺栓毛坯件模型

图 13 - 4　【切除—拉伸属性管理器】

表 13 - 2　不同终止选项的拉伸切除结果

拉伸切除终止选项	拉伸切除过程	参　数	拉伸切除结果
给定深度			
完全贯穿			

拉伸切除 终止选项	拉伸切除过程	参　数	拉伸切除结果
成形到下一面	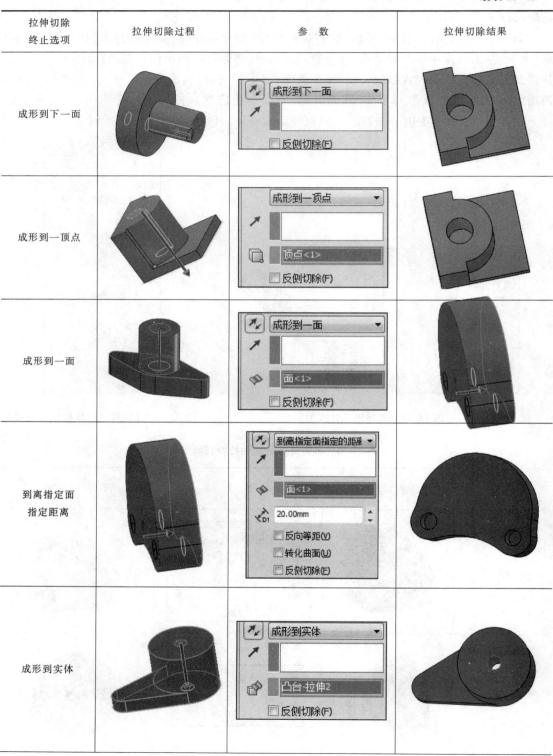		
成形到一顶点			
成形到一面			
到离指定面 指定距离			
成形到实体			

拉伸切除 终止选项	拉伸切除过程	参　　数	拉伸切除结果
两侧对称	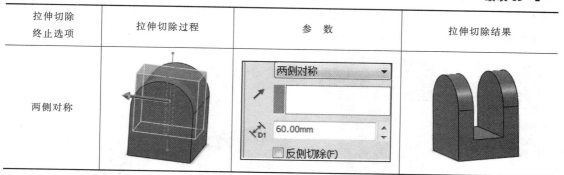	两侧对称 60.00mm □反侧切除(F)	

5. 拉伸切除建模应用——键槽

键槽是轴与其他零件连接的特征,采用拉伸切除的命令创建。

(1)建立基准面 1

在已建立的传动轴零件中创建键槽特征,如图 13 - 5 所示。左击"特征"工具栏中"参考几何体"下标▼中的"基准面"命令按钮◈,左击选取 Φ28 轴表面为第一参考,前视基准面为第二参考,建立与圆柱面相切并垂直于前视基准面的基准面 1,【基准面属性管理器】设置如图 13 - 6 所示。

图 13 - 5　传动轴零件

图 13 - 6　建立基准面 1

(2)键槽特征的创建

以基准面 1 为草图绘制平面,左击选中基准面 1,左击"草图"工具栏中的"草图绘制"命令按钮✐进入草图绘制界面,绘制键槽草图如图 13 - 7(a)所示,左击"草图"工具栏中"显示/删除几何关系"下标▼中的 添加几何关系 命令,分别添加草图中圆弧直线相切、直线相对于中心线对称的几何关系,左击图形区右上角![]按钮退出草图,左击"命令管理器"中的"特征",左击"特征"工具栏的"拉伸切除"命令按钮![],设置属性管理器如图 13 - 7(b)所示,左击【切除—拉伸属性管理器】中的![]按钮,完成键槽特征的创建。

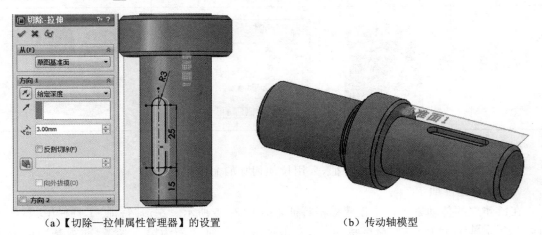

（a）【切除—拉伸属性管理器】的设置　　　　　　　（b）传动轴模型

图 13 - 7　创建键槽

13.1.2　旋转特征

回转体类模型创建的方式多采用旋转特征,模型的建立更加方便快捷。生成旋转特征应遵循以下准则:

① 实体旋转草图可以包含多个相交轮廓,可使用所选轮廓指针选择一个或多个交叉或非交叉草图来生成旋转特征。

② 薄壁或曲面旋转特征的草图可包含多个开环或闭环的相交轮廓。

③ 轮廓不能与中心线相交,如果草图包含一条以上中心线,选择想要作为旋转轴的中心线。

1. 旋转凸台/基体

草图绘制完之后,退出草图,左击"命令管理器"中的"特征",在工具栏中左击"旋转"命令按钮![]或左击选择【插入】|【凸台/基体】|"旋转"命令,特征管理区中弹出【旋转属性管理器】如图 13 - 8 所示,进行旋转参数的设置。

（1）旋转轴

旋转轴可以选择草图的中心线或草图上一条直线。

（2）方向 1

方向 1 的设置有终止选项设置及角度设置。

① 终止选项![]设置　终止选项有给定深度、成形到一顶点、成形到一面、到离指定面指定距离、两侧对称,选取不同的终止选项产生不同的旋转结果。

② 角度![]设置　旋转角度根据模型的实际形状确定,可

图 13 - 8　【旋转属性管理器】

以是 65°、90°、180°、132°等。

（3）方向 2

左击勾选"方向 2"，其中的终止选项及角度的设置与方向 1 相同。

（4）所选轮廓

当草图包含多个相交轮廓时，选取要进行旋转的轮廓进行特征操作。

左击【旋转属性管理器】中的 ✓ 按钮，完成旋转特征的生成。

旋转凸台/基体中的不同终止选项产生不同的旋转结果，如表 13 - 3 所列。

表 13 - 3　不同旋转终止选项下的旋转结果

旋转终止选项	旋转过程	参　数	旋转结果
给定深度		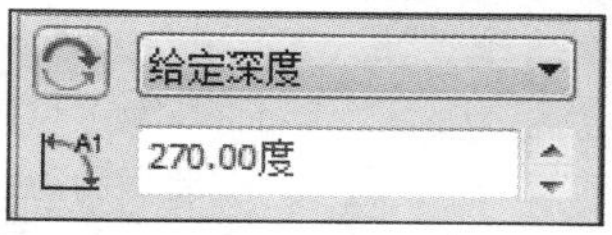 给定深度　270.00度	
成形到一顶点	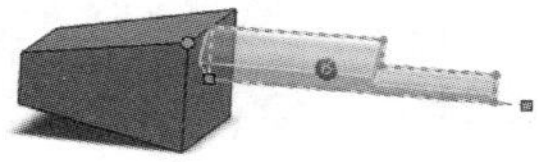	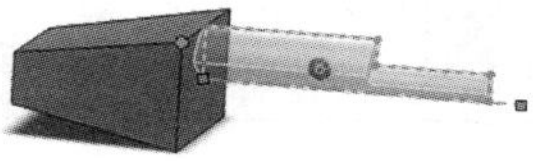	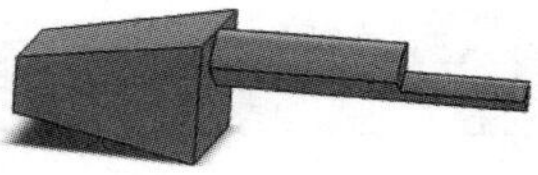
成形到一面	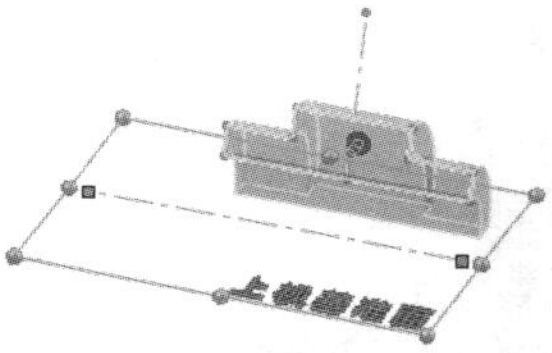	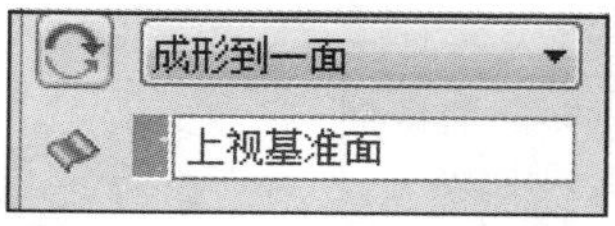 成形到一面　上视基准面	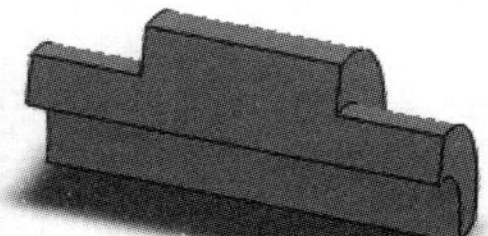
到离指定面指定距离	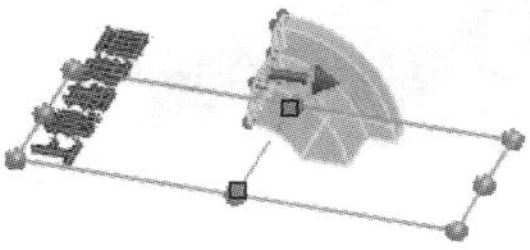	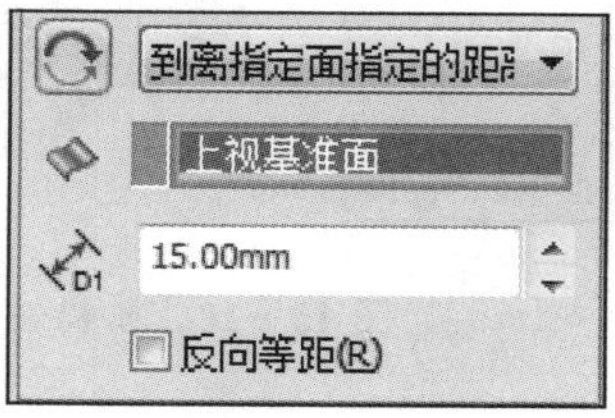 到离指定面指定的距　上视基准面　15.00mm　反向等距(R)	
两侧对称	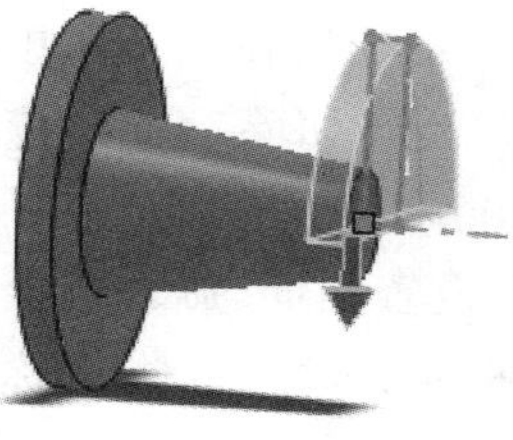	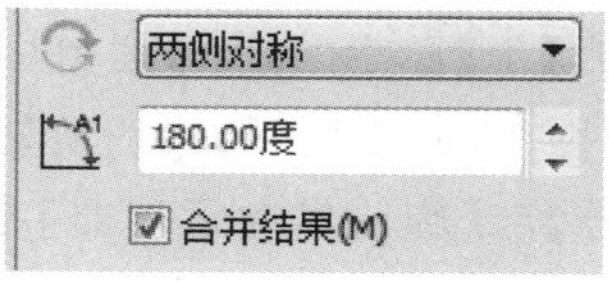 两侧对称　180.00度　合并结果(M)	

2. 旋转凸台/基体建模应用——阶梯轴

旋转特征在轴类零件中的应用较多，相对于拉伸特征，旋转使得轴类零件的创建简单，以下以阶梯轴为例说明旋转特征的创建过程：

① 新建零件　左击选择菜单栏的"新建"命令按钮▣,弹出【新建 SolidWorks 文件】对话框,左击选择零件▧,左击"确定"按钮。

② 左击选择前视基准面作为草图绘制平面,左击"草图"工具栏中的"草图绘制"命令按钮▣进入草图绘制界面,绘制阶梯轴的纵向截面草图,如图 13-9(a)所示。

③ 左击图形区右上角▧按钮,退出草图。

④ 左击"命令管理器"中的"特征",在工具栏中左击"旋转"命令按钮▧,设置【旋转属性管理器】中的"终止选项"为给定深度,角度为 360°,如图 13-9(b)所示。

⑤ 左击【旋转属性管理器】中的✓按钮,完成阶梯轴模型的创建,如图 13-10 所示。

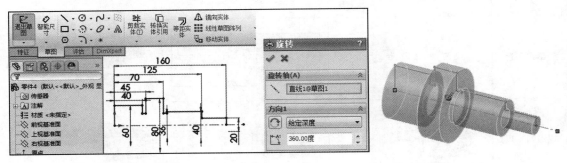

(a) 阶梯轴草图　　　　　　　　　　　　　　　(b) 阶梯轴旋转特征

图 13-9　阶梯轴的创建

图 13-10　阶梯轴模型

3. 旋转切除

旋转切除常常用来成形阶梯孔。

草图绘制完之后,退出草图,左击"命令管理器"中的"特征",在工具栏中左击"旋转切除"命令按钮▧或左击选择【插入】|【凸台/基体】菜单中的"旋转切除"命令,特征管理区中弹出【切除—旋转属性管理器】如图 13-11 所示,进行旋转切除参数的设置。

【切除—旋转属性管理器】与【旋转属性管理器】参数设置相同,旋转切除的"终止选项"有给定深度、成形到一顶点、成形到一面、到离指定面指定距离、两侧对称,对应的说明如表 13-4 所列。

图13-11 【切除—旋转属性管理器】

表 13-4　不同旋转切除终止选项下不同的旋转切除结果

终止选项	旋转切除过程	参　数	旋转切除结果
给定深度		给定深度　360.00度	
成形到一顶点		成形到一顶点　顶点<1>	
两侧对称		两侧对称　90.00度	

4. 旋转切除建模应用——千斤顶底座

千斤顶底座内腔的阶梯孔在创建过程中,相对于拉伸切除命令,旋转切除省去了多余的步骤,模型创建速度更快。千斤顶底座模型的创建如下:

① 新建零件 左击选择菜单栏的"新建"命令按钮□,弹出【新建 SolidWorks 文件】对话框,左击选择零件◎,左击"确定"按钮。

② 左击选择前视基准面作为草图绘制平面,左击"草图"工具栏中的"草图绘制"命令按钮◰进入草图绘制界面,绘制千斤顶底座外轮廓,左击图形区右上角◳按钮,退出草图。

③ 左击"命令管理器"中的"特征",在工具栏中左击"旋转"命令按钮ⅰ,设置【旋转属性管理器】中的"终止选项"为给定深度,角度为 360°,如图 13 – 12(a)所示。

④ 左击【旋转属性管理器】中的☑按钮,完成千斤顶底座外形的创建,如图 13 – 12(b)所示。

⑤ 左击选择右视基准面作为草图绘制平面,左击"草图"工具栏中的"草图绘制"命令按钮◰进入草图绘制界面,绘制千斤顶内腔阶梯孔,左击图形区右上角◳按钮,退出草图。

⑥ 左击"命令管理器"中的"特征",在工具栏中左击"旋转切除"命令按钮ⅰ,设置【切除—旋转属性管理器】中的"终止选项"为给定深度,角度为 360°,如图 13 – 12(c)所示。

⑦ 左击【切除—旋转属性管理器】的☑按钮,完成千斤顶底座模型的创建,如图 13 – 12(d)所示。

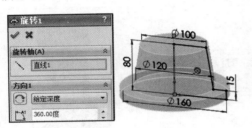
（a）千斤顶底座外形轮廓

（b）千斤顶底座外形

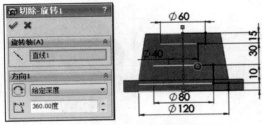
（c）千斤顶内腔阶梯孔轮廓

（d）千斤顶底座模型

图 13 – 12 千斤顶底座模型

13.1.3 扫描特征

扫描特征是草图轮廓沿一定路径移动来生成实体的方法。扫描特征可以使用引导线来辅助生成实体,也可以用多轮廓生成特征。

1. 扫 描

分别绘制扫描的轮廓和路径,退出草图后,左击"命令管理器"中的"特征",选择"扫描"命令按钮◉或左击选择【插入】|【凸台/基体】菜单中的"扫描"命令,特征管理区中弹出【扫描属性管理器】如图 13 – 13 所示,进行扫描参数的设置过程。

（1）轮廓和路径

轮廓和路径是扫描特征的最基本元素,缺少一个元素就不能完成扫描特征,注意轮廓与路径是在不同的草图中完成的,不能同时绘制在一个草图中。

① 轮廓　扫描特征中的轮廓为封闭的环,纯粹的构造几何体或开环不能构成扫描的轮廓。

② 路径　扫描特征的路径可以是闭环也可是开环,但要注意扫描路径不能有自相交情况,否则导致扫描路径不能垂直于截面。

（2）选　项

选择扫描路径和轮廓后,选项之一栏才可以被设置,包括方向/扭转控制(其中有:随路径变化、保持法向不变、随路径和第一引导线变化、随第一和第二引导线变化、沿路径扭转、以法向不变沿路径扭转),路径对齐类型(其中有:无、最小扭转、方向向量、所有面)。

图 13 - 13　【扫描属性管理器】

（3）引导线

引导线使得扫描后的模型更加的精确性,在选项中设置方向/扭转控制时,选择随路径和第一引导线变化或随第一和第二引导线变化时,应在草图中添加引导线草图。

（4）起始处/结束处相切

起始处/结束处相切类型为“无”和“路径相切”两种,左击选择“路径”相切,扫描模型在起始终止位置更加平滑。

（5）薄壁特征

左击勾选“薄壁特征”将生成具有一定壁厚的零件,如管类。

左击【扫描属性管理器】的☑按钮,完成扫描属性管理器的设置。

2. 扫描建模应用——电筒盒

扫描中不仅仅可以创建基体或者凸台特征,同时也可以创建曲面特征,此时操作命令有所差别。建立弹簧模型是扫描基体过程,接下来用扫描曲面命令创建电筒盒模型,具体操作如下。

（1）新建零件

左击选择菜单栏的“新建”命令按钮▢,弹出【新建 SolidWorks 文件】对话框,左击选择零件🖲,左击“确定”按钮。

（2）基准面的创建

在进行扫描轮廓的创建前,必须先创建轮廓所在的基准面。

① 基准面 1　左击“命令管理器”中的“特征”,左击选择工具栏中“参考几何体”命令🖗下标▾中的“基准面”命令🖗,以上视基准面为参考,偏移距离为 200 mm,【基准面属性管理器】设置如图 13 - 14(a)所示;左击【基准面属性管理器】中的☑按钮,完成基准面 1 的创建。

② 左击“命令管理器”中的“特征”,左击选择工具栏中“参考几何体”命令🖗下标▾中的“基准面”命令🖗,以上视基准面为参考,偏移距离为 10 mm,左击勾选“反向”,【基准面属性管

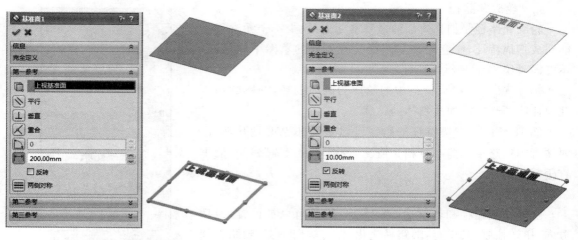

（a）【基准面属性管理器】 （b）【基准面属性管理器】

图 13 – 14 建立扫描轮廓基准面

理器】设置如图 13 – 14（b）所示；左击【基准面属性管理器】中的✔按钮，完成基准面 2 的创建。

（3）绘制扫描轮廓草图

分别在上视基准面、基准面 1 和基准面 2 上绘制扫描轮廓草图。

① 绘制草图 1　在特征管理设计树中左击选中上视基准面，左击"草图"工具栏中的"草图绘制"命令按钮进入草图绘制界面，绘制草图 1，如图 13 – 15（a）所示；这里圆不指定半径大小的原因是扫描命令是按照引导线进行轮廓生成的，草图 1 的形状尺寸不会影响扫描结果。绘制完草图后，左击图形区右上角按钮，退出草图。

② 绘制草图 2　在特征管理设计树中单击左键选中基准面 1，左击"草图"工具栏中的"草图绘制"命令按钮进入草图绘制界面，绘制草图 2，如图 13 – 15（b）所示。其中运用"显示/删除几何关系"命令下标中"添加几何关系"命令，为六边形顶点和原点添加"竖直"的几何关系，左击【添加几何关系属性管理器】中的✔按钮，完成六边形几何关系的添加。绘制完草图后，左击图形区右上角按钮，退出草图。

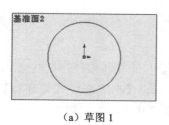

（a）草图 1

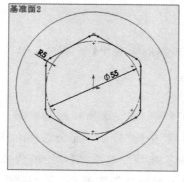

（b）草图 2

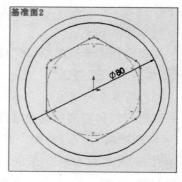

（c）草图 3

图 13 – 15 绘制扫描轮廓草图

③ 绘制草图 3　在特征管理设计树中单击左键选中基准面 2,左击"草图"工具栏中的"草图绘制"命令按钮 进入草图绘制界面,绘制草图 3,如图 13 – 15(c)所示,绘制完草图后,左击图形区右上角 按钮,退出草图。

从图 13 – 15 可以看出扫描的每个草图与其他草图不是同时绘制,当显示其中一个草图时其他草图为灰色,不可编辑。

（4）绘制扫描引导线

在特征管理设计树中单击左键选中右视基准面,左击"草图"工具栏中的"草图绘制"命令按钮 进入草图绘制界面,绘制引导线草图 4,其中在引导线的起点和终点,如图 13 – 16 所示,运用"显示/删除几何关系"命令 下标 中"添加几何关系"命令 ,添加点与边线的"穿透"关系。绘制完草图后,左击图形区右上角 按钮,退出草图。

（5）创建电筒盒模型

左击菜单栏【插入】|【曲面】|"扫描曲面"命令 ,属性管理区出现【曲面——扫描属性管理器】,设置如图 13 – 17(a)所示。

① 轮廓选择草图 4。

② 路径选择草图 1。

③ 引导线选择草图 2 和草图 3。

左击【曲面——扫描属性管理器】中的 按钮,生成电筒盒模型如图 13 – 17(b)所示。

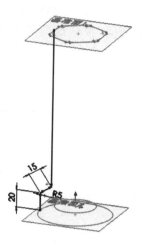

图 13 – 16　草图 4

（a）【曲面——扫描属性管理器】

（b）电筒盒模型

图 13 – 17　电筒盒模型的创建

3. 扫描切除

扫描切除利用扫描路径和轮廓去除材料,在实际中的应用如模具流道的设计,螺纹的创建等。

　　左击"命令管理器"中的"特征",左击选择"扫描切除"命令按钮  或左击选择【插入】|【凸台/基体】|"扫描切除"命令,特征管理区中弹出【切除—扫描属性管理器】,如图13-18所示,进行扫描切除参数的设置。

　　从图13-18可以看出,在进行轮廓和路径扫描时,【切除—扫描属性管理器】的设置与【扫描属性管理器】的设置相同,按照前面的方法进行属性管理器的设置,这里不再赘述。扫描切除在进行实体扫描时应注意以下两点:

　　① 工具实体必须凸起,且必须由分析几何体(如直线和圆弧)所组成的旋转特征或圆柱形拉伸特征组成。

　　② 路径必须连续相切并在工具实体轮廓之上或之内的点开始。

4. 扫描切除建模应用——螺纹

　　应用"扫描切除"命令创建真实螺纹,创建过程如下:

图13-18　【切除—扫描属性管理器】

　　① 新建零件　左击选择菜单栏的"新建"命令按钮  ,弹出【新建SolidWorks文件】对话框,左击选择零件  ,左击"确定"按钮。

　　② 按照13.1.1节拉伸凸台/基体建模应用——螺栓毛坯件过程,创建M12螺栓毛坯件。

　　③ 左击选择【插入】|【曲线】|"螺旋线/涡状线"命令,左击选择螺杆端面为螺旋线断面图的绘制平面,左击"草图"工具栏中的"草图绘制"命令按钮  进入草图绘制界面,绘制与端面圆直径全等的草图圆,左击图形区右上角  按钮,退出草图。

　　④ 在弹出的【螺旋线/涡状线属性管理器】中,设置螺旋线的参数,如图13-19(a)所示,左击【螺旋线/涡状线属性管理器】中的  按钮完成设置。

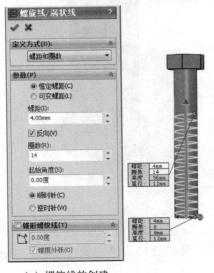

（a）螺旋线的创建

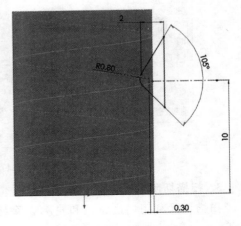

（b）扫描切除轮廓草图的绘制

图13-19　螺纹特征的创建

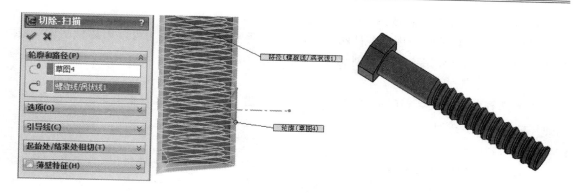

（c）扫描切除属性管理器的设置　　　　　　　　　（d）螺纹特征

图 13 - 19　螺纹特征的创建（续）

⑤ 左击选择上视基准面作为草图绘制平面，左击"草图"工具栏中的"草图绘制"命令按钮 進入草图绘制界面，绘制螺纹实际形状，如图 13 - 19（b）所示。左击图形区右上角 按钮，退出草图。

⑥ 管理区出现【切除—扫描属性管理器】，设置如图 13 - 19（c）所示，左击【切除—扫描属性管理器】中的 按钮完成扫描切除特征的操作。

⑦ 真实螺栓模型如图 13 - 19（d）所示。

13.1.4　放样特征

放样特征是由若干个草绘平面连接而形成实体的特征，需要多个截面草图，可加或不加引导线。

1. 放样凸台/基体

左击"命令管理器"中的"选项"，左击选择工具栏中的"放样"命令按钮 或左击选择【插入】|【凸台/基体】|"放样"命令，特征管理区中弹出【放样属性管理器】如图 13 - 20 所示，进行放样参数的设置。

① 轮廓　放样特征中轮廓的选取按照从上到下或从下到上的顺序依次选取，不可随意选择。

② 起始/结束约束　放样特征没有起始/结束约束，无须设置。

③ 引导线　引导线的引入，增加放样特征模型轮廓的精确性，引导线要单独绘制草图。

④ 中心线参数　对于规则的放样草图，中心连接可以生成中心线，放样过程中添加中心线参数，可以省略一定数量轮廓的绘制。

⑤ 草图工具　草图工具中可以进行草图的拖动，默认情况下，草图工具呈灰色状态不可用。

⑥ 选项　合并切面、显示预览、合并结果选项是放样特征常用的选项，一般对于此项不做修改。

⑦ 薄壁特征　左击勾选"薄壁"特征，放样实体为具有一定厚度的特征，对于曲率变化平缓的实体，左击勾选此项较为实际，可以取代后续的抽壳特征操作。

⑧ 左击【放样属性管理器】中的 按钮，完成设置。

2. 放样凸台/基体建模应用——牛奶杯

放样凸台/基体便于曲面类零件的创建,日常生活中的很多器件均可以用放样凸台/基体特征生成模型,以下介绍牛奶杯的创建过程:

(1) 新建零件

左击选择菜单栏的"新建"命令按钮🗋,弹出【新建 SolidWorks 文件】对话框,左击选择零件🗊,左击"确定"按钮。

(2) 绘制放样草图

① 创建四个基准面:左击"命令管理器"中的"特征",左击选择工具栏中"参考几何体"命令🗕下标▾中的"基准面"命令🗕,以上视基准面为参考,偏移距离为 6 mm,个数为 4,【基准面属性管理器】设置如图 13-21 所示,左击【基准面属性管理器】中的✅按钮,完成基准面 1~4 的创建。

图 13-20 【放样属性管理器】　　　　　　　　图 13-21 【基准面属性管理器】

② 绘制草图:分别左击选择上视基准面、基准面 1、基准面 2、基准面 3、基准面 4 为草图绘制平面,左击"草图"工具栏中的"草图绘制"命令按钮⊿进入草图绘制界面,绘制草图,如图 13-22 所示。从图 13-22 可以看出放样的每个草图与其他草图不是同时绘制,当显示其中一个草图时其他草图为灰色,不可编辑,每次绘制完草图后左击图形区右上角🗗按钮,退出草图。

(3) 放样特征的创建

左击"命令管理器"中的"特征",左击选择"放样凸台/基体"命令按钮🗕,属性管理区出现【放样属性管理器】,轮廓中依次选择草图 1~5,其他选项为系统默认,不用修改,放样特征的生成过程如图 13-23 所示,左击【放样属性管理器】中的✅按钮生成放样特征。

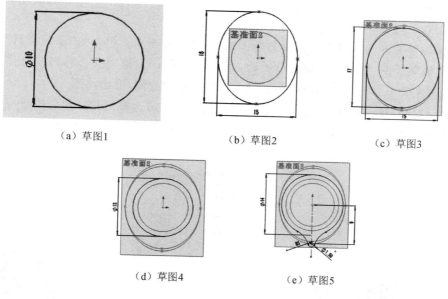

（a）草图1　　　　　　　　（b）草图2　　　　　　　　（c）草图3

（d）草图4　　　　　　　　（e）草图5

图 13 - 22　放样草图

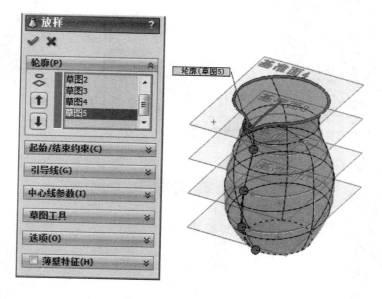

图 13 - 23　放样特征

（4）牛奶杯杯把

放样特征生成牛奶杯的杯身,扫描特征生成牛奶杯的杯把。

① 扫描路径　左击选择右视基准面作为草图绘制平面,左击工具栏中的"草图绘制"命令按钮⊵进入草图绘制界面,绘制如图 13 - 24(a)所示的扫描路径草图,左击图形区右上角⊷按钮,退出草图。

② 建立基准面　左击"命令管理器"中的"特征",选择工具栏中"参考几何体"命令⊗下标⧨中的"基准面"命令◈,"第一参考"左击选择前视基准面,"第二参考"左击选择扫描路径

草图的上端点,【基准面属性管理器】设置如图 13 - 24(b)所示,左击☑按钮,完成基准面 5 的创建。

③ 扫描轮廓　　左击选择基准面 5 为草图绘制平面,左击工具栏中的"草图绘制"命令按钮☑进入草图绘制界面,绘制扫描轮廓草图圆,直径为 1.6 mm,添加圆心与扫描路径上端点穿透的几何关系,如图 13 - 24(c)所示,左击图形区右上角☑按钮,退出草图。

④ 生成扫描特征　　左击"命令管理器"中的"特征",左击选择"扫描"命令按钮☑,【扫描属性管理器】设置如图 13 - 24(d)所示,左击【扫描属性管理器】中的☑按钮完成牛奶杯杯把的创建。

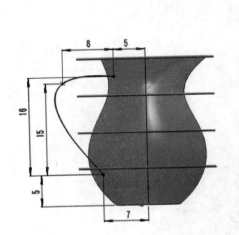

(a) 扫描路径草图

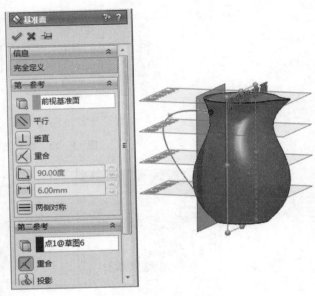

(b) 基准面的创建

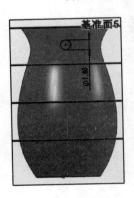

(c) 扫描轮廓草图

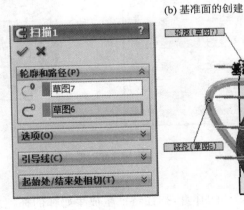

(d) 扫描特征的创建

图 13 - 24　牛奶杯杯把的创建

(5) 抽壳特征

左击工具栏中的"抽壳"命令按钮▣,【抽壳属性管理器】的设置如图 13 - 25 所示。

（6）牛奶杯模型

最终创建的牛奶杯模型如图 13 - 26 所示。

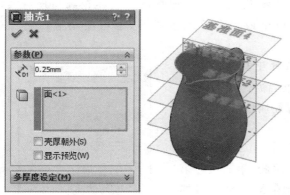

图 13 - 25　【抽壳属性管理器】的设置

图 13 - 26　牛奶杯模型

7. 放样切割

放样切割成形内部复杂曲面,左击"命令管理器"中的"特征",选择"放样切割"命令按钮或左击选择【插入】|【凸台/基体】|"放样切割"命令,特征管理区中弹出【切除—放样属性管理器】,如图 13 - 27 所示。

对比【放样属性管理器】图 3 - 30,【切除—放样属性管理器】的设置与此相同,在轮廓选项中依次选择放样切割草图,设置其他选项完成放样切割特征的创建。

图 13 - 27　【切除—放样属性管理器】

13.2　基本实体编辑

基本实体编辑是针对已经完成的实体模型进行辅助性编辑,又称应用特征,筋特征,孔特征,圆角特征,倒角特征,抽壳特征等。

13.2.1　筋特征

筋是从开环或闭环绘制的轮廓所生成的特殊类型的拉伸特征。它在轮廓与现有零件之间添加指定方向和厚度的材料,可使用单个或多个草图生成筋,也可使用拔模特征生成筋。

左击"命令管理器"中的"特征",左击选择工具栏的"筋"命令按钮▣或左击选择【插入】|【特征】|"筋"命令,属性管理区出现【筋属性管理器】,如图 13－28 所示,【筋属性管理器】的设置过程如下。

1. 参　数

① 厚度　筋的厚度选项分别为第一边、两侧、第二边。第一边和第二边均是沿筋草图一侧成形,两侧是沿筋草图对称成形,▣表示筋的厚度数值。

② 拉伸方向　拉伸方向分为平行于草图▣和垂直于草图▣,根据情况左击选择下面的"反转材料方向",使得筋的成形方向指向实体材料。

③ 拔模　左键按下▣按钮,右侧数值框修改拔模角度值。

2. 所选轮廓

筋的生成可以选择轮廓,在草图中左键选择要成形筋的草图。

图 13－28　【筋属性管理器】

左击【筋属性管理器】中的▣按钮,完成属性管理器上的设置。

13.2.2　筋建模应用——轴承座

轴承座中的筋起到加固作用,是模型承重特征之一,轴承座的创建过程如下。

1. 新建零件

左击选择菜单栏的"新建"命令按钮▣,弹出【新建 SolidWorks 文件】对话框,左击选择零件▣;左击"确定"按钮。

2. 创建轴承座轮廓

左击前视基准面作为草图绘制平面,左击工具栏中的"草图绘制"命令按钮▣进入草图绘制界面,绘制轴承座的旋转草图见图 13－29(a),左击图形区右上角▣按钮退出草图;左击"命令管理器"中的"特征";左击选择工具栏的"旋转"命令按钮▣,设置属性管理器如图 13－29(a)所示,左击【旋转属性管理器】中的▣按钮,完成轴承座轮廓的创建。

3. 创建底盘孔

① 草图绘制孔位置

左击选择轴承座的第二个平面(图中从下往上数)为草图绘制平面,左击工具栏中的"草图绘制"命令按钮▣进入草图绘制界面,绘制孔放置位置点如图 13－29(b)所示;左击图形区右上角▣按钮,退出草图。

② 创建孔　左击"命令管理器"中的"特征",左击选择工具栏中的"异型孔向导"命令按钮，
命令管理区出现【孔属性管理器】,设置"孔类型"为柱形沉头孔,"标准"为 Gb,"类型"为六角头螺栓
C 级 GB/T 5780—2000,"大小"M6,配合为正常,终止条件为完全贯穿,其他为软件默认。

左击　　　项,图形区左击确定孔位置草图,【孔属性管理器】设置如图 13 - 29(c),左击
【孔属性管理器】中的　按钮,完成轴承座底盘孔的创建。

③ 圆周阵列孔　底盘的柱形沉头孔为 3 个均布圆周分布,相邻孔的夹角为 120°,左击线
性阵列下标　中的"圆周阵列"命令按钮，阵列参数中的阵列轴　左击选择轴承座圆柱体的
轴线(左击图形区上端"隐藏/显示项目"按钮　下标　中的"观阅临时轴"命令按钮，同时根
据需要在"隐藏/显示项目"按钮　下设置需要的选项。),角度　为 120°,实例数　3 个,【阵列
(圆周)属性管理器】的设置如图 13 - 29(d)所示;左击【阵列(圆周)属性管理器】中的　按钮,
完成圆周阵列孔。

4. 筋的创建

（1）筋草图

左击选择前视基准面为草图绘制平面,左击工具栏中的"草图绘制"命令按钮　进入草图
界面,绘制筋的草图直线如图 13 - 29(e)所示,左击图形区右上角　按钮退出草图。

（2）创建筋

左击工具栏中的"筋"命令按钮，设置厚度为两侧,数值 6 mm,拉伸方向为平行于草图,
成形箭头指向材料,【筋属性管理器】设置如图 13 - 29(e)所示;左击【筋属性管理器】中的　按
钮,完成筋的创建。

（3）圆周阵列筋

轴承座筋 3 个均布圆周分布,相邻筋的夹角为 120°,左击"线性阵列"命令下标　中的"圆
周阵列"命令按钮，阵列轴　选择轴承座圆柱体的轴线,角度　为 120°,实例数　3 个。【阵
列(圆周)属性管理器】的设置如图 13 - 29(f)所示,左击【阵列(圆周)属性管理器】中的　按钮,
完成圆周阵列筋。

5. 圆角的创建

轴承座的圆角均为等半径圆角,半径为 2 mm,【圆角属性管理器】的设置如图 13 - 29(g)
所示,圆角形状由软件自动生成;左击【圆角属性管理器】中的　按钮,完成圆角的创建。

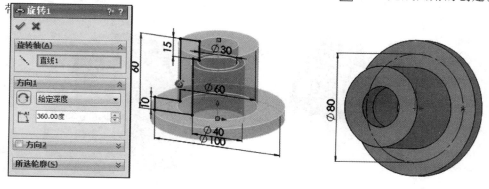

(a) 轴承座轮廓的创建　　　　　　　　　　　　　(b) 孔放置位置草图

图 13 - 29　轴承座模型的创建

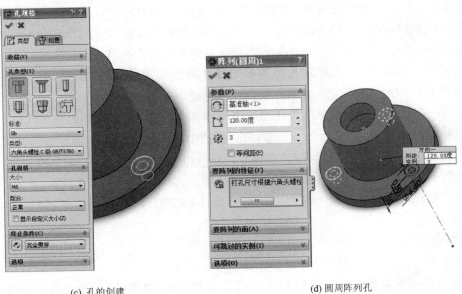

(c) 孔的创建　　　　　　　　　　　(d) 圆周阵列孔

(e) 筋的创建

(f) 圆周阵列筋

(g) 圆角的创建

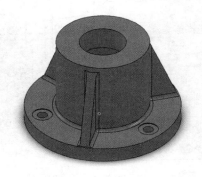

(h) 轴承座模型

图 13 - 29　轴承座模型的创建(续)

13.2.3　孔特征

孔特征是在实体上绘制一般孔或螺纹等其他异形国标孔,通过选择孔的类型,标注尺寸,限制位置来生成孔。

1. 异型孔向导

SolidWorks 中的"异型孔向导"包含各种国标形式的螺纹,装饰螺纹线简化了孔特征,孔的成形速度更快。

左击"命令管理器"中的"特征",左击选择"异型孔向导"命令按钮 ▣ 或左击选择【插入】|【特征】|【孔】|"向导",特征管理区出现【异型孔向导属性管理器】,如图 13 - 30 所示,对其进行相应的设置。

(1) 类　型

类型属性的设置如图 13 - 30(a)所示。

① 孔类型　孔类型主要有柱形沉头孔、锥形沉头孔、孔、直螺纹孔、锥形螺纹孔、旧制孔,在六种类型孔中,所采用的标准和类型多样,SolidWorks 针对中国用户的需求,设计了具有 GB 标准的孔类型,如六角头螺栓 C 级、内六角花形半沉头螺钉 GB/T 2674—2004、螺纹钻孔、底部螺纹孔、锥形管螺纹等,左击"标准"或"类型"选项右边下标 ▾ 选择需要的孔类型。

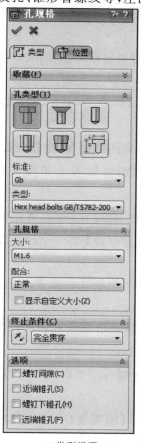

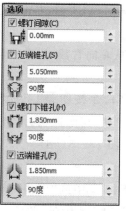

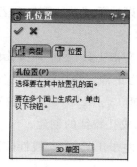

(a) 类型设置　　　　　　(b) 选项设置　　　　　(c) 孔位置的定义

图 13 - 30

② 孔规格 孔规格是按照孔类型,大小表示孔的实际成形大小,配合中包含紧密、正常、松弛。

③ 终止条件:孔的"终止条件"与拉伸成形的"终止选项"类似,包括给定深度、完全贯穿、成形到下一面、成形到一顶点、成形到一面、到离指定面指定距离。

④ 选项 选项的设置如图 13-30(b)所示。

● 螺钉间隙 螺钉间隙是螺钉与螺纹孔配合时,螺钉上表面与孔上端面之间的距离。

● 近端锥孔 近端锥孔定义锥孔的尺寸及角度,从而确定近端锥孔的特征。

● 螺钉下锥孔 定义螺钉开口大小和角度。

● 远端锥孔 定义锥形孔的最大开口尺寸及角度。

(2) 位 置

左击"位置"选项,定义生成孔的位置,如图 13-30(c)所示。

① 选择面 左击选择孔所在面,左击定义孔位置,然后添加定位尺寸,或者在生成孔特征之前,绘制草图确定孔的位置。

② 3D 草图 多个面生成孔时,利用 3D 草图可以快速地确定孔的位置,无须进行草图的切换。

左击【异型孔向导属性管理器】中的 ☑ 按钮完成设置,生成孔特征。

2. 孔建模应用——轴承端盖

孔是被紧固的零件必备的特征,在机械零件的连接中起着重要的作用,不同的零件选择不同的孔特征,以下为轴承端盖孔的创建过程。

① 新建零件 左击选择菜单栏的"新建"命令按钮 ▢,弹出【新建 SolidWorks 文件】对话框,左击选择零件 🖼,左击"确定"按钮。

② 左击前视基准面作为草图绘制平面,左击工具栏中的"草图绘制"命令按钮 🖰 进入草图绘制界面,绘制旋转特征草图,如图 13-31(a)所示,左击图形区右上角 🖼 按钮,退出草图。

③ 左击"命令管理器"中的"特征",左击选择工具栏的"旋转"命令按钮 🖼,属性管理区出现【旋转属性管理器】,设置如图 13-31(a)所示,左击【旋转属性管理器】中的 ☑ 按钮,完成旋转特征的创建。

④ 以轴承端盖的第二个表面(从左向右数)为草图绘制平面,绘制孔的位置,如图 13-31(b)所示。

⑤ 左击工具栏中"异型孔向导"命令按钮 🖼,孔"类型"选择锥形沉头孔,"大小"为 M6,"配合"为正常,"终止选项"为完全贯穿,其他选项为软件默认,如图 13-31(c)所示,左击"位置",选择 13-31(b)中草图位置,如图 13-31(d)所示,左击【异型孔向导属性管理器】中的 ☑ 按钮,完成孔特征的创建。

⑥ 左击工具栏中"线性阵列"下标 🔽 中的"圆周阵列"命令,【圆周属性管理器】的设置如图 13-31(e)所示,左击【圆周属性管理器】中的 🔽 按钮,完成孔的阵列。

⑦ 最终创建的轴承端盖模型如图 13-31(f)所示。

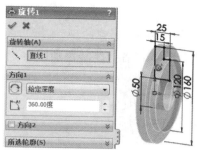

(a) 旋转属性管理器的设置

(b) 孔位置的草图

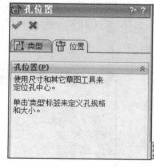

(c) 孔类型的设置

(d) 孔位置的设置

(e)【圆周阵列属性管理器】的设置

(f) 轴承端盖模型

图 13-31　轴承端盖模型的创建

13.2.4　圆角特征

使用圆角特征可以在零件上生成一个内圆角或者外圆角,起到造型、平滑过渡、美观等效果。用户可以为一个面的边线、所选的多面组、所选的边线或者边线环添加圆角。

圆角特征分为以下几种:

① 等半径圆角　生成整个圆角的长度都有等半径的圆角。

② 多半径圆角　生成多条边线的半径值可以不同的圆角。

③ 变半径圆角　生成带可变半径值的圆角。

④ 面圆角　混合非相邻,非连续的面。

⑤ 完整圆角　生成相切于三个相邻面组的(一个或多个面相切)圆角。

左击"命令管理器"中的"选项",左击选择工具栏中的"圆角"命令按钮█或左击选择【插入】|【特征】菜单中的"圆角"命令,特征管理区中弹出【圆角属性管理器】,如图 13-32 所示。

1. 等半径圆角

选择特征中一条直线或曲线,生成的圆角半径一致。

创建等半径圆角过程如下:

① 左击"命令管理器"中的"选项",左击选择工具栏中的"圆角"命令按钮█,属性管理区出现【圆角属性管理器】,左击选择"圆角类型"下的等半径,圆角半径█栏输入 8 mm,█中选择要创建圆角的四条边如图 13-33(a)所示。

图 13-32　【圆角属性管理器】

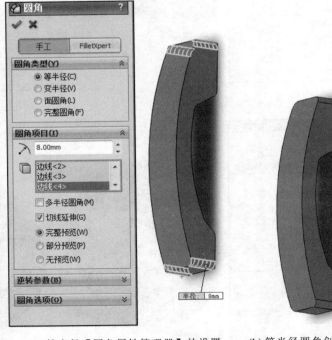

(a) 等半径【圆角属性管理器】的设置　　(b) 等半径圆角创建结果

图 13-33　等半径圆角的创建

② 左击【圆角属性管理器】中的 ✓ 按钮,完成等半径圆角创建,结果如图 13-33(b)所示。

2. 多半径圆角

多半径圆角是等半径圆角的细化,选择的多条曲线或直线的半径之间没有关联性,可以任意修改其中一条或多条的圆角半径值。

多半径圆角的创建过程如下:

① 左击"命令管理器"中的"选项",左击选择工具栏中的"圆角"命令按钮 🔘,属性管理区出现【圆角属性管理器】;左击选择"圆角类型"下的等半径,在"圆角项目"下;左击勾选"多半径圆角"选项,在图形区中,左键双击模型中任意一条直线上的圆角半径数值框 半径: 20mm ,在右侧数值栏输入设定数值,按 Enter 键确认,如图 13-34(a)所示。

② 左击【圆角属性管理器】中的 ✓ 按钮,完成多半径圆角创建,结果如图 13-34(b)所示。

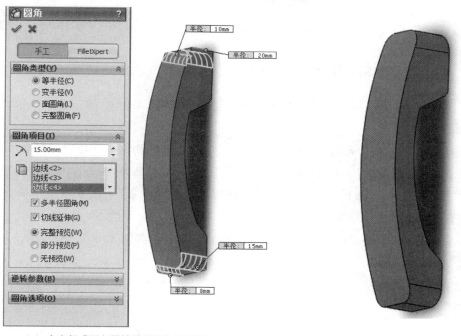

（a）多半径【圆角属性管理器】的设置　　　　（b）多半径圆角创建结果

图 13-34　多半径圆角的创建

3. 变半径圆角

特征上的一条直线或曲线的圆角可以有不同半径值,变半径圆角的创建可以实现该结果,变半径圆角的创建如下。

① 左击"命令管理器"中的"选项",左击选择工具栏中的"圆角"命令按钮 🔘,属性管理区出现【圆角属性管理器】;左击选择"圆角类型"下的变半径,定义若干个圆角控制点,这里定义 6 个圆角控制点;左击控制点弹出数值修改框 R: 13mm P: 05.71% ,双击右上端数值栏修改圆角半径值,分别修改后如图 13-35(a)所示。

② 左击【圆角属性管理器】中的 ✓ 按钮,完成设置,同样的方法创建对边的圆角,变半径圆

角创建结果如图 13 - 35(b)所示。

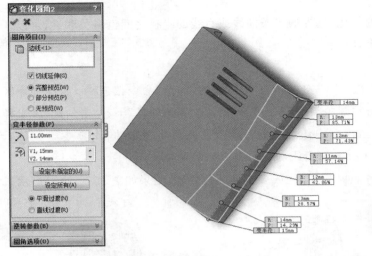

（a）变半径【圆角属性管理器】的设置　　　　　　（b）变半径圆角创建结果

图 13 - 35　变半径圆角的创建

4. 面圆角

应用面圆角可以在相邻或不相邻的两面组之间生成圆角,面圆角的创建过程如下。

① 左击"命令管理器"中的"选项",左击选择工具栏中的"圆角"按钮，属性管理区出现【圆角属性管理器】;左击选择"圆角类型"下的面圆角,"圆角项目"下设置圆角半径为 6 mm,面选择框中依次左击选择模型中不相邻的两个面,如图 13 - 36(a)所示。

② 左击【圆角属性管理器】中的按钮,完成面圆角创建,如图 13 - 36(b)所示。

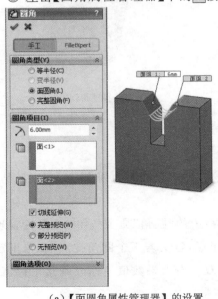

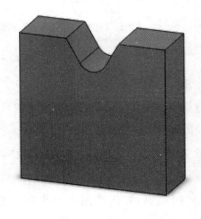

（a）【面圆角属性管理器】的设置　　　　　　（b）面圆角创建结果

图 13 - 36　面圆角的创建

5．完整圆角

完整圆角生成相切于三个相邻面组的圆角，完整圆角可以省略草图中圆弧（圆弧尺寸未知）的绘制，特征的创建容易实现，完整圆角的创建如下。

① 左击"命令管理器"中的"选项"，左击选择工具栏中的"圆角"按钮，属性管理区出现【圆角属性管理器】，左击选择"圆角类型"下的完整圆角，分别左击"圆角项目"下的面选取框，在模型中依次选择相邻的三个面，如图 13－37(a)所示。

② 左击【圆角属性管理器】中的按钮完成完整圆角的创建，同样的方法创建下端面的圆角，完整圆角创建结果如图 13－37(b)所示。

（a）完整【圆角属性管理器】的设置　　　　　（b）完整圆角创建结果

图 13－37　完整圆角的创建

13.2.5　倒角特征

倒角是在所选的边线或者顶点上生成一个倾斜面的特征造型方法，在工程上一般是为了满足装配的需要或去除零件的毛边。生成倒角特征有以下三种方式：角度距离、距离—距离、顶点。

1．角度距离倒角

角度距离倒角定义倒角夹角及至一个方向的距离，角度距离倒角的创建过程如下。

① 左击"命令管理器"中的"特征"，左击选择工具栏的"圆角"命令按钮下标中的"倒角"命令按钮或左击选择【插入】|【特征】|"倒角"命令，属性管理区出现【倒角属性管理器】；左击选择"角度距离"倒角类型，倒角距离为 2 mm，角度为 45°，如图 13－38(a)所示。

② 左击【倒角属性管理器】中的按钮，完成角度距离倒角的创建，如图 13－38(b)所示。

2．距离—距离倒角

距离—距离倒角需要分别定义倒角两个方向的距离，距离值设置可以相同也可以不同，创建过程如下。

① 左击"命令管理器"中的"特征"；左击选择工具栏的"圆角"命令按钮下标中的"倒角"命令按钮或左击选择【插入】|【特征】|"倒角"命令，属性管理区出现【倒角属性管理器】；左

(a) 角度距离【倒角属性管理器】的设置　　　　　　(b) 倒角特征

图 13 - 38　角度距离倒角的创建

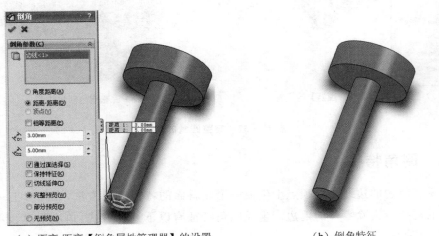

(a) 距离-距离【倒角属性管理器】的设置　　　　　　(b) 倒角特征

图 13 - 39　距离—距离倒角的创建

击选择"距离—距离"倒角类型,倒角距离分别设置为 3 mm、5 mm,如图 13 - 39(a)所示。

② 左击【倒角属性管理器】中的 ☑ 按钮,完成距离—距离倒角的创建,如图 13 - 39(b)所示。

3. 顶点倒角

顶点倒角定义一个顶点三个方向的距离,距离值可以相同也可以不同,顶点倒角的创建过程如下。

① 左击"命令管理器"中的"特征";左击选择工具栏的"圆角"命令按钮下标 ▾ 中的"倒角"命令按钮 🔗 或左击选择【插入】|【特征】|"倒角"命令,属性管理区出现【倒角属性管理器】;左击选择"顶点"倒角类型,距离分别设置为 4 mm、3 mm、2 mm,如图 13 - 40(a)所示。

② 左击【倒角属性管理器】中的 ✅按钮,完成顶点倒角的创建,如图 13 - 40(b)所示。

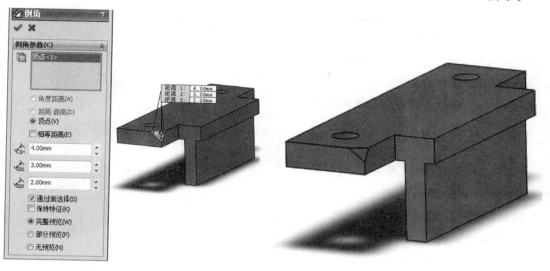

（a）顶点【倒角属性管理器】的设置　　　　　　（b）倒角特征

图 13 - 40　顶点倒角的创建

13.2.6　拔模特征

拔模特征在铸造中比较常见,增加拔模角度模型在成形后更易脱模,是成形工艺之一,拔模特征应用于其他特征之后,在拉伸凸台/基体、筋等特征的属性管理器中均有拔模选项,可以添加拔模特征。

左击"命令管理器"中的"特征",左击选择工具栏中的"拔模"命令按钮 ,属性管理区出现【拔模属性管理器】,如图 13 - 41 所示,设置过程如下。

① 拔模类型　拔模类型分为中性面、分型线、阶梯拔模。中性面拔模是指使用一个中性面(该面在拔模前后形状大小均不发生改变)来生成所选零件相关面特定角度的特征。分型线拔模是指对分型线周围的曲面进行拔模,分型线也可以是空间线条。在分型线上进行拔模时,插入一条分割线或使用现有的零件边线分离要拔模的面,然后指定拔模方向,完成分型线上的拔模。阶梯拔模会生成一个绕基准面旋转的面,该面即为拔模的方向。每种类型的拔模特征中均有形状大小不变的元素,如面、线等,三种拔模类型可以实现同样的拔模结果,互相补充。

② 拔模角度　拔模角度定义特征拔模的程度,修改数值达到设计要求。

③ 中性面　软件默认为中性面拔模,选择拔模的中性面定

图 13 - 41　【拔模属性管理器】

义拔模的方向,分型线和阶梯拔模设置拔模方向。

④ 拔模面 左击拔模面选框，在特征中选择要拔模的面,拔模面可以沿面延伸也可以不延伸,选择下三角确定。

⑤ 左击【拔模属性管理器】中的☑按钮,完成设置。

1. 中性面拔模

中性面拔模沿一个不变面进行拔模,中性面拔模特征的创建如图 13－42 所示,选择的拔模面拔模前后面明显的倾斜变化。

2. 分型线拔模

分型线拔模定义拔模方向及分型线,两者均是边线,成形过程与中性面拔模相似,图 13－43 为分型面【拔模属性管理器】的设置。

图 13－42 中性面拔模的创建

3. 阶梯拔模

阶梯拔模定义的也是拔模方向及分型线,拔模方向为一个平坦的面,分型线是一条边线,阶梯【拔模属性管理器】的设置如图 13－44 所示。

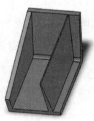

图 13－43 分型线拔模的创建　　　　　　　图 13－44 阶梯拔模的创建

13.2.7 抽壳特征

抽壳会掏空零件,除去所选的面同时去除零件内部的材料,并在剩余的其他面上生成薄壁的特征造型方法。假如未选择任何面,则会生成一个闭合、掏空的模型特征,也可以对某些面单独指定厚度,可以使用多个厚度来创建不同厚度的模型零件。

1. 抽　壳

抽壳可以分为等厚度抽壳和多厚度抽壳两种类型,两者的参数设定在同一个属性管理器中,如图 13 - 45 所示。左击工具栏中的"抽壳"命令按钮 或左击选择【插入】|【特征】| "抽壳"命令,属性管理区出现【抽壳属性管理器】,设置过程如下。

（1）参　数

该参数的设置为等厚度抽壳, 为抽壳后实体的壁厚, 选项选择面时,此面将在抽壳后被剔除,"壳厚朝外"表示以零件外轮廓线为边界抽壳后的壁在外轮廓线外还是内。

（2）多厚度设定

多厚度抽壳是多厚度的设定,多厚度抽壳中选定的面将不会被剔除,用左键选择面框 ,在图形区中用左键选择要剔除的面,在 中设置厚度值。

图 13 - 45　【抽壳属性管理器】

2. 抽壳建模应用——双 U 槽

抽壳特征创建双 U 槽,减少了用拉伸、旋转等基本建模方式创建该模型的复杂性,双 U 槽的创建过程如下。

（1）新建零件

左击选择菜单栏的"新建"命令按钮 ,弹出【新建 SolidWorks 文件】对话框,左击选择零件 ,左击"确定"按钮。

（2）拉伸特征创建双 U 形实体

① 绘制双 U 形实体草图　左击选择前视基准面作为草图绘制平面,左击工具栏中的"草图绘制"命令按钮 进入草图绘制界面,双 U 形实体草图由两个等半径 $R12.5$ mm 圆弧组成,圆弧之间相距 23 mm,如图 13 - 46(a)所示;左击图形区右上角 按钮,退出草图。

② 创建双 U 形实体　左击"命令管理器"中的"特征";左击选择工具栏的"拉伸"命令按钮 ,属性管理区出现【凸台—拉伸属性管理器】,设置拉伸方向 1 中的终止条件为给定深度,拉伸距离为 20 mm,如图 13 - 46(a)所示;左击【凸台—拉伸属性管理器】中的 按钮完成设置。

③ 拉伸切除　左击选择双 U 形实体下底面为草图绘制平面;左击工具栏中的"草图绘制"命令按钮 进入草图绘制界面,绘制一个矩形,作为拉伸切除草图,如图 13 - 46(b)所示;左击图形区右上角 按钮退出草图。

左击工具栏中的"拉伸切除"命令按钮 ,方向 1 中的终止条件为成形到下一面,属性管理器的设置如图 13 - 46(b)所示;左击【切除—拉伸属性管理器】中的 按钮,完成双 U 形实体的创建。

（3）创建圆角特征

两个圆弧之间相交处呈尖角，创建圆角修饰实体，左击工具栏中的"圆角"命令按钮，圆角半径输入 0.1 mm，选择中选择中选择实体圆弧交叉直线，如图 13 - 46(c)所示；左击【圆角属性管理器】中按钮，完成圆角的创建。

（4）创建抽壳特征

① 等厚度抽壳　　左击工具栏中的"抽壳"命令按钮，中输入厚度 0.5 mm，中选择双 U 形实体底面（该面将被剔除），如图 13 - 46(d)所示，左击【抽壳属性管理器】中的按钮，完成等厚度抽壳特征的创建，双 U 槽模型如图 13 - 46(e)所示。

② 多厚度抽壳

➤ 创建多厚度抽壳特征　　左击工具栏中的"抽壳"命令按钮，中分别选择双 U 形实体底面、两个侧面、（这些面将不会被剔除），依次单击选择的面，在中分别输入厚度 0.5 mm，1 mm，2 mm，如图 13 - 46(f)所示的设置，左击【抽壳属性管理器】中的按钮，完成多厚度抽壳特征的创建。

➤ 查看多厚度抽壳结果　　左击图形区上方的"剖面视图"命令按钮，在参考剖面中左击选择右视基准面，在等距距离中输入 10 mm，【剖面视图属性管理器】设置如图 13 - 46(g)所示；左击【剖面视图属性管理器】中按钮，显示多厚度抽壳后双 U 槽内部结构，如图 13 - 46(h)所示；再次左击命令按钮可以取消剖面显示。

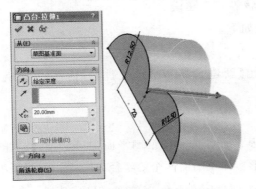

(a)【凸台—拉伸属性管理器】的设置

(b)【切除—拉伸属性管理器】的设置

(c) 圆角特征的创建

(d) 等厚度抽壳特征的创建

图 13 - 46　双 U 槽模型的创建

(e) 等厚度抽壳的双U槽模型

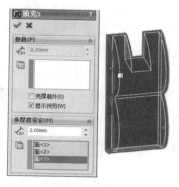

(f) 多厚度抽壳特征的创建

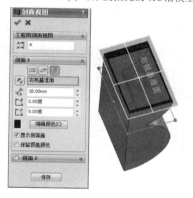

(g) 多厚度抽壳特征的查看

(h) 多厚度抽壳的双U槽模型

图 13 - 46　双 U 槽模型的创建(续)

13.3　零件工程图

工程图是用来表达三维模型的二维图样的,通常包含一组视图、完整的尺寸、技术要求、标题栏等内容。在设计工程图时可以用 Solidworks 设计的实体零件直接生成所需视图,也可以基于现有视图建立新的视图。

13.3.1　零件工程图概述

工程图是产品设计的重要技术文件,一方面它体现了设计成果,另一方面它也是指导生产的参考依据。Solidworks 系统提供了强大的工程图设计功能,用户可以很方便地借助与零件实体三维模型创建所需要的各个视图,包括基本视图、剖视图、断面图、局部放大图等。在默认情况下,SolidWorks 软件在工程图和零件或装配体的三维模型之间提供了全相关的功能,即当零件三维模型改变时,Solidworks 系统会自动更新相关的工程视图,以反映零件的形状和尺寸变化;反之,当一个工程图的尺寸被修改,系统也会自动修改零件的三维模型的结构。

工程图文件是 Solidworks 设计文件的一种,其后缀名为“*.slddrw”。在 Solidworks 工程图文件中,可以包含多张图纸。这使用户可以用同一个文件建立一个零件的多张图纸或者多个零件的工程图。工程图文件窗口可以分为两个部分:左侧区域为文件管理区域,显示了当前文件的所有图纸、图纸中包含的工程视图等内容。右侧图形区域可以认为是图纸,图纸中包含了图纸格式、工程视图、尺寸、注解、表格等工程图样所必要的内容。

当建立一副新的工程图时,必须选择一种图纸格式。图纸格式可以采用标准格式,也可自行设置。在设计工程图中可以利用【线型】工具栏对工程视图的线形和图层进行设置。这也是在工程图设计中必不可少的步骤。

13.3.2　零件视图选择

工程视图是指在图纸中建立的所有视图,在 Solidworks 中,用户可以根据需要建立各种表达零件模型的视图,如投影视图、剖面视图、局部放大视图、轴测视图等。

在设计工程图时系统已默认了零件的六向投影视图,用户需要选择其中之一作为工程图的主视图,然后利用【工程视图】工具栏来完成零件需要表达的标准三视图、模型视图、投影视图、剖视图、局部放大视图、轴测视图等其他视图,如图 13 - 47 所示。

图 13 - 47　工程视图

13.3.3　零件工程图的尺寸标注

Solidworks 系统有自动标注尺寸功能,单击【插入】|【模型项目】及可得到【模型项目】属性管理器,如图 13 - 48 所示。

根据自动标注尺寸功能用户可以得到工程零件的尺寸和注释等标注。但这不一定能满足用户对工程零件标注的全部需要,用户可以运用【注解】工具栏进行补充标准,如图 13 - 49 所示。图中包含:智能尺寸◇(对各个视图补充尺寸标注),项目尺寸◇(自动标准尺寸功能),注释A(对工程图的文字添加说明),拼写检验程序, 零件序号, 自动零件序号, 表面粗糙度符号, 焊接符号, 几何公差, 基准特征, 基准目标, 孔标准, 修订符号, 区域剖面线填充, 块, 中心符号线, 中心线, 表格。

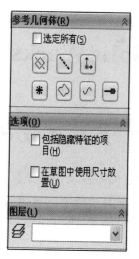

图 13-48　【模型项目】属性管理器　　　　　图 13-49　注　解

第 14 章　SolidWorks 装配体设计

14.1　装配体设计思路

装配体中的零部件可以包括独立的零件及子装配体,而每个子装配体中又可以由独立的零件和下一级子装配体即部件组成,而其中的下一级子装配体中又可以由零件和部件构成。

在 SolidWorks 中装配体的设计思路主要有自下而上和自上而下两种,两种思路可以独立使用也可以结合使用。

14.1.1　自上而下设计法

自上而下设计法是 SolidWorks 中首选的装配体设计方法,更能体现设计者的设计水平。在自上而下的设计法中,零件的形状、大小及位置可在装配体中设计。当采用自上而下的方法设计装配体时,装配体和零件之间具有很大的关联性;当装配体进行修改时,相应的零件同时被修改,装配体及其零件的创建过程更加便捷。

自上而下设计法是从装配体环境中开始工作,可以用某个零件作为外部参考来定义另外一个零件,也可以将布局草图作为设计的开端,利用布局草图定义装配体中零部件的位置、尺寸关系等,然后参考这些定义来设计零件。

自上而下设计中常用的方法

1. 单个特征

通过参考装配体中的其他零件,从而自上而下设计,零件在单独窗口中建造,此窗口中只可看到零件,同时,SolidWorks 也允许在装配体窗口中操作时编辑零件,这可使所有其他零部件的几何体供参考之用(例如复制或标注尺寸),该方法适用于大多是静态但具有某些与其他装配体零部件具有相同特征的零件。

2. 完整零件

通过在关联装配体中创建新零部件而以自上而下方法建造,所创建的零部件实际上添加配合到装配体中的另一现有零部件,所创建的零部件几何体的设计是基于现有零部件,该方法适用于大多或完全依赖其他零件来定义其形状和大小的零件建模,如托架和器具之类。

3. 整个装配体

整个装配体采用自上而下设计,通过建造定义零部件位置、关键尺寸等的布局草图,运用单个特征或完整零件方法创建 3D 零件,3D 零件遵循草图的大小和位置,创建 3D 几何体后,草图可以在一个中心位置进行大量修改。

14.1.2　自下而上设计法

自下而上设计法是比较传统的方法。在自下而上的设计中,首先借助于软件的设计功能生成零件模型,然后将其插入到装配体中,根据设计要求定义零件之间的配合关系。当用户使用以前生成的零件或使用大量的标准件时,或不需要建立控制零件大小和尺寸的参考关系时,这种方法较为常用。

14.2　装配体设计

装配体是许多零部件的组装体,在 SolidWorks 中以扩展名.SLDASM 保存,装配体的各个零部件之间存在一定的装配关系即配合,改变装配体中零部件的特征,变动将会在零部件文件(扩展名为.SLDPRT)中保存,装配体与其之间的零部件有互换性和关联性。装配体文件创建、零部件的插入和删除等是装配体设计的基础。

14.2.1　装配体文件的建立方法

启动 SolidWorks 后,左击菜单工具栏中的"新建"按钮□或左击选择【文件】|【新建】命令,还可以直接按键盘<Ctrl+N>快捷键进行文件的新建,弹出【新建 SolidWorks 文件】对话框,如图 14-1 所示,左击"装配体"图标▣;左击"确定"按钮完成装配体文件的创建,进入装配体界面,如图 14-2 所示。

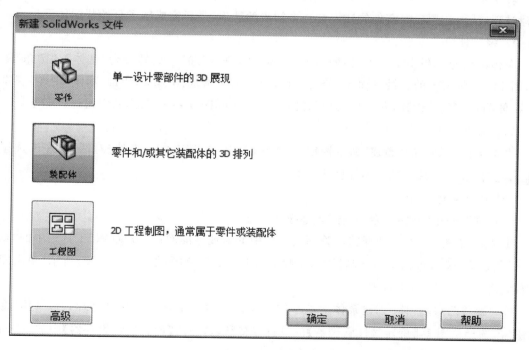

图 14-1　新建装配体文件

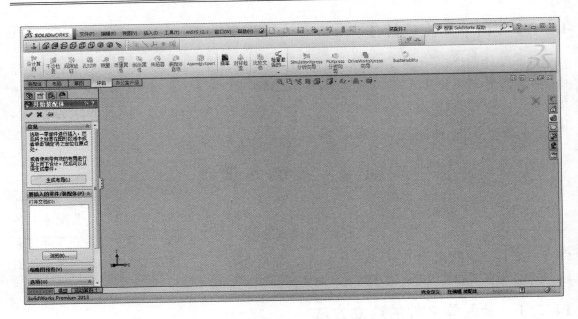

图 14 - 2　装配体文件的操作界面

14.2.2　装配体设计实例——转子泵

下面通过转子泵设计实例来认识一下 Solidworks 的装配体设计。

转子泵由 17 个零部件组成,其中泵体是转子泵的基体零件。因此,以下详细叙述泵体的创建过程,从而让用户对零件的建模有一个初步的认识,最后完成转子泵的装配体设计。

1. 泵　体

泵体的创建过程中结合了"拉伸凸台/基体"、"拉伸切除"、"旋转凸台/基体"、"圆角"等特征,图 14 - 3 为泵体的二维平面图,分析图得,泵体的上端应用"旋转凸台/基体"创建,底座应用"拉伸凸台/基体"创建,孔应用"异型孔向导",在 SolidWorks 中泵体的创建过程如下。

(1)新建零件

左击选择菜单栏的"新建"命令按钮▢,弹出【新建 SolidWorks 文件】对话框;左击选择零件▢,左击"确定"按钮,进入零件创建界面。

(2)创建泵体上端

绘制草图采用"旋转凸台/基体"创建泵体上端。

① 绘制草图 1　左击选择特征管理设计树中的前视基准面;左击"草图"工具栏中的"草图绘制"命令按钮▢,进入草图绘制界面,绘制泵体上端旋转草图,如图 14 - 4(a)所示;单击图形区右上角的▢按钮,退出草图 1。

② "旋转凸台/基体"创建泵体上端基体　左击"特征"工具栏中的"旋转凸台/基体"命令按钮▢,选择草图 1,【旋转属性管理器】的设置保持默认;左击【旋转属性管理器】中的▢按钮,完成上端基体的创建,如图 14 - 4(b)所示。

③ 绘制草图 2　图 14 - 4 中的 $\Phi100$ 孔为偏心孔,左击选择上端基体前表面为草图绘制平

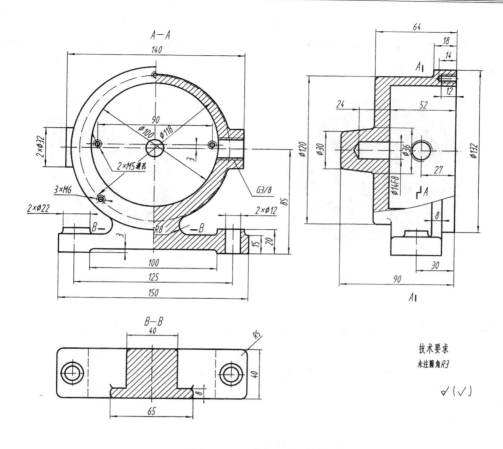

图 14-3　泵体二维平面图

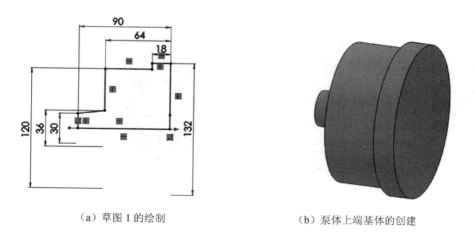

（a）草图 1 的绘制　　　　　　　　　　　　（b）泵体上端基体的创建

图 14-4　创建泵体上端基体

面;左击"草图"工具栏中的"草图绘制"命令按钮 ，进入草图绘制界面;左击选择"标准视图"工具栏中的"正视于"命令按钮 （或按快捷键 Ctrl＋8）,绘制偏心圆,如图 14-5(a)所示;左击图形区右上角的 按钮,退出草图 2。

④ 创建偏心孔　左击"特征"工具栏中的"拉伸切除"命令按钮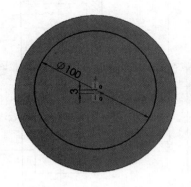，选择绘制的草图 2，终止条件选择给定深度，深度输入 52 mm；左击【切除—拉伸属性管理器】中的✅按钮，完成偏心孔的创建，如图 14 - 5(b)所示。

（a）草图 2 的绘制　　　　　　　　　　　（b）偏心孔的创建

图 14 - 5　创建偏心孔

⑤ 创建基准面 1　泵体底座与上端基体中心距离 85 mm，创建距离上视基准面 85 mm 的基准面 1，方向沿 Y 轴负向；左击选择"特征"工具栏中的"参考几何体"下标🔽中的"基准面"命令按钮🐾，属性管理器中"第一参考"在特征管理设计树中左击选择上视基准面，距离输入 85 mm，左击勾选"反转"选项，如图 14 - 6 所示；左击【基准面属性管理器】中的✅按钮，完成基准面 1 的创建。

图 14 - 6　创建基准面 1

⑥ 绘制草图 3　左击选择基准面 1，左击"草图"工具栏中的"草图绘制"命令按钮🗹，进入草图绘制界面，选择"正视于"命令按钮🔄，绘制泵体底座草图，如图 14 - 7(a)所示；左击图形

区右上角的![]按钮,退出草图 3。

　⑦　创建底座基体　左击"特征"工具栏中的"拉伸凸台/基体"命令按钮![],选择绘制的草图 3,终止条件选择给定深度,深度输入 15 mm,方向背离基准面 1;左击【凸台—拉伸属性管理器】中的![]按钮,完成底座基体的创建,如图 14-7(b)所示,左击特征管理设计树中的基准面 1,对话框中选择"隐藏"按钮![],将基准面 1 隐藏。

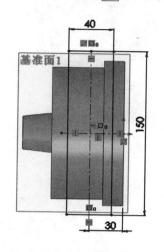

（a）草图 3 的绘制　　　　　　　　　　（b）底座基体的创建

图 14-7　创建底座基体

　⑧　绘制草图 4　左击选择底座基体上表面,左击"草图"工具栏中的"草图绘制"命令按钮![],进入草图绘制界面,选择"正视于"命令按钮![],绘制泵体底座与上端基体连接部位 1 草图,如图 14-8(a)所示;左击图形区右上角的![]按钮,退出草图 4。

　⑨　创建连接部位 1　左击"特征"工具栏中的"拉伸凸台/基体"命令按钮![],选择绘制的草图 4,终止条件选择成形到下一面,方向背离底座基体,左击【凸台—拉伸属性管理器】中的![]按钮,完成连接部位 1 的创建,如图 14-8(b)所示。

　⑩　绘制草图 5　左击选择底座基体前表面,左击"草图"工具栏中的"草图绘制"命令按钮![],进入草图绘制界面,选择"正视于"命令按钮![],绘制泵体底座与上端基体连接部位 2 草图,如图 14-9(a)所示,左击图形区右上角的![]按钮;退出草图 5。

　⑪　创建连接部位 2　左击"特征"工具栏中的"拉伸凸台/基体"命令按钮![],选择绘制的草图 5,终止条件选择给定深度,深度为 8 mm,方向背离底座基体前表面;左击【凸台—拉伸属性管理器】中的![]按钮,完成连接部位 2 的创建,如图 14-9(b)所示。

　⑫　绘制草图 6　左击选择底座基体上表面,左击"草图"工具栏中的"草图绘制"命令按钮![],进入草图绘制界面,选择"正视于"命令按钮![],绘制泵体底座凸台 1 草图,如图 14-10(a)所示,左击图形区右上角的![]按钮,退出草图 6。

　⑬　创建底座凸台 1　左击"特征"工具栏中的"拉伸凸台/基体"命令按钮![],选择绘制的草图 6,终止条件选择给定深度,深度为 5 mm,方向背离底座基体上表面;左击【凸台—拉伸属

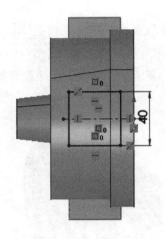
（a）草图4的绘制

（b）连接部位1的创建

图 14 - 8　创建连接部位 1

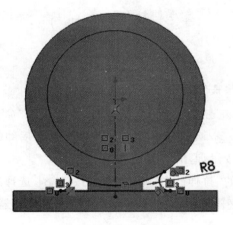
（a）草图 5 的绘制

（b）连接部位 2 的创建

图 14 - 9　创建连接部位 2

性管理器】中的 按钮，完成底座凸台 1 的创建，如图 14 - 10（b）所示。

⑭ 绘制草图 7　左击选择凸台 1 上表面，左击"草图"工具栏中的"草图绘制"命令按钮 ，进入草图绘制界面，选择"正视于"命令按钮 ，绘制泵体底座凸台 1 通孔 1 草图圆，圆与凸台边线圆同心，如图 14 - 11（a）所示；左击图形区右上角的 按钮，退出草图 7。

⑮ 创建底座通孔 1　左击"特征"工具栏中的"拉伸切除"命令按钮 ，选择绘制的草图 7，终止条件选择成形到下一面，方向指向底座基体下表面；左击【切除—拉伸属性管理器】中的 按钮，完成底座通孔 1 的创建，如图 14 - 11（b）所示。

⑯ 镜像底座凸台 1 及通孔 1　左击选择"特征"工具栏中的"线性阵列"下标 中的"镜像"命令按钮 ，"镜像面/基准面"在特征管理设计树中；左击选择前视基准面，"要镜像的特

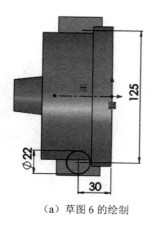

（a）草图 6 的绘制

（b）底座凸台 1 的创建

图 14 - 10　创建底座凸台 1

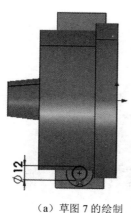

（a）草图 7 的绘制

（b）底座通孔 1 的创建

图 14 - 11　创建底座通孔 1

征"在特征管理设计树中；左击选择凸台——拉伸 4（即底座凸台 1）和切除——拉伸 2（即底座通孔 1），其他选项为默认，如图 14 - 12(a)所示；左击【镜像属性管理器】中的✅按钮，完成镜像操作，即底座凸台 2 和通孔 2 创建完成，如图 14 - 12(b)所示。

⑰　创建基准面 2　泵体上端基体两个凸台相距 140 mm，创建距离前视基准面 70 mm 的基准面 2，方向沿 Z 轴正向；左击选择"特征"工具栏中的"参考几何体"下标▾中的"基准面"命令按钮🗚，属性管理器中"第一参考"在特征管理设计树中左击选择前视基准面，距离输入 70 mm，如图 14 - 13 所示；左击【基准面属性管理器】中的✅按钮，完成基准面 2 的创建。

⑱　绘制草图 8　左击选择基准面 2，左击"草图"工具栏中的"草图绘制"命令按钮🖉，进入草图绘制界面，选择"正视于"命令按钮🡇，绘制泵体上端凸台 1 草图，如图 14 - 14(a)所示，左击图形区右上角的🔄按钮，退出草图 8。

⑲　创建上端凸台 1　左击"特征"工具栏中的"拉伸凸台/基体"命令按钮🗔，选择绘制的草图 8，"终止条件"选择成形到下一面，方向指向泵体上端基体；左击【凸台—拉伸属性管理

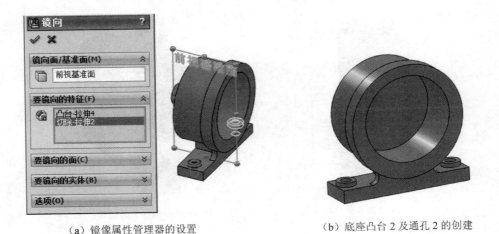

（a）镜像属性管理器的设置   （b）底座凸台 2 及通孔 2 的创建

图 14 - 12   创建底座凸台 2 及通孔 2

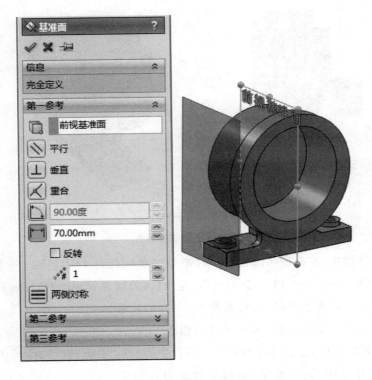

图 14 - 13   创建基准面 2

器】中的 ✅ 按钮，完成上端凸台 1 的创建，如图 14 - 14(b)所示，左击特征管理设计树中的基准面 2，对话框中选择"隐藏"按钮 📷，将基准面 2 隐藏。

　　⑳ 创建上端凸台管螺纹 G3/8　上端凸台管螺纹 G3／8，是连接管道端口的螺纹结构，应用"异型孔向导"进行创建，左击选择"特征"工具栏中的"异型孔向导"命令按钮 📷，属性管理器中的"孔类型"选择直螺纹孔，"标准"选择 Gb，"类型"直管螺纹孔，"大小"G3／8，"终止条

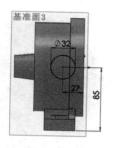

（a）草图 8 的绘制

（b）上端凸台 1 的创建

图 14 - 14　创建上端凸台 1

件"选择成形到下一面,其他设置为默认,如图 14 - 15(a)所示,选择位置,放置管螺纹中心与上端凸台 1 边线圆圆心位置重合,左击【异型孔向导属性管理器】中的 ✅ 按钮,完成管螺纹 G3/8 的创建,如图 14 - 15(b)所示。

（a）孔类型的设置

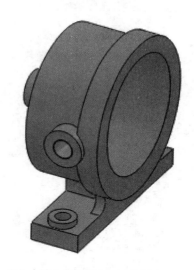

（b）上端凸台管螺纹 G 3/8 的创建

图 14 - 15　创建上端凸台管螺纹 G3／8

㉑ 镜像上端凸台 2 及管螺纹 G3/8　左击选择"特征"工具栏中的"线性阵列"下标 ▪ 中的"镜像"命令按钮 🖼,"镜像面/基准面"在特征管理设计树中左击选择前视基准面,"要镜像的特征"在特征管理设计树中左击选择凸台——拉伸 5(即上端凸台 1)和 G3／8 螺纹孔 1,其他选项为默认,如图 14 - 16(a)所示。左击【镜像属性管理器】中的 ✅ 按钮,完成创建上端凸台 2 及管螺纹 G3／8,如图 7 - 101(b)所示。

㉒ 创建泵体上端内孔　应用"异型孔向导"创建泵体上端内孔,左击选择"特征"工具栏中的"异型孔向导"命令按钮 🖼,属性管理器中的"孔类型"选择孔,"标准"选择 Gb,"类型"选择

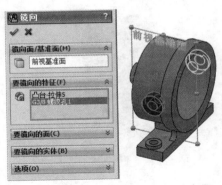

（a）【镜像属性管理器】的设置 （b）上端凸台 2 及管螺纹G3/8的创建

图 14 - 16 创建上端凸台 2 及管螺纹 G 3 / 8

钻孔大小，"大小为"Φ14.0，"终止条件"选择给定深度，深度输入 24 mm，其他设置为默认，如图 14 - 17(a)所示，选择位置，放置孔中心与上端泵体外轮廓圆圆心位置重合，左击【异型孔向导属性管理器】中的 ✓ 按钮，完成泵体上端内孔的创建，如图 14 - 17(b)所示。

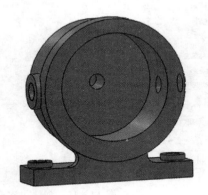

（a）孔类型的设置 （b）上端内孔的创建

图 14 - 17 创建上端内孔

㉓ 创建 M5 螺纹通孔 泵体上端基体有两个 M5 螺纹通孔，螺纹孔中心与偏心孔中心水平，两者螺纹孔中心距 90mm 并且关于原点对称，应用"异型孔向导"创建两螺纹孔，左击选择"特征"工具栏中的"异型孔向导"命令按钮，属性管理器中的"孔类型"选择直螺纹孔，"标准"选择 Gb，"类型"选择螺纹孔，"大小"选 M5，"终止条件"选择完全贯穿，其他设置为默认，如图 14 -18(a)所示。选择位置，应用草图工具栏定义孔中心位置，如图 14 -18(b)所示。左

击【异型孔向导属性管理器】中的按钮，完成泵体上端内孔的创建，如图 14-18(c)所示。

（a）孔类型的设置　　　　　（b）孔位置草图　　　　　（c）M5 螺纹通孔的创建

图 14-18　创建 M5 螺纹通孔

㉔ 创建 M6 螺纹孔　应用"异型孔向导"创建与原点竖直的 M6 螺纹孔，左击选择"特征"工具栏中的"异型孔向导"命令按钮，属性管理器中的"孔类型"选择直螺纹孔，"标准"选择Gb，"类型"选择螺纹孔，"大小"选 M6，"终止条件"选择给定深度，"深度"输入 14 mm，其他设置为默认。如图 14-19(a)所示，选择位置，应用草图工具栏定义孔中心位置，如图 14-19(b)所示，左击【异型孔向导属性管理器】中的按钮，完成泵体上端内孔的创建，如图 14-19(c)所示。

㉕ 创建圆周阵列 1　泵体上端基体前表面三个 M6 螺纹孔关于原点均匀分布，应用"圆周阵列"创建其他两个螺纹孔。左击选择"特征"工具栏中的"线性阵列"下标中的"圆周阵列"命令按钮；左击图形区上方"隐藏/显示项目"按钮的下标选择"观阅临时轴"命令按钮，"阵列轴"选择通过原点的临时轴，角度输入 120°，实例数输入 3，左击"要阵列的特征"选项框，在特征管理设计树中选择 M6 螺纹孔 1，其他选项为默认，如图 14-20(a)所示。左击【圆周阵列属性管理器】中的按钮，完成其余 M6 螺纹孔的创建，如图 14-20(b)所示。再次左击"隐藏/显示项目"按钮的下标选择"观阅临时轴"命令按钮，关闭临时轴。

㉖ 去除泵体底座多余材料　去除泵体底座多余材料，选择泵体底座前表面，左击"草图"工具栏中的"草图绘制"命令按钮，进入草图绘制界面，选择"正视于"命令按钮，绘制一个矩形，如图 14-21(a)所示，单击图形区右上角的按钮退出草图 17；左击"特征"工具栏中的"拉伸切除"命令按钮，选择绘制的草图 8，"终止条件"选择成形到下一面，方向背离底座前表面，其他选项为默认，如图 14-21(b)所示，左击【切除—拉伸属性管理器】中的按钮，完成

（a）孔类型的设置

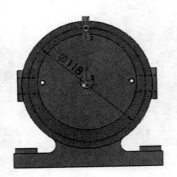

（b）孔位置草图

（c）M6螺纹孔的创建

图 14-19 创建 M6 螺纹孔

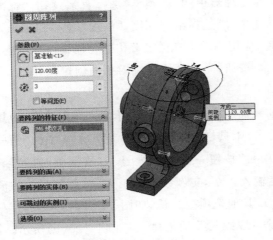

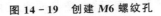

（a）【圆周阵列属性管理器】的设置

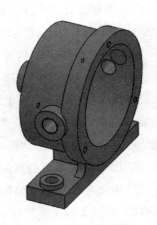

（b）其余 M6 螺纹孔的创建

图 14-20 创建圆周阵列 1

底座多余材料的去除。

⑳ 创建圆角　左击选择"特征"工具栏中的"圆角"命令按钮，"圆角类型"选择等半径，半径值输入 3 mm，在图形区中左击选择要添加圆角的边线，如图 14-22 所示，左击【圆角属性管理器】中的按钮，完成圆角的创建，创建的泵体模型，如图 14-23 所示。

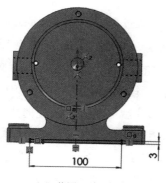

（a）草图 17 的绘制

（b）去除多余材料

图 14 - 21　去除泵体多余材料

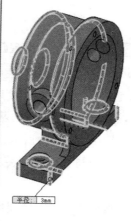

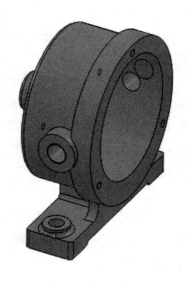

图 14 - 22　创建圆角

图 14 - 23 泵体模型

㉘ 左击菜单栏的"保存"按钮，将泵体模型保存于至转子泵零部件文件夹，文件命名为泵体. SLDPRT。

2. 创建转子泵装配体

转子泵装配体的创建过程如下。

（1）新建文件

左击选择菜单栏的"新建"命令按钮，弹出【新建 SolidWorks 文件】对话框，左击选择装配体，单击"确定"按钮。

（2）插入泵体

泵体是整个装配体的基体零件，在装配体的整个组装过程中位置保持固定，在属性管理区的【开始装配属性管理器】中左击 [浏览(B)...] 按钮，在转子泵零部件文件夹中选择泵体 2. SLD-PRT 文件，图形区出现泵体模型，左击标准视图工具栏的"上下二等角轴测"命令按钮 [图]，单击左击完成泵体的放置，SolidWorks 软件默认装配体第一个插入的零部件位置为固定。

其中值得关注的是零部件的放置问题，在插入零部件后应该进行合理的放置，不仅可以方便地选择要装配的特征，而且可以有效地避免配合关系的添加失误，影响装配体的创建效率。

放置零部件：插入零部件后，根据视图显示结果，通过"标准视图"工具栏 [工具栏图标] 中的命令快速放置零部件。同时，在进行零部件的装配中，按照移动或者旋转零部件命令，进一步调整零部件的放置位置。经过以上操作，插入的零部件将会被放置在最佳位置。

（3）插入衬套

左击"装配体"工具栏中的"插入零部件"命令按钮 [图]，属性管理区出现【插入零部件属性管理器】，左击 [浏览(B)...] 按钮，在转子泵零部件文件夹中选择衬套. SLDPRT 文件，图形区出现衬套模型，在图形区任意位置左击左键，完成衬套的放置。

（4）添加衬套与泵体的配合关系

左击"装配体"工具栏中的"配合"命令按钮 [图]，属性管理区出现【配合属性管理器】，左击图形区上方"隐藏/显示项目"按钮 [图] 的下标 [图] 选择"观阅临时轴" [图] 命令按钮，选择衬套中心孔的基准轴与泵体偏心孔的基准轴，软件自动配置重合关系，如图 14-24（a）所示。左击【配合弹出工具栏】中的 [图] 按钮，继续添加配合关系，选择衬套圆周孔的基准轴与泵体上端左凸台管螺纹 G3 / 8 基准轴，软件自动配置重合关系，如图 14-24（b）所示。左击【配合弹出工具栏】中的 [图] 按钮，再左击属性管理器上的 [图] 按钮，完成衬套与泵体配合关系的添加。

（5）插入子装配体

左击"装配体"工具栏中的"插入零部件"命令按钮 [图]，属性管理区出现【插入零部件属性管理器】，左击 [浏览(B)...] 按钮，在转子泵零部件文件夹中选择子装配体. SLDARM 文件，图形区出现子装配体模型，在图形区任意位置左击完成子装配体的放置。

（6）添加子装配体与泵体的配合关系

左击"装配体"工具栏中的"配合"命令按钮 [图]，属性管理区出现【配合属性管理器】，选择轴的基准轴与泵体偏心孔的基准轴，软件自动配置重合关系，如图 14-25（a）所示。左击【配合弹出工具栏】中的 [图] 按钮，继续添加配合关系，选择转子左端面与泵体内表面，软件自动配置重合关系，如图 14-25（b）所示。左击【配合弹出工具栏】中的 [图] 按钮，再左击属性管理器上的 [图] 按钮，完成子装配体与泵体配合关系的添加。

（7）插入垫片

左击"装配体"工具栏中的"插入零部件"命令按钮 [图]，属性管理区出现【插入零部件属性管理器】，左击 [浏览(B)...] 按钮，在转子泵零部件文件夹中选择垫片. SLDPRT 文件，图形区出现

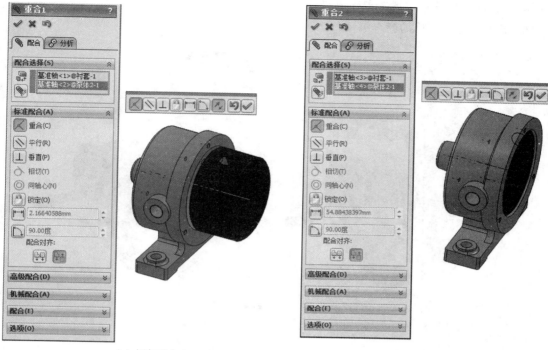

（a）添加重合 1　　　　　　　　　　　　　（b）添加重合 2

图 14 - 24　衬套与泵体配合关系的添加

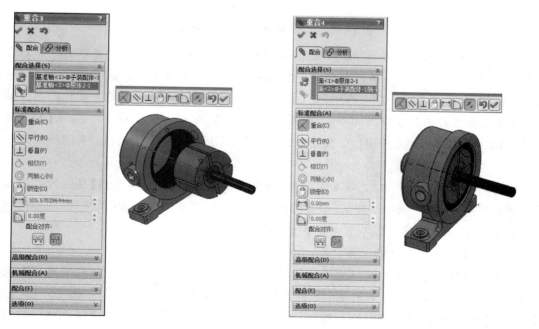

（a）添加重合3　　　　　　　　　　　　　（b）添加重合4

图 14 - 25　子装配体与泵体配合关系的添加

垫片模型,在图形区任意位置左击完成垫片的放置。

（8）添加垫片与泵体的配合关系

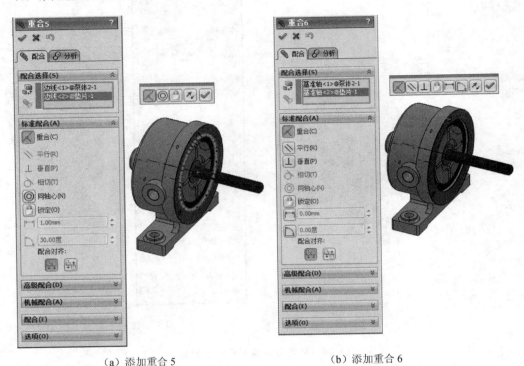

（a）添加重合 5　　　　　　　　　　（b）添加重合 6

图 14 – 26　垫片与泵体配合关系的添加

　　左击"装配体"工具栏中的"配合"命令按钮，属性管理区出现【配合属性管理器】,选择垫片左端面偏心孔边线与泵体外表面偏心孔边线,软件自动配置重合关系,如图 14 – 26(a)所示。左击【配合弹出工具栏】中的按钮,继续添加配合关系,选择垫片最上端孔的基准轴与泵体最上端螺纹孔的基准轴,软件自动配置重合关系,如图 14 – 26(b)所示。左击【配合弹出工具栏】中的按钮,再左击属性管理器上的按钮,完成垫片与泵体配合关系的添加。

　　（9）插入泵盖

　　左击"装配体"工具栏中的"插入零部件"命令按钮，属性管理区出现【插入零部件属性管理器】,左击 浏览(B)... 按钮,在转子泵零部件文件夹中选择泵盖.SLDPRT 文件,图形区出现泵盖模型,在图形区任意位置左击完成泵盖的放置。

　　（10）添加泵盖与垫片的配合关系

　　左击"装配体"工具栏中的"配合"命令按钮，属性管理区出现【配合属性管理器】,选择泵盖左端面最外圆边线与垫片右端面最外圆边线,软件自动配置重合关系,如图 14 – 27(a)所示。左击【配合弹出工具栏】中的按钮,继续添加配合关系,选择泵盖最上端孔边线与垫片最上端孔边线,选择同轴心关系,如图 14 – 27(b)所示。左击【配合弹出工具栏】中的按钮,再左击属性管理器上的按钮,完成泵盖与垫片配合关系的添加。

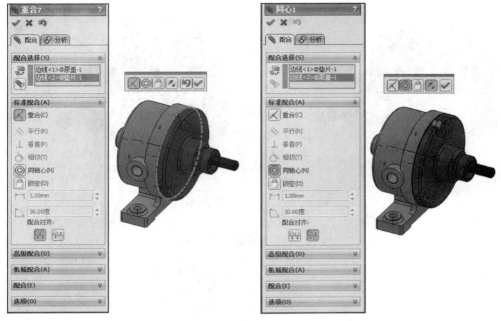

（a）添加重合 7　　　　　　　　　　（b）添加同心 1

图 14-27　泵盖与垫片配合关系的添加

（11）插入螺钉 $M6 \times 16$

左击"装配体"工具栏中的"插入零部件"命令按钮，属性管理区出现【插入零部件属性管理器】，左击 浏览(B)... 按钮，在转子泵零部件文件夹中选择螺钉 $M6 \times 16$.SLDPRT 文件，图形区出现螺钉 $M6 \times 16$ 模型，在图形区任意位置左击完成螺钉 $M6 \times 16$ 的放置。

（12）旋转螺钉 $M6 \times 16$

插入的螺钉 $M6 \times 16$ 的安装位置与实际要求相反，左击"装配体"工具栏中的"移动零部件"下标中的"旋转零部件"命令按钮，旋转的类型为自由拖动，左击螺钉 $M6 \times 16$，选中后按住鼠标左键不放，旋转螺钉 $M6 \times 16$ 到相应的位置，左击【旋转零部件属性管理器】中的按钮，完成螺钉 $M6 \times 16$ 的旋转，如图 14-28 所示。

（13）添加螺钉 $M6 \times 16$ 与泵盖的配合关系

左击"装配体"工具栏中的"配合"命令按钮，属性管理区出现【配合属性管理器】，选择螺钉 $M6 \times 16$ 基准轴与泵盖最上端孔基准轴，软件自动配置重合关系，如图 14-29（a）所示。左击【配合弹出工具栏】中的按钮，继续添加配合关系，选择螺钉 $M6 \times 16$ 锥形端面与泵盖阶梯孔内交线，软件自动配置重合关系，如图 14-29（b）所示。左击【配合弹出工具栏】中的按钮，再左击属性管理器上的按钮，完成螺钉 $M6 \times 16$ 与泵盖配合关系的添加。

（14）圆周阵列螺钉 $M6 \times 16$

左击"装配体"工具栏中的"线性零部件"下标中的"圆周零部件阵列"命令按钮，"阵列轴"在图形区中左击泵盖孔的基准轴，角度输入 120°，实例数输入 3，在特征管理设计树或图

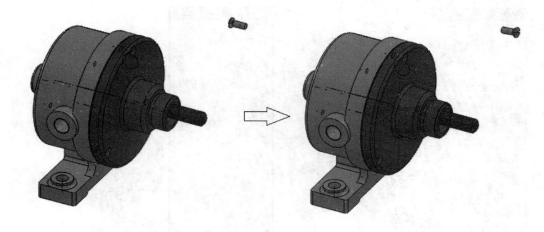

图 14 – 28　旋转螺钉 $M6×16$

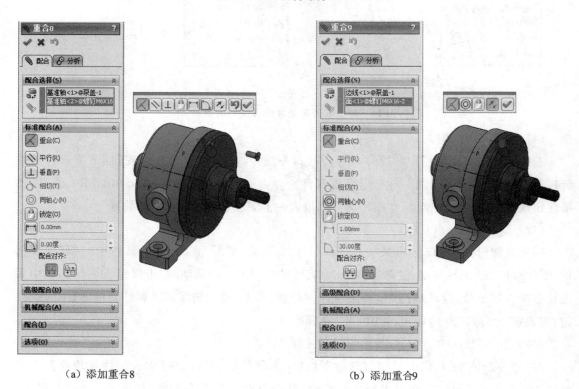

（a）添加重合8　　　　　　　　　　　　　　（b）添加重合9

图 14 – 29　螺钉 $M6×16$ 与泵盖配合关系的添加

形区中选择要阵列的零部件螺钉 $M6×16$，其他设置为默认，如图 14 – 30（a）所示。左击【圆周阵列属性管理器】中的 ✅ 按钮完成螺钉 $M6×16$ 的圆周阵列，如图 14 – 30（b）所示。

（15）插入填料

左击"装配体"工具栏中的"插入零部件"命令按钮 ⬛，属性管理区出现【插入零部件属性管理器】，左击 浏览(B)... 按钮，在转子泵零部件文件夹中选择填料.SLDPRT 文件，图形区出现

（a）【圆周阵列属性管理器】的设置　　　　　　（b）圆周阵列螺钉 $M6 \times 16$

图 14-30　螺钉 $M6 \times 16$ 圆周阵列的创建

填料模型，在图形区任意位置左击完成填料的放置。

（16）添加填料与泵盖的配合关系

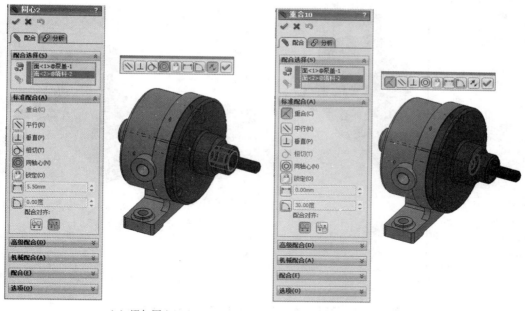

（a）添加同心 2　　　　　　　　　　　（b）添加重合 10

图 14-31　填料与泵盖配合关系的添加

　　左击"装配体"工具栏中的"配合"命令按钮，属性管理区出现【配合属性管理器】，选择填料孔表面与泵盖孔表面，软件自动配置同轴心关系，如图 14-31（a）所示。左击【配合弹出工具栏】中的按钮，继续添加配合关系，选择填料锥形端面与泵盖内锥形面，软件自动配置重合关系，如图 14-31（b）所示。如果软件自动报警配合错误，单击属性管理器中配合对齐下的反向对齐按钮，完成重合关系的添加，左击【配合弹出工具栏】中的按钮，再左击属性管理器上的按钮，完成填料与泵盖配合关系的添加。

（17）插入填料压盖

左击“装配体”工具栏中的“插入零部件”命令按钮，属性管理区出现【插入零部件属性管理器】，左击 浏览(B)... 按钮，在转子泵零部件文件夹中选择填料压盖. SLDPRT 文件，图形区出现填料压盖模型，在图形区任意位置左击完成填料压盖的放置。

（18）添加填料压盖与泵盖及填料的配合关系

左击“装配体”工具栏中的“配合”命令按钮，属性管理区出现【配合属性管理器】，选择填料压盖孔表面与泵盖孔表面，软件自动配置同轴心关系，如图 14 - 32(a)所示。左击【配合弹出工具栏】中的 ✓ 按钮，继续添加配合关系，选择填料压盖锥形端面与填料锥形面，软件自动配置重合关系，如图 14 - 32(b)所示。左击【配合弹出工具栏】中的 ✓ 按钮，再左击属性管理器上的 ✓ 按钮，完成填料压盖与填料配合关系的添加。

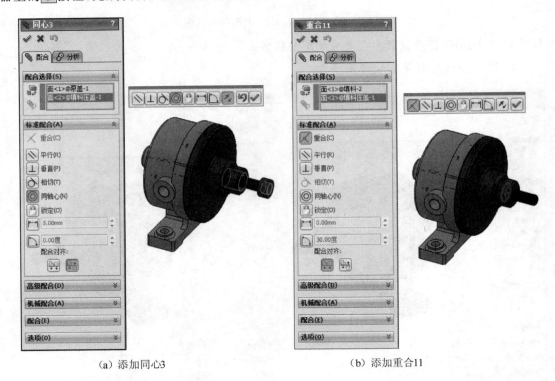

(a) 添加同心3　　　　　　　　　　　　　(b) 添加重合11

图 14 - 32　填料压盖与泵盖及填料配合关系的添加

（19）插入压盖螺母

左击“装配体”工具栏中的“插入零部件”命令按钮，属性管理区出现【插入零部件属性管理器】，左击 浏览(B)... 按钮，在转子泵零部件文件夹中选择压盖螺母. SLDPRT 文件，图形区出现压盖螺母模型，在图形区任意位置单击左键完成压盖螺母的放置。

（20）添加压盖螺母与泵盖的配合关系

左击“装配体”工具栏中的“配合”命令按钮，属性管理区出现【配合属性管理器】，选择压盖螺母孔表面与泵盖外圆柱表面，软件自动配置同轴心关系，左击“配合对齐”下的“同向对齐"按钮，如图 14-33(a)所示。左击【配合弹出工具栏】中的按钮，继续添加配合关系，选择压盖螺母孔内端面与泵盖右端面，软件自动配置重合关系，如图 14-33(b)所示。左击【配合弹出工具栏】中的按钮，再左击属性管理器上的按钮，完成压盖螺母与泵盖配合关系的添加。

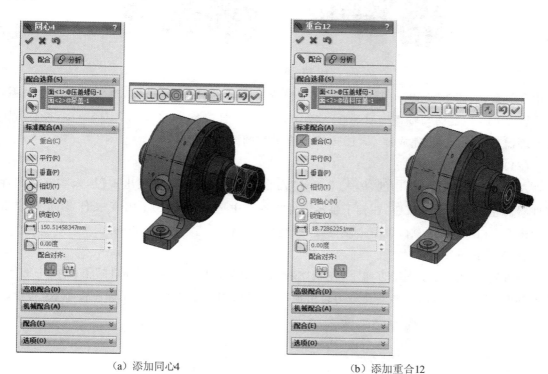

（a）添加同心4　　　　　　　　　（b）添加重合12

图 14-33　压盖螺母与泵盖配合关系的添加

（21）插入键 4×10

左击"装配体"工具栏中的"插入零部件"命令按钮，属性管理区出现【插入零部件属性管理器】，左击按钮，在转子泵零部件文件夹中选择键 4×10.SLDPRT 文件，图形区出现键 4×10 模型，在图形区任意位置单击左键完成键 4×10 的放置。

（22）旋转轴

将轴的键槽旋转至水平向上，左击"装配体"工具栏中的"移动零部件"下标中的"旋转零部件"命令按钮，旋转的类型为自由拖动，左击轴，选中后按住鼠标左键不放，使轴上之键槽旋转至水平方向上，左击【旋转零部件属性管理器】中的按钮，完成轴键槽的旋转，如图 14-34 所示。

（23）添加键 4×10 与轴的配合关系

左击"装配体"工具栏中的"配合"命令按钮，属性管理区出现【配合属性管理器】，选择键 4×10 下表面与轴键槽底面，软件自动配置重合关系，如图 14-35(a)所示。左击【配合弹出工具栏】中的按钮，继续添加配合关系，选择键 4×10 左端面与轴键槽左端面，软件自动配

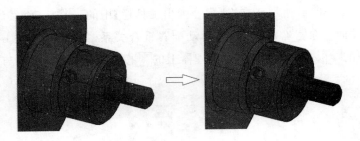

图 14-34　旋转轴

置重合关系,如图 14-35(b)所示。左击【配合弹出工具栏】中的▨按钮,继续添加配合关系,选择键 4×10 后端面与轴键槽后端面,软件自动配置重合关系,如图 14-35(c)所示,再左击属性管理器上的▨按钮,完成键 4×10 与轴配合关系的添加。

(24) 插入带轮

左击"装配体"工具栏中的"插入零部件"命令按钮▨,属性管理区出现【插入零部件属性管理器】,左击 ▨浏览(B)...▨ 按钮,在转子泵零部件文件夹中选择带轮.SLDPRT 文件,图形区出现带轮模型,在图形区任意位置单击左键完成带轮的放置。

(25) 旋转带轮

将带轮键槽旋转至水平方向上,左击"装配体"工具栏中的"移动零部件"下标▨中的"旋转零部件"命令按钮▨,旋转的类型为自由拖动;左击带轮,选中后按住鼠标左键不放,将带轮

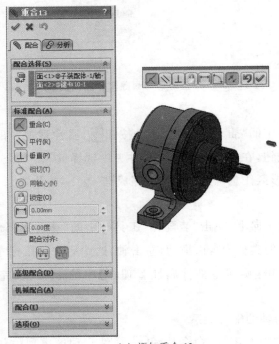

(a) 添加重合 13

图 14-35　键 4×10 与轴配合关系的添加

（b）添加重合 14　　　　　　　　　　　（c）添加重合 15

图 14-35　键 4×10 与轴配合关系的添加（续）

键槽旋转至水平方向上；左击【旋转零部件属性管理器】中的 ✔ 按钮，完成带轮的旋转，如图 14-36 所示。

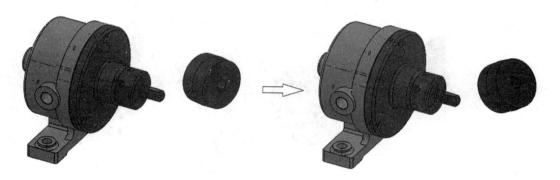

图 14-36　旋转带轮

（26）添加带轮与键 4×10 及轴的配合关系

左击"装配体"工具栏中的"配合"命令按钮🖉，属性管理区出现【配合属性管理器】。左击选择带轮键槽左表面与键 4×10 左表面，软件自动配置重合关系，如图 14-37（a）所示。左击【配合弹出工具栏】中的 ✔ 按钮，继续添加配合关系，选择轴的基准轴与带轮孔的基准轴，软件自动配置重合关系，如图 14-37（b）所示。左击【配合弹出工具栏】中的 ✔ 按钮，继续添加配合关系，选择轴螺钉基准轴与带轮圆周孔基准轴，软件自动配置重合关系，如图 14-37（c）所示。再左击属性管理器上的 ✔ 按钮，完成带轮与键 4×10 及轴配合关系的添加。

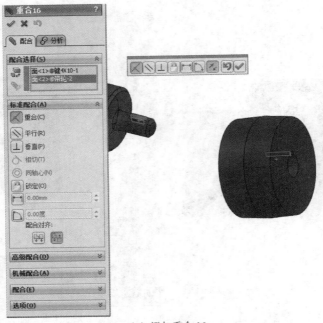

（a）添加重合 16

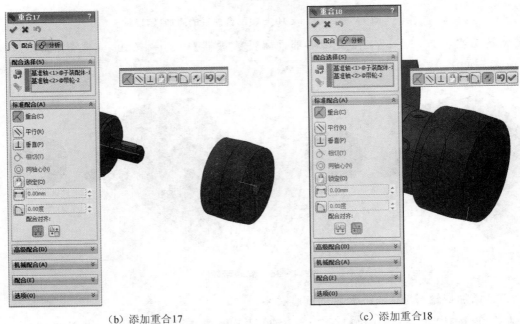

（b）添加重合17　　　　　　　　　　　（c）添加重合18

图 14 – 37　带轮与键 4×10 及轴配合关系的添加（续）

（27）旋转带轮

　　将带轮圆周孔旋转至水平方向上，左击"装配体"工具栏中的"移动零部件"下标 ▾ 中的"旋转零部件"命令按钮 ⑤ ，旋转的类型为自由拖动。左击带轮，选中后按住鼠标左键不放，将带轮圆周孔旋转至水平方向上。左击【旋转零部件属性管理器】中的 ✅ 按钮，完成带轮的旋转,如图 14 - 38 所示。

（28）插入紧定螺钉 M8

左击"装配体"工具栏中的"插入零部件"命令按钮，属性管理区出现【插入零部件属性管理器】。左击 浏览(B)... 按钮,在转子泵零部件文件夹中选择紧定螺钉 M8. SLDPRT 文件,图形区出现紧定螺钉 M8 模型,在图形区任意位置单击左键完成紧定螺钉 M8 的放置。

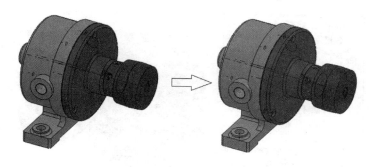

图 14 - 38　旋转带轮

（29）添加紧定螺钉 M8 与带轮的配合关系

左击"装配体"工具栏中的"配合"命令按钮，属性管理区出现【配合属性管理器】。左击选择紧定螺钉 M8 轴基准线与带轮圆周孔基准线,软件自动配置重合关系,如图 14 - 39（a）所

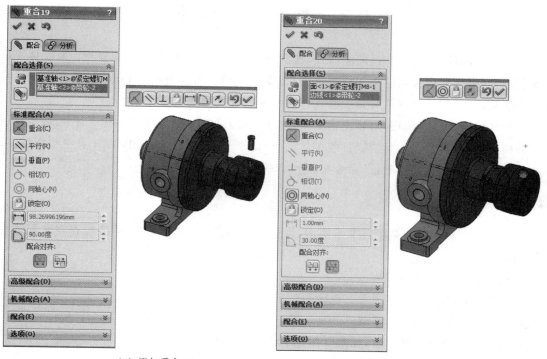

（a）添加重合 19　　　　　　　　（b）添加重合 20

图 14 - 39　紧定螺钉 M8 与带轮配合关系的添加

示。左击【配合弹出工具栏】中的 ✅ 按钮，继续添加配合关系，选择紧定螺钉 M8 锥形面与带轮圆周孔阶梯交线，软件自动配置重合关系，如图 14-39(b)所示。左击【配合弹出工具栏】中的 ✅ 按钮，再左击属性管理器上的 ✅ 按钮，完成紧定螺钉 M8 与带轮配合关系的添加。

（30）左击图形区上方"隐藏/显示项目"按钮 🔲 的下标 浏览(B)... 选择"观阅临时轴"🔲 命令按钮，取消图形区零部件临时轴的显示，创建的转子泵装配体如图 14-40 所示。

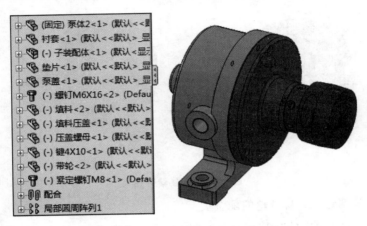

图 14-40　转子泵装配体模型

14.3　装配体的检查

装配体零部件的干涉检查、间隙验证、孔对齐与否是装配体中最基本的检查。装配体零部件安装是否合理、配合关系的添加是否正确，智能扣件的引入是否符合要求等，将在装配体检查中得到验证，装配体检查工具是正确设计装配体的有效检查手段。

装配体检查工具的调用，可以左击菜单栏中【工具】菜单中的"装配体检查"命令，或者在进行干涉检查之前，自定义工具栏，将"装配体检查"命令按钮拖到工具栏中，在工具栏中添加"干涉检查"命令按钮 🔲、"间隙验证"命令按钮 🔲 和"孔对齐"命令按钮 🔲。

14.3.1　干涉检查

"干涉检查"对复杂的装配体非常实用，以识别零部件之间的干涉。干涉检查在装配体中的作用：

➤ 确定零部件之间的干涉。

➤ 将干涉的真实体积显示为上色体积。

➤ 更改干涉和非干涉的零部件的显示设定，更好的查看干涉结果。

➤ 选择忽略要排除的干涉，如螺纹扣件干涉或压入干涉。

➤ 选择包括多实体零件的实体的干涉。

➤ 选择子装配体作为单一零部件，在整个装配体干涉检查过程中，子装配体零部件之间的干涉将不被检查。

➢ 可以区分重复干涉及标准干涉。

1. 干涉检查属性管理器的设置

左击菜单栏中【工具】|"干涉检查"命令⚙，属性管理区出现【干涉检查属性管理器】，如图 14 - 41 所示，设置如下：

（1）所选零部件

左击"所选零部件"选项框，在特征管理设计树或图形区左击选择整个装配体或要进行干涉检查的零部件，左击选项框下面的"计算"按钮，软件开始干涉计算。

（2）结　果

在计算后，结果栏会显示检测到的干涉，左击干涉名称，图形区将会高亮显示干涉的部位，左击选项框下的"忽略"按钮，干涉将被忽略，在以后的干涉检查中该干涉保持忽略，左击勾选"零部件视图"选项，干涉的名称将以零部件名称而非干涉序号显示。

（3）选　项

图 14 - 41　【干涉检查属性管理器】

左击勾选不同的选项，干涉结果在图形区的显示将明显不同。

① 视重合为干涉　将重合关系视为干涉。

② 显示忽略的干涉　左击勾选该选项，在结果清单中以灰色图标显示忽略的干涉，当清除此选项时，忽略的干涉将不会列出。

③ 视子装配体为零部件　左击勾选该选项时，子装配体将被视为一个零部件，子装配体中的干涉将不被列出。

④ 包括多体零件干涉　零件包含多个实体，勾选该选项，结果中将列出零件实体之间的干涉。

⑤ 使干涉零件透明　干涉的零件将以透明的显示形式显示。

⑥ 生成扣件文件夹　将扣件（如螺母和螺栓）之间的干涉隔离至结果下的单独文件夹，扣件干涉可以在扣件文件夹中检查，同时可以一起忽略。

⑦ 忽略隐藏实体　如果装配体包括含有隐藏实体的多实体零件，则左击勾选该选项，将忽略隐藏实体与其他零部件之间的干涉。

（4）非干涉零部件

非干涉零部件下面的选项是零部件的显示模式。

① 线架图　非干涉零部件只显示轮廓边线，面不可见。

② 隐藏　在图形区显示干涉结果时，非干涉零部件将自动隐藏，只显示干涉零部件。

③ 透明　非干涉零部件将以透明状显示。

④ 使用当前项　使用装配体的当前显示设置。

（5）左击【干涉检查属性管理器】中的 ✓ 按钮完成设置。

2. 干涉检查的应用——转子泵装配体

对转子泵整个装配体干涉的检查,验证装配过程的正确性。

（1）打开装配体

左击菜单栏中的"打开"命令按钮 ,选择转子泵零部件文件夹/装配体.SLDASM 文件。

（2）干涉检查

左击菜单栏中【工具】|"干涉检查"命令 ,单击"所选零部件"选项框,在特征管理设计树中选择顶层装配体。左击"计算"按钮,软件计算后,结果框中显示干涉序号,在"非干涉零部件"中,左击勾选"线架图",转子泵干涉结果如图 14－42 所示。干涉部位依次用红色颜色高亮显示,左击【干涉检查属性管理器】中的 ✓ 按钮,完成转子泵装配体的干涉检查。

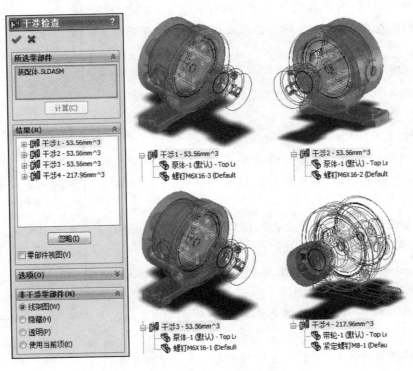

图 14－42　转子泵装配体干涉结果的显示

14.3.2　间隙验证

使用间隙验证检查装配体中所选零部件之间的间隙,可以检查零部件之间的最小距离,并显示不满足指定的"可接受的最小间隙"的间隙。选择检查整个零部件,或选择检查零部件的特定面。此外,可以选择检查所选零部件之间的间隙,也可以选择检查所选零部件和装配体的其余零部件之间的间隙。

1．间隙验证属性管理器的设置

左击菜单栏中【工具】|"间隙验证"命令▦，属性管理区出现【间隙验证属性管理器】，如图 14-43 所示。设置如下：

（1）所选零部件

选择要间隙验证的零部件▦或面▦，单击左键进行选择项之间的切换。

（2）检查间隙范围

间隙范围是设定的最小间隙值，在所选实体或实体与装配体之间的间隙。

① 所选项　所选项为计算所选零部件实体之间的间隙。

② 所选项和装配体其余项　选择的零部件实体与装配体其余实体之间的间隙。

③ 可接受的最小间隙▦　修改该数值框数值来设定间隙验证时的最小可接受的间隙值。

（3）结　果

左击"可接受的最小间隙"下的"计算"按钮，结果框中将列出所选零部件的间隙验证。

① 忽略　装配关系中的重合，在间隙验证中可能被计算为不可接受的最小间隙，该情况下的验证可以忽略，左击选择重合的结果，左击"忽略"按钮进行忽略，该间隙被忽略后，则会在以后的间隙验证中保持忽略。

② 零部件视图　左击勾选该选项，间隙验证结果将以零部件名称列出，而非间隙序号。

（4）选　项

不同的选项在间隙验证中得到不同的结果。

① 显示忽略的间隙　左击勾选此选项可在结果清单中以灰色图标显示忽略的间隙，当清除此选项时，忽略的间隙将不会列出。

② 视子装配体为零部件　将子装配体视为单一零部件，在间隙验证中将不会检查该子装配体的间隙。

③ 忽略与指定值相等的间隙　只报告小于指定值的间隙，与指定值相等的间隙将被忽略。

④ 使算例零件透明　以透明模式显示正在验证其间隙的零部件。

⑤ 生成扣件文件夹　将扣件（如螺母和螺栓）之间的间隙，隔离为在结果显示框中的单独文件夹，扣件干涉可以在扣件文件夹中检查，同时可以一起忽略。

（5）未涉及的零部件

该选项中为选定模式来显示间隙检查中未涉及的所有零部件，与 14.3.1 节中干涉检查属性管理器中"非干涉零部件"的选项相同。

（6）左击【间隙验证属性管理器】中的▦按钮完成设置。

2．间隙验证的应用——转子泵轴间隙的验证

转子泵中轴几乎与所有的零部件相接触，验证轴的间隙保证转子泵的正常运转。

（1）打开装配体

左击菜单栏中的"打开"命令按钮▦，选择转子泵零部件文件夹/装配体．SLDASM 文件。

（2）间隙验证

左击菜单栏中【工具】|"间隙验证"命令▦，选择所选零部件选项框，在特制管理设计树中

左击选择轴,"检查间隙范围"勾选"所选项和装配体其余项","间隙"值设为 10 mm,其他选项为软件默认,单击"计算"按钮,计算结束后,结果框中列出超出最小可接受间隙结果,属性管理器的设置如图 14 - 44 所示,间隙验证的部分结果如图 14 - 45 所示,这些结果均为重合关系,即都可以被忽略,左击【间隙验证属性管理器】中的 ✓ 按钮,完成转子泵装配体的干涉检查。

图14 - 43　【间隙验证属性管理器】　　　图 14 - 44　【间隙验证属性管理器】

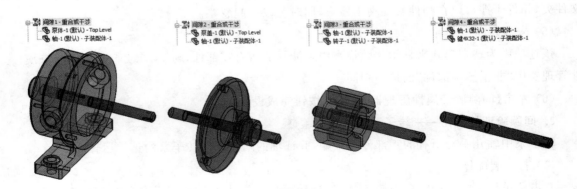

图 14 - 45　间隙验证的结果

14.3.3　孔 对 齐

"孔对齐"用来检查装配体中是否存在未对齐的孔。

1.【孔对齐属性管理器】的设置

左击菜单栏中【工具】|"孔对齐"命令 ，属性管理区出现【孔对齐属性管理器】，如图 14 - 46 所示。设置过程如下。

（1）所选零部件

显示被选中进行孔对齐检查的零部件，默认情况下，除非预选其他零部件，否则将显示顶层装配体；当检查一个装配体的孔对齐情况时，其所有零部件都将接受检查，如果选择两个或更多零部件，则仅报告所选零部件的孔未对齐情况。

（2）孔中心误差

指定要检查的孔组中心之间的最大距离，例如当指定 10.00 mm，则彼此的中心距离在 10.00 mm 之内的未对齐孔组将列在结果下。

（3）计　　算

左击"孔中心误差"下面的"计算"按钮，对设置的孔对齐零部件进行检测，结果框中显示孔未对齐的零部件。

（4）结　　果

结果框中可以选择项目在图形区中高亮显示；展开项目可以列出未对齐的孔；右键单击项目可以选择放大所选范围。

（5）左击【孔对齐属性管理器】中的 ✓ 按钮，完成设置。

2. 孔对齐的应用——转子泵孔对齐的检测

转子泵装配体中存在多个连接孔，如果孔未对齐，螺栓连接时将无法装配，或当转子泵在运转过程中，连接件与被连接件的损伤将明显增大，对装配体孔对齐的检测显得尤为重要。以下为转子泵孔对齐的检测过程：

（1）打开装配体

左击菜单栏中的"打开"命令按钮 ，选择转子泵零部件文件夹/装配体. SLDASM 文件。

（2）孔对齐

左击菜单栏中【工具】|"孔对齐"命令 ，属性管理区出现【孔对齐属性管理器】；左击"所选零部件"选项框，在特征管理设计树中左击选择顶层装配体，孔中心误差输入 1 mm，单击"计算"开始孔对齐的检测，结果如图 14 - 47 所示，在孔中心距离在 1 mm 之内的没有未对齐孔，表明转子泵的孔的创建及连接均是正确的。

（3）左击【孔对齐属性管理器】中的 ✓ 按钮，完成转子泵孔对齐的检测。

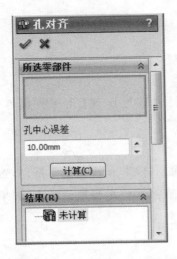 

图 14-46 【孔对齐属性管理器】   图 14-47 孔对齐检测结果

第15章 焊接图

在制造业中,经常采用焊接的方法将两个或多个零件连接在一起,以此方法形成的零件称为焊接结构件。它是一种不可拆的连接方法,广泛应用于金属零件及热塑性工程塑料零件的不可拆连接上。

焊接主要是用电弧或火焰将被连接件的连接处局部加热,同时以熔化的金属材料或热塑性工程塑料填充,或用加压的方法将被连接件熔接在一起。

焊接具有工艺简单、连接可靠、结构轻巧、材料利用率高、工艺设备较少等优点。因此,金属焊接件和塑料焊接件是现代工程上广泛采用的构件。

常见的焊接接头形式有:对接接头、T形接头、角接接头、搭接接头等,如图 15-1 所示。工件经焊接形成的接缝称为焊缝,为了简化图样,一般多采用焊缝符号表示焊缝。必要时也可采用图示法表示或用轴测图示意地表示。

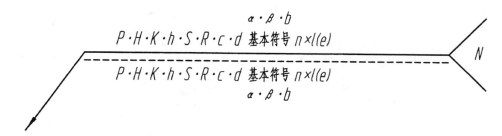

图 15-1 常见焊接接头

国家标准 GB/T 324—2008 规定,完整的焊缝符号包括基本符号、指引线、补充符号、尺寸符号及数据等。为了简化,在图样上标注焊缝符号时通常只采用基本符号和指引线,其他内容一般在有关的文件中(如焊接工艺规程等)明确。

符号的比例、尺寸及标注位置参见 GB/T 12212 的有关规定。

1. 基本符号

基本符号表示焊缝横截面的基本形式或特征,如表 15-1 所列。

表 15-1 基本符号

序 号	名 称	示意图	符 号
1	卷边焊缝[①] (卷边完全融化)		八
2	I形焊缝		‖

序　号	名　称	示意图	符　号
3	V 形焊缝		 $\vee$
4	单边 V 形焊缝		 $\mathord{\vee}$
5	带钝边 V 形焊缝		 Y
6	带钝边单边 V 形焊缝		 $\mathord{Y}$
7	带钝边 U 形焊缝		Y
8	带钝边 J 形焊缝		$\mathord{Y}$
9	封底焊缝		 $\smile$
10	角焊缝		 ◺
11	塞焊缝或槽焊缝		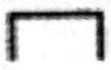 ⊓
12	点焊缝	 	 $\bigcirc$

序　号	名　称	示意图	符　号
13	缝焊缝	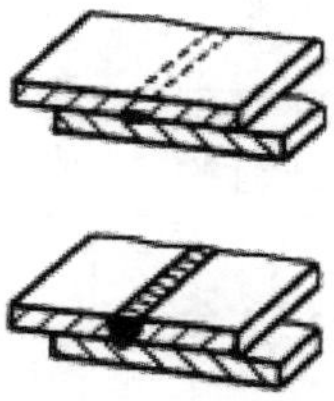	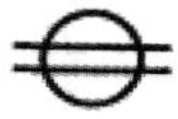
14	陡边 V 形焊缝		
15	陡边单 V 形焊缝		
16	端焊缝		
17	堆焊缝		
18	平面连接（钎焊）	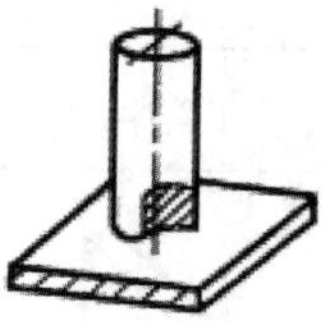 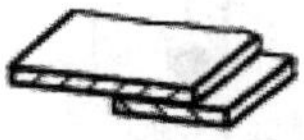	
19	斜面连接（钎焊）		
20	折叠连接（钎焊）		

注:① 不完全熔化的卷边焊缝用 I 形焊缝符号来表示,并加注焊缝的有效厚度 S。

2. 基本符号的组合

标注双面焊焊缝或接头时,基本符号可以组合使用,如表表 15 - 2 所列。

表 15 – 2   基本符号的组合

序　号	名　称	示意图	符　号
1	双面 V 形焊缝 （X 焊缝）		 X
2	双面单 V 形焊缝 （K 焊缝）	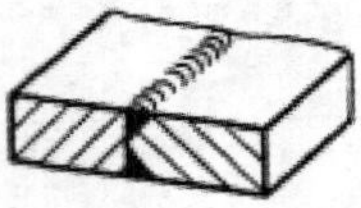	 K
3	带钝边的双面 V 形焊缝		 X
4	带钝边的双面单 V 形焊缝	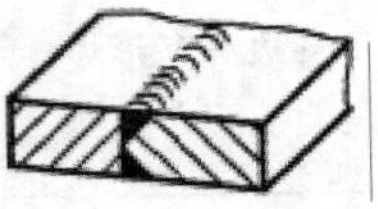	 K
5	双面 U 形焊缝		 Ⴜ

3. 基本符号的应用示例

基本符号的应用示例如表 15 – 3 所列。

表 15 – 3   基本符号的应用示例

序　号	符　号	示意图	标注示例	备　注
1	 V	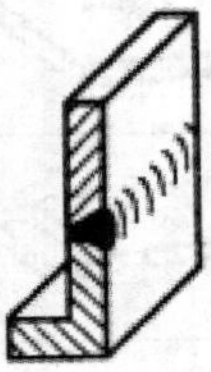	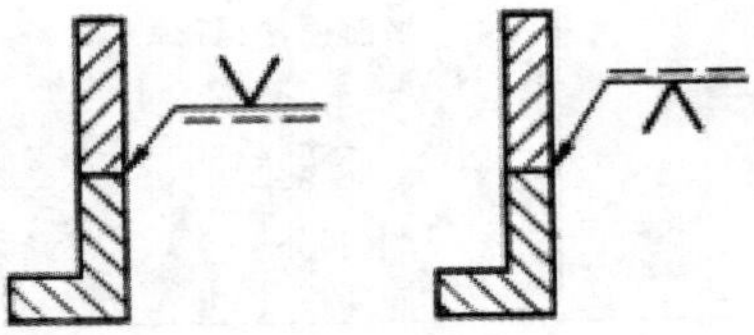	
2	 Y	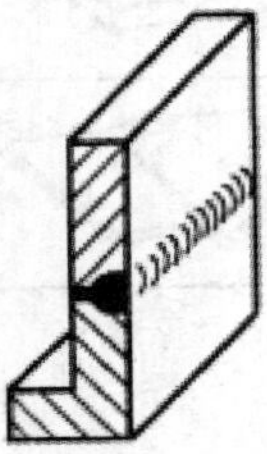	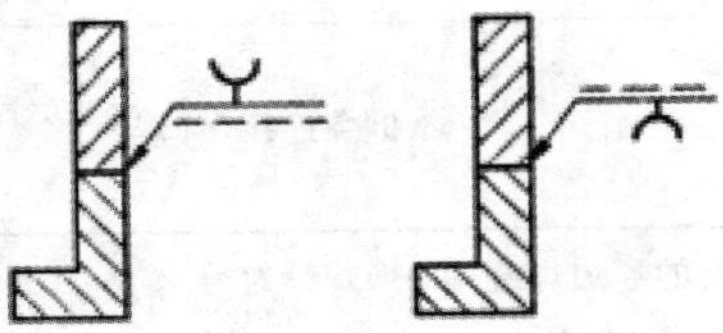	

序 号	符 号	示意图	标注示例	备 注
3	 △	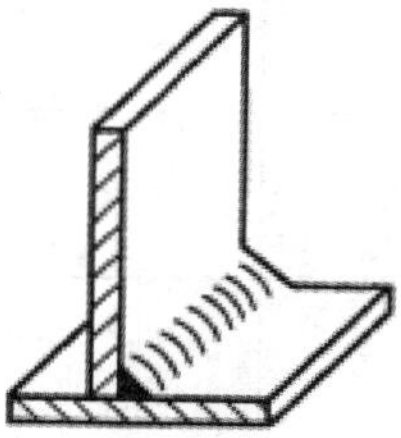	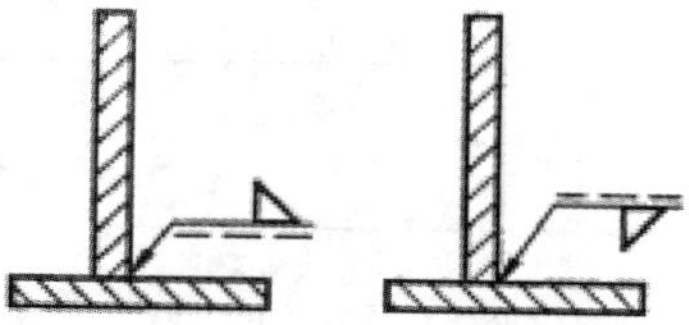	
4	 X		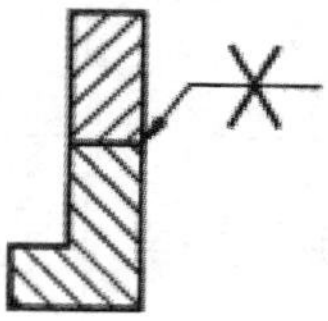	
5	 K		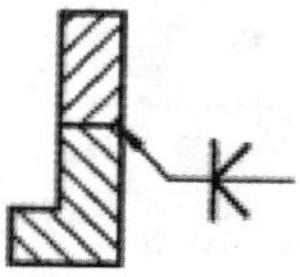	

4. 补充符号

补充符号用来补充说明有关焊缝或者接头的某些特征(诸如表面形状,衬垫,焊缝分布,施焊地点等)。

补充符号如表 15 - 4 所列。补充符号的应用示例如表 15 - 5 所列。补充符号的标注示例如表 15 - 6 所列。

表 15 - 4 补充符号

序 号	名 称	符 号	说 明
1	平面	—	焊缝表面通常加工后平整
2	凹面	⌣	焊缝表面凹陷
3	凸面	⌢	焊缝表面凸起
4	圆滑过渡	 ⎵	焊趾处过渡圆滑
5	永久衬垫	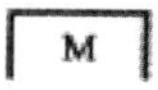 M	衬垫永久保留

序　号	名　称	符　号	说　明
6	临时衬垫	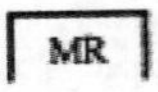 MR	衬垫在焊接完成后拆除
7	三面焊缝	⊏	三面带有焊缝
8	周围焊缝	 ○	沿着工作周边施焊的焊缝 标注位置为基准线与箭头线的交点处
9	现场焊缝	 �	在现场焊接的焊缝
10	尾部	 ＜	可以表示所需的信息

表 15－5　补充符号的应用示例

序　号	名　称	示意图	符　号
1	平齐的 V 形焊缝		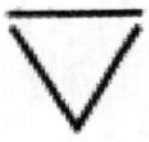
2	凸起的双面 V 形焊缝		
3	凹陷的角焊缝		
4	平齐的 V 形焊缝和封底焊缝		
5	表面过渡平滑的角焊缝	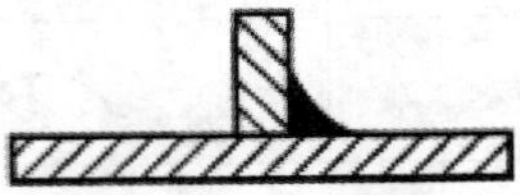	

表 15-6 补充符号的标注示例

序 号	符 号	示意图	标注示例	备 注
1		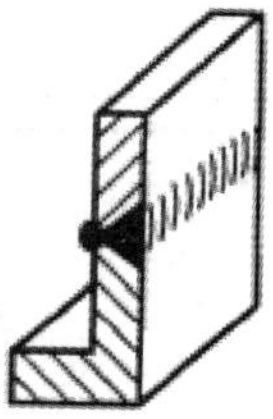	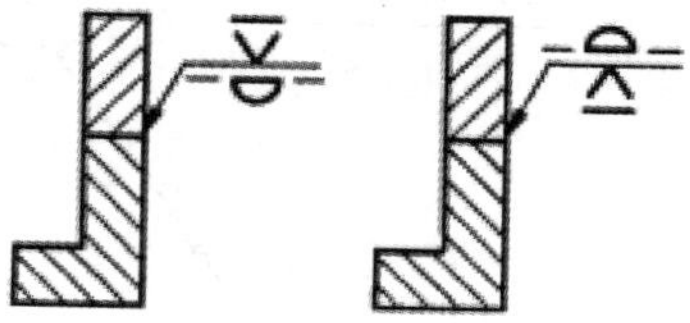	
2		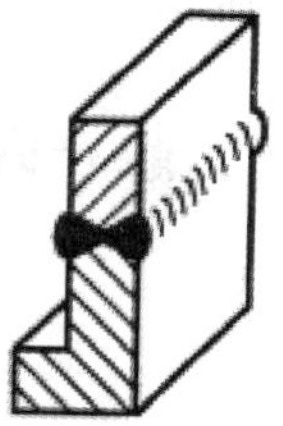	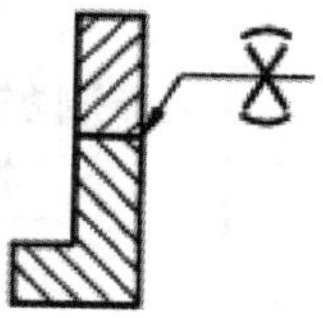	
3		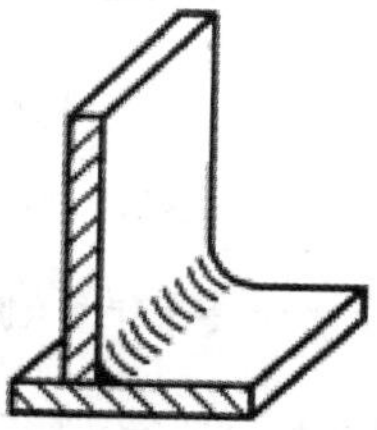	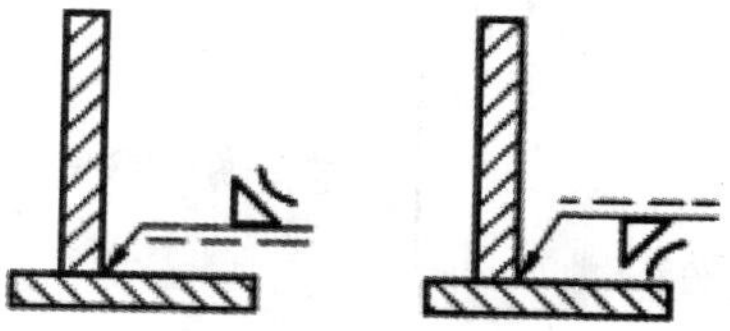	

5. 基本符号和指引线的位置规定

（1）基本要求

在焊缝符号中,基本符号和指引线为基本要素。焊缝的准确位置通常由基本符号和指引线之间的相对位置决定,具体位置包括:

——箭头线的位置;

——基准线的位置;

——基本符号的位置。

（2）指引线

指引线由箭头线和基准线(实线和虚线)组成,如图 15-2 所示。

① 箭头线　箭头线直接指向的接头侧为"接头的箭头侧",与之相对的则为"接头的非箭头侧",如图 15-3 所示。

② 基准线　基准线一般应与图样的底边平行,必要时也可与底边垂直。

实线和虚线的位置可根据需要互换。

（3）基本符号与基准线的相对位置

为了能在图样上确切地表达焊缝的位置,基本符号相对基准线的位置有如下规定:

——基本符号在实线侧时,表示焊缝在箭头侧,如图 15-4、图 15-5 所示。

——基本符号在虚线侧时,表示焊缝在非箭头侧,如图 15-6、图 15-7 所示。

——对称焊缝允许省略虚线,如图 15-8、图 15-9(a)所示。

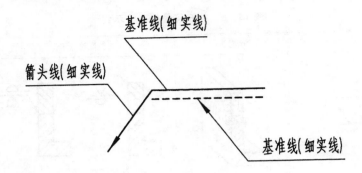

图 15 - 2　指引线

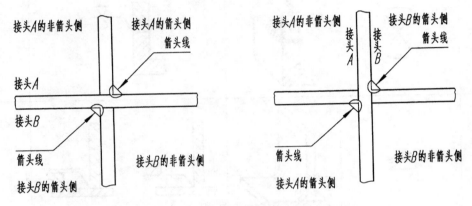

图 15 - 3　接头的"箭头侧"及"非箭头侧"示例

——在明确焊缝分布位置的情况下,有些双面焊缝也可以省略虚线,如图 15 - 9(b)所示。

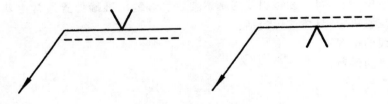

图 15 - 4　焊缝在接头的箭头侧

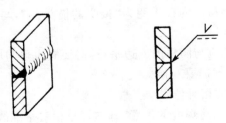

图 15 - 5　箭头指向施焊面

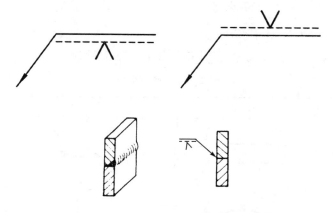

图 15 - 6　焊缝在接头的非箭头侧

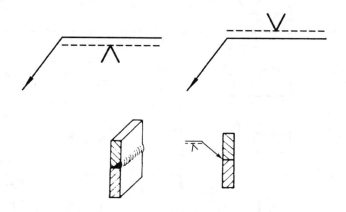

图 15 - 6　焊缝在接头的非箭头侧

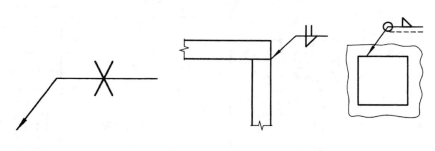

（a）对称焊缝　　　　　　　　　　　（b）双面焊缝

图 15 - 8　基本符号与基准线的相对位置

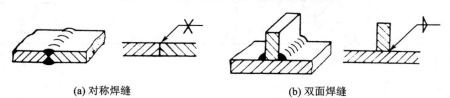

(a) 对称焊缝　　　　　　　　　　　(b) 双面焊缝

图 15 - 9　对称、双面焊缝的标注

6. 尺寸及标注

(1) 一般要求

必要时，可以在焊缝中标注尺寸，尺寸符号如表 15 - 7 所列。

表 15 - 7　尺寸符号

符　号	名　称	示意图	符　号	名　称	示意图
δ	工件厚度	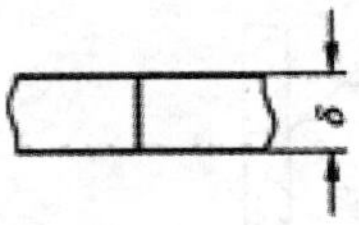	c	焊缝宽度	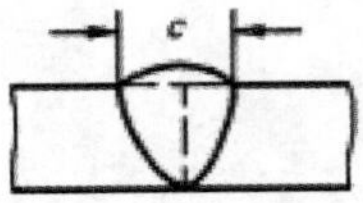
α	坡口角度	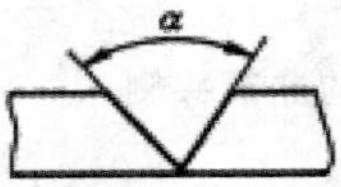	K	焊脚尺寸	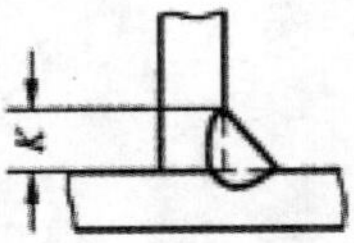
β	坡口面角度	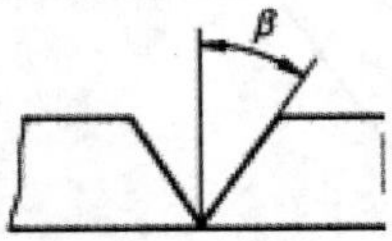	d	电焊：熔核直径 塞焊：孔径	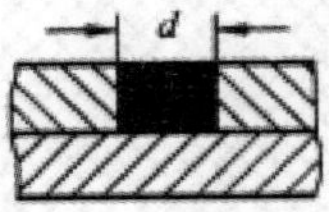
b	根部间隙	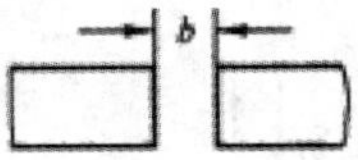	n	焊缝段数	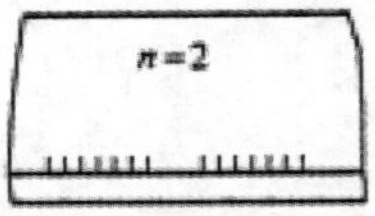
p	钝　边	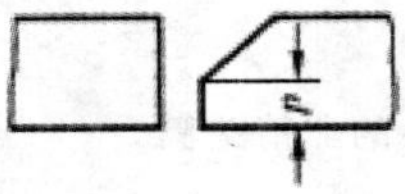	l	焊缝长度	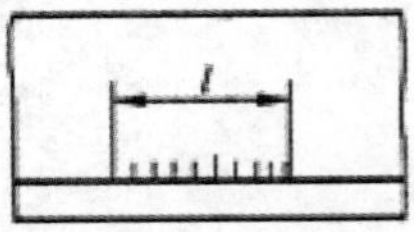
R	根部半径	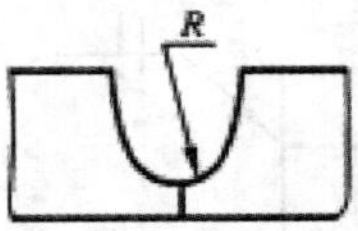	e	焊缝间距	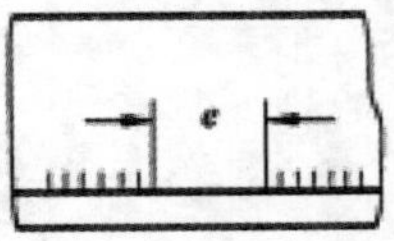
H	坡口深度	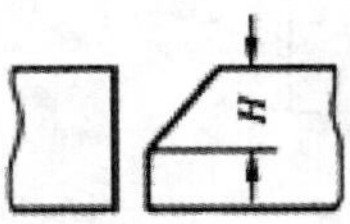	N	相同焊缝数量	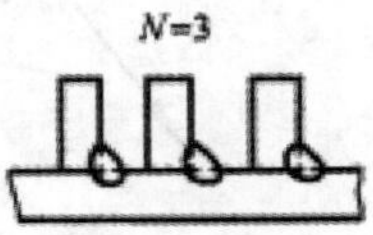
S	焊缝有效厚度	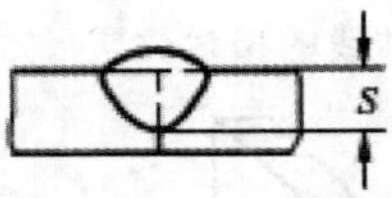	h	余　高	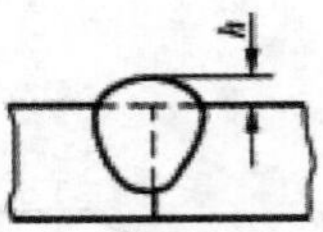

(2) 标注规则

尺寸的标注方法如图 15 - 10 所示。

——横向尺寸标注在基本符号的左侧。

——纵向尺寸标注在基本符号的右侧。

——坡口角度、坡口面角度、根部间隙标注在基本符号的上侧或下侧。

——相同焊缝数量标注在尾部。

——当尺寸较多不易分辨时,可在尺寸数据前标注相应的尺寸符号。

当箭头线方向改变时,上述规则不变。

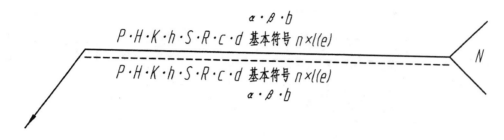

图 15 - 10　尺寸标注方法

（3）关于尺寸的其他规定

确定焊缝位置尺寸不在焊缝符号中标注,应将其标注在图样上。

在基本符号的右侧无任何尺寸标注又无其他说明时,意味着焊缝在工件的整个长度方向上是连续的。

在基本符号的左侧无任何尺寸标注又无其他说明时,意味着对接焊缝应完全焊透。

塞焊缝、槽焊缝带有斜边时,应标注其底部的尺寸。

7. 尺寸标注示例

尺寸标注的示例如表 15 - 8 所列。

表 15 - 8　尺寸标注的示例

序　号	名　称	示意图	尺寸符号	标注方法
1	对接焊缝		S:焊缝有效厚度	
2	连续角焊缝		K:焊脚尺寸	
3	断续角焊缝		l:焊缝长度 e:间距 n:焊缝段数 K:焊脚尺寸	

序　号	名　称	示意图	尺寸符号	标注方法
4	交错断续角焊缝	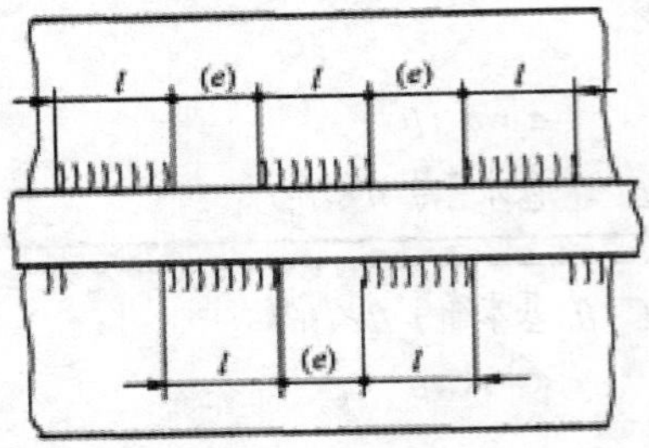	l:焊缝长度 e:间距 n:焊缝段数 K:焊脚尺寸	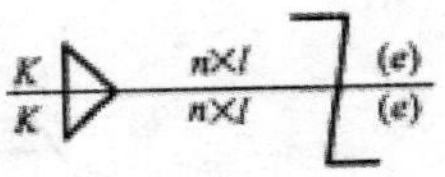
5	塞焊缝或槽焊缝	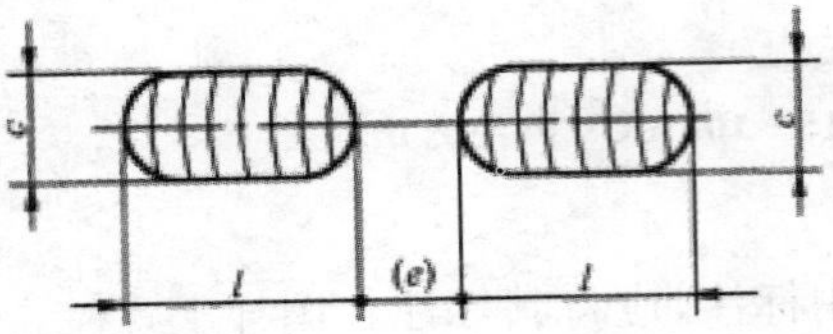	l:焊缝长度 e:间距 n:焊缝段数 c:槽宽	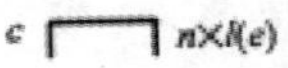
		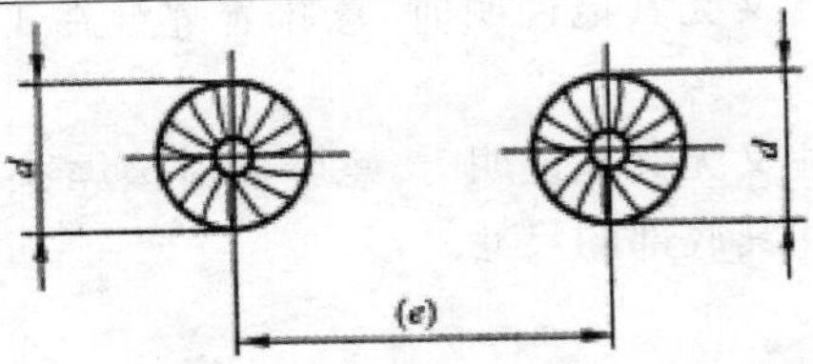	e:间距 n:焊缝段数 l d:孔径	
6	点焊缝	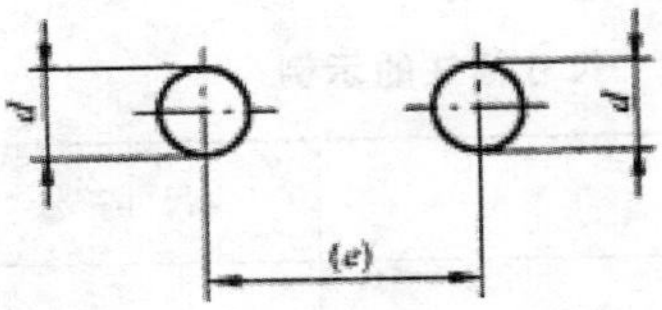	n:焊点数量 e:焊点距 d:熔核直径	
7	缝焊缝	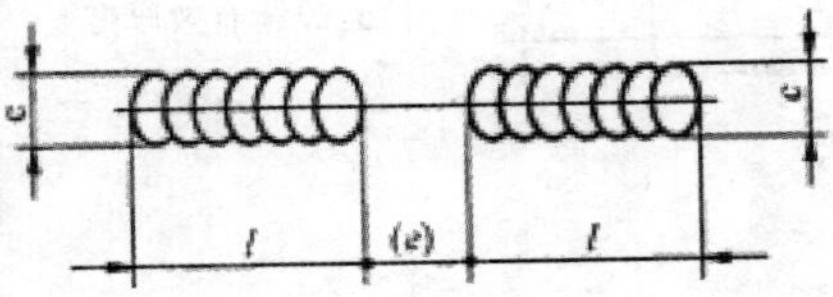	l:焊缝长度； e:间距； n:焊缝段数； c:焊缝宽度	

8. 其他补充说明

（1）周围焊缝

当焊缝围绕工件周边时,可采用圆形符号,如图 15 - 11 所示。

（2）现场焊缝

用一个小旗表示野外或现场焊缝,如图 15 - 12 所示。

（3）焊接方法的标注

必要时,可以在尾部标注焊接方法代号,如图 15 - 13 所示。

（4）尾部标注内容的次序

尾部需要标注的内容较多时,可参照如下次序排列：

——相同焊缝数量；

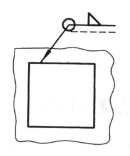

图 15-11 周围焊缝的标注

图 15-12 现场焊缝的表示

——焊接方法代号（按照 GB/T 5158 规定）；

——欠缺质量等级（按照 GB/T 19418 规定）；

——焊接位置（按照 GB/T 16672 规定）；

——焊接材料（如按照相关焊接材料标准）；

——其他。

每个款项应用斜线"/"分开。

为了简化图样，也可以将上述有关内容包含在某个文件中，采用封闭尾部给出该文件的编号（如 WPS 编号或者表格编号等），如图 15-14 所示。

图 15-13 焊接方法的尾部标注

图 15-14 封闭尾部示例

9. 焊缝符号的其他规定

① 在任一图样中，焊缝图形符号的线宽、焊缝符号中字体的字形、字高和字体笔画宽度应与图样中其他符号（如尺寸符号、表面结构符号、几何公差符号）的线宽、尺寸字体的字形、字高和笔画宽度相同。

② 焊缝符号的基准线由两条相互平行的细实线和虚线组成。基准线一般与图样标题栏的长边相平行；必要时，也可与图样标题栏的长边相垂直。焊缝符号的箭头线用细实线绘制，如图 15-2 所示。

有关焊缝图示、焊缝符号标注及焊接及相关工艺方法代号的详细内容可查阅国家标准 GB/T 12212—2012、GB/T 324—2008 及 GB/T 5185—2005。

附　　录

一、常用螺纹及螺纹紧固件

1. 普通螺纹（摘自 GB/T193—2003、GB/T196—2003）

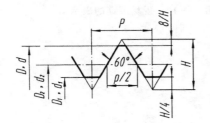

标记示例

公称直径 $d=16$ mm，螺距 $P=2$ mm 的右旋粗牙普通螺纹：

$M16$

公称直径 $d=16$ mm，螺距 $P=1$ mm 的左旋细牙普通螺纹：

$M16\times1LH$

附表 1-1　直径与螺距系列、基本尺寸　　　　　　　　单位：mm

公称直径 D、d		螺　距 P		粗牙小径 D_1、d_1	公称直径 D、d		螺　距 P		粗牙小径 D_1、d_1
第一系列	第二系列	粗牙	细牙		第一系列	第二系列	粗牙	细牙	
1				0.729		7	1	0.75	5.917
	1.1	0.25		0.829	8		1.25	1，0.75	6.647
1.2			0.2	0.983	10		1.5	1.25，1，0.75	8.376
	1.4	0.3		1.075	12		1.75	1.25，1	10.106
1.6		0.35		1.221		14	2	1.5，1.25，1	11.835
	1.8			1.421	16			1.5，1	13.835
2		0.4	0.25	1.567		18			15.294
	2.2	0.45		1.713	20		2.5	2，1.5，1	17.294
2.5				2,013		22			19.294
3		0.5	0.35	2.459	24		3		20.752
	3.5	0.6		2.850		27			23.752
4		0.7		3.242	30		3.5		26.211
	4.5	0.75	0.5	3.688		33		2，1.5	29.211
5		0.8		4.134	36		4	3，2，1.5	31.670
6		1	0.75	4.917		39			34.670

注：(1) 优先选用第一系列，第三系列未列入。

(2) 中径 D_2、d_2 未列入。

(3) M14×1.25 仅用于发动机火花塞。

附表 1 - 2　　细牙普通螺纹与小径的关系　　　　　　　单位：mm

螺距 P	小径 D_1、d_1	螺距 P	小径 D_1、d_1	螺距 P	小径 D_1、d_1
0.35	$d-1+0.621$	1	$d-2+0.918$	2	$d-3+0.835$
0.5	$d-1+0.459$	1.25	$d-2+0.647$	3	$d-4+0.752$
0.75	$d-1+0.188$	1.5	$d-2+0.376$	4	$d-5+0.670$

注：表中的小径按 $D_1=d_1=d-2\times\frac{5}{8}H$，$H=\frac{\sqrt{3}}{2}P$ 计算得出。

2. 梯形螺纹（摘自 GB/T5796.2—2005、GB/T5796.3—2005）

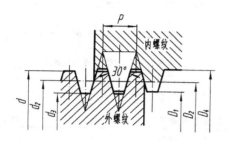

标记示例

公称直径 $d=40$ mm，螺距 $P=7$ mm，中径公差带为 $7H$，中等旋合长度的右旋单线梯形螺纹：

$$Tr40\times7-7H$$

公称直径 $d=40$ mm，导程 $S=14$ mm，螺距 $P=7$ mm，中径公差带为 $7e$，长旋合长度的左旋双线梯形螺纹：

$$Tr40\times14(P7)LH—7e—L$$

附表1-3　　直径与螺距系列、基本尺寸　　　　　　　单位：mm

公称直径 d 第一系列	公称直径 d 第二系列	螺距 P	中径 $d_2=D_2$	大径 D_4	小径 d_3	小径 D_1	公称直径 d 第一系列	公称直径 d 第二系列	螺距 P	中径 $d_2=D_2$	大径 D_4	小径 d_3	小径 D_1
8		1.5	7.25	8.30	6.20	6.50		26	3	24.50	26.50	22.50	23.00
	9	1.5	8.25	9.30	7.20	7.50			5	23.50	26.50	20.50	21.00
		2	8.00	9.50	6.50	7.00			8	22.00	27.00	17.00	18.00
10		1.5	9.25	10.30	8.20	8.50	28		3	26.50	28.50	24.50	25.00
		2	9.00	10.50	7.50	8.00			5	25.50	28.50	22.50	23.00
	11	2	10.00	11.50	8.50	9.00			8	24.00	29.00	19.00	20.00
		3	9.50	11.50	7.50	8.00		30	3	28.50	30.50	26.50	29.00
12		2	11.00	12.50	9.50	10.00			6	27.00	31.00	23.00	24.00
		3	10.50	12.50	8.50	9.00			10	25.00	31.00	19.00	20.00
	14	2	13.00	14.50	11.50	12.00	32		3	30.50	32.50	28.50	29.00
		3	12.50	14.50	10.50	11.00			6	29.00	33.00	25.00	26.00
16		2	15.00	16.50	13.50	14.00			10	27.00	33.00	21.00	22.00
		4	14.00	16.50	11.50	12.00		34	3	32.50	34.50	30.50	31.00
	18	2	17.00	18.50	15.50	16.00			6	31.00	35.00	27.00	28.00
		4	16.00	18.50	14.50	14.00			10	29.00	35.00	23.00	24.00
20		2	19.00	20.50	17.50	18.00	36		3	34.50	36.50	32.50	33.00
		4	18.00	20.50	15.50	16.00			6	33.00	37.00	29.00	30.00
	22	3	20.50	22.50	18.50	19.00			10	31.00	37.00	25.00	26.00
		5	19.50	22.50	16.50	17.00		38	3	36.50	38.50	34.50	35.00
		8	18.00	23.00	13.00	14.00			7	34.50	39.00	30.00	31.00
									10	33.00	39.00	27.00	28.00
24		3	22.50	24.50	20.50	21.00	40		3	38.50	40.50	36.50	37.00
		5	21.50	24.50	18.50	19.00			7	36.50	41.00	32.00	33.00
		8	20.00	25.00	15.00	16.00			10	35.00	41.00	29.00	30.00

3. 用螺纹密封的管螺纹（摘自 GB/T7306.1—2000）

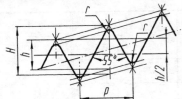 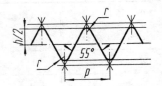

圆锥螺纹基本牙型参数：　　　　　　　　　　　圆柱内螺纹基本牙型参数：

$P=25.4/n$　$H=0.960237P$　$P=25.4/n$　　$D_2=d_2=d-0.610327P$　$H=0.960491P$　$D_1=d_1=d-1.280654P$

$h=0.640327P=0.137278P$　　$h=0.640327P$　$H/6=0.160082P$　　$r=0.137329P$

标记示例：　　　　　　　　　　　　　　　　　螺纹副的标注：圆锥内螺纹与圆锥外螺纹的配合：$R_c/R_2 1\frac{1}{2}$

尺寸代号为 $1\frac{1}{2}$ 的右旋圆锥内螺纹：$R_c 1\frac{1}{2}$　　　圆柱内螺纹与圆锥外螺纹的配合：$R_p/R_2 1\frac{1}{2}$

尺寸代号为 $1\frac{1}{2}$ 的左旋圆锥外螺纹：$R_1 1\frac{1}{2}$—LH　　左旋圆锥内螺纹与圆锥外螺纹的配合：

尺寸代号为 $1\frac{1}{2}$ 的右旋圆柱内螺纹：$R_p 1\frac{1}{2}$　　　　$R_c/R_2 1\frac{1}{2}$—LH

附表1-4　　螺纹密封的管螺纹系列及基本尺寸　　　　　　单位:mm

尺寸代号	每 25.4 mm 内的牙数 n	螺距 P	牙高 h	圆弧半径 $r\approx$	基面上的基本直径			基准距离	有效螺纹长度
					大径(基准直径) $d=D$	中径 $d_2=D_2$	小径 $d_1=D_1$		
1/16	28	0.907	0.581	0.125	7.723	7.142	6.561	4.0	6.5
1/8	28				9.728	9.147	8.566		
1/4	19	1.337	0.856	0.184	13.157	12.301	11.445	6.0	9.7
3/8	19				16.662	15.806	14.950	6.4	10.1
1/2	14	1.814	1.162	0.249	20.955	19.793	18.631	8.2	13.2
3/4	14				26.441	25.279	24.117	9.5	14.5
1	11	2.309	1.479	0.317	33.249	31.770	30.291	10.4	16.8
1¼	11				41.910	40.431	38.952	12.7	19.1
1½	11	2.309	1.479	0.317	47.803	46.324	44.845	12.7	19.1
2	11				59.614	58.135	56.656	15.9	23.4
2½	11	2.309	1.479	0.317	75.184	73.705	72.226	17.5	26.7
3	11				87.884	86.405	84.926	20.6	29.8
4	11	2.309	1.479	0.317	113.030	111.551	110.072	25.4	35.8
5	11	2.309	1.479	0.317	138.430	136.951	135.472	28.6	40.1
6	11				163.830	162.351	160.872		

注:（1）尺寸代号为 $3\frac{1}{2}$ 的螺纹，限用于蒸气机车。

（2）基准平面即基面，是垂直于螺纹轴线，具有基准直径的平面。对内螺纹是大端面；对外螺纹是到小端的距离等于基准长度的平面。

（3）基准距离即基距，是从基准平面到外螺纹小端的距离。

（4）55°密封管螺纹的锥度为 1:16。

4. 非螺纹密封的管螺纹(摘自 GB/T7307—2001)

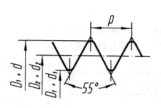

标记示例

① 尺寸代号为 $1\frac{1}{2}$ 的右旋内螺纹:

$$G1\frac{1}{2}$$

② 尺寸代号为 $1\frac{1}{2}$ 的右旋 A 级外螺纹:

$$G1\frac{1}{2}A$$

③ 尺寸代号为 $1\frac{1}{2}$ 的左旋 B 级外螺纹:

$$G1\frac{1}{2}B—LH$$

附表 1 - 5　非螺纹密封的管螺纹系列及基本尺寸

单位:mm

尺　寸代　号	每 25.4 mm内的牙数 n	螺　距P	牙　高h	圆弧半径$r\approx$	大　径$d=D$	中径 $d_2=D_2$	小　径$d_1=D_1$
1/16	28	0.907	0.581	0.125	7.723	7.142	6.561
1/8					9.728	9.147	8.566
1/4	19	1.337	0.856	0.184	13.157	12.301	11.445
3/8					16.662	15.806	14.950
1/2	14	1.814	1.162	0.249	20.955	19.793	18.631
5/8					22.911	21.749	20.587
3/4					26.441	25.279	24.117
7/8					30.201	29.039	27.877
1	11	2.309	1.479	0.317	33.249	31.770	30.291
$1\frac{1}{8}$					37.897	36.418	34.939
$1\frac{1}{4}$					41.910	40.431	38.952
$1\frac{1}{2}$					47.803	46.324	44.845
$1\frac{3}{4}$					53.746	52.267	50.788
2					59.614	58.135	56.656
$2\frac{1}{4}$					65.710	64.231	62.752
$2\frac{1}{2}$					75.184	73.705	72.226
$2\frac{3}{4}$					81.534	80.055	78.576
3					87.884	86.405	84.926
$3\frac{1}{2}$					100.330	98.851	97.372
4					113.030	111.551	110.072

注:(1) 本标准的圆柱管螺纹适用于管接头、旋塞、阀门及其他附件。

(2) 内螺纹中径只规定一种公差带、不用代号表示。推荐用于低压水、煤气等管路的内螺纹,中径公差等级代号用 D。

(3) 外螺纹中径公差分 A 和 B 两个等级。

5. 螺　栓

六角头螺栓—C 级（摘自 GB/T 5780—2000）、六角头螺栓—A 和 B 级（摘自 GB/T 5782—2000）

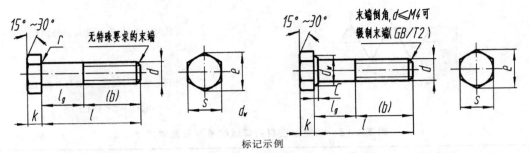

标记示例

螺纹规格 $d=M12$、公称长度 $l=80$、性能等级为 8.8 级、表面氧化、A 级的六角头螺栓：

螺栓 GB/T 5782—2000—M12×80—8.8—A—O

简化标记：螺栓 GB/T 5782　M12×80

附表 1-6　螺栓系列及其尺寸

单位：mm

螺纹规格 d			M3	M4	M5	M6	M8	M10	M12	M16	M20	M24	M30	M36	M42
b 参考	$l≤125$		12	14	16	18	22	26	30	38	46	54	66	—	—
	$125<l≤200$		18	20	22	24	28	32	36	44	52	60	72	84	96
	$l>200$		31	33	35	37	41	45	49	57	65	73	85	97	109
c			0.4	0.4	0.5	0.5	0.6	0.6	0.6	0.8	0.8	0.8	0.8	0.8	1
d_w	产品等级	A	4.57	5.88	6.88	8.88	11.63	14.63	16.63	22.49	28.19	33.61	—	—	—
		B、C	4.45	5.74	6.74	8.74	11.47	14.47	16.47	22	27.7	33.25	42.75	51.11	59.95
e	产品等级	A	6.01	7.66	8.79	11.05	14.38	17.77	20.03	26.75	33.53	39.98	—	—	—
		B、C	5.88	7.50	8.63	10.89	14.20	17.59	19.85	26.17	32.95	39.55	50.85	60.79	72.02
k 公称			2	2.8	3.5	4	5.3	6.4	7.5	10	12.5	15	18.7	22.5	26
r			0.1	0.2	0.2	0.25	0.4	0.4	0.6	0.6	0.8	0.8	1	1	1.2
s 公称			5.5	7	8	10	13	16	18	24	30	36	46	55	65
l（商品规格范围）			20~30	25~40	25~50	30~60	40~80	45~100	50~120	65~160	80~200	90~240	110~300	140~360	160~440
l 公称系列			12,16,20,25,30,35,40,45,50,55,60,65,70,80,90,100,110,120,130,140,150,160,180,200,220,240,260,280,300,320,340,360,380,400,420,440,460,480,500												

注：(1) A 级用于 $d≤24$ 和 $l≤10\,d$ 或 $≤150$ 的螺栓；B 级用于 $d>24$ 和 $l>10\,d$ 或 >150 的螺栓.

　　(2) 螺纹规格 d 范围：GB/T—5780 为 $M5～M64$；GB/T 5782 为 $M1.6～M64$。

　　(3) 公称长度范围：GB/T—5780 为 $25～500$；GB/T 5782 为 $12～500$。

6. 双头螺柱

双头螺柱—$b_m = 1d$(摘自 GB/T 897—1988)　　双头螺柱—$b_m = 1.25d$(摘自 GB/T 898—1988)

双头螺柱—$b_m = 1.5d$(摘自 GB/T 899—1988)　　双头螺柱—$b_m = 2d$(摘自 GB/T 900—1988)

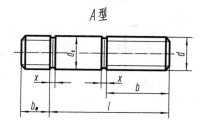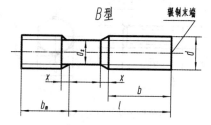

末端按 GB2 规定;$d_s \approx$ 螺纹中径(仅适用于 B 型)

标记示例

两端均为粗牙普通螺纹、$d = 10$、$l = 50$、性能等级为 4.8 级、B 型、$b_m = 1d$ 的双头螺柱:螺柱　　GB/T—897　　M10×50

旋入机体一端为粗牙普通螺纹、旋螺母一端为螺距 1 的细牙普通螺纹、$d = 10$、$l = 50$ 性能等级为 4.8 级、A 型、$b_m = 1d$ 的双头螺柱:螺柱　　GB/T　897　　AM10—M10×1×50

附表 1-7　双头螺柱系列及其参数　　　　　　单位:mm

螺纹规格		M5	M6	M8	M10	M12	M16	M20	M24	M30	M36	M42
b_m 公称	GB/T 897	5	6	8	10	12	16	20	24	30	36	42
	GB/T 898	6	8	10	12	15	20	25	30	38	45	52
	GB/T 899	8	10	12	15	20	24	30	36	45	54	65
	GB/T 900	10	12	16	20	24	32	40	48	60	72	84
d_s(max)		5	6	8	10	12	16	20	24	30	36	42
x(max)		2.5P										
$\dfrac{l}{b}$ 公称		$\dfrac{16\sim22}{10}$	$\dfrac{20\sim22}{10}$	$\dfrac{20\sim22}{12}$	$\dfrac{25\sim28}{14}$	$\dfrac{25\sim30}{16}$	$\dfrac{30\sim38}{20}$	$\dfrac{35\sim40}{25}$	$\dfrac{45\sim50}{30}$	$\dfrac{60\sim65}{40}$	$\dfrac{65\sim75}{45}$	$\dfrac{65\sim80}{50}$
		$\dfrac{25\sim50}{16}$	$\dfrac{25\sim30}{14}$	$\dfrac{25\sim30}{16}$	$\dfrac{30\sim38}{16}$	$\dfrac{32\sim40}{20}$	$\dfrac{40\sim55}{30}$	$\dfrac{45\sim65}{35}$	$\dfrac{55\sim75}{45}$	$\dfrac{70\sim90}{50}$	$\dfrac{80\sim110}{60}$	$\dfrac{85\sim110}{70}$
		$\dfrac{32\sim75}{18}$	$\dfrac{32\sim90}{22}$	$\dfrac{40\sim120}{26}$	$\dfrac{45\sim120}{30}$	$\dfrac{60\sim120}{38}$	$\dfrac{70\sim120}{46}$	$\dfrac{80\sim120}{54}$	$\dfrac{95\sim120}{60}$	$\dfrac{120}{78}$	$\dfrac{120}{90}$	
				$\dfrac{130}{32}$	$\dfrac{130\sim180}{36}$	$\dfrac{130\sim200}{44}$	$\dfrac{130\sim200}{52}$	$\dfrac{130\sim200}{60}$	$\dfrac{130\sim200}{72}$	$\dfrac{130\sim200}{84}$	$\dfrac{130\sim200}{96}$	
									$\dfrac{210\sim250}{85}$	$\dfrac{210\sim300}{91}$	$\dfrac{210\sim300}{109}$	
l 公称系列		16,(18),20,(22),25,(28),30,(32),35,(38),40,45,50,(55),60,(65),70,(75),80,(85),90,(95),100,110,120~200(10 进位)										

注:(1) P 是粗牙螺纹的螺距。

(2) l 系列尽可能不采用括号内的规格。

(3) 当 $b - b_m \leqslant 5$ mm 时,旋螺母一端应制成倒圆端。

7. 螺 钉

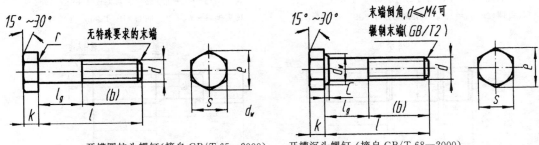

开槽圆柱头螺钉（摘自 GB/T 65—2000）　　开槽沉头螺钉（摘自 GB/T 68—2000）

标记示例

螺纹规格 $d=M5$、公称长度 $l=20$、性能等级为 4.8 级，不经表面处理的 A 级开槽沉头螺钉：

螺钉　GB/T 68　$M5×20$

附表 1-8　螺钉系列及其参数　　　　　　　　单位:mm

螺纹规格 d		M4	M5	M6	M8	M10
P（螺距）		0.7	0.8	1	1.25	1.5
b		38	38	38	38	38
n		1.2	1.2	1.6	2	2.5
GB/T 65—2000	d_k	7	8.5	10	13	16
	k	2.6	3.3	3.9	5	6
	r	0.2	0.2	0.25	0.4	0.4
	t	1.1	1.3	1.6	2	2.4
	l（公称）	5～40	6～50	8～60	10～80	12～80
GB/T 68—2000	d_k	9.4	10.4	12.6	17.3	20
	k	2.7	2.7	3.3	4.65	5
	r	1	1.3	1.5	2	2.5
	t	1.3	1.4	1.6	2.3	2.6
	l（公称）	6～40	8～50	8～60	10～80	12～80
l 公称系列		5,6,8,10,12,(14),16,20,25,30,35,40,45,50,(55),60,(65),70,(75),80				

注:(1) l 系列尽可能不采用括号内的规格。

(2) GB/T 65—2000　公称长度 $l≤40$ mm,制出全螺纹；GB/T 68—2000 M4～M10,公称长度 $l≤45$ mm,制出全螺纹。

8. 紧定螺钉

开槽锥端紧定螺钉　　　　　开槽平端紧定螺钉　　　　　开槽长圆柱端紧定螺钉
（摘自 GB/T 71—1985）　　（摘自 GB/T 73—1985）　　（摘自 GB/T 75—1985）

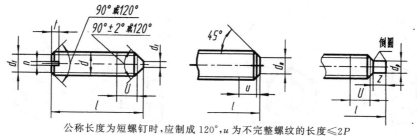

公称长度为短螺钉时,应制成 120°,u 为不完整螺纹的长度≤2P

标记示例

螺纹规格 $d=M5$,公称长度 $l=12$ mm,性能等级为 $14H$ 级,表面氧化的开槽平端紧定螺钉:

螺钉　GB/T 73—1985　M5×12

附表 1-9　紧定螺钉系列及其尺寸

单位:mm

螺纹规格 d		M1.2	M1.6	M2	M2.5	M3	M4	M5	M6	M8	M10	M12
P		0.25	0.35	0.4	0.45	0.5	0.7	0.8	1	1.25	1.5	1.75
$d_f\approx$						螺　纹　小　径						
d_t	min	—	—	—	—	—	—	—	—	—	—	—
	max	0.12	0.16	0.2	0.25	0.3	0.4	0.5	1.5	2	2.5	3
d_p	min	0.35	0.55	0.75	1.25	1.75	2.25	3.2	3.7	5.2	6.64	8.14
	max	0.6	0.8	1	1.5	2	2.5	3.5	4	5.5	7	8.5
n	公称	0.2	0.25	0.25	0.4	0.4	0.6	0.8	1	1.2	1.6	2
	min	0.26	0.31	0.31	0.46	0.46	0.66	0.86	1.06	1.26	1.66	2.06
	max	0.4	0.45	0.45	0.6	0.6	0.8	1	1.2	1.51	1.91	2.31
t	min	0.4	0.56	0.64	0.72	0.8	1.12	1.28	1.6	2	2.4	2.8
	max	0.52	0.74	0.84	0.95	1.05	1.42	1.63	2	2.5	3	3.6
z	min	—	0.8	1	1.25	1.5	2	2.5	3	4	5	6
	max	—	1.05	1.25	1.5	1.75	2.25	2.75	3.25	4.3	5.3	6.3
l 公称	GB/T 71—1985	2~6	2~8	3~10	3~12	4~16	6~20	8~25	8~30	10~40	12~50	14~60
	GB/T 73—1985	2~6	2~8	2~10	2.5~12	3~16	4~20	5~25	6~30	8~40	10~50	12~60
	GB/T 75—1985	—	2.5~8	3~10	4~12	5~16	6~20	8~25	8~30	10~40	12~50	14~60
l 公称系列		2,2.5,3,4,5,6,8,10,12,(14),16,20,25,30,35,40,45,50,(55),60										

注:(1) l 系列尽可能不采用括号内的规格。

(2) GB/T 71—1985<$M5$ 的螺钉不要求锥端有平面部分(d_t),可以倒圆。

(3) 螺纹公差:$6g$;力学性能等级:$14H$、$22H$(钢)。

9. 螺　母

六角螺母—C 级　　　　　1 型六角螺母—A 和 B 级　　　　　六角薄螺母
（摘自 GB/T 41—2000）（摘自 GB/T 6170—2000）　　　　　（摘自 GB/T 6172.1—2000）

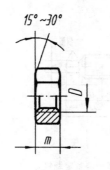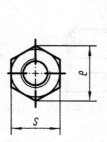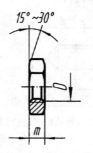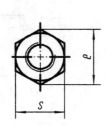

标记示例

螺纹规格 $D=M12$、性能等级为 5 级、不经表面处理、C 级的六角螺母：

螺母　　GB/T 41　　$M12$

螺纹规格 $D=M12$、性能等级为 8 级、不经表面处理、A 级的 1 型六角螺母：

螺母　　GB/T 6170　　$M12$

附表 1－10　螺母系列及其尺寸

单位：mm

螺纹规格 D		$M3$	$M4$	$M5$	$M6$	$M8$	$M10$	$M12$	$M16$	$M20$	$M24$	$M30$	$M36$	$M42$
e	GB/T 41			8.63	10.89	14.20	17.59	19.85	26.17	32.95	39.55	50.85	60.79	72.02
	GB/T 6170	6.01	7.66	8.79	11.05	14.38	17.77	20.03	26.75	32.95	39.55	50.85	60.79	72.02
	GB/T 6172.1	6.01	7.66	8.79	11.05	14.38	17.77	20.03	26.75	32.95	39.55	50.85	60.79	72.02
s	GB/T 41			8	10	13	16	18	24	30	36	46	55	65
	GB/T 6170	5.5	7	8	10	13	16	18	24	30	36	46	55	65
	GB/T 6172.1	5.5	7	8	10	13	16	18	24	30	36	46	55	65
m	GB/T 41			5.6	6.1	7.9	9.5	12.2	15.9	18.7	22.3	26.4	31.5	34.9
	GB/T 6170	2.4	3.2	4.7	5.2	6.8	8.4	10.8	14.8	18	21.5	25.6	31	34
	GB/T 6172.1	1.8	2.2	2.7	3.2	4	5	6	8	10	12	15	18	21

注：A 级用于 $D\leqslant16$；B 级用于 $D>16$。

10．垫　圈

小垫圈—A级(摘自GB/T 848—2002)　平垫圈(倒角型)—A级　大垫圈A级和C级
平垫圈—A级(摘自GB/T 97.1—2002)　(摘自GB/T 97.2—2002)　(摘自GB/T 96—2002)

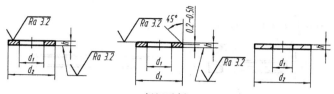

标记示例

标准系列、公称尺寸 $d=8$ mm、性能等级为140HV级、不经表面处理的平垫圈：

垫圈　GB/T 97.1—2002　8—140HV

附表 1－11　垫圈系列及其尺寸　　单位:mm

项目	公称尺寸(螺纹规格)d	1.6	2	2.5	3	4	5	6	8	10	12	16	20	24	30	36
d_1内径 最大(max)	GB/T848—1985	1.84	2.34	2.84	3.38	4.48	5.48	6.62	8.62	10.77	13.27	17.27	21.33	25.33	31.33	37.62
	GB/T97.1—1985	1.84	2.34	2.84	3.38	4.48	5.48	6.62	8.62	10.77	13.27	17.27	21.33	25.33	31.33	37.62
	GB/T97.2—1985	—	—	—	—	—	5.48	6.62	8.62	10.77	13.27	17.27	21.33	25.33	31.39	37.62
	GB/T96—1985	—	—	—	3.38	3.48	5.48	6.62	8.62	10.77	13.27	17.27	22.52	26.84	34	40
d_1内径 公称(min)	GB/T848—1985	1.7	2.2	2.7	3.2	4.3	5.3	6.4	8.4	10.5	13	17	21	25	31	37
	GB/T97.1—1985	1.7	2.2	2.7	3.2	4.3	5.3	6.4	8.4	10.5	13	17	21	25	31	37
	GB/T97.2—1985	—	—	—	—	—	5.3	6.4	8.4	10.5	13	17	21	25	31	37
	GB/T96—1985	—	—	—	3.2	4.3	5.3	6.4	8.4	10.5	13	17	22	26	33	39
d_2内径 公称(max)	GB/T848—1985	3.5	4.5	5	6	8	9	11	15	18	20	28	34	39	50	60
	GB/T97.1—1985	4	5	6	7	9	10	12	16	20	24	30	37	44	56	66
	GB/T 97.2—1985	—	—	—	—	—	10	12	16	20	24	30	37	44	56	66
	GB/T 96—1985	—	—	—	9	12	15	18	24	30	37	50	60	72	92	110
d_2内径 最小(min)	GB/T848—1985	3.2	4.2	4.7	5.7	7.64	8.64	10.57	14.57	17.57	19.48	27.48	33.38	33.38	49.38	58.8
	GB/T97.1—1985	3.7	4.7	5.7	6.64	8.64	9.64	11.57	15.57	19.48	23.48	29.48	36.38	43.38	56.26	64.8
	GB/T 97.2—1985	—	—	—	—	—	9.64	11.57	15.57	19.48	23.48	29.48	36.38	43.38	56.26	64.8
	GB/T 96—1985	—	—	—	8.64	11.57	14.57	17.57	23.48	29.48	36.38	49.38	58.1	70.1	89.8	107.8
h厚度 公称	GB/T848—1985	0.3	0.3	0.5	0.5	0.5	1	1.6	1.6	1.6	2	2.5	3	4	4	5
	GB/T97.1—1985	0.3	0.3	0.5	0.5	0.8	1	1.6	1.6	2	2.5	3	3	4	4	5
	GB/T 97.2—1985	—	—	—	—	—	1	1.6	1.6	2	2.5	3	3	4	4	5
	GB/T 96—1985	—	—	—	0.8	1	1.2	1.6	2	2.5	3	3	4	5	6	8
h厚度 最大(max)	GB/T848—1985	0.35	0.35	0.55	0.55	0.55	1.1	1.8	1.8	1.8	2.2	2.7	3.3	4.3	4.3	5.6
	GB/T97.1—1985	0.35	0.35	0.55	0.55	0.9	1.1	1.8	1.8	2.2	2.7	3.3	3.3	4.3	4.3	5.6
	GB/T 97.2—1985	—	—	—	—	—	1.1	1.8	1.8	2.2	2.7	3.3	3.3	4.3	4.3	5.6
	GB/T 96—1985	—	—	—	0.9	1.1	1.4	1.8	2.2	2.7	3.3	3.3	4.6	6	7	9.2
h厚度 最小(min)	GB/T848—1985	0.25	0.25	0.45	0.45	0.45	0.9	1.4	1.4	1.4	1.8	2.3	2.7	3.7	3.7	4.4
	GB/T97.1—1985	0.25	0.25	0.45	0.45	0.7	0.9	1.4	1.4	1.8	2.3	2.7	2.7	3.7	3.7	4.4
	GB/T 97.2—1985	—	—	—	—	—	0.9	1.4	1.4	1.8	2.3	2.7	2.7	3.7	3.7	4.4
	GB/T 96—1985	—	—	—	0.7	0.9	1.0	1.4	1.8	2.3	2.7	2.7	3.4	4	5	6.8

二、常用键与销

1. 键与键槽

普通平键　形式尺寸（摘自 GB/T 1096—2003）

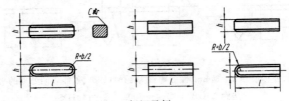

标记示例

圆头普通平键（A 型）	$b=16$ mm、$h=10$ mm、$L=100$ mm	键 16×10×100	GB/T 1096—2003
平头普通平键（B 型）	$b=16$ mm、$h=10$ mm、$L=100$ mm	键 B16×10×100	GB/T 1096—2003
单圆头普通平键（C 型）	$b=16$ mm、$h=10$ mm、$L=100$ mm	键 C16×10×100	GB/T 1096—2003

平键 键和键槽的断面尺寸（摘自 GB/T 1095—2003）

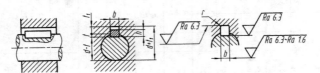

附表 2－1　常用键与销系列及其尺寸　　　　　　　　　　单位:mm

键	键 槽											
		宽度 b					深度				半径 r	
键尺寸 $b×h$	基本尺寸 b		偏 差				轴 t_1		毂 t_2			
		正常联结		紧密联结		松联结	基本尺寸	极限偏差	基本尺寸	极限偏差	最小	最大
		轴 H9	毂 D10	轴 N9	毂 JS9	轴和毂						
2×2	2	+0.025 0	+0.060 +0.020	−0.004 −0.029	±0.0125	−0.006 −0.031	1.2	+0.1 0	1.0	+0.1 0	0.08	0.16
3×3	3						1.8		1.4		0.08	0.16
4×4	4	+0.030 0	+0.078 +0.030	0 −0.030	±0.015	−0.012 −0.042	2.5		1.8			
5×5	5						3.0		2.3			
6×6	6						3.5		2.8		0.16	0.25
8×7	8	+0.036 0	+0.098 +0.040	0 −0.036	±0.018	−0.015 −0.051	4.0		3.3			
10×8	10						5.0		3.3			
12×8	12	+0.043 0	+0.120 +0.050	0 −0.043	±0.0215	−0.018 −0.061	5.0	+0.2 0	3.3	+0.2 0	0.25	0.40
14×9	14						5.5		3.8			
16×10	16						6.0		4.3			
18×11	18						7.0		4.4			
20×12	20	+0.052 0	+0.149 +0.065	0 −0.052	±0.026	−0.022 −0.074	7.5		4.9		0.40	0.60
22×14	22						9.0		5.4			
25×14	25						9.0		5.4			
28×16	28						10.0		6.4			

2. 销

（1）圆柱销（摘自 GB/T 119.1—2000）—不淬硬钢和奥氏体不锈钢、（摘自 GB/T 119.2—2000）—淬硬钢和马氏体不锈钢

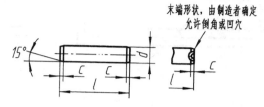

标记示例

公称直径 $d=6$、公差为 m6、公称长度 $l=30$、材料为钢、不经淬火、不经表面处理的圆柱销的标记：

销　GB/T 119.1　6m6×30

附表 2-2　圆柱销系列及其尺寸

单位：mm

公称直径 d(m6/h8)	0.6	0.8	1	1.2	1.5	2	2.5	3	4	5
$c\approx$	0.12	0.16	0.20	0.25	0.30	0.35	0.40	0.50	0.63	0.80
l(商品规格范围公称长度)	2～6	2～8	4～10	4～12	4～16	6～20	6～24	8～30	8～40	10～50
公称直径 d(m6/h8)	6	8	10	12	16	20	25	30	40	50
$c\approx$	1.2	1.6	2.0	2.5	3.0	3.5	4.0	5.0	6.3	8.0
l(商品规格范围公称长度)	12～60	14～80	18～95	22～140	26～180	35～200	50～200	60～200	80～200	95～200
l 系列	2,3,4,5,6,8,10,12,14,16,18,20,22,24,26,28,30,32,35,40,45,50,55,60,65,70,75,80, 85,90,95,100,120,140,160,180,200									

注：(1) 材料用钢时硬度要求为 125～245HV30，用奥氏体不锈钢 A1(GB/T 3098.6)时硬度要求 210～280HV30。
　　(2) 公差 m6：$Ra\leqslant0.8$；公差 h8：$Ra\leqslant1.6\mu m$。

（2）圆锥销（摘自（GB/T 117—2000）

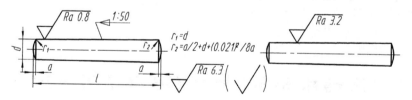

标记示例

公称直径 $d=10$、长度 $l=60$、材料为 35 钢、热处理硬度 28～38HRC、表面氧化处理的 A 型圆锥销：

销　GB/T 117　10×60

附表 2-3　圆锥销系列及其尺寸

单位：mm

d(公称)	0.6	0.8	1	1.2	1.5	2	2.5	3	4	5
$a\approx$	0.08	0.1	0.12	0.16	0.2	0.25	0.3	0.4	0.5	0.63
l(商品规格范围公称长度)	4～8	5～12	6～16	6～20	8～24	10～35	10～35	12～45	14～55	18～60
d(公称)	6	8	10	12	16	20	25	30	40	50
$a\approx$	0.8	1	1.2	1.6	2	2.5	3	4	5	6.3
l(商品规格范围公称长度)	22～90	22～120	26～160	32～180	40～200	45～200	50～200	55～200	60～200	65～200
l 系列	2,3,4,5,6,8,10,12,14,16,18,20,22,24,26,28,30,32,35,40,45,50,55,60,70,75,80, 85,90,95,100,120,140,160,180,200									

（3）开口销（摘自 GB/T 91—2000）

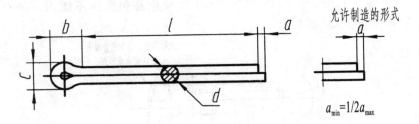

允许制造的形式

$a_{min}=1/2a_{max}$

标记示例

公称直径 $d=5$、长度 $l=50$、材料为低碳钢、不经表面处理的开口销：销 GB/T 91 5×50

附表 2-4 开口销系列及其尺寸 单位：mm

公称规格		0.6	0.8	1	1.2	1.6	2	2.5	3.2	4	5	6.3	8	10	13
d	max	0.5	0.7	0.9	1.0	1.4	1.8	2.3	2.9	3.7	4.6	5.9	7.5	9.5	12.4
	min	0.4	0.6	0.8	0.9	1.3	1.7	2.1	2.7	3.5	4.4	5.7	7.3	9.3	12.1
C	max	1	1.4	1.8	2	2.8	3.6	4.6	5.8	7.4	9.2	11.8	15	19	24.8
	min	0.9	1.2	1.6	1.7	2.4	3.2	4	5.1	6.5	8	10.3	13.1	16.6	21.7
$b\approx$		2	2.4	3	3	3.2	4	5	6.4	8	10	12.6	16	20	26
a_{max}		1.6	1.6	1.6	2.5	2.5	2.5	2.5	3.2	4	4	4	4	6.3	6.3
l（商品规格范围公称长度）		4～12	5～16	6～20	8～26	8～32	10～40	12～50	14～65	18～80	22～100	30～120	40～160	45～200	70～200
l 系列		4,5,6,8,10,12,14,16,18,20,22,24,26,28,30,32,36,40,45,50,55,60,65,70,75,80,85,90,95,100,120,140,160,180,200													

注：公称规格等与开口销孔直径。对销孔直径推荐的公差为：

公称规格 ≤ 1.2：H13；

公称规格 > 1.2：H14；

三、深钩球轴承（摘自 GB/T 276—2013）

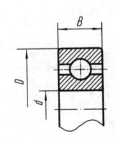

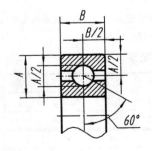

标记示例

内径 $d=20$ 的 60000 型深钩球轴承，

尺寸系列为(0)2,组合代号为62；

滚动轴承 6204 GB/T 276—2013

附表 3-1 所列为深沟型轴承系列及其尺寸。

附表 3−1　深沟型轴承系列及其尺寸

轴承型号		外形尺寸/mm			轴承型号		外形尺寸/mm		
		d	D	B			d	D	B
	6004	20	42	12		6304	20	52	15
	6005	25	47	12		6305	25	62	17
	6006	30	55	13		6306	30	72	19
	6007	35	62	14		6307	35	80	21
	6008	40	68	15		6308	40	90	23
	6009	45	75	16		6309	45	100	25
	6010	50	80	16		6310	50	110	27
(0)1尺寸	6011	55	90	18	(0)3尺寸	6311	55	120	29
系列	6012	60	95	18	系列	6312	60	130	31
	6013	65	100	18		6313	65	140	33
	6014	70	110	20		6314	70	150	35
	6015	75	115	20		6315	75	160	37
	6016	80	125	22		6316	80	170	39
	6017	85	130	22		6317	85	180	41
	6018	90	140	24		6318	90	190	43
	6019	95	145	24		6319	95	200	45
	6020	100	150	24		6320	100	215	47
	6204	20	47	14		6404	20	72	19
	6205	25	52	15		6405	25	80	21
	6206	30	62	16		6406	30	90	23
	6207	35	72	17		6407	35	100	25
	6208	40	80	18		6408	40	110	27
	6209	45	85	19		6409	45	120	29
	6210	50	90	20		6410	50	130	31
	6211	55	100	21		6411	55	140	33
(0)2尺寸	6212	60	110	22	(04)尺寸	6412	60	150	35
系列	6213	65	120	23	系列	6413	65	160	37
	6214	70	125	24		6414	70	180	42
	6215	75	130	25		6415	75	190	45
	6216	80	140	26		6416	80	200	48
	6217	85	150	28		6417	85	210	52
	6218	90	160	30		6418	90	225	54
	6219	95	170	32		6419	95	240	55
	6220	100	180	34		6420	100	250	58

四、极限与配合

1. 轴的基本偏差

附表4-1 轴的基本偏差数值（摘自GB/T 1800.1—2009）　　　　单位：μm

公称尺寸 mm 大于	至	a	b	c	cd	d	e	ef	f	fg	g	h	js	j IT5和IT6	j IT7	j IT8	k IT4和IT7	k ≤IT3 >IT7
—	3	−270	−140	−60	−34	−20	−14	−10	−6	−4	−2	0		−2	−4	−6	0	0
3	6	−270	−140	−70	−46	−30	−20	−14	−10	−6	−4	0		−2	−4		+1	0
6	10	−280	−150	−80	−56	−40	−25	−18	−13	−8	−5	0		−2	−5		+1	0
10	14	−290	−150	−95		−50	−32		−16		−6	0		−3	−6		+1	0
14	18																	
18	24	−300	−160	−110		−65	−40		−20		−7	0		−4	−8		+2	0
24	30																	
30	40	−310	−170	−120		−80	−50		−25		−9	0		−5	−10		+2	0
40	50	−320	−180	−130														
50	65	−340	−190	−140		−100	−60		−30		−10	0		−7	−12		+2	0
65	80	−360	−200	−150														
80	100	−380	−220	−170		−120	−72		−36		−12	0		−9	−15		+3	0
100	120	−410	−240	−180														
120	140	−460	−260	−200		−145	−85		−43		−14	0		−11	−18		+3	0
140	160	−520	−280	−210														
160	180	−580	−310	−230														
180	200	−660	−340	−240		−170	−100		−50		−15	0		−13	−21		+4	0
200	225	−740	−380	−260														
225	250	−820	−420	−280														
250	280	−920	−480	−300		−190	−110		−56		−17	0		−16	−26		+4	0
280	315	−1050	−540	−330														
315	355	−1200	−600	−360		−210	−125		−62		−18	0		−18	−28		+4	0
355	400	−1350	−680	−400														
400	450	−1500	−760	−440		−230	−135		−68		−20	0		−20	−32		+5	0
450	500	−1650	−840	−480														
500	560					−260	−145		−76		−22	0					0	0
560	630																	
630	710					−290	−160		−80		−24	0					0	0
710	800																	
800	900					−320	−170		−86		−26	0					0	0
900	1000																	
1000	1120					−350	−195		−98		−28	0					0	0
1120	1250																	
1250	1400					−390	−220		−110		−30	0					0	0
1400	1600																	
1600	1800					−430	−240		−120		−32	0					0	0
1800	2000																	
2000	2240					−480	−260		−130		−34	0					0	0
2240	2500																	
2500	2800					−520	−290		−145		−38	0					0	0
2800	3150																	

js 列：偏差 $=\pm ITn/2$，式中 In 是 IT 值数

注：(1) 公称尺寸小于或等于 1 mm 时，基本偏差 a 和 b 均不采用。

(2) 公差带 js7 至 js11，若 Itn 值数是奇数，则取偏差 $=\pm\dfrac{ITn-1}{2}$。

基本偏差数值

下极限偏差 ei

所有标准公差等级

m	n	p	r	s	t	u	v	X	y	z	za	zb	zc
+2	+4	+6	+10	+14		+18		+20		+26	+32	+40	+60
+4	+8	+12	+15	+19		+23		+28		+35	+42	+50	+80
+6	+10	+15	+19	+23		+28		+34		+42	+52	+67	+97
+7	+12	+18	+23	+28		+33		+40		+50	+64	+90	+130+
							+39	+45		+60	+77	+108	+150
+8	+15	+22	+28	+35		+41	+47	+54	+63	+73	+98	+136	+188
					+41	+48	+55	+64	+75	+88	+118	+160	+218
+9	+17	+26	+34	+43	+48	+60	+68	+80	+94	+112	+148	+200	+274
					+54	+70	+81	+97	+114	+136	+180	+242	+325
+11	+20	+32	+41	+53	+66	+87	+102	+122	+144	+172	+226	+300	+405
			+43	+59	+75	+102	+120	+146	+174	+210	+274	+360	+480
+13	+23	+37	+51	+71	+91	+124	+146	+178	+214	+258	+335	+445	+585
			+54	+79	+104	+144	+172	+210	+254	+310	+400	+525	+690
+15	+27	+43	+63	+92	+122	+170	+202	+248	+300	+365	+470	+620	+800
			+65	+100	+134	+190	+228	+280	+340	+415	+535	+700	+900
			+68	+108	+146	+210	+252	+310	+380	+465	+600	+780	+1000
+17	+31	+50	+77	+122	+166	+236	+284	+350	+425	+520	+670	+880	+1150
			+80	+130	+180	+258	+310	+385	+470	+575	+740	+960	+1250
			+84	+140	+196	+284	+340	+425	+520	+640	+820	+1050	+1350
+20	+34	+56	+94	+158	+218	+315	+385	+475	+580	+710	+920	+1200	+1550
			+98	+170	+240	+350	+425	+525	+650	+790	+1000	+1300	+1700
+21	+37	+62	+108	+190	+268	+390	+475	+590	+730	+900	+1150	+1500	+1900
			+114	+208	+294	+435	+530	+660	+820	+1000	+1300	+1650	+2100
+23	+40	+68	+126	+232	+330	+490	+595	+740	+920	+1100	+1450	+1850	+2400
			+132	+252	+360	+540	+660	+820	+1000	+1250	+1600	+2100	2600
+26	+44	+78	+150	+280	+400	+600							
			+155	+310	+450	+660							
+30	+50	+88	+175	+340	+500	+740							
			+185	+380	+560	+840							
+34	+56	+100	+210	+430	+620	+940							
			+220	+470	+680	+1050							
+40	+66	+120	+250	+520	+780	+1150							
			+260	+580	+840	+1300							
+48	+78	+140	+300	+640	+960	+1450							
			+330	+720	+1050	+1600							
+58	+92	+170	+370	+820	+1200	+1850							
			+400	+920	+1350	+2000							
+68	+110	+195	+440	+1000	+1500	+2300							
			+460	+1100	+1650	+2500							
+76	+135	+240	+550	+1250	+1900	+2900							
			+580	+1400	+2100	+3200							

2. 孔的基本偏差

附表4-2 孔的基本偏差数值（摘自GB/T 1800.1 2009）

单位：μm

公称尺寸 mm 大于	至	基本偏差数值 下极限偏差 EI 所有标准公差等级 A	B	C	CD	D	E	EF	F	FG	G	H	JS	下极限偏差 ES J IT6	IT7	IT8	K ≤IT8	>IT8	M ≤IT8	>IT8
—	3	+270	+140	+60	+34	+20	+14	+10	+6	+4	+2	0		+2	+4	+6	0	0	-2	-2
3	6	+270	+140	+70	+46	+30	+20	+14	+10	+6	+4	0		+5	+6	+10	-1+△		-4+△	-4
6	10	+280	+150	+80	+56	+40	+25	+18	+13	+8	+5	0		+5	+8	+12	-1+△		-6+△	-6
10	14	+290	+150	+95		+50	+32		+16		+6	0		+6	+10	+15	-1+△		-7+△	-7
14	18																			
18	24	+300	+160	+110		+65	+40		+20		+7	0		+8	+12	+20	-2+△		-8+△	-8
24	30																			
30	40	+310	+170	+120		+80	+50		+25		+9	0		+10	+14	+24	-2+△		-9+△	-9
40	50	+320	+180	+130																
50	65	+340	+190	+140		+100	+60		+30		+10	0		+13	+18	+28	-2+△		-11+△	-11
65	80	+360	+200	+150																
80	100	+380	+220	+170		+120	+72		+36		+12	0		+16	+22	+34	-3+△		-13+△	-13
100	120	+410	+240	+180																
120	140	+460	+260	+200		+145	+85		+43		+14	0		+18	+26	+41	-3+△		-15+△	-15
140	160	+520	+280	+210																
160	180	+580	+310	+230																
180	200	+660	+340	+240		+170	+100		+50		+15	0		+22	+30	+47	-4+△		-17+△	
200	225	+740	+380	+260																
225	250	+820	+420	+280																
250	280	+920	+480	+300		+190	+110		+56		+17	0		+25	+36	+55	-4+△		-20+△	
280	315	+1050	+540	+330																
315	355	+1200	+600	+360		+210	+125		+62		+18	0		+29	+39	+60	-4+△		-21+△	
355	400	+1350	+680	+400																
400	450	+1500	+760	+440		+230	+135		+68		+20	0		+33	+43	+66	-5+△		-23+△	
450	500	+1650	+840	+480																
500	560					+260	+145		+76		+22	0					0		-26	
560	630																			
630	710					+290	+160		+80		+24	0					0		-30	
710	800																			
800	900					+320	+170		+86		+26	0					0		-34	
900	1000																			
1000	1120					+350	+195		+98		+28	0					0		-40	
1120	1250																			
1250	1400					+390	+220		+110		+30	0					0		-48	
1400	1600																			
1600	1800					+430	+240		+120		+32	0					0		-58	
1800	2000																			
2000	2240					+480	+260		+130		+34	0					0		-68	
2240	2500																			
2500	2800					+520	+290		+145		+38	0					0		-76	
2800	3150																			

（JS列内注：偏差=±ITn/2，式中ITn是IT值数）

注：(1) 本尺寸小于或等于1mm时，基本偏差A和B及大于IT8的N均不采用。

(2) 公差带JS7至JS11，若ITn值数是奇数，则取偏差=±$\dfrac{ITn-1}{2}$。

(3) 对小于或等于IT8的K、M、N和小于或等于IT7的P至ZC，所需△值从表内右侧选取。

例如：18~30 mm段的K7：△=8 m，所以ES=-2+8=+6 m；18~30mm段的S6：△=4μm，所以ES=-35+4=-31μm

(4) 特殊情况：250~315 mm段的M6，ES=-9 m(代替-11 m)。

| 基本偏差数值 上极限偏差 ES | | | | | | | | | | | | | | | △值 | | | | | |
| ≤IT8 | >IT8 | IT7 | 所有标准公差等级 | | | | | | | | | | | | 标准公差等级 | | | | | |
N	N	P至ZC	P	R	S	T	U	V	X	Y	Z	ZA	ZB	ZC	IT3	IT4	IT5	IT6	IT7	IT8
-4	-4	在大于IT7的相应数值上增加一个△值	-6	-10	-14		-18		-20		-26	-32	-40	-60	0	0	0	0	0	0
-8+△	0		-12	-15	-19		-23		-28		-35	-42	-50	-80	1	1.5	1	3	4	6
-10+△	0		-15	-19	-23		-28		-34		-42	-52	-67	-97	1	1.5	2	3	6	7
-12+△	0		-18	-23	-28		-33		-40		-50	-64	-90	-130	1	2	3	3	7	9
								-39	-45		-60	-77	-108	-150						
-15+△	0		-22	-28	-35		-41	-47	-54	-63	-73	-98	-136	-188	1.5	2	3	4	8	12
						-41	-48	-55	-64	-75	-88	-118	-160	-218						
-17+△	0		-26	-34	-43	-48	-60	-68	-80	-94	-112	-148	-200	-274	1.5	3	4	5	9	14
						-54	-70	-81	-97	-114	-136	-180	-242	-325						
-20+△	0		-32	-41	-53	-66	-87	-102	-122	-144	-172	-226	-300	-405	2	3	5	6	11	16
				-43	-59	-75	-102	-120	-146	-174	-210	-274	-360	-480						
-23+△	0		-37	-51	-71	-91	-124	-146	-178	-214	-258	-335	-445	-585	3	4	5	7	13	19
				-54	-79	-104	-144	-172	-210	-254	-310	-400	-525	-690						
-27+△	0		-43	-63	-92	-122	-170	-202	-248	-300	-365	-470	-620	-800	3	4	6	7	15	23
				-65	-100	-134	-190	-228	-280	-340	-415	-535	-700	-900						
				-68	-108	-146	-210	-252	-310	-380	-456	-600	-780	-1000						
-31+△	0		-50	-77	-122	-166	-236	-284	-350	-425	-520	-670	-880	-1150	3	4	6	9	17	26
				-80	-130	-280	-258	-310	-385	-470	-575	-740	-960	-1250						
				-84	-140	-196	-284	-340	-425	-520	-640	-820	-1050	-1350						
-34+△	0		-56	-94	-158	-218	-315	-385	-475	-580	-710	-920	-1200	-1550	4	4	7	9	20	29
				-98	-170	-240	-350	-425	-525	-650	-790	-1000	-1300	-1700						
-37+△	0		-62	-108	-190	-268	-390	-475	-590	-730	-900	-1150	-1500	-1900	4	5	7	11	21	32
				-114	-208	-294	-435	-530	-660	-820	-1000	-1300	-1650	-2100						
-40+△	0		-68	-126	-232	-330	-490	-595	-740	-920	-1100	-1450	-1950	-2400	5	5	7	13	23	34
				-132	-252	-360	-540	-660	-820	-1000	-1250	-1600	-2100	-2600						
-44			-78	-150	-280	-400	-600													
				-155	-310	-450	-660													
-50			-88	-175	-340	-500	-740													
				-185	-380	-560	-840													
-56			-100	-250	-520	-780	-1150													
				-260	-580	-840	-1300													
-66			-120	-300	-640	-960	-1450													
				-330	-720	-1050	-1600													
-78			-140	-300	-640	-960	-1450													
				-330	-720	-1050	-1600													
-92			-170	-370	-820	-1200	-1850													
				-400	-920	-1350	-2000													
-110			-195	-440	-1000	-1500	-2300													
				-460	-1100	-4650	-2500													
-135			-240	-550	-1250	-1900	-2900													
				-580	-1400	-2100	-3200													

3. 轴的极限偏差

附表4-3 常用及优先用途轴的极限偏差（摘自GB/T 1800.2—2009） 单位：μm

公称尺寸 mm		常用及优先公差带（带括号者为优先公差）											
		a	b		c			d				e		
大于	至	11	11	12	9	10	11	8	9	10	11	7	8	9
—	3	-270 -330	-140 -200	-140 -240	-60 -85	-60 -100	-60 -120	-20 -34	-20 -45	-20 -60	-20 -80	-14 -24	-14 -28	-14 -39
3	6	-270 -345	-140 -215	-140 -260	-70 -100	-70 -118	-70 -145	-30 -48	-30 -60	-30 -78	-30 -105	-20 -32	-20 -38	-20 -50
6	10	-280 -370	-150 -240	-150 -300	-80 -116	-80 -138	-80 -170	-40 -62	-40 -76	-40 -98	-40 -130	-25 -40	-25 -47	-25 -61
10	18	-290 -400	-150 -260	-150 -330	-95 -138	-95 -165	-95 -205	-50 -77	-50 -93	-50 -120	-50 -160	-32 -50	-32 -59	-32 -75
18	30	-300 -430	-160 -290	-160 -370	-110 -162	-110 -194	-110 -240	-65 -98	-65 -117	-65 -149	-65 -195	-40 -61	-40 -73	-40 -92
30	40	-310 -470	-170 -330	-170 -420	-120 -182	-120 -220	-120 -280	-80 -119	-80 -142	-80 -180	-80 -240	-50 -75	-50 -89	-50 -112
40	50	-320 -480	-180 -340	-180 -430	-130 -192	-130 -230	-130 -290							
50	65	-340 -530	-190 -380	-190 -490	-140 -214	-140 -260	-140 -330	-100 -146	-100 -174	-100 -220	-100 -290	-60 -90	-60 -106	-60 -134
65	80	-360 -550	-200 -390	-200 -500	-150 -224	-150 -270	-150 -340							
80	100	-380 -600	-220 -440	-220 -570	-170 -257	-170 -310	-170 -390	-120 -174	-120 -207	-120 -260	-120 -340	-72 -107	-72 -126	-72 -212
100	120	-410 -630	-240 -460	-240 -590	-180 -267	-180 -320	-180 -400							
120	140	-460 -710	-260 -510	-260 -660	-200 -300	-200 -360	-200 -450	-145 -208	-145 -245	-145 -305	-145 -395	-85 -125	-85 -148	-85 -185
140	160	-520 -770	-280 -530	-280 -680	-210 -310	-210 -370	-210 -460							
160	180	-580 -830	-310 -560	-310 -710	-230 -330	-230 -390	-230 -480							
180	200	-660 -950	-340 -630	-340 -800	-240 -355	-240 -425	-240 -530	-170 -242	-170 -285	-170 -355	-170 -460	-100 -146	-100 -172	-100 -215
200	225	-740 -1030	-380 -670	-380 -840	-260 -375	-260 -445	-260 -550							
225	250	-820 -1110	-420 -710	-420 -880	-280 -395	-280 -465	-280 -570							
250	280	-920 -1240	-480 -800	-480 -1000	-300 -430	-300 -510	-300 -620	-190 -271	-190 -320	-190 -400	-190 -510	-110 -162	-110 -191	-110 -240
280	315	-1050 -1370	-540 -860	-540 -1060	-330 -460	-330 -540	-330 -650							
315	355	-1200 -1560	-600 -960	-600 -1170	-360 -500	-360 -590	-360 -720	-210 -299	-210 -350	-210 -440	-210 -570	-125 -182	-125 -214	-125 -265
355	400	-1350 -1710	-680 -1040	-680 -1250	-400 -540	-400 -630	-400 -760							
400	450	-1500 -1900	-760 -1160	-760 -1390	-440 -595	-440 -690	-440 -840	-230 -327	-230 -385	-230 -480	-230 -630	-135 -198	-135 -232	-135 -290
450	500	-1650 -2050	-840 -1240	-840 -1470	-480 -635	-480 -730	-480 -880							

注：公称尺寸小于 1mm 时，各级的 a 和 b 均不采用。

常用及优先公差带（带括号者为优先公差）

f					g			h							
5	6	7	8	9	5	6	7	5	6	7	8	9	10	11	12
-6 / -10	-6 / -12	-6 / -16	-6 / -20	-6 / -31	-2 / -6	-2 / -8	-2 / -12	0 / -4	0 / -6	0 / -10	0 / -14	0 / -25	0 / -40	0 / -60	0 / -100
-10 / -15	-10 / -18	-10 / -22	-10 / -28	-10 / -40	-4 / -9	-4 / -12	-4 / -16	0 / -5	0 / -8	0 / -12	0 / -18	0 / -30	0 / -48	0 / -75	0 / -120
-13 / -19	-13 / -22	-13 / -28	-13 / -35	-13 / -49	-5 / -11	-5 / -14	-5 / -20	0 / -6	0 / -9	0 / -15	0 / -22	0 / -36	0 / -58	0 / -90	0 / -150
-16 / -24	-16 / -27	-16 / -34	-16 / -43	-16 / -59	-6 / -14	-6 / -17	-6 / -24	0 / -8	0 / -11	0 / -18	0 / -27	0 / -43	0 / -70	0 / -110	0 / -180
-20 / -29	-20 / -33	-20 / -41	-20 / -53	-20 / -72	-7 / -16	-7 / -20	-7 / -28	0 / -9	0 / -13	0 / -21	0 / -33	0 / -52	0 / -84	0 / -130	0 / -210
-25 / -36	-25 / -41	-25 / -50	-25 / -64	-25 / -87	-9 / -20	-9 / -25	-9 / -34	0 / -11	0 / -16	0 / -25	0 / -39	0 / -62	0 / -100	0 / -160	0 / -250
-30 / -43	-30 / -49	-30 / -60	-30 / -76	-30 / -104	-10 / -23	-10 / -29	-10 / -40	0 / -13	0 / -19	0 / -30	0 / -46	0 / -74	0 / -120	0 / -190	0 / -300
-36 / -51	-36 / -58	-36 / -71	-36 / -90	-36 / -123	-12 / -27	-12 / -34	-12 / -47	0 / -15	0 / -22	0 / -35	0 / -54	0 / -87	0 / -140	0 / -220	0 / -350
-43 / -61	-43 / -68	-43 / -83	-43 / -106	-43 / -143	-14 / -32	-14 / -39	-14 / -54	0 / -18	0 / -25	0 / -40	0 / -63	0 / -100	0 / -160	0 / -250	0 / -400
50 / -70	50 / -79	50 / -96	50 / -122	50 / -165	-15 / -35	-15 / -44	-15 / -61	0 / -20	0 / -29	0 / -46	0 / -72	0 / -115	0 / -185	0 / -290	0 / -460
56 / -79	56 / -88	56 / -108	56 / -137	56 / -186	-17 / -40	-17 / -49	-17 / -69	0 / -23	0 / -32	0 / -52	0 / -81	0 / -130	0 / -210	0 / -320	0 / -520
-62 / -87	-62 / -98	-62 / -119	-62 / -151	-62 / -202	-18 / -43	-18 / -54	-18 / -75	0 / -25	0 / -36	0 / -57	0 / -89	0 / -140	0 / -230	0 / -360	0 / -570
-68 / -95	-68 / -108	-68 / -131	-68 / -165	-68 / -223	-20 / -47	-20 / -60	-20 / -83	0 / -27	0 / -40	0 / -63	0 / -97	0 / -155	0 / -250	0 / -400	0 / -630

公称尺寸 mm		常用及优先公差带（带括号者为优先公差）														
		js			k			m			n			p		
大于	至	5	6	7	5	6	7	5	6	7	5	6	7	5	6	7
—	3	±2	±3	±5	+4 / 0	+6 / 0	+10 / 0	+6 / +2	+8 / +2	+12 / +2	+8 / +4	+10 / +4	+14 / +4	+10 / +6	+12 / +6	+16 / +6
3	6	±2.5	±4	±6	+6 / +1	+9 / +1	+13 / +1	+9 / +4	+12 / +4	+16 / +4	+13 / +8	+16 / +8	+20 / +8	+17 / +12	+20 / +12	+24 / +12
6	10	±3	±4.5	±7	+7 / +1	+10 / +1	+16 / +1	+12 / +6	+15 / +6	+21 / +6	+16 / +10	+19 / +10	+25 / +10	+21 / +15	+24 / +15	+30 / +15
10	14	±4	±5.5	±9	+9 / +1	+12 / +1	+19 / +1	+15 / +7	+18 / +7	+25 / +7	+20 / +12	+23 / +12	+30 / +12	+26 / +18	+29 / +18	+36 / +18
14	18															
18	24	±4.5	±6.5	±10	+11 / +2	+15 / +2	+23 / +2	+17 / +8	+21 / +8	+29 / +8	+24 / +15	+28 / +15	+36 / +15	+31 / +22	+35 / +22	+43 / +22
24	30															
30	40	±5.5	±8	±12	+13 / +2	+18 / +2	+27 / +2	+20 / +9	+25 / +9	+34 / +9	+28 / +17	+33 / +17	+42 / +17	+37 / +26	+42 / +26	+51 / +26
40	50															
50	65	±6.5	±9.5	±15	+15 / +2	+21 / +2	+32 / +2	+24 / +11	+30 / +11	+41 / +11	+33 / +20	+39 / +20	+50 / +20	+45 / +32	+51 / +32	+62 / +32
65	80															
80	100	±7.5	±11	±17	+18 / +3	+25 / +3	+38 / +3	+28 / +13	+35 / +13	+48 / +13	+38 / +23	+45 / +23	+58 / +23	+52 / +37	+59 / +37	+72 / +37
100	120															
120	140	±9	±12.5	±20	+21 / +3	+28 / +3	+43 / +3	+33 / +15	+40 / +15	+55 / +15	+45 / +27	+52 / +27	+67 / +27	+61 / +43	+68 / +43	+83 / +43
140	160															
160	180															
180	200	±10	±14.5	±23	+24 / +4	+33 / +4	+50 / +4	+37 / +17	+46 / +17	+63 / +17	+54 / +31	+60 / +31	+77 / +31	+70 / +50	+79 / +50	+96 / +50
200	225															
225	250															
250	280	±11.5	±16	±26	+27 / +4	+36 / +4	+56 / +4	+43 / +20	+52 / +20	+72 / +20	+57 / +34	+66 / +34	+86 / +34	+79 / +56	+88 / +56	+108 / +56
280	315															
315	355	±12.5	±18	±28	+29 / +4	+40 / +4	+61 / +4	+46 / +21	+57 / +21	+78 / +21	+62 / +37	+73 / +37	+94 / +37	+87 / +62	+98 / +62	+119 / +62
355	400															
400	450	±13.5	±20	±31	+32 / +5	+45 / +5	+68 / +5	+50 / +23	+63 / +23	+86 / +23	+67 / +40	+80 / +40	+103 / +40	+95 / +68	+108 / +68	+131 / +68
450	500															

常用及优先公差带（带括号者为优先公差）

r			s			t			u		v	x	y	z
5	6	7	5	6	7	5	6	7	6	7	6	6	6	6
+14/+10	+16/+10	+20/+10	+18/+14	+20/+14	+24/+14	—	—	—	+24/+18	+28/+18	—	+26/+20	—	+32/+26
+20/+15	+23/+15	+27/+15	+24/+19	+27/+19	+31/+19	—	—	—	+31/+23	+35/+23	—	+36/+28	—	+43/+35
+25/+19	+28/+19	+34/+19	+29/+23	+32/+23	+38/+23	—	—	—	+37/+28	+43/+28	—	+43/+34	—	+51/+42
+31/+23	+34/+23	+41/+23	+36/+28	+39/+28	+46/+28	—	—	—	+44/+33	+51/+33	—	+51/+40	—	+61/+50
						—	—	—			+50/+39	+56/+45	—	+71/+60
+37/+28	+41/+28	+49/+28	+44/+35	+48/+35	+56/+35	—	—	—	+54/+41	+62/+41	+60/+47	+67/+54	+76/+63	+86/+73
						+50/+41	+54/+41	+62/+41	+61/+43	+69/+48	+68/+55	+77/+64	+88/+75	+101/+88
+45/+34	+50/+34	+59/+34	+54/+43	+59/+43	+68/+43	+59/+48	+64/+48	+73/+48	+76/+60	+85/+60	+84/+68	+96/+80	+110/+94	+128/+112
						+65/+54	+70/+54	+79/+54	+86/+70	+95/+70	+97/+81	+113/+97	+130/+114	+152/+136
+54/+41	+60/+41	+71/+41	+66/+53	+72/+53	+83/+53	+79/+66	+85/+66	+96/+66	+106/+87	+117/+87	+121/+102	+141/+122	+163/+144	+191/+172
+56/+43	+62/+43	+73/+43	+72/+59	+78/+59	+89/+59	+88/+75	+94/+75	+105/+75	+121/+102	+132/+102	+139/+120	+165/+146	+193/+174	+229/+210
+66/+51	+73/+51	+86/+51	+86/+71	+93/+71	+106/+71	+106/+91	+113/+91	+126/+91	+146/+124	+159/+124	+168/+146	+200/+178	+236/+214	+280/+258
+69/+54	+76/+54	+89/+54	+94/+79	+101/+79	+114/+79	+110/+104	+126/+104	+139/+104	+166/+144	+179/+144	+194/+172	+232/+210	+276/+254	+332/+310
+81/+63	+88/+63	+103/+63	+110/+92	+117/+92	+132/+92	+140/+122	+147/+122	+162/+122	+195/+170	+210/+170	+227/+202	+273/+248	+325/+300	+390/+365
+83/+65	+90/+65	+105/+65	+118/+100	+125/+100	+140/+100	+152/+134	+159/+134	+174/+134	+215/+190	+230/+190	+253/+228	+305/+280	+365/+340	+440/+415
+86/+68	+93/+68	+108/+68	+126/+108	+133/+108	+148/+108	+164/+146	+171/+146	+186/+146	+235/+210	+250/+210	+277/+252	+335/+310	+405/+380	+490/+465
+97/+77	+106/+77	+123/+77	+142/+122	+151/+122	+168/+122	+186/+166	+195/+166	+212/+166	+265/+236	+282/+236	+313/+284	+379/+350	+454/+425	+549/+520
+100/+80	+109/+80	+126/+80	+150/+130	+159/+130	+176/+130	+200/+180	+209/+180	+226/+180	+287/+258	+304/+258	+339/+310	+414/+385	+499/+470	+604/+575
+104/+84	+113/+84	+130/+84	+160/+140	+169/+140	+186/+140	+216/+196	+225/+196	+242/+196	+313/+284	+330/+284	+369/+340	+454/+425	+549/+520	+669/+640
+117/+94	+126/+94	+146/+94	+181/+158	+190/+158	+210/+158	+241/+218	+250/+218	+270/+218	+347/+315	+367/+315	+417/+385	+507/+475	+612/+580	+742/+710
+121/+98	+130/+98	+150/+98	+193/+170	+202/+170	+222/+170	+263/+240	+272/+240	+292/+240	+382/+350	+402/+350	+457/+425	+557/+525	+682/+650	+822/+790
+133/+108	+144/+108	+165/+108	+215/+190	+226/+190	+247/+190	+293/+268	+304/+268	+325/+268	+426/+390	+447/+390	+511/+475	+626/+590	+766/+730	+936/+900
+139/+114	+150/+114	+171/+114	+233/+208	+244/+208	+265/+208	+319/+294	+330/+294	+351/+294	+471/+435	+492/+435	+566/+530	+696/+660	+856/+820	+1036/+1000
+153/+126	+166/+126	+189/+126	+259/+232	+272/+232	+295/+232	+357/+330	+370/+330	+393/+330	+530/+490	+553/+490	+635/+595	+780/+740	+960/+920	+1140/+1100
+159/+132	+172/+132	+195/+132	+279/+252	+292/+252	+315/+252	+387/+360	+400/+360	+423/+360	+580/+540	+603/+540	+700/+660	+860/+820	+1040/+1000	+1290/+1250

4. 孔的极限偏差

附表4-4 常用及优先用途孔的极限偏差（摘自GB/T 1800.4 2009）　　单位：μm

公称尺寸 mm 大于	至	A 11	B 11	B 12	C 11	D 8	D 9	D 10	D 11	E 8	E 9	F 6	F 7	F 8	F 9
—	3	+330/+270	+200/+140	+240/+140	+120/+60	+34/+20	+45/+20	+60/+20	+80/+20	+28/+14	+39/+14	+12/+6	+16/+6	+20/+6	+31/+6
3	6	+345/+270	+215/+140	+260/+140	+145/+70	+48/+30	+60/+30	+78/+30	+105/+30	+38/+20	+50/+20	+18/+10	+22/+10	+28/+10	+40/+10
6	10	+370/+280	+240/+150	+300/+150	+170/+80	+62/+40	+76/+40	+98/+40	+130/+40	+47/+25	+61/+25	+22/+13	+28/+13	+35/+13	+49/+13
10	18	+400/+290	+260/+150	+330/+150	+205/+95	+77/+50	+93/+50	+120/+50	+160/+50	+59/+32	+75/+32	+27/+16	+34/+16	+43/+16	+59/+16
18	30	+430/+300	+290/+160	+370/+160	+240/+110	+98/+65	+117/+65	+149/+65	+195/+65	+73/+40	+92/+40	+33/+20	+41/+20	+53/+20	+42/+20
30	40	+470/+310	+330/+170	+420/+170	+280/+120	+119/+80	+142/+80	+180/+80	+240/+80	+89/+50	+112/+50	+41/+25	+50/+25	+64/+25	+87/+25
40	50	+480/+320	+340/+180	+430/+180	+290/+130										
50	65	+530/+340	+380/+190	+490/+190	+330/+140	+146/+100	+174/+100	+220/+100	+290/+100	+106/+60	+134/+60	+49/+30	+60/+30	+76/+30	+104/+30
65	80	+550/+360	+390/+200	+500/+200	+340/+150										
80	100	+600/+380	+440/+220	+570/+220	+390/+170	+174/+120	+207/+120	+260/+120	+340/+120	+125/+72	+159/+72	+58/+36	+71/+36	+90/+36	+123/+36
100	120	+630/+410	+460/+240	+590/+240	+400/+180										
120	140	+710/+460	+510/+260	+660/+260	+450/+200	+208/+145	+245/+145	+305/+145	+395/+145	+148/+85	+185/+85	+68/+43	+83/+43	+106/+43	+143/+43
140	160	+770/+520	+530/+280	+680/+280	+460/+210										
160	180	+830/+580	+560/+310	+710/+310	+480/+230										
180	200	+950/+660	+630/+340	+800/+340	+530/+240	+242/+170	+285/+170	+355/+170	+460/+170	+172/+100	+215/+100	+79/+50	+96/+50	+122/+50	+165/+50
200	225	+1030/+740	+670/+380	+840/+380	+550/+260										
225	250	+1110/+820	+710/+420	+880/+420	+570/+280										
250	280	+1240/+920	+800/+480	+1000/+480	+620/+300	+271/+190	+320/+190	+400/+190	+510/+190	+191/+110	+240/+110	+88/+56	+108/+56	+137/+56	+186/+56
280	315	+1370/+1050	+860/+540	+1060/+540	+650/+330										
315	355	+1560/+1200	+960/+600	+1170/+600	+720/+360	+299/+210	+350/+210	+440/+210	+570/+210	+214/+125	+265/+125	+98/+62	+119/+62	+151/+62	+202/+62
355	400	+1710/+1350	+1040/+680	+1250/+680	+760/+400										
400	450	+1900/+1500	+1160/+760	+1390/+760	+840/+440	+327/+230	+385/+230	+480/+230	+630/+230	+232/+135	+290/+135	+108/+68	+131/+68	+165/+68	+223/+68
450	500	+2050/+1650	+1240/+840	+1470/+840	+880/+480										

注：公称尺寸小于1mm时，各级的A和B均不采用。

常用及优先公差带（带括号者为优先公差）

G 6	G 7	H 6	H 7	H 8	H 9	H 10	H 11	H 12	Js 6	Js 7	Js 8	K 6	K 7	K 8	M 6	M 7	M 8
+8 +2	+12 +2	+6 0	+10 0	+14 0	+25 0	+40 0	+60 0	+100 0	±3	±5	±7	0 -6	0 -10	0 -14	-2 -8	-2 -12	-2 -16
+12 +4	+16 +4	+8 0	+12 0	+18 0	+30 0	+48 0	+75 0	+120 0	±4	±6	±9	+2 -6	+3 -9	+5 -13	-1 -9	0 -12	+2 -16
+14 +5	+20 +5	+9 0	+15 0	+22 0	+36 0	+58 0	+90 0	+150 0	±4.5	±7	±11	+2 -7	+5 -10	+6 -16	-3 -12	0 -15	+1 -21
+17 +6	+24 +6	+11 0	+18 0	+27 0	+43 0	+70 0	+110 0	+180 0	±5.5	±9	±13	+2 -9	+6 -12	+8 -19	-4 -15	0 -18	+2 -25
+20 +7	+28 +7	+13 0	+21 0	+33 0	+52 0	+84 0	+130 0	+210 0	±6.5	±10	±16	+2 -11	+6 -15	+10 -23	-4 -17	0 -21	+4 -29
+25 +9	+34 +9	+16 0	+25 0	+39 0	+62 0	+100 0	+160 0	+250 0	±8	±12	±19	+3 -13	+7 -18	+12 -27	-4 -20	0 -25	+5 -34
+29 +10	+40 +10	+19 0	+30 0	+46 0	+74 0	+120 0	+190 0	+300 0	±9.5	±15	±23	+4 -15	+9 -21	+14 -32	-5 -24	0 -30	+5 -41
+34 +12	+47 +12	+22 0	+35 0	+54 0	+87 0	+140 0	+220 0	+350 0	±11	±17	±27	+4 -18	+10 -25	+16 -38	-6 -28	0 -35	+6 -48
+39 +14	+54 +14	+25 0	+40 0	+63 0	+100 0	+160 0	+250 0	+400 0	±12.5	±20	±31	+4 -21	+12 -28	+20 -43	-8 -33	0 -40	+8 -55
+44 +15	+61 +15	+29 0	+46 0	+72 0	+115 0	+185 0	+290 0	+460 0	±14.5	±23	±36	+5 -24	+13 -33	+22 -50	-8 -37	0 -46	+9 -63
+49 +17	+69 +17	+32 0	+52 0	+81 0	+130 0	+210 0	+320 0	+520 0	±16	±26	±40	+5 -27	+16 -36	+25 -56	-9 -41	0 -52	+9 -72
+54 +18	+75 +18	+36 0	+57 0	+89 0	+140 0	+230 0	+360 0	+570 0	±18	±28	±44	+7 -29	+17 -40	+28 -61	-10 -46	0 -57	+11 -78
+60 +20	+83 +20	+40 0	+63 0	+97 0	+155 0	+250 0	+400 0	+630 0	±20	±31	±48	+8 -32	+18 -45	+29 -68	-10 -50	0 -63	+11 -86

公称尺寸 mm		常用及优先公差带(带括号者为优先公差)											
		N			P		R		S		T		U
大于	至	6	7	8	6	7	6	7	6	7	6	7	7
—	3	-4 -10	-4 -14	-4 -18	-6 -12	-6 -16	-10 -16	-10 -20	-14 -20	-14 -24	—	—	-18 -28
3	6	-5 -13	-4 -16	-2 -20	-9 -17	-8 -20	-12 -20	-11 -23	-16 -24	-15 -27	—	—	-19 -31
6	10	-7 -16	-4 -19	-3 -25	-12 -21	-9 -24	-16 -25	-13 -28	-20 -29	-17 -32	—	—	-22 -37
10	18	-9 -20	-5 -23	-3 -30	-15 -26	-11 -29	-20 -31	-16 -34	-25 -36	-21 -39	—	—	-26 -44
18	24	-11 -24	-7 -28	-3 -36	-18 -31	-14 -35	-24 -37	-20 -41	-31 -44	-27 -48	—	—	-33 -54
24	30	-11 -24	-7 -28	-3 -36	-18 -31	-14 -35	-24 -37	-20 -41	-31 -44	-27 -48	-37 -50	-33 -54	-40 -61
30	40	-12 -28	-8 -33	-3 -42	-21 -37	-17 -42	-29 -45	-25 -50	-38 -54	-34 -59	-43 -59	-39 -64	-51 -76
40	50	-12 -28	-8 -33	-3 -42	-21 -37	-17 -42	-29 -45	-25 -50	-38 -54	-34 -59	-49 -65	-45 -70	-61 -86
50	65	-14 -33	-9 -39	-4 -50	-26 -45	-21 -51	-35 -54	-30 -60	-47 -66	-42 -72	-60 -79	-55 -85	-76 -106
65	80	-14 -33	-9 -39	-4 -50	-26 -45	-21 -51	-37 -56	-32 -62	-53 -72	-48 -78	-69 -88	-64 -94	-91 -121
80	100	-16 -38	-10 -45	-4 -58	-30 -52	-24 -59	-44 -66	-38 -73	-64 -86	-58 -93	-84 -106	-78 -113	-111 -146
100	120	-16 -38	-10 -45	-4 -58	-30 -52	-24 -59	-47 -69	-41 -76	-72 -94	-66 -101	-97 -119	-91 -126	-131 -166
120	140	-20 -45	-12 -52	-4 -67	-36 -61	-28 -68	-56 -81	-48 -88	-85 -110	-77 -117	-115 -140	-107 -147	-155 -195
140	160	-20 -45	-12 -52	-4 -67	-36 -61	-28 -68	-58 -83	-50 -90	-93 -118	-85 -125	-127 -152	-119 -159	-175 -215
160	180	-20 -45	-12 -52	-4 -67	-36 -61	-28 -68	-61 -86	-53 -93	-101 -126	-93 -133	-139 -164	-131 -171	-195 -235
180	200	-22 -51	-14 -60	-5 -77	-41 -70	-33 -79	-68 -97	-60 -106	-113 -142	-105 -151	-157 -186	-149 -195	-219 -265
200	225	-22 -51	-14 -60	-5 -77	-41 -70	-33 -79	-71 -100	-63 -109	-121 -150	-113 -159	-171 -200	-163 -209	-241 -287
225	250	-22 -51	-14 -60	-5 -77	-41 -70	-33 -79	-75 -104	-67 -113	-131 -160	-123 -169	-187 -216	-179 -225	-267 -313
250	280	-25 -57	-14 -66	-5 -86	-47 -79	-36 -88	-85 -117	-74 -126	-149 -181	-138 -190	-209 -241	-198 -250	-295 -347
280	315	-25 -57	-14 -66	-5 -86	-47 -79	-36 -88	-89 -121	-78 -130	-161 -193	-150 -202	-231 -263	-220 -272	-330 -382
315	355	-26 -62	-16 -73	-5 -94	-51 -87	-41 -98	-97 -133	-87 -144	-179 -215	-169 -226	-257 -293	-247 -304	-369 -426
355	400	-26 -62	-16 -73	-5 -94	-51 -87	-41 -98	-103 -139	-93 -150	-197 -233	-187 -244	-283 -319	-273 -330	-414 -471
400	450	-27 -67	-17 -80	-6 -103	-55 -95	-45 -108	-113 -153	-103 -166	-219 -259	-209 -272	-317 -357	-307 -370	-467 -530
450	500	-27 -67	-17 -80	-6 -103	-55 -95	-45 -108	-119 -159	-109 -172	-239 -279	-229 -292	-347 -387	-337 -400	-517 -580

5. 优先和常用配合（摘自 GB/T1801—2009）

（1）公称尺寸至 500 mm 的基孔制优先和常用配合

附表4-5　　基孔制优先、常用配合

基准孔	a	b	c	d	e	f	g	h	js	k	m	n	p	r	s	t	u	v	x	y	z
			间隙配合						过渡配合					过盈配合							
H6						$\frac{H6}{f5}$	$\frac{H6}{g5}$	$\frac{H6}{h5}$	$\frac{H6}{js5}$	$\frac{H6}{k5}$	$\frac{H6}{m5}$	$\frac{H6}{n5}$	$\frac{H6}{p5}$	$\frac{H6}{r5}$	$\frac{H6}{s5}$	$\frac{H6}{t5}$					
H7						$\frac{H7}{f6}$	$*\frac{H7}{g6}$	$*\frac{H7}{h6}$	$\frac{H7}{js6}$	$*\frac{H7}{k6}$	$\frac{H7}{m6}$	$*\frac{H7}{n6}$	$*\frac{H7}{p6}$	$\frac{H7}{r6}$	$*\frac{H7}{s6}$	$\frac{H7}{t6}$	$*\frac{H7}{u6}$	$\frac{H7}{v6}$	$\frac{H7}{x6}$	$\frac{H7}{y6}$	$\frac{H7}{z6}$
H8					$\frac{H8}{e7}$	$*\frac{H8}{f7}$	$\frac{H8}{g7}$	$*\frac{H8}{h7}$	$\frac{H8}{js7}$	$\frac{H8}{k7}$	$\frac{H8}{m7}$	$\frac{H8}{n7}$	$\frac{H8}{p7}$	$\frac{H8}{r7}$	$\frac{H8}{s7}$	$\frac{H8}{t7}$	$\frac{H8}{u7}$				
H8				$\frac{H8}{d8}$	$\frac{H8}{e8}$	$\frac{H8}{f8}$		$\frac{H8}{h8}$													
H9			$\frac{H9}{c9}$	$\frac{H9}{d9}$	$\frac{H9}{e9}$	$\frac{H9}{f9}$		$\frac{H9}{h9}$													
H10																					
H11			*					*													
H12																					

注：(1) $\frac{H6}{n5}$、$\frac{H7}{p6}$ 在公称尺寸小于或等于 3 mm 和 $\frac{H8}{r7}$ 在小于或等于 100mm 时，为过渡配合。

　　(2) 标注 "*" 的配合为优先配合。

（2）公称尺寸至 500 mm 的基轴制优先和常用配合

附表 4-6　基轴制优先、常用配合

基准轴	孔																				
	A	B	C	D	E	F	G	H	JS	K	M	N	P	R	S	T	U	V	X	Y	Z
	间隙配合								过渡配合				过盈配合								
h5						$\frac{F6}{h5}$	$\frac{G6}{h5}$	$\frac{H6}{h5}$	$\frac{JS6}{h5}$	$\frac{K6}{h5}$	$\frac{M6}{h5}$	$\frac{N6}{h5}$	$\frac{P6}{h5}$	$\frac{R6}{h5}$	$\frac{S6}{h5}$	$\frac{T6}{h5}$					
h6						$\frac{F7}{h6}$	$*\frac{G7}{h6}$	$*\frac{H7}{h6}$	$\frac{JS7}{h6}$	$*\frac{K7}{h6}$	$\frac{M7}{h6}$	$*\frac{N7}{h6}$	$*\frac{P7}{h6}$	$\frac{R7}{h6}$	$*\frac{S7}{h6}$	$\frac{T7}{h6}$	$*\frac{U7}{h6}$				
h7					$\frac{E8}{h7}$	$*\frac{F8}{h7}$		$*\frac{H8}{h7}$	$\frac{JS8}{h7}$	$\frac{K8}{h7}$	$\frac{M8}{h7}$	$\frac{N8}{h7}$									
h8				$\frac{D8}{h8}$	$\frac{E8}{h8}$	$\frac{F8}{h8}$		$\frac{H8}{h8}$													
h9				$*\frac{D9}{h9}$	$\frac{E9}{h9}$	$\frac{F9}{h9}$		$*\frac{H9}{h9}$													
h10			$\frac{C11}{h11}$					$\frac{H11}{h11}$													
h11	$\frac{A11}{h11}$	$\frac{B11}{h11}$	$*\frac{C11}{h11}$	$\frac{D11}{h11}$				$*\frac{H11}{h11}$													
h12		$\frac{B12}{h12}$						$\frac{H12}{h12}$													

注：标注 "*" 的配合为优先配合。

五、常用材料及热处理、表面处理

1．金属材料

（1）铸　铁

灰铸铁（摘自 GB/T 9439—2010）

球墨铸铁（摘自 GB/T 1348—2009）

可锻铸铁（摘自 GB/T 9440—2010）

附表 5-1　铸铁系列及其应用

名　称	牌　号	应用举例	说　明
灰铸铁	HT 100 HT 150	用于低强度铸件，如盖、手轮、支架等。用于中强度铸件，如底座、刀架、轴承座、胶带轮、端盖等	"HT"表示灰铸铁，后面的数字表示抗拉强度值（N/mm²）
	HT 200 HT 250	用于高强度铸件，如床身、机座、齿轮、凸轮、汽缸泵体、联轴器等	
	HT 300 HT 350	用于高强度耐磨铸件，如齿轮、凸轮、重载荷床身、高压泵、阀壳体、锻模、冷冲压模等。	
球墨铸铁	QT800-2 QT700-2 QT600-3	具有较高强度，但塑性低，用于曲轴、凸轮轴、齿轮、汽缸、缸套、轧辊、水泵轴、活塞环、摩擦片等零件	"QT"表示球墨铸铁，其后第一组数字表示抗拉强度值（N/mm²），第二组数字表示延伸率（％）
	QT500-7 QT450-10 QT400-18	具有较高的塑性和适当的强度，用于承受冲击负荷的零件	
可锻铸铁	KTH 300-06 KTH 330-08 * KTH 350-10 KTH 370-12 *	黑心可锻铸铁，用于承受冲击振动的零件：汽车、拖拉机、农机等的铸件	"KT"表示可锻铸铁，"H"表示黑心，"B"表示白心，第一组数字表示抗拉强度值（N/mm²），第二组数字表示延伸率（％）。 KTH 300-06 适用于气密性零件 有 * 号者为推荐牌号
	KTB 350-04 KTB 360-12 KTB 400-05 KTB 450-07	白心可锻铸铁，韧性较低，但强度高，耐磨性、加工性好。可代替低、中碳钢及低合金钢的重要零件，如曲轴、连杆、机床附件等	

（2）钢

普通碳素结构钢（摘自 GB/T 700—2006）

优质碳素结构钢（摘自 GB/T 699—1999）

合金结构钢（摘自 GB/T 3077—1999）

碳素工具钢（摘自 GB/T 1298—2008）

一般工程用铸造碳钢（摘自 GB/T 11352—2009）

附表 5 - 2　钢系列及其应用

名　称	牌　号	应用举例	说　明
普通碳素结构钢	Q215　A级　　　B级	金属结构件、拉杆、套圈、铆钉、螺栓、短轴、心轴、凸轮（载荷不大的）、垫圈；渗碳零件及焊接件	"Q"为碳素结构钢屈服点"屈"字的汉语拼音首位字母，后面数字表示屈服点数值。如 Q235 表示碳素结构钢屈服点为 235 N/mm²
	Q235　A级　　　B级　　　C级　　　D级	金属结构件，心部强度要求不高的渗碳或氰化零件，吊钩、拉杆、套圈、汽缸、齿轮、螺栓、螺母、连杆、轮轴、楔、盖及焊接件	
	Q275　A级　　　B级　　　C级　　　D级	轴、轴销、刹车杆、螺母、螺栓、垫圈、连杆、齿轮以及其他强度较高的零件	新旧牌号对照：Q215···A2(A2F) Q235···A3 Q275···A5
优质碳素结构钢（一）	08F	可塑性要求高的零件，如管子、垫圈、渗碳件、氰化件等	牌号的两位数字表示平均含碳量，称碳的质量分数。45 号钢即表示碳的质量分数为 0.45 %，表示平均含碳量为 0.45 %碳的质量分数≤0.25%的碳钢属低碳钢（渗碳钢）碳的质量分数(0.25～0.6)%之间的碳钢属中碳钢（调质钢）碳的质量分数≥0.6%的碳钢属高碳钢在牌号后加符号"F"表示沸腾钢
	10	拉杆、卡头、垫圈、焊件	
	15	渗碳件、紧固件、冲模锻件、化工贮器	
	20	杠杆、轴套、钩、螺钉、渗碳件与氰化件	
	25	轴、辊子、连接器，紧固件中的螺栓、螺母	
	30	曲轴、转轴、轴销、连杆、横梁、星轮	
	35	曲轴、摇杆、拉杆、键、销、螺栓	
	40	齿轮、齿条、链轮、凸轮、轧辊、曲柄轴	
	45	齿轮、轴、联轴器、衬套、活塞销、链轮	
	50	活塞杆、轮轴、齿轮、不重要的弹簧	
	55	齿轮、连杆、扁弹簧、轧辊、偏心轮、轮圈、轮缘	
	60	偏心轮、弹簧圈、垫圈、调整片、偏心轴	
	65	叶片弹簧、螺旋弹簧	
优质碳素结构钢（二）	15Mn	活塞销、凸轮轴、拉杆、铰链、焊管、钢板	锰的质量分数较高的钢，须加注化学元素符号"Mn"
	20Mn		
	30Mn	螺栓、传动螺杆、制动板、传动装置、转换拨叉	
	40Mn	万向联轴器、分配轴、曲轴、高强度螺栓、螺母	
	45Mn	滑动滚子轴	
	50Mn	承受磨损零件、摩擦片、转动滚子、齿轮、凸轮	
	60Mn	弹簧、发条	
	65Mn	弹簧环、弹簧垫圈	

名　称	牌　号	应用举例	说　明
铬钢	15Cr	渗碳齿轮、凸轮、活塞销、离合器	钢中加入一定量的合金元素,提高了钢的力学性能和耐磨性,也提高了钢在热处理时的淬透性,保证金属在较大截面上获得好的力学性能 铬钢、铬锰钢和铬钛钢都是常用的合金结构钢 (GB/T 3077—1999)
	20Cr	较重要的渗碳件	
	30Cr	重要的调质零件,如轮轴、齿轮、摇杆、螺栓等	
	40Cr	较重要的调质零件,如齿轮、进气阀、辊子、轴等	
	45Cr	强度及耐磨性高的轴、齿轮、螺栓等	
	50Cr	重要的轴、齿轮、螺旋弹簧、止推环	
铬锰钢	15CrMn	垫圈、汽封套筒、齿轮、滑键拉钩、齿杆、偏心轮	
	20CrMn	轴、轮、连杆、曲柄轴及其他高耐磨零件	
	40CrMn	轴、齿轮	
铬锰钛钢	20CrMnTi	汽车上重要渗碳件,如齿轮等 汽车、拖拉机上强度特高的渗碳齿轮	
	30CrMnTi	强度高、耐磨性高的大齿轮、主轴等	
碳素工具钢	T7 T7A	能承受震动和冲击的工具,硬度适中时有较大的韧性。用于制造凿子、钻软岩石的钻头,冲击式打眼机钻头,大锤等	用"碳"或"T"后附以平均含碳量的千分数表示,有 T7～T13。高级优质碳素工具钢须在牌号后加注"A"。平均含碳量约为 0.65%～1.35%
	T8 T8A	有跑足够的韧性和较高的硬度,用于制造能承受震动的工具,如钻中等硬度岩石的钻头,简单模子,冲头等	
一般工程用铸造碳钢	ZG200—400	各种形状的机件,如机座、箱壳	ZG230—450 表示工程用铸钢,屈服强度为 230 N/mm²,抗拉强度 450 N/mm²
	ZG230—450	铸造平坦的零件,如机座、机盖、箱体、铁砧台,工作温度在 450℃以下的管路附件等,焊接性良好	
	ZG270—500	各种形状的铸件,如飞轮、机架、联轴器等,焊接性能尚可	
	ZG310—570	各种形状的机件,如齿轮、齿圈、重负荷机架等	
	ZG340—640	起重、运输机中的齿轮、联轴器等重要的机件	

注:(1) 钢随着平均含碳量的上升,抗拉强度,硬度增加,延伸率降低。

(2) 在 GB/T 5613—2014 中铸钢用"ZG"后跟名义万分碳含量表示,如 ZG25、ZG45 等。

（3）有色金属及其合金

普通黄铜(摘自 GB/T 5232—2001)

铸造铜合金(摘自 GB/T 1176—2013)

铸造铝合金(摘自 GB/T 1173—2013)

铸造轴承合金(摘自 GB/T 1174—1992)

硬铝（摘自 GB/T 3190—2008）

附表 5－3　有色金属系列及其应用

合金牌号	合　金名　称（或代号）	铸　造方　法	应用举例	说　明
普通黄铜（GB/T 5232—2001）及铸造铜合金（GB/T 1176—2013）				
H68	普通黄铜		散热器、外壳、导管，弹簧管	H 表示黄铜，后面数字表示平均含铜量的百分数
ZCuSn10Pb5	10－5锡青铜	S J	耐蚀、耐酸件及破碎机衬套、轴瓦等	"Z"为铸汉语拼音的首位字母、各化学元素后面的数字表示该元素含量的百分数
ZCuPb17Sn4Zn4	17－4－4铅青铜	S J	一般耐磨件、轴承等	
ZCuZn38	38 黄铜	S J	一般结构件和耐蚀件，如法兰、阀座、螺母等	
ZCuZn40Pb2	40－2铅黄铜	S J	一般用途的耐磨、耐蚀件，如轴套、轴瓦、滑块等耐磨零件	
ZCuZn38Mn2Pb2	38－2－2锰黄铜	S J	一般用途的结构件，如套筒、衬套、轴瓦、滑块等耐磨零件	"Z"为铸汉语拼音的首位字母、各化学元素后面的数字表示该元素含量的百分数
ZCuZn16Si4	16－4硅黄铜	S J	接触海水工作的管配件以及水泵、叶轮等	
铸造铝合金（GB/T 1173—2013）				
ZalSi12	ZL102铝硅合金	SB、JBRB、KBJ	气缸活塞以及高温工作的承受冲击载荷的复杂薄壁零件	
ZALCu5Mn	ZL201铝铜合金	S、J、R、K	用于受中等载荷、需保持固定尺寸的零件	ZL102 表示硅（10～13）%、余量为铝的铝硅合金
ZAlMg5Si	ZL303铝镁合金	S、J、R、K	高耐蚀性或在高温度下工作的零件	
ZAlZn11Si7	ZL401铝锌合金	S、J、R、K	铸造性能较好，可不热处理，用于形状复杂的大型薄壁零件，耐蚀性差	
铸造轴承合金（GB/T 1174—1992）				
ZSnSb12Pb10Cu4ZSnSb11Cu6ZSnSb8Cu4	锡基轴承合金	JJJ	汽轮机、压缩机、机车、发电机、球磨机、轧机减速器、发动机等各种机器的滑动轴承衬	各化学元素后面的数字表示该元素含量的百分数
ZPbSb16Sn16Cu2ZPbSb15Sn10ZPbSb15Sn5	铅基轴承合金	JJJ		
硬铝（GB/T 3190—2008）				
2A13	硬铝		适用于中强度的零件，焊接性能好	含铜、镁和锰的合金

注：铸造方法代号：S—砂型铸造；J—金属型铸造；Li—离心铸造；La—连续铸造；R—熔模铸造；K—壳型铸造；B—变质处理。

2. 非金属材料

附表 5-4 非金属材料系列及其应用

材料名称	牌 号	说 明	应用举例
尼龙	尼龙 6 尼龙 9 尼龙 66 尼龙 610 尼龙 1010	具有优良的机械强度和耐磨性。可以使用成形加工和切削加工制造零件,尼龙粉末还可喷涂于各种零件表面提高耐磨性和密封性	广泛用作机械、化工及电气零件,例如:轴承、齿轮、凸轮、滚子、辊轴、泵叶轮、风扇叶轮、蜗轮、螺钉、螺母、垫圈、高压密封圈、阀座、输油管、储油容器等。尼龙粉末还可喷涂于各种零件表面
MC 尼龙 (无填充)		强度特高	适于制造大型齿轮、蜗轮、轴套、大型阀门密封面、导向环、导轨、滚动轴承保持架、船尾轴承、起重汽车吊索绞盘蜗轮、柴油发动机燃料泵齿轮、矿山铲掘机轴承、水压机立术导套、大型轧钢机辊道轴瓦等
聚甲醛 (均聚物)		具有良好的摩擦性能和抗磨损性能,尤其是优越的干摩擦性能	用于制造轴承、齿轮、凸轮、滚轮、辊子、阀门上的阀杆螺母、垫圈、法兰、垫片、泵叶轮、鼓风机叶片、弹簧、管道等
耐油橡胶板	3001 3002	较高硬度	可在一定温度的机油、变压器油、汽油等介质中工作,适用冲制各种形状的垫圈
耐油石棉橡胶板		有厚度 0.4~3.0 mm 的 10 种规格	供航空发动机用的煤油、润滑油及冷气系统结合处的密封衬垫材料
耐热橡胶板	4001 4002	较高硬度 中等硬度	可在 $-30\sim+100^0C$ 且压力不大的条件下,于热空气、蒸汽介质中工作,用作冲制各种垫圈和隔热垫板
耐酸碱橡胶板	2030 2040	较高硬度 中等硬度	具有耐酸碱性能,在温度 $-30\sim+60^0C$ 的 20% 浓度的酸碱液体中工作,用作冲制密封性能较好的垫圈
酚醛层压板	3302—1 3302—2	3302—1 的机械性能比 3302—2 高	用作结构材料及用以制造各种机械零件
聚四氟乙烯树脂	SFL—4~13	耐腐蚀、耐高温(+250℃),并具有一定的强度,能切削加工成各种零件	用于腐蚀介质中,起密封和减磨作用,用作垫圈等
工业有机玻璃		耐盐酸、硫酸、草酸、烧碱和纯碱等一般酸碱以及二氧化硫、臭氧等气体腐蚀	适用于耐腐蚀和需要透明的零件
油浸石棉盘根	YS 450	盘根形状分 F(方形)、Y(圆形)、N(扭制)三种,按需选用	适用于回转轴、往复活塞或阀门杆上作密封材料,介质为蒸汽、空气、工业用水、重质石油产品

材料名称	牌　号	说　　明	应用举例
橡胶石棉盘根	XS 450	该牌号盘根只有 F(方形)	适用于作蒸气机、往复泵的活塞和阀门杆上作密封材料
工业用平面毛毡	112—44 232—36	厚度为 1～40mm。112—44 表示白色细毛块毡,密度为 0.44g/cm³;232—36 表示灰色粗毛块毡,密度为 0.36 g/cm³	用作密封、防漏油、防震、缓冲衬垫等按需要选用细毛、半粗毛、粗毛
软钢纸板		厚度为 0.5～3.0 mm	用作密封连接处的密封垫片
聚碳酸酯		具有高的冲击韧性和优异的尺寸稳定性	用于制造齿轮、蜗轮、蜗杆、齿条、凸轮、心轴、轴承、滑轮、铰链、传动链、螺栓、螺母、垫圈、铆钉、泵叶轮、汽车化油器部件、节流阀、各种外壳等

3. 常用的热处理和表面处理

附表 5－5　常用热处理和表面处理系列及其应用

名　词	代　号	说　　明	应　用
退　火	5111	将钢件加热到临界温度以上(一般是 710～715℃,个别合金钢 800～900℃)30～50℃,保温一段时间,然后缓慢冷却(一般在炉中冷却)	用来削除铸、锻、焊零件的内应力,降低硬度,便于切削加工,细化金属晶粒,改善组织,增加韧性
正　火	5121	将钢件加热到临界温度以上,保温一段时间,然后用空气冷却,冷却速度比退火为快	用来处理低、中碳结构钢及渗碳零件,使其组织细化,增加强度与韧性,减少内应力,改善切削性能
淬　火	5131	将钢件加热到临界温度以上,保温一段时间,然后在水、盐水或油中(个别材料在空气中)急速冷却,使其得到高硬度	用来提高钢的硬度和强度极限。但淬火会引起内应力使钢变脆,所以淬火后必须回火
回　火	5141	回火将淬硬的钢件加热到临界点以下的温度,保温一段时间,然后在空气中或油中冷却下来	用来消除淬火后的脆性和内应力,提高钢的塑性和冲击韧性
调　质	5151	淬火后在 450～650℃ 进行高温回火,称为调质	用来使钢获得高的韧性和足够的强度。重要的齿轮、轴及丝杆等零件是调质处理的
表　面 淬　火 高频表面 淬火	5210	用火焰或高频电流将零件表面迅速加热至临界温度以上,急速冷却	使零件表面获得高硬度,而心部保持一定的韧性,使零件既耐磨又能承受冲击。表面淬火常用来处理齿轮等

名　词	代　号	说　明	应　用
渗　碳	5310	在渗碳剂中将钢件加热到 900～950℃，停留一定时间，将碳渗入钢表面，深度约为 0.5～2 mm，再淬火后回火	增加钢件的耐磨性能、表面硬度、抗拉强度及疲劳极限 适用于低碳、中碳（C＜0.40％）结构钢的中小型零件
渗　氮	5330	渗氮是在 500～600℃通入氨的炉子内加热，向钢的表面渗入氮原子的过程。氮化层为 0.025～0.8 mm，氮化时间需 40～50 小时	增加钢件的耐磨性能、表面硬度、抗拉强度及疲劳极限和抗腐蚀能力 适应于合金钢、碳钢、铸铁件，如机床主轴、丝杆以及在潮湿碱水和燃烧气体介质的环境中工作的零件
氰　化	Q59（氰化淬火后，回火至 56～62HRC）	在 820～860℃炉内通入碳和氮，保温 1～2 h，使钢件的表面同时渗入碳、氮原子，可得到 0.2～0.5 mm 的氰化层	增加表面硬度、耐磨性、疲劳强度和耐蚀性 用于要求硬度高、耐磨的中、小型及薄片零件和刀具等
时　效	时效处理	低温回火后，精加工之前，加热到 100～160℃，保持 10～40 h。对铸件也可用天然时效（放在露天中一年以上）	使工件消除内应力和稳定形状，用于量具、精密丝杆、床身导轨、床身等
发　蓝 发　黑	发蓝或发黑	将金属零件放在很浓的碱和氧化剂溶液中加热氧化，使金属表面形成一层氧化铁所组成的保护性薄膜	防腐蚀、美观。用于一般连接的标准件和其他电子类零件
镀　镍	镀镍	用电解方法，在钢件表面镀一层镍	防腐蚀、美化
镀　铬	镀铬	用电解方法，在钢件表面镀一层铬	提高表面硬度、耐磨性和耐腐蚀能力，也用于修复零件上磨损了的表面
硬　度	HB（布氏硬度）	材料抵抗硬的物体压入其表面的能力称"硬度"。根据测定的方法不同，可分布氏硬度、洛氏硬度和维氏硬度 硬度的测定是检验材料经热处理后的机械性能——硬度	用于退火、正火、调质的零件及铸件的硬度检验
	HRC（洛氏硬度）		用于经淬火、回火及表面渗碳、渗氮等处理的零件硬度检验
	HV（维氏硬度）		用于薄层硬化零件的硬度检验。

　　注：热处理工艺代号尚可细分，如空冷淬火代号为 5131a，油冷淬火代号为 5131e，水冷淬火代号为 5131w 等。本附录不再罗列，详情请查阅 GB/T 12603—2005。

参考文献

[1] 郭友寒.现代机械制图[M].北京:北京航空航天工业大学出版社,2004

[2] 郭友寒.SolidWorks 2013机械设计基础及应用[M].北京:人民邮电出版社,2013

[3] 大连理工大学工程画教研室.机械制图[M].第七版.北京:高等教育出版社,2013

[4] 刘朝儒等.机械制图[M].第四版.北京:高等教育出版社,2000

[5] 同济大学等院校机械制图编写组.机械制图[M].第四版.北京:高等教育出版社,1997